U0665019

贝页
ENRICH YOUR LIFE

漫步哲人路

Philosophers' Walks

［加］布鲁斯·鲍(Bruce Baugh) 著　　王郁茜　译

文匯出版社

目　录

第一章

认识邻里

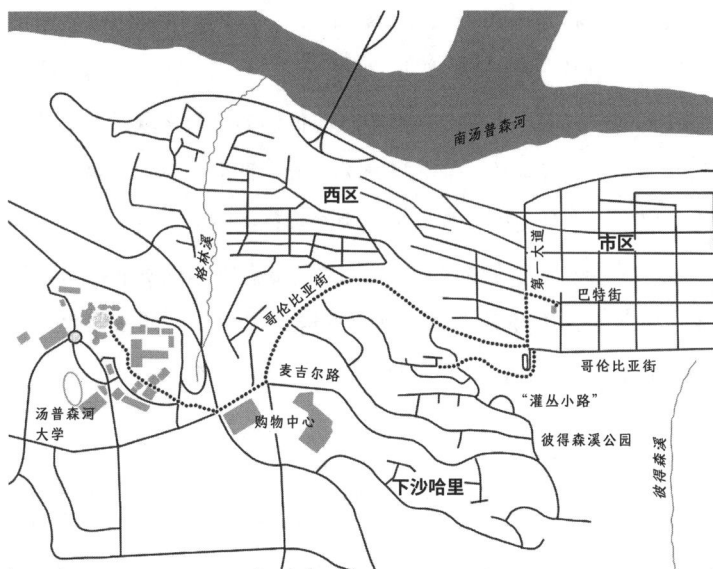

南汤普森河

西区

市区

格林溪

第一大道

巴特街

哥伦比亚街

麦吉尔路

哥伦比亚街

汤普森河大学

购物中心

"灌丛小路"

彼得森溪公园

彼得森溪

下沙哈里

1 | 漫步哲人路

有很多路被称为"哲人小路"（Philosopher's Walk）。我刚来到多伦多准备读哲学博士时，就欣喜地发现过一条哲人小路。它纵穿一条峡谷，延伸至多伦多大学的主校区。待到春夏时节，那儿可谓是一湾绿意盎然又相对隐蔽的避风港。我常溜达过去，思考问题，放松心绪。在曾经的普鲁士柯尼斯堡——现在的俄罗斯加里宁格勒，有着一条更著名的、纪念伊曼纽尔·康德的哲人小路。每天早上5点整，康德都如期而至，沿这条路散步。他散步非常规律，甚至有传闻道：附近的家庭主妇们都依此来调整家里的时钟。[1]同样著名的还有京都的哲人小路，即20世纪的哲学家西田几多郎①每日去往大学的必行之路。

但这本书要讲的不是哲学家们所行之路。我对这个问题尤其感兴趣：行走与思考是如何与某些哲学家或作家的作品相关联的。像勒内·笛卡尔、让-保罗·萨特、西蒙娜·德·波伏瓦，其哲学造诣尽人皆知，但步行与他们的思想之联系并未受到此般关注。而像索伦·克尔凯郭尔、让-雅克·卢梭、弗里德里希·尼采，本身便以在哲思过程中对步行的重视而闻名。还有一些人，是带有哲学倾向的作家，比如安德烈·布勒东和弗吉尼亚·伍尔夫，以及另一位具哲人与诗人双重身份的塞缪尔·泰勒·柯尔律治。我追随着他们的脚步，翻越山峦丘陵，走过平原

---

① 西田几多郎（にしだ きたろう，1870—1945年），日本近代哲学家，京都学派创始人，代表作有《善的研究》《自觉的直观与反省》《哲学的根本问题》等。——译者注（如无特殊说明，本书脚注均为译者注，书末注释为作者注）

阔地，穿梭于城市、田野和森林之中，尝试探索他们的行走与思考之联系。这本书所要记录的，正是这些哲人路上的漫行，及它们所启发的思想。

我认为"思考"不仅包括哲学推理，还包括感官知觉（sensory perception）、记忆与想象力。我想要以步行之视角切入这些精神现象，研究我们的精神生活与身体存在之关系，即所谓"心身问题"。在第二章中，我就17世纪哲学家勒内·笛卡尔和他的同时代人皮埃尔·伽桑狄展开，详尽地探讨这一问题。不过，这一主题不只出现在第二章，而是贯穿全书。感觉与感知不仅涉及心灵，同时也涉及身体——这一点似乎是显而易见的。但一次次追随哲人足迹而行的经历，让我产生了一种新的观点：记忆、想象和概念化思想亦是如此。卢梭、柯尔律治、克尔凯郭尔、尼采等思想家的**风格**（甚至包括他们最"智慧"的思想），不仅与他们的具身①体验密不可分，同时还与他们的步行活动息息相关。他们一边行走，如是思考。

然则，深入他们思维过程的最好方法，便是重走其路。这往往是一种朝圣，一种向作家致敬的方式，一种尝试走进前人生活的途径；而有些徒步之旅，只是纯粹的观光旅行。但是，就本书所讨论的大多数思想家来说，他们通过步行而与物理环境、社会环境建立联系的方式，对于他们体验世界的和谐过程影响甚远。因而，在我看来，若要思考他们的思想，我便必须去亲行他们曾走过的道路。若尼采没有上上下下地攀行瑞士的阿尔卑斯山

① 具身（embodiment），指心的状态或灵魂的存在起因于或同一于身体状态。

脉，便永远无以形成其特有的透视论（perspectivism）。若弗吉尼亚·伍尔夫不爱去东萨塞克斯的南唐斯散步，便永远无以获得她在《达洛维太太》等小说中展现的包罗万象的生命力之幻象。而若我不去追随他们的脚步，便也无以理解他们当中任何一人是如何思考，如何写作的。

这其中涉及许多问题，我希望能在后文将其逐一阐明。后文每个章节都会涉及一段步行经历：本章讲的是我自己在坎卢普斯的日常所行，之后的每章便沿着一位作家的脚步（布勒东、柯尔律治、卢梭、尼采、克尔凯郭尔、伍尔夫），或者以他们的作品为过渡而行进（萨特、波伏瓦）。我所选的方法各不相同：运用现象学方法处理我自己、萨特与波伏瓦的步旅；运用超现实主义的方法研究布勒东的漫行；运用心理地理学方法和瓦尔特·本雅明的"闲游者"（flâneur）理论讨论克尔凯郭尔在哥本哈根的散步；运用德国观念论方法探讨柯尔律治的漫步。在每一过程中，我都尝试以这些作家理解自己的方式去理解他或她。

对于行走与思考之联系，我是分阶段阐述的。我先以本章中自己在坎卢普斯的漫步拟出了主题：行走是一种主动、具身的认识形式。第二章则通过探究笛卡尔和伽桑狄之间关于心灵是否能独立于身体而运作的争论，延伸了这一主题。伽桑狄对此持否定观点，而我用自己在伽桑狄的家乡——法国迪涅莱班附近一次山路之行的经历，例证了伽桑狄的立场，即心灵和身体不可分割。在第三章中，我研究了如何将记忆具身化——不仅是在大脑之中，还包括在物质环境之中。我追溯安德烈·布勒东于20世纪20年代漫行巴黎的足迹，探索他留下的物质痕迹（material traces）是否可以通过步行被重新激活并被"记起"（remember）。我认为是可以的，且这使"记起"他人的经历成为可能——这个结论乍一看令人吃惊，但我在后文当中尽力阐明了其中的道理。

第四章探讨了萨特的存在主义巨著《存在与虚无》中两个关键的部分：涉及晕眩（vertigo）的部分及萨特所说的"原始谋划"（original project）——一个人对如何系于世界，归于自身的选择。我认为，萨特用行走来说明他关于自由、焦虑和自我的想法不能被当作偶然。他对于山间徒步的描述之生动，足以说明那源自他的亲身经历。待在城市里的萨特是最快乐的，而我采用萨特的原始谋划理论，对比了萨特对于乡野之行的消极态度和波伏瓦对于徒步旅行与登山的热情。这种态度上的差异，反映了他们身体论哲学的差异。萨特常被误认为一名将心理与身体分开的笛卡尔式二元论者，但他的理论和所选择的例子却倾向于表明，就连我们最基本的自由，亦是具身的。

如果连精神自由都是具身的，那么，最自由的精神能力——想象力，便更是如此了。在第五章中，我在英国的萨默塞特郡追随塞缪尔·泰勒·柯尔律治的足迹，探讨在《这椴树凉亭——我的牢房》等诗歌中，行走与诗意想象力之间的关系。我运用柯尔律治关于想象力的哲学理论，及其在德国唯心论（康德和谢林）中的源头理论证明，诗性想象力与行走一样，涉及跨时间的不同视角之综合体，而这必然使得想象力同感知或记忆一样具身。

总之，本书的前五章建立了一套关于行走的理论，即行走是一种具身的思考、感知、认识、记忆和想象之形式。第六章至第八章则围绕四位不同的思想家——克尔凯郭尔、卢梭、尼采和伍尔夫——探究了这一理论。这些思想家的思考风格，与他们的行走风格完全一致。

第六章的主要人物——克尔凯郭尔，是有名的"哥本哈根闲游者"（the *flâneur* of Copenhagen），他整日游走于全城，与各个阶层的人交谈。在这一章中，我试图重提克尔凯郭尔对他人的心理观察场景，研究他在从《畏惧与颤栗》到《致死的疾病》等作品中阐述的关键论点——一个人外在可观察的方面与其内在的生活是"无从比较的"。在某种意义上，我的实验遇到了一个悖论（克尔凯郭尔的确喜欢悖论）：我在一个外界环境（哥本哈根）中，使用一种外在行为（步行）来探索通过外在方面进入某人内在精神生活的不可能性。至于这个悖论是会陷入僵局，还是相反，能够更深入地洞悉克尔凯郭尔的思维方式，我也想模仿克尔凯郭尔的写作方法，将这个问题留给读者们自行决定。克尔凯郭尔的作品，总能带读者回到其自己的"内在"（inwardness）①，由此而回答关于生命的伟大问题。

第七章和第八章旨在描绘卢梭、尼采和伍尔夫的远足，探索其思想与著作，却也更加契合了主题。因为这三位作家、思想家，本就深入反思过行走同他们思考什么、怎样思考之间的关系。卢梭有句名言："我只在走路时才能沉思。当我停下脚步，便停止了思考；我的心灵只能与双腿一同运作……只有当我的身体处在运动之中，我的心灵才能够运转。"[2]但这种启发卢梭沉思的行走，

---

① 英文单词 inwardness，在克尔凯郭尔笔下的丹麦原文常为 Inderlighed，后文依不同语境译为"内在的东西"或"内在性"。

需要特殊的环境：森林之中、山岭之间，独处，远离他人而又有着新鲜空气。在这一点上，卢梭可谓几代浪漫主义步行者之先驱。从尼采到弗吉尼亚·伍尔夫——这些孤独者漫步于自然之中，寻觅着慰藉与灵感。据尼采自己说，瑞士的上恩加丁山是他最伟大思想的源泉。弗吉尼亚·伍尔夫虽有一个知名的身份——杰出的伦敦闲游者（*flâneuse*①，这一印象主要来自《达洛维太太》），但她在小说中所表达的世界观，大部分都源自她在南唐斯的独行步旅。在那里，她得以彻然浸身在自然景观的创造力与治愈力当中。

最后，我在第九章中回顾了本书所涉及之地，更深入地反思了行走与思考的关联。

读到这里，本书的脉络应该已经清晰了：有关所选人物的思想与生活，以及我自己的行走。由于这项研究具有多学科属性，我常需闯入别人更加擅长的领域。如丽贝卡·索尔尼特所述，"行走是一个总要游离"于不同知识领域之间的研究对象。[3]若我有时也偏离了正轨，就只能寄希望于布勒东的步友——娜嘉所说的那句："迷失的脚步？可是，迷失的脚步不存在啊。"②[4]我是沿着索尔尼特的《浪游之歌》所铺就的道路来进行这般多学科探索的。自这本书问世20年以来，已有数位作家追循其路。若说我的步旅与他们的有何区别，那便是我对本书中哲学家、作家的行走与思想之关系所作探索的深度了。

---

① 法语单词*flâneuse*，为*flâneur*的阴性形式，直译为"女闲游者"，本书将其统译为"闲游者"。
② 引自《娜嘉》，上海：上海人民出版社，2009年4月，董强译，第87页。

这本书献予愿花时间与我同行的读者，以及本书所探讨的作家们。一路上，我有幸承蒙许多杰出的当代行走作家指导：丽贝卡·索尔尼特、劳伦·埃尔金、玛丽·索德斯特伦、约瑟夫·阿马托、大卫·勒布勒东、弗雷德里克·格霍、让-路易·于、菲尔·史密斯、丹·鲁宾斯坦、罗伯特·麦克法伦、娜恩·谢泼德、卡伦·蒂尔、阿利森·哈莱特、乔·弗冈斯特、蒂姆·英戈尔德、米歇尔·德·塞尔托。而那些来自过去的智慧之音，也无不在沿途陪伴着我：多萝西·华兹华斯、罗伯特·路易斯·史蒂文森、威廉·哈兹利特、亨利·戴维·梭罗、夏尔·波德莱尔、瓦尔特·本雅明、居伊·德波。在途中，你将与他们所有人相遇。

2 | 步行与认识：我在坎卢普斯的步行

那么，从哪里开始好呢？《道德经》言："千里之行，始于足下。"每条道路、每趟旅行、每番事业，都需要先有第一步。这句谚语还有另一种英文翻译："A journey starts from where one stands."（行始于所立之地。）[5]因此，我想从我的主场——位于加拿大西部的坎卢普斯镇开始，记录我平日在邻里的步行。我意图通过这些日常的行走经验，探索由步行所促成的感知与注意力模式，研究如何以一种特别的生动方式揭示我们的物理环境和社会环境。我们在行走时，得以用一种详细且"颗粒化"（granular）的方式了解周遭环境：不仅是环境的物理特征，同时还有其社会动力①与整体氛围。我愿将这第一场哲思漫行作为一轮序曲，引介一些我在

---

① "社会动力"的研究对象包括人类社会发展的动力、速度、方向和规律。

之后的章节当中会用到的分析方法。

　　步行揭示世界的方式，与开轿车、乘公交或坐飞机都不一样。对此，每个人都有过体验。索尔尼特写道，步行者"不会略过很多东西，而会近距离观察事物，并将自己置于一种易为周围的人和处所接触或伤害的状态当中"。[6]在步行者和其周围世界之间，不存在障碍与需要注意的精密技术，除了鞋和衣服之外再无其他装备。[7]我们中的大部分人都可以在不过多考虑身体动作的情况下行走，同时放空心绪，关注环境或徘徊于遐想之中。大卫·勒布勒东曾言："行走是一种积极的沉思形式，需要充分的感官意识……一种完全的感官体验，不会忽视掉任何一个感官。"[8]或者，按吉尔·德勒兹和菲力克斯·迦塔利的说法，行走是"行动中的直觉"[9]。行走不仅会对思想产生刺激；它本身就是一种身理的思考与感知形式，一种连接并揭示世界的基本方式。

　　穿行于坎卢普斯，我通过我的双腿与双脚感受景观的轮廓与质地；我更易闻到汽车的尾气与植被的芬芳，更适应于光与影的嬉戏、热与冷的互换。那砾石的清脆声响，一路扬起的薄尘味道，泥土的滑腻及其植被在堆肥过程中产生的异味：我的眼、耳、鼻、手、脚，将我浸没在一个细腻多变的感官景象之中。相较于坐在车中行进而言，我们为走路付出的身体的努力，带来了更多精确的角度、或陡或平的层次感。正如威尔·塞尔夫所言，"这种对于空间的身理沉思"，即行走，因为其费力、酸痛、辛苦的感觉，"比任何单纯的思想都更加如泣如诉"。[10]在行走的过程中，身体在用力，感官更接近环境，环境的物理特征便更加栩栩如生，具有强烈的现实感。在下一章中，我们将会深入探讨这一点。

与此同时，正如卢梭和伍尔夫等步行者所说的那样，行走还能让一个人更敏锐地感受到其内心的、精神上的生活：目标、欲望与思想。由于行走具有半自动属性，我们得以一边关注身边的环境，一边进行持续的反省。在行走的过程中，即便是这反省的部分，也与身理觉知（bodily awareness）密不可分。当我艰难地攀爬山坡，或是纵身一跃到某条小径之上，我的肌肉、肺脏和外部感官的感觉，均在向我的意识（consciousness）传达，我愿意为到达某一目的地而付出多少代价。如威尔·塞尔夫所述，在我的身体当中被感受到的、努力与预期成就之间的关系，是一种比纯粹的心理反省"更加如泣如诉"的自我觉知（self-awareness）。行走，通过在自我觉知与身理知觉、身理感觉（bodily sensation）之间构建起生动的联系，为我的内在生活与外界环境带来了更强烈的真实感。

我身理感觉上的愉快或不愉快，加上我对自己所处位置与目标或目的地之关系的感知，有助于让我产生对于"我现在做得如何"[11]的总体感受。按马丁·海德格尔的话说，我的情绪是我对于行动与目标之关系的"调和"。[12]那么，在任何活动当中，我都会拥有一种对于所处之地和目标之地的感觉相应的情绪；但在行走时，我若沿着所行之路向后或向前望去，便能亲眼**看到**目标，以及我向着这一目标所取得的进展。如此来看，步行时的情绪可以使我对于"所处之地"与目标之地的关系、"所处之地"与世界的关系，拥有更清晰的觉知；这种觉知，可以远远超越我与我所走向的目标之间的距离。所以，若我发现自己与世界"格格不入"，那么，如卢梭、尼采、克尔凯郭尔和伍尔夫都赞同的，坏情绪的治愈方法，便是"步入"好情绪。

行走，便是这样揭示了一个与我的身体、我的目标和我的行动相关联的结构化空间：一个生存论的空间（a lived, existential space）。如海德格尔所言，我们是通过参考到达一个地方需要"多久"，来定义这个地方多远或者多近的；而这个"多久"，并不总是根据时钟所测得的时间而定，亦会根据我们的活动（activity）而定："一箭之遥""相当于散个步""需要骑一小会儿自行车"。[13]但正如段义孚所讲，距离亦是一个"可及程度以及关注程度"的问题，是我们与对我们重要的东西之间的关联。[14]根据我的目标、欲望和能力，环境中的各种元素在我看来或近，或远，或为手段，或为障碍，或具"积极"价值，或具"消极"价值。作为一名步行者，我所居的空间是高度结构化的，是一个拥有吸引力磁极和排斥力磁极的"赋能"场（"charged" field）——萨特沿用了格式塔心理学①家库尔特·卢因的讲法，称之为"霍道罗基空间"②。[15]根据我的喜恶，一块泥潭可能是要绕开的东西，亦可能是要跳进去溅出泥巴的区域；根据我的生活经历，它可能显得无足轻重，亦或像曾经发生在弗吉尼亚·伍尔夫身上的那样，是不可逾越的障碍。[16]

除了能揭示为感情所充斥、为身理所体验的环境质量，行走还是一种**极致的**"心理地理学"研究方法。心理地理学的概念由

① 格式塔心理学，又叫完形心理学，西方现代心理学的主要学派之一，强调经验和行为的整体性，认为整体大于部分之和，主张研究直接经验（即意识）和行为，以整体的动力结构观来研究心理现象。

② 库尔特·卢因认为，传统拓扑学只提供了静态图景，无法对力进行矢量测量，因此提出了霍道罗基空间（hodological space）这一新的几何框架，用矢量来表示走向目标的运动方向。

居伊·德波提出，"研究地理环境……对个体情感（emotion）、行为的确切定律和具体影响"；用双脚步行穿越于不同的空间时，道路和街坊的"心灵氛围"（psychic atmosphere）便得以显现。[17]地点均有属于自己的感情形象，尽管它们在某种程度上因人而异，但却被**普遍**经历并认识；任何熟悉一座城市的人，都了解这座城市中悲伤压抑的区域、快乐无忧的区域、有趣或无趣的区域。一些空间让我们想要驻足停留，另一些则让我们想要尽快离开。

简言之，行走将世界揭示为一个经验整体：无论是在身体与感官层面，还是在感情与人际层面。我这行走中的身体，好似一个心理社会的地震仪，接收着来自自然环境和坎卢普斯社会关系的振动。

但在开启这趟坎卢普斯探索之旅前，我得先解决一些方法论问题。按理说，我的主观印象对我来说合理合据，对其他人来说则缺乏透明度而毫无意义。但在接下来的章节中，我们会发现，对于行走可以揭示一个地方的真理及我们如何居于此地的假定，实则由来已久：从卢梭1778年的《一个孤独漫步者的遐想》[18]，到波德莱尔在19世纪中期现代化巴黎的漫步[19]，再到安德烈·布勒东、路易·阿拉贡和菲利普·苏波于20世纪20年代摩登巴黎的超现实主义历险，[20]还有马丁·海德格尔穿越森林与田野的那些严肃而投入的沉思之行——虽然"林中路"①往往通向着思维的僵局，[21]更不用说一众英国和苏格兰的漫步家与作家了（多萝西和威

---

① "林中路"，译自德文复合词 *Holzwege*，*Holz* 有"森林"之意，*Wege* 则表示"路"。*Holzwege* 在德文中还有"错路"之意。

廉·华兹华斯、塞缪尔·泰勒·柯尔律治、约翰·克莱尔、罗伯特·路易斯·史蒂文森、弗吉尼亚·伍尔夫、W. G. 塞巴尔德、伊恩·辛克莱尔），以及那些以行走为主题而创作的现代女性作家与艺术家（让·里斯、阿涅斯·瓦尔达、苏菲·卡莱和珍妮特·卡迪夫）。[22] 这些作家与艺术家，用他们的个体经历，为他人——亦是为自己，层层揭去世界的面纱。行走，虽然具有个体化特征，却能够揭示出许多普遍真理，比如对于笛卡尔来说的唯一真理——"我思故我在"——对此，伽桑狄驳曰："我行故我在。"[23]

我们的行走方式，根据我们不同的境况（年龄、性别表达、健康水平、种族、阶级）与个人感官能力，以不同的方式揭示着这个世界；但这些境遇的个体化并不影响其真实属性。同一座山，若是一位关节炎患者来爬，便会觉得险峻难攀；若是一名健硕的运动员来爬，又会觉得平缓易登。险峻或平缓，均为环境的真实品质，只不过基于不同的经历而被以不同的方式加以阐释。走路所揭示的环境特征，是位于相对之中心的绝对——按萨特的话说，即"生存的真理"（lived truths）；在它面前，外部的"客观"判断毫无说服力。[24] 经历之可变性，对应于一个人与他所居共享空间的"生存的真理"之多重性。

就我而言，我享有在索尔尼特看来为快乐而行走的先决条件："空闲的时间、可去的地方，以及不受疾病或社会因素所碍的身体。"[25] 首先，最重要的是：我的行走是自愿的。对于那些因无家可归、身无分文，或为逃离战争与不公而被迫踏上步行之路的人来说，行走是一种折磨、一种穿越世间艰难险阻的必经之旅。[26] 另一方面，我作为一个基本健康的中年白人男性，有幸能够自由出行并去往我想去的地方，而不必担心会因自己的种族、肤色、性取向或性别表达而受到攻击。所有这些因素，让我得以享有比很多其他步行者都更易接触这个世界的机会。

我在坎卢普斯的行走，总是烙印着我最深刻的个性，亦揭示着一个活生生的空间——它不仅是我的空间，而是**我们**的空间，由这空间当中的居住者所共享。我所行的路线不仅是现世居住者之路，亦是坐着马车前往下一城镇的移民者之路、他们之前的皮草商人之路，以及这里的原住民——乘着独木舟、骑着马旅行的赛克维派克人（Secwepemc）之路。甚至，动物们（鹿、郊狼、熊、美洲狮、驼鹿）偶尔也会冒个险，沿着其老路进入到城市的中心。这些居住者，都据自己的身体能力找到了在景观之中移动的方法。这些老路，便是当今数条道路的基础。只有在为汽车所新建的公路上，坡度才会达到人力难及的陡峭。此外的道路，常沿着山顶间的褶皱纹脉而蜿蜒前伸——这是最省力的道路，即便它在炎炎夏日或寒寒冬夜也会异常地费力。

如此看来，行走不仅是对呈现给感官之物的知觉，更是对过去铺设这些道路的先辈们的行走之追忆。"路，"索尔尼特如是写道：

> 是横越一处风景最佳方式的先验诠释，走一条路就是接受一个诠释……以同样方式行过同一个地方是成为先行者、与先行者共享同样思想的一种方式。[①27]

———————————

① 引自《浪游之歌：走路的历史》，北京：新星出版社，2013年1月，刁筱华译，第78页。

通过重走相同的路线，我们会唤起前辈留痕于风景上的想象与欲望。[28] 人类学家韦德·戴维斯曾讲道，当澳大利亚土著人走在歌之版图（Songlines）上，"每一块地标都与它原始的记忆融为一体，而又总有新生不断涌现……走在大地上，就是在不断地进行肯定"。[29] 曾有位凯瑞尔人（the Carrier people）长老与我讲，当我走在由"祖先"——不管是我的祖先还是其他人的祖先——开拓的道路上时，我会"记起"并敬重那段过去。从这种角度出发，我的行走便是知觉、记忆和想象力之综合，一种将集体的过去带入我之现在的方式。[30]

这种与集体过去的联系，只是行走揭示共享社会空间的一种方式。由于坎卢普斯非常大，在任何合理的时长里，我都无法用双脚将之行尽。所以，我的每一次步行都**扎根于当地**，穿越一个或多个街坊。当我步行于我的邻里之中，**所处**的即是一个主要由社会关系所构成的空间。我在那里的行走建立起了我个人的坐标与边界，以及放松与勉力之空间，流连与艰辛之区域，[31] 还有该空间"内在的住宅或庇护所区域"和它作为我所属"领地"的外在方面。[32] 该空间的边界，是我为他人所熟悉之地与我为陌生人之地之间的分界线。当我遇到遛狗的人，或走去市中心上班或购物的人，其中认识我的邻居或同事便会同我打招呼、点点头或挥手致意。与他们互相认识，让我拥有一种安全感，但不会让我产生那种在小镇当中被持续监视的幽闭恐惧感，或是隐私暴露于众的感受。

所遇之人，我也并非全都认识，比如游客、搭乘公交铁路经过的乞丐，还有那些大城市的流浪者，他们踯躅于大街、小巷、溪谷、隐秘的角落、公园、河堤，寻求着庇护。游客们友善而好打听，常常会来问路，这时我总是喜欢扮演和蔼的东道主，助人为乐。无家可归者有时候会让我感到不安，这种不安并非来自暴力威胁，而是来自一种不确定性——我不确定他们在饥饿、毒瘾或醉酒的困扰与迷失之中，会做出何种举动。他们很少讲话或是与人有眼神交流。对他们来说，这附近也是一处栖身地、一湾避风港——尽管有时将他们暴露于恶劣天气之中。

那些因某种形式的创伤而发生**心理位移**（psychologically dislocated）的逃难者、[33]那些没有安全住所的人，常常主要是出于必须——而非自愿，才踏上了行走之路。[34]这样的人，我也认得一些，所以他们对我来说并不算是真正意义上的陌生人。但我们的人际关系、日常活动、金钱和个人安全、与警察和其他官方机构的关系、身体与需求之关系，均不相同。同一块地方，不同的世界。按哲学家亨利·列斐伏尔的话说，每个社会空间都是"由网络和路径所构成，由一束束或一簇簇的关系所构成"；一个空间不会抵消掉另一空间，而是会像千层酥一般层层叠起。[35]因此，虽然丹·鲁宾斯坦有言，"步行者拥有更多机会与路人和邻人接触，并产生共鸣"[36]，但社会地位的差异依旧会影响人们之间的相互理解。

话说回来，无论无家可归者与我区别何在，我们仍都有着一种相同的身份——步行者。若论这点，我们确确实实**处于同一水平线上**。无论我们在对方身上引起怎样的焦虑，与机动车造成的威胁一比，就都显得微不足道了。同作为行人，我们在对方身上找到了某种超然于社会性差异的团结。

但从行走着的孤独自我过渡至社会集体，并非易事：我的知觉和感受仍是自己那一套，而其他步行者可以——且确确实实也在以不同方式看待着事物。考虑清楚这些后，我已整装待发，准备踏上我在坎卢普斯常走的路线了。我要一探究竟，步行会对这一小镇的物理、社会和历史空间作何揭示。

我常于清晨时分从家出发，步行上山，前往我在汤普森河大学的办公室。我住在汤普森河谷低地的老城区附近，按一般的步速估算，这一趟需要走35分钟。但实际上"需要多久"，取决于一些条件，如天气、我的状态（疲劳或机敏）等。如海德格尔言：

> 我们在……打交道时所选的道路日异其长度……"客观上"的遥远之途可能颇近，而"客观上"近得多的路途却可能"行之不易"，或竟无终止地横在面前。[1]37

同样的5分钟，在寒风刺骨的黑暗之中，似乎比在温暖的春日良晨要漫长得多。我曾数次清晨上山，夜晚下山，身体的不同肌群也在遇到路况的"反作用力"时或紧或舒。正如巴什拉所言，我的"肌肉意识"[38]已为我构建了一幅私人路线图。

当开始沿着坡度陡峭的第一大道向上攀登时，我每迈一步，竭尽全力；当到达第一大道与哥伦比亚街相交的高地时，我感觉就像是收获了一个小小的胜利，似乎已经"路途过半"——虽然

---

① 引自《存在与时间》（中文修订第二版），北京：商务印书馆，2018年3月，陈嘉映、王庆节译，熊伟校，陈嘉映修订，第138页。

我刚走过了几个街区。而在回来的路上，同样的地方便预示着：我快到家了。走路时，上坡与下坡并非对称关系。我身体的费力程度与肌肉感觉发生了变化，情绪也不尽相同——爬坡时，我征服第一大道的成就感，很快就被我对于还有多少路要走的觉知，以及坚决或不甘的态度所取代；而下坡时，我从这里便松懈了下来，开始思念家中的舒适。

过了第一大道的坡顶，我会迅速走过哥伦比亚街。这段路上一间房子都没有，空旷的土地上长满了灌木丛。每当天气转冷、天色渐暗，这段一公里长的路总显得漫长无尽；而且，由于这里人烟稀少，还隐隐地有些恐怖。这里的感情赋能是消极的。每每穿行于此，我都感到浑身紧绷。炎炎夏日，每至温度飙升到40摄氏度时，我总是匆匆赶往前面遮阳的树荫处；寒冬腊月，我又大步流星地前往有树木挡风的地方。无论何季，这片光秃秃的荒芜之地，都不会让我想要逗留片刻。

哥伦比亚街，划分开了建于20世纪初的社区（我就住在这里）与山顶上一片建于战后的城郊开发区。当我跨过这一过去与现在之分界时，我的身体与情绪都注意到了它们的巨大差异。从弥漫着人间烟火气的老城区，到处都是汽车的市郊，"感觉"上的变化显而易见：新区不仅道路更宽阔，车流量也是络绎不绝，车声嘈杂，充斥着威胁。于我的感觉，这些新路既是危险的障碍（因为有大量交通工具在其上飞驰），又不失为一种通行手段，因此既令我排斥，又吸引我。我的感情反应与我作为一名步行者的身理脆弱性息息相关，而这种变化着的反应，让我对于在坎卢普斯短暂的历史进程之中积聚的发展层次十分敏感，从而产生一种时间流逝了的活过的感觉。我所至愈高，愈能将过去抛于脑后，进入到一个似乎没有过去的现在——只有"更多相同的"，没有丝毫未来的。

哥伦比亚街曾是个高速公路，现在有四条车道。沿着这条路前行，身边的行人愈发稀少，整条街给人一种空旷又宽敞的感觉。无论在哪一时期，步行都不是这里的主要移动方式。所以，行走于此，我感觉有些拘谨，甚至是不合时宜。这对我的情绪产生了极大的影响：在机动车靠近、缺乏其他行人陪伴之时，我感到焦虑；在沉闷的建筑环境、缺乏烟火气的宽阔空间面前，又感到沮丧。萨特在1945年到访美国时，曾说美国的市郊"比任何地方都更加令人沮丧"。[39]大家都觉得在这里待着不舒服。

当温蒂汉堡和沃尔玛映入眼帘，我就好像看到了假日酒店般，感觉自己终于来到了一处发达、全球化的资本主义世界。但这些路，纵使我走一千遍，也永远不会成为我的领地。即使我正身处这些空间当中，也毫无"亲临"之感。按威尔·塞尔夫的话说，在这些处处都是汽车的空间里，"孤独的步行者，本身即是当代世界的反叛者、步行着的时空旅客"。[40]步行者热衷于更适合过去时代人类范围空间的出行方式，公开反抗"压缩了时空连续性，将人与自然地理脱钩"[41]的汽车。正如大卫·勒布勒东所述，步行可以是"一种抵抗行为，将缓慢、率性、交谈、沉默、好奇、友谊和无用的东西等许许多多奋力抵抗着制约我们生活的新自由主义情感的价值，封为特权"。[42]

在雷·布拉德伯里1952年的短篇小说《行人》[43]中，一名（白人）男子仅仅是因为走路穿行于市郊，就被警察拦下了。但这不仅仅是某本小说当中的情节。杰夫·尼科尔森讲过一个真实的故事：20世纪70年代，齐柏林飞艇乐队的巨星约翰·保罗·琼斯曾因在酒店外的洛杉矶街道上走路而被逮捕。"我没想到，"琼斯回忆道，"你不是在所有地方都可以走路的。"[44]

约莫15分钟后，我便离开哥伦比亚街的大片柏油路，来到了安静的住宅小街。其中有几段路，只有一侧有人行道，而且几乎没有行人。这里是战后建起的郊区，没有开展任何商业或零售业，也没有无休止的车辆。我拘谨的肩膀沉下来了，肌肉也开始放松。很快，无需穿越多大的障碍，我就会踏上一条泥土小径，穿过由彼得森溪切割开来的峡谷。四周灌木蒿丛生，棵棵黄松拔地而起。

我若厌倦了哥伦比亚街的噪音与压力，便会改走这条小路上下班。我还经常沿着彼得森溪谷的小路消闲解闷。每至春时，沿路的蝴蝶百合和野芦笋争先萌芽；山坡上，香脂根如向日葵般的花朵矗立其间。山蓝鸲、老鹰和草地鹨落此筑巢，还有黑尾鹿和黑熊也在这里安家。而作为一名步行者，我则感觉如同踏入家门，得以畅快呼吸。

这重重沟壑与峡谷，从物理意义上将坎卢普斯的各居民区分隔了开来，同时又通过他们所共享的土地，将居民们联结到了一起。步行者、远足者、观鸟者、山地车手，都以自己的方式享受着这片美景之地、消遣之地、沉思之地。按海德格尔的话说，在这里，我们可以"衡量"自己的归属，[45]并通过实践且带着感情地参与到一个被把握为**属我**的世界而理解我们自己。[46]这里所涉及的是巴什拉所讲到的"具体的、高度定性的空间"[47]，我们所"扎根"的"居住空间"或"生命空间"（vital space），我们想通过投入想象力、感受和记忆力来拥有并保存的"我们私人生活的地点"。[48]彼得森溪旁的小径，是我女儿曾想象着拥有小木屋的地方，也是我妻子发现草地鹨的地方——这是我对于此处的个人记忆。这些个人记忆，会通过其他人的个人记忆而将我与他们联系起来，也会将我与偶记于传说、神话和符号之中的共同的集体记忆联系起来。

巴什拉曾言："被想象力所把握的空间不再是那个在测量工作和几何学思维支配下的冷漠无情的空间。"[1]49我们对景观的依恋使我们能够为自己开辟出一个空间，一种无论其他空间在何种程度上与我们的空间相互交织，都不会被国家或整体（global）所完全淹没或吸收的"局部"（local）的感觉。即使在沃尔玛附近，丛林狼（以及在印第安神话中以"骗子"身份出现的郊狼）的踪迹亦未远去。在社会性意义的作用下，有人居住的生命空间从来都不仅仅是一副坐标地图。探索生命空间的最直接、最"颗粒化"的方式，便是迈开双脚，慢慢地，动用起身体的所有感官与空间的物理特征、社会动力、感情特质、氛围。

3 | 前方的路

"任何道路都有走入歧途、导入歧途的危险。"[2]50海德格尔如是说。在这场穿越坎卢普斯之空间与地点的漫游结束之际，想必细心的读者会注意到，我并未直奔办公室，而常在彼得森溪的小径上徘徊。勒布勒东所言极是，要想找到自己的方向，有时你必

---

[1]　引自《空间的诗学》，上海：上海译文出版社，2013年8月，张逸婧译，第27页。
[2]　引自《诗·语言·思》，北京：文化艺术出版社，1997年11月，彭富春译，第164页。

须得绕远路。[51]这条思考之路迂回曲折，在坎卢普斯之空间与地点中蜿蜒前行。现在，是时候按卜暂停键，回顾一番我所走过的土地，最终确定：这条路能否让我们了解行走如何揭示出邻里的物理、社会、历史与感情这些所有的不同层面。

对我来说，当我沿着这条小路行走，它的轮廓，无论是我脚下所踩，还是我所看到、感受到的，均被我的肌肉、感官和意识觉知（conscious awareness）所把握，有如笛卡尔那句著名的"我思故我在"一样不证自明、强烈。我对它们的经验，在一个共享空间的群体经验之中心，构建起了主观且个人化的绝对。踏在碎石、泥土或混凝土之上，我双腿肌肉疲劳，内心义无反顾，皮肤在风雨侵蚀与阳光照晒之中紧绷。正如索尔尼特所述，我行走着的身体证明了："与土地相遇的原始清净仍是可能的。"[①][52]这种身理的揭示模式，超越了我脚踩之地，延伸到了面对面接触的社会关系，以及邻里中可感知的情感的品质与氛围，甚至还有通过沿着前人所创之路行走而产生的历史感和记忆。

读完这些我在家乡土地上的考察，我们便能够大致了解本书所要讲的核心主题：行走与思考之联系——我将在下一章中就笛卡尔和伽桑狄展开研究；行走在现象学层面上带来的个人化的与环境的相遇——这种相遇差异之大，甚至，于对一个人（波伏瓦）来说是欢天喜地的远足，对另一人（萨特）而言却可能是冗长无休的跋涉；沿他人（布勒东）之脚步行走，如何等同于记起这人的经历；在自然界（柯尔律治、卢梭、尼采、伍尔夫）与城市间

---

① 引自《浪游之歌：走路的历史》，第294页。

（克尔凯郭尔、伍尔夫）的行走、遐想、想象与思考之联系；以及城市空间中的心理地理学和它具吸引力和排斥力的区域（波伊、波德莱尔、本杰明、德波）。

　　前方路标已就位。现在，我们已踏上哲人之路。

第二章

我行故我在：伽桑狄与笛卡尔的心身问题

哲学家们大多对一个问题不陌生——"心身问题"。这探讨的是人的心灵与身体之关系：心灵与身体究竟具有相异且独立的属性，还是仅为同一事物的两个方面？心灵与身体如何相互作用？我们又应当怎样认识心灵与身体？勒内·笛卡尔（1596—1650年）最先关注到了这一问题。他认为，心灵和身体是两个独立且相异的实体。在他看来，若这两者既独立于对方，又具有完全不同的属性，那怎么可能在人类的行动、感觉和情感之中，表现出一种相互作用的状态？

此后近400年，哲坛百家争鸣。从托马斯·霍布斯（1588—1679年）到保罗·丘奇兰德（1942年—　），帕特里夏·丘奇兰德（1943年—　），"消除式唯物论者"（eliminative materialist）认为，心灵可以"还原"（reducible）为物质，譬如神经的化学过程。[1]与之相反，在乔治·伯克利（1685—1753年）、约翰·戈特利布·费希特（1762—1814年）和R.G.科林伍德（1889—1943年）等唯心论者看来，所谓物质，实则为一些观念或者心理的运作。

　　大多数哲人在这两个极端之间寻求着答案。弗朗西斯科·瓦雷拉、埃文·汤普森等人所创的"具身认知"方法，是当前的领先理论之一。二人尝试从第一人称体验出发，保留人们的生活特性，同时将心理过程"建立在"身理过程之中，包括但不限于发生在中枢神经系统内的活动。[2]在上一章中，我们讨论了莫里斯·梅洛-庞蒂开创的现象学方法。该方法同样试图将意识经验置于身体的感知能力和运动能力之中，但并没有将心灵还原为物质。[3]

　　在这场似无休止的争辩之中，行走或不失为一种应对办法。圣奥古斯丁曾言"致知在躬行"（*Solvitur ambulando*）。2008年，我参加了荷兰艺术家赫尔曼·德弗里斯为纪念皮埃尔·伽桑狄而举办的一场徒步活动，期望能够加深自己对于身心关系的理解。伽桑狄与笛卡尔系同时代人，且互为老对头。对于笛卡尔那句著名的"我思故我在"（*Cogito ergo sum*），伽桑狄驳斥道"我行故我在"（*Ambulo ergo sum*）。

　　"我思故我在"最早出现在笛卡尔于1637年出版的《谈谈正确引导理性在各门科学上寻找真理的方法》中，后又出现在了他的《第一哲学沉思录》（1641年拉丁文版）或《形而上学沉思录》（1647年法文版）之中。笛卡尔的方法是：怀疑一切可以怀疑的事物，而无法被怀疑的事物则是真的。笛卡尔可以怀疑感官知觉，因为我们的感官常对事物产生误解（譬如，在我们看来，远处的大物体显得很小）。他甚至还可以怀疑自己身体的存在，因为在入梦以后，他会想象自己的身体正在活动且拥有知觉；而其实，他正静躺在床上，感官亦处于休眠状态。"或许，我甚至没有身体。"

但他无法怀疑一件事——自己思维的存在。他无法怀疑他正在思考，即怀疑、判断、决意、知觉……如果他在思考，那么他一定存在；即使不作为一个身体而存在，那么也至少作为一个"在思维的东西"（*res cogitans*）而存在，即"我思故我在"。我首先作为一个思想而存在。从根本上来说，我所知的并非事物本身，而是我对这一事物的观念（idea），譬如我对我身体的**观念**。因为，当我入梦后，梦中事物并不存在于我的思维之外；但无论我梦或醒，我的观念却都存在。⁴

笛卡尔的友人们将《第一哲学沉思录》的副本寄予了一些哲学家，向他们寻求意见，其中就有皮埃尔·伽桑狄。对于笛卡尔这一整套方法，他都不予认同。

首先，他不认同笛卡尔这种怀疑的方法。伽桑狄认为，人类可知的一切皆非不可怀疑或无可辩驳，但我们可以拥有对于实用目的而言足够可靠的知识。在伽桑狄看来，这种在实践时可靠的知识来自感官经验；而较之于心智运作来说，感官经验在指导我们认识外部环境时要更为可靠。

在我们的感官反应与外界刺激之间，存在着一种稳定且相当可靠的关系。感官知觉之所以可靠，一定程度上因为它们是被动的、非自愿的；它们不受我们控制，不由我们制造。反之，伽桑狄认为，心智所作的判断则是一种受意志控制的心理活动，这使得它更加多变、随意，且不可靠。我们无法对所感进行选择，但常能在心智层面选择是否接受这些判断——那些明显荒唐或矛盾的除外。在我们的心智作判断的过程中，意志可以发挥很大的影响。相比之下，我们的感官知觉并非自愿，且单论其本身——在心智作出任何判断之前——是无可辩驳的。我若推断我看到的绿色符合该景观的实际颜色，而非有色太阳镜片所产生的效果；那我可能是错的。但我对绿色的知觉本身，是不可怀疑的。在伽桑狄看来，笛卡尔尝试质疑感官真实性的思路完全错误。

对于著名的"我思故我在"，伽桑狄指出：

> 你可以通过你任意一个其他的行动——如行走，做出同样的推论，并说：我行故我在。因为我们通过［理性］[①]的自然光而知晓：任何会行动的东西，都是存在的。[5]

不仅如此，相较于我独立运作的智力，我的感官是更为可靠的现实指南。所以，我可以通过行走——而非思考，来更加确信我的存在。对于这一论证，笛卡尔回应道，我只能确定**我认为**自己在走路，而不能确定我的身体确实在走路，因为我可能只是在做梦，梦见自己在走路。[6]

荷兰艺术家赫尔曼·德弗里斯（1931年—　）[7]就是伽桑狄的支持者。德弗里斯创作了许多"自然保护区"（sanctuaries）艺术作品。在法语中，"*sanctuaire*"除了英语中的"避难所"和"圣地"之意，还可表示"自然保护区"。德弗里斯的"自然保护区"

---

① 引文中的方括号系作者添加的内容，而非引文原始内容，下同。——编者注

即非为人类所建，旨在保护神圣的自然不受人类干预而能悠然自如行其路。[8]其中一个建于2001年的作品，坐落在罗赫罗索——伽桑狄家乡迪涅莱班镇附近的一个废弃村庄。要去那里，需沿一条小路而行；小路旁有块石头，上面刻着"我行故我在"。德弗里斯曾言："伽桑狄所说的'我行故我在'，意在表明运动是生命的本质——运动、变化、机遇……只要有运动，就有生灵（living thing）。"[9]

德弗里斯解释道："'我行故我在'所强调的是运动，它给予行走者以机会去反思自己的行走。"让这人思考自己的行动（démarche）：他的行走、他的步态，还有他所选择的途径与方式。我们将在本书中读到，行走可以为一种"方法"、一种对于真理的探索，甚至是一种沉思、一种思考的方式。[10]可以肯定的是，行走不是在笛卡尔看来具有唯一性的思维，而是具身的认知，是一个在周遭环境中移动的活体（living body）之沉思；这一活体，正在其身体所居的物质世界中寻求着真理。

伽桑狄认为，因为行走涉及身体非自愿的感官知觉，所以较之于笛卡尔那样坐在房间内认真思考而言，行走不失为一种更加可靠的寻求自然真相的方法。德弗里斯希望，罗赫罗索自然保护区的步旅能够"促进反思与沉思的过程，这是设计的初衷之一"。[11]正如他所述："行走、移动、寻找并发现：它们能帮我们打开知识的大门。或许，你会在沿途发现比所寻之物更为重要的东西。"[12]对此，我很感兴趣。当时，我正好要去迪涅莱班附近参加一场会议，便决定亲自走走这条小路。

这段路可以说是充满挑战。道路的起点并没有设在迪涅莱班，而与小镇还有着相当一段距离。我不得不叫了辆出租车，即便如此，还是花了很久才找到路段的起点。上普罗旺斯高地自然地质保护区的手册介绍，这段路的步行时间为一个半小时，但并未提及它有着1400米的海拔爬升。不过，上面倒确实写着："要完成这段步旅，需要一定的努力。这是一番准备，一场来自大自然的浸礼（imprégnation）。"据我所知，山路的起点应立有一根金头尖桩，上面用金色镌刻着"静"（silence）。这一铭文，标志着这场步行思旅的开始。[13]在小径半途，应有排排金头尖桩围栏环绕着罗赫罗索村的遗迹。就这样，我沿路上行，开始寻找那根尖桩。

小路在一片松树林中蜿蜒而上。放眼望去，上普罗旺斯的阿尔卑斯山脉高耸入云，时隐时现。我爬呀爬，爬呀爬，逐渐发现一些地方十分陡峭，难度不小。在8月高温的烘烤之下，我很快就精疲力竭，气喘吁吁了，而且，一根尖桩都没找见。

当我看到提醒游客不要打扰俄罗斯东正教隐修士的标志时，便知道，自己接近山顶。这位隐修士住在一个为纪念《启示录》的作者——圣约翰而建的小教堂里。我很快就到达了小教堂——这也是整条路的一环设计。德弗里斯的这一作品，旨在揭示事物和自然的真相："我只求复原事物的真相"，揭示"事物本身"，[14]即自然；而自然本身，又是对一切生命物的揭示。[15]

从山顶望去，四周风景如画。整场步行充满趣味，令人兴奋，并揭示了许多东西：野生百里香与松针的清香、林中光与影的嬉戏、巍峨壮丽的山景；而道路之陡，也尽显于我劳累的双腿肌肉、肺部以及汗液之中。但是，沿途并不见金头尖桩的踪影，废墟村庄的周围亦未设有围栏，石块旁更没有用金色镌刻的"我行故我在"。我有些失望。

我需要喘口气儿。因为急于寻找德弗里斯设置的金头尖桩，我上来时走得飞快，现在疲惫不堪，只想找个地方坐下，休息一会儿，吃点东西。我找到了一块平坦的大石头，近乎完美——只不过，在它的正中间，插着一根金头大尖桩。

我简直不敢相信自己的眼睛，或是说我不敢相信我的眼睛在上山途中竟没有看到它；毕竟，它现在是如此引人注目。为什么这根尖桩在上山途中不易发现，而现在却又变得不容忽视？为了避免碰上尖桩，我只得坐在石块边缘。现在，这根尖桩的存在强行闯入了我的意识当中，而让我无法将其忽视或是不去察觉它。吃完午饭后，我沿原路下山。尖桩越来越多。由尖桩组成的栅栏，圈起了废弃村庄倒塌的墙壁。一根，两根，三根……除了尖桩还是尖桩。

欣喜之余，我很是困惑。这怎么可能呢？这是否与我的视线角度有关，或与光线照射尖桩的角度有关？不大可能。距我从它们身边走过还不到半小时，光线条件并没有发生改变。上山途中，我一直在四处张望，时而退回几步（为了记路好下山），所以这亦不能怪罪于我的视角。从看不见到看见，从"事物本身"的隐到显，这背后必有其他原因。

上山途中，我四处找寻，却找不见。我专注于寻找尖桩，又为攀岩的体力消耗所困，因而被自身的辛苦蒙蔽了双眼。无论是在精神上，还是身理上，我都过于努力了。也许这就是当德弗里斯说行走即沉思和反思过程的一部分时的思绪，如他所言，"或许，你会在沿途发现比所寻之物更为重要的东西"。我一直在寻找尖桩，但却发现：伽桑狄是对的。在感官知觉与运动之中，心灵与身体不可分割。

伽桑狄告诉笛卡尔，当他认为"我在"（即 *sum*）不是身理之事的时候，"你便不再将自己看作为一个完整的人，而是一个内在或隐藏的部件"，一个身体之感官、四肢与运动均无法触及的灵魂。[16]从我的身体之中，我的心灵找寻不到这样的庇护所、这样的保护区。[17]我双眼所能看到的东西取决于一种思考，而这种思考，绝不能同与身体密切相关、非常具体、对身体要求苛刻的行走之辛苦分离开来。我用我的腿与肺思考，我的思想被身体努力的意识所吸引，以至于我眼中的小径，只是通向前方之道、去往终点与目的地之路。我看不到**沿途**的事物，因为我一心**找寻自己的道路**。

在下山途中，我不再为体力所困，不再四处找寻，而终于得以**找见**。下山时，我的身体轻松了下来，同时又知晓自己所前往的地点。因此，我的思想得到了放松，目光得以游移并辨别出我在不知不觉中疏忽掉的尖桩。其实，在我发现第一个尖桩以后，其余的便也跃入眼帘，并以一种不可怀疑、无以避免地证明其实在（reality）的方式，给我的感官觉知留下了深刻印象。

然而，这样的结论未免太过草率。或许，笛卡尔反对伽桑狄是对的。我的感官远不是现实的可靠指南。在我上山途中，它们将我欺骗，且并没有通过自己的力量而将错误纠正。关键时刻，是我**认识到**感官的错误，意识到自己被误导之时。笛卡尔会反驳，与其说是我的双眼看到了我的错误，不如说是我的理智利用我的理性判断力，知觉（perceive）到了我的错误。我对错误的知觉，更类似于意识到自己在相加一串数字的时候算错了，而非仰望天空，看它在地中海阳光的映衬下显得多么湛蓝。

但这同样太过草率了。纠正我的错误并让我看到目标的，并非什么理智的抽象判断，而是我的身体，尤其是我的双眼。它们向我揭示了尖桩，又如是揭示了我的错误。我不能坐到我想坐的地方，因为尖桩在物理意义上妨碍了我。所以，并不仅仅是我**认为**自己错了，而是，我**看到**自己错了。

的确如此——笛卡尔便会回应，但这只能说明感官是不可信的：有时它们能揭示真相，有时则不行；除非人们能够确定感官是可信的，否则便完全不应信任它们。对此，伯纳德·威廉姆斯作过一个精辟的类比：你身处森林之中，一些蘑菇有毒，一些蘑菇无毒，而你不知道如何辨别蘑菇有毒与否。在这种情况下，精明的做法是不去吃任何蘑菇。[18]

但伽桑狄又会回应说，在一些情况下，若我们不信任自己的感官，那是会饿死的。一些食物适宜食用，而一些感官知觉则能够真实地呈现这个世界。事实上，我的感官把握着事物的真相。若要证明感官完全不可信，那我们就必须构想出一种我所有的感官都会被欺骗的情况：当一个感官知觉的错误不能被另一个正确的感官知觉所纠正时，我所有的感官知觉才会同时出现错误。这种情况很少发生。若从远处看去，我们可能以为一座方形的塔看起来是圆的；但当我们靠近它，便会发现我们的错误。我们可能以为水中的棍子在水线处是弯的；但若我们用手摸一下棍子或将其从水中拉出，就会发现它是直的。我以为在罗赫罗索自然保护区的小路沿途看不到尖桩，但后来通过视觉与触觉，发现那里确实有这样的尖桩。而一旦我有了这一发现，便不可能再怀疑尖桩真实地呈现于此。一种感官知觉可以纠正另一种感官知觉：我们可以用触觉来纠正基于视觉的错误判断（如水中棍的情况），亦或，之后的某种知觉可以纠正之前的。如果我们不能做到这一点，那我们所有的感官必然都是错误的，必然一直都是错误的。

那么笛卡尔又说了，确有这样一种情况，一种我们都熟悉的情况：我可能在做梦。这正是为什么"我行故我在"有问题，为什么我不能通过走路的行为而确定地推断出我的存在。笛卡尔如是说：细想一下，我好像身着睡衣，坐在炉火前，手里拿着这张纸；但事实上，我可能正赤裸身体，裹在被窝里，在黑暗中做着梦。我这坐在炉火前的梦，其生动程度可以如你所好；我可能会完全相信，感官貌似在向我传达的东西，正在真实地发生。但常有的情况是，在梦中，我完全相信，正发生着的东西是真实的。我们的一些梦离奇而超现实，让人产生怀疑；而另一些梦，则栩栩如生，无法与醒时的经历相互区分。

任何可能在现实生活中发生的事，都可能在梦中发生（但反之则不然），因此，不存在能够让我确定我正在经历的东西不是一场梦的"显著标志"。[19] 如此看来，我不能确定我真的在走路，因为我可能只是在梦到我在走路。如若我在走路，那么我便也存在；但若不确定前件（我在走路），我也就不能确定后件（我存在）。"我行故我在"没有，也无法拥有"我思故我在"的这般不可置疑性。

我的确常常梦到自己在走路。在这些梦中，我好像通过身体在空间中的运动而看到了事物与对象。这种运动使我的双眼能看到不同的景象，我梦中的视觉内容随我所想象的运动而变化。那么，如果我是在做梦呢？那么，我只能确定我的心灵对自己的行走有着某些**观念**：我只是**以为**自己在行走。[20]我完全不能确定我的身体是否在移动。正如笛卡尔所说，我甚至可能没有身体。[21]

是啊，这正是问题所在。我知道我拥有身体。炎热与身劳力竭之痛感，均为无可反驳的证据。不仅仅是在我的双腿之中，我喘息时的肺部、我被汗水浸湿的皮肤、我胸口与耳内的心跳声、我胃里饥饿的感觉——它们汇聚起来，化作为充分的证据、一个感觉与活过的经验（lived experience）之集合，且带着与任何一个孤立感官都不同量级的确信。若我只是一双眼，全部经验都限于视觉层面；那么，我在罗赫罗索自然保护区的真实所见与梦境之间的区别便很小了——如果有的话。视觉本身确实具有某种观念论意义上的品质：自柏拉图以来，它一直被哲学家们视为最为"哲学"、最为真实的感官。[22]但我的经验并不是观念性的，或者**仅**存在于视觉层面。它是伽桑狄所说的"整个男人"（或女人）的经验，不属"内在或隐藏"的灵魂，[23]而属整个身体：四肢、肠道、心脏、肺脏、皮肤、嗅觉、听力、触觉。

行走时身体的紧绷、为克服身体在陡坡上的阻力所作的努力、感觉与痛的非自愿属性，均在证明：我的经验并非是我单单想象出来的。这不仅仅是因为，通过将我的所有感官、我的具身性意识带入我行于其中的环境之显象，"行走"这一行为向我提供了比梦境更丰富、更生动的经验——尽管这也算是一部分原因；关键因素在于其中的痛。痛，生动而不由自主：我的想象力并未使它出现，我亦无法将它赶走。它势不可当地进入了我的觉知。而这，为我行走的具身经验注入了一种悲鸣与强烈——恰为心智上的玄思静观（contemplation）或梦所缺乏。

经验论者约翰·洛克（1632—1704年）和伽桑狄一样，认为所有知识均来自感官。[24]他同样通过非自愿疼痛之生动强烈，反驳了笛卡尔的梦境假说：

> 不过……如果还有任何人怀疑存心，不信任自己的感官，并且断言，在我们的一生中，我们所见，所听，所觉，所尝，所想，所做的，只是大梦中的一长串惑人幻象，并没有实在；因此，他就会怀疑一切事物的存在，或我们对任何事物所有的知识。不过我可以请他考虑……在**自然界中存在着的各种事物的确实性**，如果我们的**感官亲自证实**的，那么这种确实性不只是我们这身体的组织所能达到的**最大的确实性**，而且**它是和我们的需要相适合的**。我们的各种官能虽并不能……毫无疑义地对一切事物得到完全的，明白的，涵蓄的知识，它们只足以供保存自我营谋生命之用……我们这个做梦的人如果肯把自己的手搁在玻璃炉内，试试它的剧热，是否只是昏睡者想象中的一种浮游的幻想，则他会惊醒起来，确乎知道有一些东西不仅仅是想象，而且他的这种知识的确实性，远过于他原来所想象的。[①][25]

刚刚徒步登上海拔1400米的地方，你双肺焦灼，腿部发烫，

---

① 引自《人类理解论》，北京：商务印书馆，2011年6月，关文运译，第631页。

心脏猛跳。这时，你绝不会怀疑自己是**在世的**（alive）：你存在，拥有身体，且这不仅是单纯的想象。这不是梦，是现实。而这些强烈、非自愿的感官知觉，则是我们进入现实的途径。

洛克说，由感官经验产生的信念，"不只是我们这身体的组织所能达到的**最大的确实性**，且**与我们的需要相适合**"；除非通过抽象、哲学的方式，否则没人能去忽视或否认这般确信。这好比一个智力游戏：坐在书房，面向炉火，但不确定自己是眠是醒。而在现实生活中，譬如当我们走出家门时，这样的感官证词尤为强烈，难以抗拒；甚至于，我们无法往深了怀疑它，就像我们亦无法往深了怀疑"2+2=4"或一个三角形有三条边。我们只能**假装**怀疑这些显而易见、强烈无比的真相；而仅仅是去假装怀疑，并无法让人信服。

假设当所有感官都在断然一致地发言——且在一个感官知觉与另一感官知觉之间不存在差异或不协调之时，我们仍试图认真地怀疑感官的证词，那这就不仅是不切实际了，而是非常危险。不只有我的双眼告诉我，我爬上了一座山，还有我的双腿、双肺、心脏和沾染着汗液的眉毛。若要怀疑这一切，那我将不得不去认真思考这样一个命题：或许，我甚至没有身体。然而，我感觉的非自愿性、强烈性与一致性，恰阻止了我这么做。对心灵来说，不存在一处小小的庇护所，让它得以与身体分开存在而不受其影响。思维与整个身体——脚以上的整个身体，密不可分。

所以，伽桑狄是对的。**我行故我在**。行走为我们创造出一种对于自己和对于环境的身理觉知。这种觉知，亦如笛卡尔的"我思"一样不容置疑、不言而喻。这种信念扎根于感觉的非自愿属性，因而不可能在任何真正意义上被否定。当我在罗赫罗索徒步，我的一切觉知都与在我的身理感官和肢体之中发生着的一切密切相关。正如伽桑狄所言，**整个**人、心灵与身体，都在移动四肢，并呈现于其运动之中；都在感觉，并呈现于感觉器官之中——"活着，拥有感觉，四处移动，理解着"。[26]步行者是一个在活着、呼吸着、感觉着、移动着的存在；其运动感官、本体感觉，以及外部的视觉、触觉、听觉与嗅觉，都会一齐进入到觉知与思考之中。亦如迈克尔·邦德[①]所言，仅仅是为了走一条路，我们就需要由眼睛、前庭系统、肌肉和关节所共同协调的感官输入。[27]

步行者的思维，绝不是像大脑堡垒中的某些皮质小人[②]那样脱离身体而存在的；它渗透到身体的每根神经与纤维之中，从出汗的头部到酸痛的脚趾，从一个人的指尖到其腹部的最深处。觉知是具身的，而一个活着的身体是拥有觉知的。如果身体对其运动不具密切且绝对的觉知，那么我们甚至无法将一只脚放到另一只脚前面——那么，我们便无法行走。

若确如德弗里斯所说，"运动即生命之精髓"，那么行走便例证了这一原则。他的罗赫罗索自然保护区就是在邀我们尝试一种方法，在行走之时注意着行走这一行为本身，作为在"大自然的显示（manifestation）之中反思，揭示，玄思静观"的一部分。[28]

---

① 迈克尔·邦德（1926—2017年），英国作家、编剧、演员，帕丁顿熊形象的创作者。
② 皮质小人，一种绘制人体的特殊方式，其中人体不同部分的比例并非按真实比例确定，而是对应着大脑中负责该部位运动与感官功能的区域的大小。

无论是上坡还是下坡，我们都会觉知到行走是一个活生生的、在感觉着的身体运动。这身体是个综合的整体，而非某个独立运作的感官或离于身体而运作着的思维。我们的身体负责引路；它在犯错时，会自我纠正。这些纠正，不是受制于人的意志而控制的单纯心智判断，而是非自愿的感官经验的必然的自我证明。

当然，步行者的心灵也参与其中。但正如身体通过感官而拥有意识一样，心灵亦是具身的。对于经验而言，心灵与身体**在经验中**并非相互独立或彼此分离。德弗里斯同伽桑狄和洛克一样，将笛卡尔的身心分离论看作为一种抽象的心智思维过程的产物。它不能引我们走向真理，反而使我们离现实越来越远。行走着的身体，即运动着的思想。

这拥有感官知觉的身体，让我们接触到了一个充满偶然事实而不断变化的世界。我们无法先天（*a priori*）就知道雪是冷的或火是热的；但经验如是告诉我们，而且，现在的经验又会为以后的经验所补充或质疑。这种对于变化与可能性的开放性，是行走所例明的具身觉知的极大优势。[29]它能就我们实际所居的、处于变化中的世界带来新的经验，[30]而不是去寻求某些观念论的、不变的世界之确实性。

从笛卡尔的角度出发，他对自己是醒是梦而产生怀疑，倒也合乎情理。毕竟，他大部分时间都待在室内，且常常是躺在床上。传说他在躺着看一只蚂蚁穿过天花板的时候，发明了坐标几何（即通过一个带有 x 轴与 y 轴的图像表示出代数方程，以此用数学的方式分析运动）。而他伟大的洞见——"我思故我在"，则是他某天独自在一个温暖的房间里与自己的思维对话时所得来的，且对他来说，似乎正被他那晚所做的三个梦所证实。[31]

难怪笛卡尔是伟大的**内在性**哲学家——其意识以某种方式处于身体的庇护所内，从而亦受身体的庇护；因此，"身体的衰弱并不意味着心灵的破灭"。[32]甚至当他提出梦境假说，质问自己，为何会怀疑"我在这里，坐在炉火旁，身着冬季睡袍"[33]的时候，这一想法也会立刻出现。他在论证向我们呈现"事物本身"的是心智判断而非感官之时，举了一个例子：他从窗户往外看，看到有人穿过广场；但他纠正自己——严格来说，他看到的不是人，而是"可以掩盖自动机（automata）的帽子和大衣"。"所以，我以为我用双眼看到的东西，实际上只是为判断力所掌握"。[34]人们想要如是回答：只要你从椅子上起身，下楼到街上，与这些假定的自动机交谈，那你就可能既看到又听到他们是人；甚至，你可以与其中一人握握手来加以确定。

在室内，身穿睡衣，坐或躺在床上……这个将身体与心灵在形而上学上区分开来的人，似乎也在他的生活方式上将二者进行了区分。后来，笛卡尔成为瑞典克里斯蒂娜女王的私人教师，不得不在早上5点起床给她上课。在早起与斯德哥尔摩冬日严寒的折磨之下，他患上了肺炎，于1650年2月11日与世长辞。若还在世时，他能再在床上多待会儿就好了；这是这位"困倦者"（drowsy Man）的自然因素。年少时，他就被允许在床上度过上午，而他的同学们则在外上课、锻炼。这是他一生都在坚持的习惯，直到克里斯蒂娜女王迫使笛卡尔另行他是。他是个天生的好梦之人（dreamer），自然难以区分梦与醒的生活。若他少活于脑而多动于身，少处室内而多去室外，多迈开双腿，一览更加生动的大自然和人类同胞，那么，他可能会对身心关系产生不同的观念。

从罗赫罗索自然保护区下来后，我虽疲惫不堪，却沉浸于这穿越美景的艰苦步旅而兴奋不已。在迪涅莱班，我去博物馆参观了专为伽桑狄举办的展览，聆听了哲学家米歇尔·翁福雷的精彩录音，更深入地走进了伽桑狄的世界。我依然不能够理解伽桑狄结合伊壁鸠鲁主义和基督教的奇怪做法，但愈加确信一点：在现实经验中，"我行故我在"与笛卡尔所论证的"我思故我在"一样具有说服力，甚至是不证自明——它们都不可被反驳，但"我行故我在"的不可反驳性是通过感官，通过非自愿的、时而强烈的感觉所感受而来的。

直到目前，我还未能在任何心理学文献中找到我在上山途中没有察觉到尖桩的原因。许多研究的关注点都在于，当我们的注意力被其他需求吸引时，我们是如何无法察觉到某些事物的。但这些研究的对象都限于持续时间很短（以秒或分钟为单位）的现象，它们无法解释我是如何在几个小时的时间内一直忽略掉一排排10英尺（约3米）高的金头尖桩的。[35]而另一方面，一些研究表明，行走——尤其是在自然环境中行走，能够强化认知力与觉察力。我的罗赫罗索步旅给我留下了一个难题：高强度的行走与视觉觉察力之间有何关联？

所以，行走对从头到脚贯穿人体的觉知有着何种揭示？行走与记忆、感官知觉、想象力、富于创造力和哲理的思想之间，又作何关联？以上，我将在后面的章节当中一一展开。

第三章

循安德烈与娜嘉的足迹而行：追忆旧时

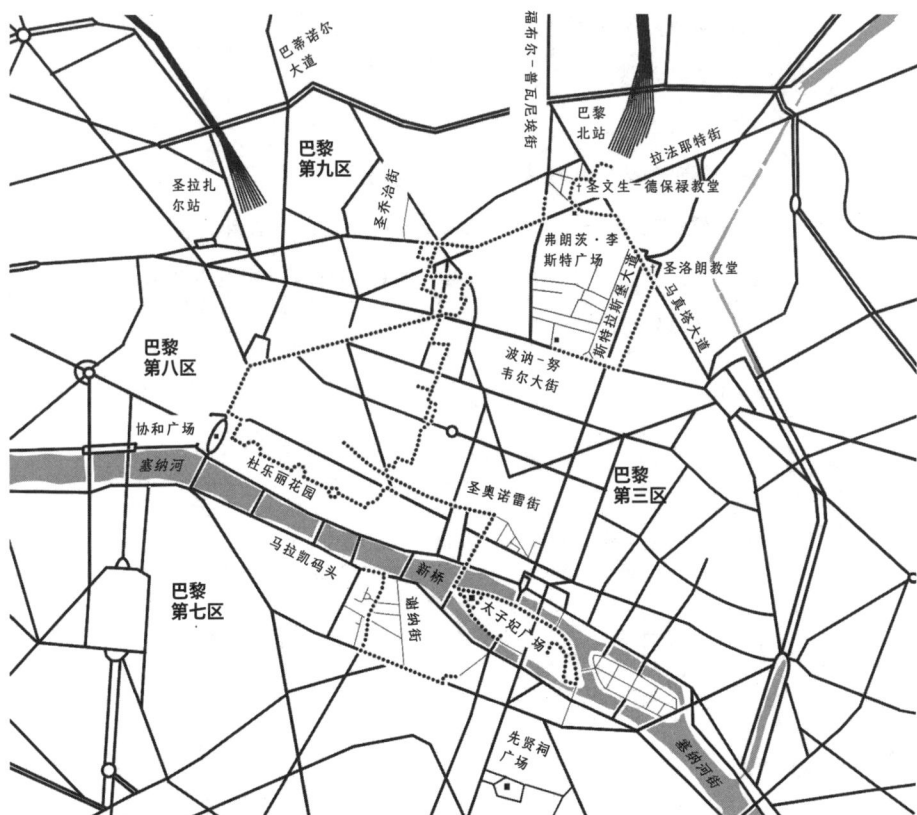

1 | 萦绕与记忆

在法语里，有句谚语："*Dis-moi qui tu hantes, je te dirai qui tu es.*"这句话的大致意思为："察其交友，知其为人。"但若作字面翻译，便是："告诉我，你与谁经常交往（haunt）[1]，我就能告诉你，你是谁。"[2]

娜嘉是安德烈·布勒东在机缘巧合之下认识的一名女子。布勒东将自己与她漫步巴黎的故事写成了一本诗意的回忆录，取名《娜嘉》[1]。这本书起于一个问题："我是谁……事实上，最终难道不就是要知道，我与谁'经常交往'？"[3]"经常交往"一词，布勒东写道，令他迷惑：

> 它的含义要比它表面上说出来的多得多：它让我在活着的时候就扮演一个幽灵（*fantôme*）的角色。当然，它所影射的是：我应当中止正在"**存在**"的那个人，才能成为我所"**是**"的那个人。[4]
>
> （*N* 11/11）

---

① 参阅董强的译者前言："法语中的'hanter'一词，既有'经常交往''纠缠'的含义，又有'鬼魂经常出没'之意，从而一下子就清晰地区分了阳界与阴界两个世界，以及两个世界中的'我'。真正的我，也许需要中止在表面上生活的、正常的、井井有条的、所谓客观的、'阳界'中的我，才能呈现出来。"——引自《娜嘉》，第3页。
② 引自《娜嘉》，第29页。
③ 同上。
④ 同上。

2008年，我来到巴黎，想要沿着布勒东在这本1928年的书中所记录的路线，重走布勒东和娜嘉在1926年走过的路。《娜嘉》与路易·阿拉贡的《巴黎的农民》和菲利普·苏波的《巴黎最后的夜晚》一道构成了三部关于行走、机缘巧合和"超凡之物"（the marvelous）的超现实主义巨著。[2]我若追随布勒东与娜嘉的步履，会否在他们的过去之中迷失我的现在，游荡街头，迷失自我，中止我曾是的那个人——而成为一道魅影、一只**幽灵**？这番追溯，会否让我"记起"他们所感知的东西，并在这一过程中回到他们的过去并与他们"经常交往"？重踏他人的脚步，能否复苏过去的记忆痕迹（memory-traces）？

我要讲的，是一个关于行走与萦绕的故事，或者说，是重访过去常去的地方，重新"萦绕"于它们旁边的故事。但我要重访的，并非自己的旧地，而是布勒东和娜嘉的。我想试着借助**他们的**眼睛去看巴黎，看他们曾看到的。通过我自己的眼睛，我能看到一些他们不曾看到的——自1926年以来的每一处变化；当然，亦看不到一些他们曾看到的——自1926年以来损毁流失的一切。

最重要的是，我想沿着他们走过的路，寻回他们**迷失的脚步**，再次找到（re-trouver）他们因机缘巧合而发现的东西：他们的"发现"（leurs trouvailles）。我要"寻找迷失的脚步"（à la recherche des pas perdus）。当布勒东把他所写的《迷失的脚步》[3]一书作为礼物送给娜嘉时，她说："迷失的脚步？可是，迷失的脚步不存在啊（il n'y en a pas）。"[1]（N 72/72）很久之后，当他们短暂的恋情步

———————

① 引自《娜嘉》，第87页。

入尾声时，娜嘉又对布勒东说："如果您愿意，我对您①来说可以什么都不是，亦或只为一个脚印（*une trace*）。"（*N* 116/116）。或许，布勒东和娜嘉的脚步并未迷失——或许，我还能重新步其旧印；或许，赫拉克利特②所说的"人不能两次踏入同一条河流"亦有例外。

对我来说，2008年的巴黎街道包含了娜嘉和布勒东于1926年留下的痕迹，尽管这些痕迹已被其他人经验的堆积所覆盖，又为环境的变化而抹去并盖写（overwrite）——正如，记忆痕迹也会以这种方式被后来的经验与知觉所覆写。我并不会无谓地幻想重游1926年的巴黎，但我希望，巴黎过往的幽灵会浮现于今日巴黎的下方，而重写本手稿③这个被过度使用的概念，亦能当一回适宜之词（*le mot juste*）。[4]

布勒东的记忆，早在1966年随他而亡，我固然无法直接步入其中。但他在《娜嘉》中留下的书写痕迹，包括他对娜嘉绘画作品的记录（*N* 211），或能够引导我进入一种无意识的记忆之中——在他同娜嘉走过的路线与地点中，这种记忆的痕迹依旧存在。我希望通过追寻娜嘉和布勒东的足迹而重新复活（reanimate）这些痕迹，并以此记起他们曾经的经历。嗯，娜嘉曾说，她为自己起

---

① 此处法语原文的人称代词是"您"（vous）。在书中，娜嘉并不是一直用"您"来称呼布勒东的。

② 赫拉克利特（约前544—前483年），古希腊哲学家，爱菲斯学派的创始人，认为万物都处于不断的变化之中，持对立统一观念；著有《论自然》，现有残篇留存。

③ 重写本手稿（palimpsest），指在有内容的纸张（多为羊皮纸）表面移走旧内容，叠加书写新的内容后所得到的手稿。

的名字是俄语中"希望"一词的开头（*N* 66/66）。

不过，我的这一希望大概有些奢侈，充满着"四处浪游"（out of the way）的气质。①5重寻布勒东和娜嘉无意中所经历的和所遇到的，比两次踏入同一条河流要困难得多。布勒东曾说，《娜嘉》所讲的是超现实主义者们所说的"客观的偶然"（objective chance），"那种以依旧十分神秘的方式向人展示着一种超越［其理解力的］必然性之偶然，尽管它被当作一种重要的必然性来体验"。6布勒东将 *trouvaille*（意外的发现）定义为：

> 一种解决方案之涌现。这个解决方案由于其本身的性质而不能沿平常的逻辑路径到达我们面前。在这种情况下，它总是一个过度的（excessive）解决方案，它严格适应，但又远大于所需。7

一个"意外的发现"只能是机缘巧合的结果：它是自然的、不确定的，无法预见、可能性小。8苏波通过《巴黎最后的夜晚》中漫无目的的游荡，同样找到了"被我们错误地称之为'偶然'的东西"的"惊人的无常变化"。最终，这些"偶然"在他眼前长得巨大，让他几乎可以"用手指触摸它"。9但是，依计划好的行

---

① 参阅《哈姆雷特》："到处浪游的有罪的灵魂，就一个个钻回自己的巢窟里去。"——引自《莎士比亚悲剧喜剧全集》，杭州：浙江文艺出版社，2017年10月，朱生豪译。

程寻求机缘巧合，似乎有些矛盾。

相较于以布勒东和娜嘉的常去地点为媒介而邂逅其幽灵的奢望，这种小困难便可以忽略不计了。凯伦·蒂尔写道："幽灵是真实的，亦是想象的，极具个性化且富感染力。当我们对它们的呈现持开放态度时，它们便出没于我们的社会空间。"[10]用米歇尔·德·塞尔托的话说，"没有哪个地方不受隐藏于该地的许多不同的灵魂所萦绕，人们可以选择是否'召唤'这些灵魂"。[11]这种萦绕打开了"当下之中的某种深度"，"一种日常城市生活之中……的怪异"。[12]过去几代人留下的痕迹，使每个地方都成了一个有着幽灵出没的地方，[13]并产生着"新的（且往往是意想不到的）空间、社会与现世的（temporal）影响"[14]——这些机缘巧合，即使当我们沿计划好的行程而行，亦能够引往全新的"意外的发现"。

追溯布勒东和娜嘉的脚步，即相当于传记作者理查德·霍姆斯口中的"侵扰"（haunting）："现在……对过去的有意侵犯或扰乱，或在某种意义上，过去对现在的有意侵犯或扰乱。"[15]由此看来，我将侵扰他们，亦如他们侵扰我。要偶遇他们的幽灵，我便必须成为他们的一员。雅克·德里达提出了一个著名的问题："追随一个幽灵意味着什么？而实质上，若是我们被那幽灵所追随，常常可能是被那追随者所纠缠，那又会是怎样？"[16]德里达的**幽灵学**（hauntology），即在阐述死者的亡魂（*revenant*）或幽灵（*spectre*）"通过归来（*en revenant*）而到来"，或者说"**通过归来而开始**"这段时间的逻辑。[17]根据幽灵学的逻辑，追随一个幽灵，追踪它，亦是被它所追踪并纠缠。

那么，若要跟随一只幽灵——追捕它、不断烦扰它、执着地追踪它，便需进入到一个时间颠倒混乱①的幽灵出没的领地。这个"不连贯或失调的现在"，处于当下的时间顺序之外，使得过去的东西成为未来的东西、将要到来的东西，即一种剥夺现在本身的共时性（*Mitsein*、contemporaneity 或 being-with）之可能性的回归。这种被去共时性的当下，让我的在场、具身的自我，能够实现我的现在与过去（即安德烈和娜嘉所历经的他们的未来）的共时性，从而与安德烈和娜嘉脱离肉身的灵魂同行或同在（*être-avec*）。[18]他们不仅是在活着时行走——正像霍拉旭所讲的一样，"鬼魂（也）常在死后行走"。②[19]布勒东、娜嘉和我，可以一同行走，"常相拜访"或相互纠缠。[20]

将一番行走的经验叠映（superimpose）于另一番之上，便形成了一种**重影**（double-vision）：通过他们1926年在巴黎的经验，看现今的巴黎；亦通过我现今行走于巴黎的经验，看1926年的巴黎。[21]这样一来，现在和过去、无意识的记忆与有意识的知觉，便能够几乎透明地叠加一齐，同时出现，而又互不掩盖对方。通过同娜嘉和布勒东走过的地方相关联的在场知觉，我将与作为一种活过的经验而回归于我身边的过去，建立起联系。只不过，这种活过的经验属于已不复存在者——归来的亡魂。

---

① 参见《哈姆雷特》第一幕（哈姆雷特的话）："这是一个颠倒混乱的时代，唉，倒霉的我却要负起重整乾坤的责任！来，我们一块儿去吧。"——引自《莎士比亚悲剧喜剧全集》。

② 参见《哈姆雷特》第一幕（霍拉旭的话）："或者你在生前曾经把你搜刮得来的财宝埋藏在地下，我听见人家说，鬼魂往往在他们藏金的地方徘徊不散。"——出处同上。

一方面，这里不涉及任何超自然的现象。正如利德克·普拉特所言，追溯他人脚步而行，可以是"一种参与到过去的具身方式；虽然这种过去不属于我们自己，但我们把它当作自己的过去来理解"。[22] 而另一方面，还有什么要比这更超现实的呢？苏波在他的巴黎漫游中，"无法分清想象和记忆之间的界限"。[23] 布勒东则如是定义"超现实"（surreality）："我相信人们将来一定能把梦和现实这两种状态分解成某种绝对的现实，或某种**超现实**，尽管这两种状态表面看起来是如此矛盾。"（*SM* 14/20）[①] 但或许，这种知觉与记忆之融合，过去对现在，以及盖写于过去之上的现在对过去的双重纠缠，才是世界上最日常而普通的经验。

2 │ 唤起亡者

现在的知觉是如何唤回过往知觉的？知觉与记忆之关系这个哲学问题，至少可以追溯至柏拉图在其《美诺》和《斐多》中所述的"回忆说"，[24] 再到 J. G. 德罗伊森的历史经验复得理论，以及后来克尔凯郭尔和海德格尔所说的存在性重复。克尔凯郭尔将"重复"称为"向前追忆"，认为所复得的过往决定和行为，并非已经完全结束的事情，而是一种对于当下的未来可能性之指示。[25] 所以，我将行至留有布勒东和娜嘉过往经历与行动印记的地点，由此而复得他们留给后人的经验可能性（experiential possibilities）。

复得过去的经验，并不意味着就能拥有两次相同的经验。这

---

① 引自《超现实主义宣言》，重庆：重庆大学出版社，2010年11月，袁俊生译，第20页。

种重复，不可能是直接且确切的（literal）——正如克尔凯郭尔在他的《重复》中所述，无论二次经历什么事情，当下的经验都会被首次的记忆所干扰。[26]虽然听起来有些矛盾，但只有新的东西，才能被重复："重复的辩证法并不深奥，因为被重复的东西**已经存在**，否则就不能被重复；但恰恰是已经存在这一事实使它成为新的东西。"[①][27]在马丁·海德格尔看来，真正的复得或"重复"（*Wiederholung*）不是试图复制**实际**存在的过去——就像是美国内战重演者[②]那样；而是从过去召唤出存在的**可能性**——这些可能性就其本质而言是未来性的，它们通过与当下的目标和需求建立起联系而重获新生。[28]因此，复得其实是一种记忆：通过召唤过去的经验模式作为现在的**可能性**而**重新激活**过去的痕迹，使过去借助未来的历时性回归（returns via the detour of the future），并作为**新的**形态显现——不是作为一个已经完成的现实，而是作为一种开放的可能性。通过复得娜嘉和布勒东过去的经验，将其作为我自己未来的未知可能性，我或能够把他们以亡魂的身份召唤回来，并"记起"他们的经验。不过，步行如何比直接阅读《娜嘉》能更好地达到这一目的？

现在，我们已经知道，行走是一种知觉社会与自然界的方式。其实，它还是一种记忆的形式。正如我在第一章中所引，丽贝卡·索尔尼特曾说，道路是"在想象力和欲望之中行动的痕迹"[29]，

---

① 引自《重复》，天津：百花文艺出版社，2000年7月，王柏华译，周荣胜校，第23页。

② （历史）重演（re-enactment），指历史爱好者出于教育或娱乐用途，穿上制服，重现某一历史事件。

它们构成了一种记忆的形式、"一种前行者的记录"[30]，以至于，"走同一条路是重述一件深刻的事；以同样方式行过同一个地方是成为先行者、与先行者共享同样思想的一种方式"。[①][31] 用大卫·勒布勒东的话说，道路是"镌刻在大地上的记忆，是无数个曾经出没于这些地方的步行者在大地的神经上留下的痕迹"，这使得道路"不仅是一种空间上的交流形式，同时也是一种时间上的交流形式"，并因此将现在和过去联系了起来。[32] 通过重走同一条路，我们得以回忆起烙印在景观当中的经验（思想、欲望、想象），[33] 重新激活过去的痕迹，[34] 重新唤醒一个地方过去的故事，将我们自己同过去居于此地者重新联系起来。[35]

不过，现在说这些为时尚早，咱们还是**一步一步地来**。这一切听起来可能相当隐喻，甚至是异想天开。通过走路就能记起他人活过的经验？这乍一听怎么有些好笑……我需退一步，在逻辑上先理顺这个问题。在下文中，弗洛伊德和德里达关于神经通路（neural pathway）和"痕迹的游牧工作"（itinerant work of the trace）所讲的，应对我们有一些帮助。但在讨论二人广受争议的理论之前，我想先引入一位无可争议的务实者——德国历史哲学家约翰·古斯塔夫·德罗伊森（1808—1884年）。德罗伊森曾以最为平实的方式解释过物质的历史痕迹如何能够被赋予生命，从而使现世者"记起"过往者的生活。

德罗伊森建议我们将感官知觉纳入考虑范围。感官知觉取决于"感官神经里的'特殊能力'，这些'特殊能力'使得我们的心

---

① 引自《浪游之歌：走路的历史》，第78页。

智收取到……外物的抽象图样（Zeichen）"。[①][36]从这些感觉图样当中，我们可以得到过去事件的"褪色的痕迹"："过去的事物中，那些在现实的此时此刻还没有消失的"[②]仍为物质的并影响着过去的人类活动的残迹（120）。过去本身，"**作为**过去的过去"，无论"它曾是什么样子，又变成了什么样子"，都已经**消失散去**，不复存在。但是，"调查研究时的洞察力"，即一种由知觉引导的直觉，能够"让既往痕迹焕发新生"。这些痕迹，便是被这样一颗好探索的心灵所知觉，从而构成了**被记起的**原始过去于**现今的**存在（120）。

射入眼睛的光线会刺激神经，从而在头脑中产生所见物体的**象征**。但这符号，并不是物体本身——物体依然处于头脑之外，在这个世界上它原本所在的地方。同理，构成过去活动的现存残迹的物体，亦可以作为"触摸、塑造、烙印"（121）这些物体的人的过往经验之**符号**而发挥作用。德鲁伊森说，这种重新激发和复活过往痕迹的力量，不是别的，正是**记忆**（121）。

个人化的记忆，让我们重新唤起我们自己的、个体化的过往痕迹，这便是记起一段过往。同样，**历史**记忆（historical memory），即史学工作者复苏（resuscitate）过去的人类活动和经验所留下的物质痕迹的行为，能让我们**记起**历史上的过去。正如个人记忆不能带来已经过去的过往**本身**，而只能为我们带来现在**对于我们而言**的过往，历史记忆只能为我们带来现在**对于我们**

---

① 引自《历史知识理论》，北京：北京大学出版社，2006年7月，胡昌智译，第9页。
② 同上。

而言的集体过往，而非真正的过往经验与活动——它们早已不复存在。布勒东曾言："已故之人会讲话，会再回来（reviennent）。"（Breton,"Alfred Jarry" PP 44/30）而正如德罗伊森所说，解读历史的目的在于"分析这些枯燥的、没有生命的材料，给它们注入活力，让它们恢复生命、重新讲话"（126）。在这一点上，狂野的超现实主义与清醒的日耳曼思想毅然并进。现在的问题是：我在巴黎的行走，**如何**复苏布勒东和娜嘉的经历？

　　虽然娜嘉和布勒东并未在人行道上留下可见的痕迹，但巴黎的街道能将我们与过去居于此地的人、他们的所作所为、这些地方对他们而言的用途联系起来，还能将我们与故事和传说所述的记忆联系起来——"这里，是布勒东和娜嘉第一次见面的地方。"按照德·塞尔托的话说，整座城市即是一个"巨型记忆库"——一个过去与现在的碎片之**拼凑**。[37]在这之中，无生命的物体"记得"那些活过这种过去的人无法为自己回忆（recollect）的过去。[38]由此看来，正如勒布勒东所言，"行走是对逝者漫长的祈祷，是与幽灵永不中断的对话。"而记起这些幽灵，即是使"时间本身"在与他们相关联的地点"层层沉淀，并化为沉积层"。[39]

3 ｜ 城市，通路，记忆

　　弗洛伊德认为，心灵就像是一座城市，所有不同的历史时代和地层都同时存在于此——"一个实体，曾于其中存在过的都不会消失。"这就好比奥古斯都·凯撒的朱庇特神庙与16世纪的卡法雷利宫，可以在同一地点、同一时间，共存于罗马。"在心理生活中，任何事物一旦形成，就永远都不会消失———一切都在一定程度上得到了保存，并会在适当的情形中再次出现。"因为，记忆的痕迹永远不会被消灭，而只能被盖写。[40]一座城市正好比一颗心灵：它的任何痕迹都未被化为虚无。无论这些痕迹如何被覆盖或者破坏，它们都还在那里，就像从巴黎（鲁特西亚①）到罗马的古罗马大道，正躺在现今的穆夫塔街下面。柯尔律治所称的"记忆重写本"[41]上的痕迹，永远不会被完全抹去，而会如托马斯·德·昆西所述的那样，虽不断被盖写，但即使是被"遗忘的阴郁尘烟"所盖住的痕迹，亦能够"在一道无声的命令下"被再度唤醒或者复苏。[42]一座城市便是一个巨大的痕迹贮存库。行走，则可以将它们连接成路而重新激活，构成丽贝卡·索尔尼特所讲的"一个城市之无意识———它的记忆"。[43]

心灵与城市均由许多通路（pathway）构成：神经通路、记忆痕迹、道路、**压痕**（impression）。柏拉图在《泰阿泰德》（191c–196a）中首次将记忆比作头脑中的物质压痕：

> 我想要你设想我们的灵魂中有一块蜡板……然后，我们可以把这块蜡板视为众缪斯之母记忆女神的馈赠。每当我们想要记住一个我们看见、听到或想到的事物，我们就把这块蜡放在我们的感觉和观念下面，让它们在蜡板上留下痕迹，就好像我们用指环印章来盖印一样。只要其中的图像还在，我们就记住并认识了所印的事物；而一旦某个印记被抹去，

---

① 鲁特西亚，巴黎的古名。

或者没能印上去，我们就遗忘了，不认识了。[①44]

包括亚里士多德、洛克在内的很多人都坚持认为，记忆是一种精神压印。这么想的人是如此之多，以至于这种想法已经变得十分"自然"。莱布尼兹尤为赞同这一隐喻，认为灵魂不仅带有过去的痕迹，还带有未来的痕迹：

> 如果我们能够仔细考察事物之间相互关系的话，我们就可以说，在亚历山大的灵魂中始终存在着曾经对他发生过的每件事情的痕迹，以及将要对他发生过的每件事情的标记，甚至存在着整个宇宙所发生的每件事情的印记，尽管只有上帝才能够完全辨认出它们。[②45]

若记忆同时具有过去的痕迹和未来的痕迹，那么时间的确是颠倒混乱的，并且会通过幽灵之萦绕原路返回——这幽灵之萦绕，能使我们**记起**未来。[46]

但印记隐喻仍有着缺陷：一个印记，如一个单一的脚印，是静态的，它能够被覆盖、遮蔽，甚至是冲淡，却不能发展成为一

---

① 引自《柏拉图全集（增订版）7》，北京：人民出版社，2017年4月，王晓朝译，第72页。

② 引自《莱布尼茨早期形而上学文集》，北京：商务印书馆，2017年12月，段德智编，段德智、陈修斋、桑靖宇译，第14页。此处略有改动。

条线或一条路；[47]直到弗洛伊德开始研究埃德加·阿德里安勋爵①在20世纪20年代首次提出的神经**通路**理论，[48]并提出了神经记忆通路理论。弗洛伊德的这一理论，有助于阐明城市的物理结构如何能够构成物质记忆，以及反过来，步行于城市的街道上，如何能够唤回先行者们的经验。

弗洛伊德在《超越唯乐原则》（1920年）中首次阐述了这一理论。[49]他写道，知觉意识系统（*Pcpt.-Cs.*）"由来自外部世界的［神经］兴奋（excitation）的知觉和只能在精神器官中产生的快乐与不快乐的感觉组成"。但拥有意识的头脑不会为这些兴奋保留任何永久的痕迹，因为永久的痕迹会干扰知觉意识系统注册（register）的兴奋。当知觉意识系统暴露于外部刺激之中，该系统里的兴奋便会过期，并被新的兴奋所取代——就像溪流中的水，会不断地被新注入的水所取代。而在另一方面，兴奋会在心灵的无意识系统（*Ucs.* system）和前意识系统（*Pcs.* system）之中留下永久的痕迹。这些痕迹，构成了记忆的基础。弗洛伊德的结论是，"对事件的意识和对事件的回溯性记忆"是不相容的过程，必须要分配给不同的系统来完成：为了使知觉意识系统中的兴奋成为永久的痕迹，它们必须被传送到无意识系统之中。[50]事实上，若记忆痕迹（*Erinnerungsspuren*）"在被留下时，未进入到意识当中，那么它们往往是最有力且持久的"。[51]

兴奋从有意识到无意识之通行（passage），正是神经通路的成因。当一个有意识的知觉转换为无意识的知觉时，它须克服阻力，

---

① 埃德加·阿德里安（1889—1977年），第一代阿德里安男爵，英国电生理学家，于1932年获诺贝尔生理学或医学奖。

留下"兴奋的永久痕迹，即易化（facilitation）"——该词的德语是*Bahnung*，指一条通道或道路（*Bahn*）之开辟。正如德里达在他的评注中所明确指出的，德语的*Bahnung*或法语的*frayage*均意指"开辟（道路）"，是神经兴奋的"传导路径"，同时也是被克服的阻力的"痕迹之追留"（the tracing of a trail）："这条路是破损的、带着裂缝的、分裂的（*fracta*），是被破开而成的。"[52]那么，记忆的痕迹即开辟的结果——兴奋由此打破了一条通向无意识的道路。在法语中，*frayer son chemin*意为"开辟自己的道路"。神经兴奋通过一个开辟道路的过程，被书写于无意识之上，使记忆痕迹成为无意识内部的一种精神路线图。按德里达的话说，"我们所思考的……是痕迹的游牧工作，它制定并遵循自己的路线；这痕迹自为着痕迹，为自己开辟着道路"。[53]

记忆痕迹的产生和其通路的产生，无论是在心理上还是在景观上，均可理解为一种书写或铭文。由此说来，通路与道路的开辟，即类似于记忆痕迹之产生。因此，道路和通路可以看作为记忆之物质的、外化的表达。[54]弗洛伊德在《关于"神秘手写板"的笔记》（1925年）中写道，在适当的条件下，保存在无意识记忆系统中的痕迹，仍是"清晰易读的"。[55]对于步行者来说，道路或路线图的"易读性"在于其可行走性（walkability）；步行是对于行程的"读取"，它动用起身体的感觉能力与移动能力，从而弄明白一系列相连痕迹的意义。同样地，步行者亦是通过沿着构成城市无意识记忆的通路而"开辟着自己的道路"，由此**记起**事物。

苏波说过，"时间不会抹去那些已经离去之人的踪迹，而更愿将它们隐于我们的视线之外"，直到"一种特殊的气味，又或许是空气中某些微妙的变化"，将这些不在场者唤回到我们的意识当中。[56]这便是我追随布勒东和娜嘉的踪迹而行走之目的。通过重循他们在巴黎街头的脚步，我将能够同时激活我自己的内在记忆之路与他们的内在记忆之路，并利用我自己的个人联想与显现于这一地方之氛围当中的幽灵来共同导航。

如布勒东言：**"在人的思想里存在着某一点，在这一点上……现实与虚幻，过去与将来……都不再是相互矛盾的。"**[①]（*SM* 123/72–73）。好了，不能光纸上谈兵。要想验证这一点，我须亲自追溯、亲自**记起**。

4 ｜ 追寻迷失的脚步

大卫·勒布勒东说过："对于任何一个了解某座城市或熟悉其街道的人来说，每条街道都有着属于自己的磁极。步行者们甚至在迈出第一步的时候，就会被吸引过去。"[57]对布勒东而言，亦是如此。如是，我打算从布勒东与娜嘉初遇的地方——波讷-努韦尔大街开始：

> 人们至少能够确定，可以在巴黎遇上我。只要在那里待上三天，就一定可以看到我在下午快结束的时候，在波讷-努韦尔大街和《早报》的印刷厂之间走来走去。我不知道为什么，我的脚步总是将我带向那里，几乎总是毫无任何确定

---

① 引自《超现实主义宣言》，第133页。

目的地走到那里。①

　　我在8月一个晴朗的日子里开启了这场步旅。彼时，天高云淡，风和日丽。我已经准备好，在这样完美的一天中，任自己被曾吸引布勒东行走的磁力而吸引。我彻敞心扉，期待迎接与超现实主义者们所说的"超凡之物"相遇的一切可能。

　　在斯特拉斯堡大道上，各路行人与我擦肩而过，其中不乏来自非洲和亚洲的面孔。周围，轿车与公交车的行驶声更迭不断。我开始思考：现在这人头攒动、车水马龙的街道，与安德烈和娜嘉那时的区别何在？在20世纪20年代，他们同样会遇到许多亚洲人和非洲人。其中，有来自法属殖民地的人，还有受美国种族主义之害的难民，如西德尼·贝谢和约瑟芬·贝克。在很久以前，巴黎便成为不同文化和民族的交会路口——时至今日，依旧如此。但我很确定，安德烈和娜嘉当时肯定没有遇到几乎填满了整条宽阔街道的机动车。

　　沿斯特拉斯堡大道前行，我路过了"欲望通道"（Passage du Désir）。这让我十分欣喜。超现实主义者们甚是喜欢这些"通道"（passage）和拱廊（arcade）。路易·阿拉贡《巴黎的农民》的第一部分，几乎就是一首对于歌剧院步行商业廊及附近其他由于奥斯曼大道的扩建而要被拆除的步行拱廊之颂歌。"通道"和"欲望"的结合，似乎亦非偶然。*passage*（通道）有着多种含义：过

---

① 引自《娜嘉》，第52页。

渡、通道、介于两者之间的地方、短暂的时刻、穿越的行为、文学或音乐的段落、一种变化、神圣的"过渡仪式"①、通过、超越、由从有意识到无意识的兴奋所开辟的通路。它既可以指一种**运动**，又可以指一处**地方**；既可以是行走，又可以成文字；不只成文字，还可能为音乐。黑格尔说，思想本身即运动或通行，是"一个自身转变的过程"②，是扬弃（法语：*dépasser*；德语：*Aufhebung*）它的现在，走向将赋予它意义和"真理"的未来。[58]在法语当中，*passage*还是*passager*的词根，意为"短暂的""转瞬即逝的"，即欲望本身向未来享乐所作的运动。而事实上，"欲望通道"也正是一个小型、带顶棚的购物中心，里面有着各类店铺，提供多种服务，也有一些非洲人和亚洲人。在今天的巴黎，类似的地方还有很多。

这些空间上的passages（通道），具有与诗歌文本相同的结构。文学理论家玛丽·安·考斯如是写道：

> 在一切文本当中……一个词语的空间同为其passage（段落）的空间。一条从一端通向到另一端的空间上的passage（通道）、一条从一种知觉状态到另一种知觉状态的精神上的passage（通路）、一条从还没有说到说完了的时间上的passage（推移），以及一个穿行于那一空间、那一知觉、那一时间之中的横向passage（通道）……对于超现实主义者而言，

---

① 过渡仪式（rites of passage），为人生进入一个重要阶段（如成年、结婚、死亡等）所举行的礼仪。
② 引自《精神现象学》，北京：人民出版社，2013年10月，先刚译，第12页。

passing（穿过）首先即一种徘徊——似那巴黎的漫步者、街头的冒险家，面对各种可能性，他敞开心扉。[59]

在此徘徊些许，我继续前行。

我紧接着走入了雅里街。考虑到阿尔弗雷德·雅里是超现实主义者们最喜欢的作家，这便显得更加巧合了。[60]阿尔弗雷德·雅里——后形而上学（pataphysics，或译：荒诞玄学）的发明者、《愚比王》的剧作家。后形而上学，即"不可能的解决办法之科学……超然于形而上学，亦如形而上学超然于物理学一般"[61]。而原超现实主义（proto-Surrealist）话剧作品——《愚比王》，更让观看了首演的W. B. 叶芝感到尤为忐忑不安，留下了那句著名的："自我们之后，只剩野蛮的上帝。"[①]雅里街其实算不上一条"通"道，但也并非死路一条。布勒东告诉我们，雅里很喜欢惹恼他的访客：要去到他位于皇家港大道的住处，需经过一段狭窄的死胡同（PP 43/29）。雅里还要求作家们"在句子的公路（route）上，让所有词语都成为十字路口"（PP 29/42）。雅里街：从马拉美到布勒东，从象征主义到超现实主义——一切词语的十字路口。

嗯，是的：雅里和斯特凡·马拉美。亲爱的读者，请允许我沿着自己的记忆联想通道，讲讲雅里在马拉美葬礼上的非凡故事。这两个人，是多么可怕的碰撞啊！在某些方面，马拉美可以说是

---

① 参阅叶芝完整的话："After Stephane Mallarmé, after Paul Verlaine, after Gustave Moreau, after Puvis de Chavannes, after our own verse, after all our subtle colour and nervous rhythm, after the faint mixed tints of Conder, what more is possible? After us, the Savage God."

有史以来最谨终如始、一丝不苟、克己慎言的诗人了。其任一首诗作，都可以说是文字和图像的精妙组合。而雅里，天生带着一股无以管束的力量，狂放不羁、离经叛道、不喜克制。他创造了新的文字、新的语言，它们污秽而荒诞。若他的口袋里装有一把左轮手枪，那么他无需任何理由，便可能朝哪里来上一枪。这也为布勒东对于超现实主义之终极行为那臭名昭著的定义做了铺垫：拿着左轮手枪走上街头，然后朝着人群随意开枪（*SM* 74/125）。1898年，在枫丹白露附近的一个偏远郊区，马拉美的葬礼如期举行。现在，让我们来偷听一下雅里对于当时情形的描述吧。（当然，这些文字全部基于作家马克·弗鲁特金的想象，出自他关于诗人纪尧姆·阿波利奈尔的小说之中）

　　是的，我去了。时逢9月初，秋高气爽。我骑车出了门……那天的阳光很不错，但出于某种原因，我在出门前一把抓上了雨伞。后来，当坟墓里马拉美的棺材一点点被泥土填盖之时，一名年轻女子往这深渊里撒了一把白玫瑰的花瓣。我顿然感到一股冲动，撑开了我的黑伞，并在送葬人群惊愕的目光中，将这伞直接扔进了坟墓。它静置于白色花瓣雨中，宛若一朵巨大、硬挺的黑兰花。挖土的工人停下了动作，盛满土的铁铲悬停空中。他看了看年轻的寡妇——毕竟，整个仪式都是她出钱筹办的。"我应该继续吗？"他问道。"嗯。"寡妇盯着墓坑，头也不抬地回答道。"但是，夫人，"工人追问，"坑里有一把伞，我不知道这样是否可以继续。"这一次，寡妇转过身来，瞪着他说："坑里当然有一把伞。继续。""哦……"

泥土撞击着紧绷的伞布，不停地发出声响。这声音沉重而清晰，空洞又单薄，带着某种莫名其妙的荒谬。整整六铲土过后，我忽地产生了一种想取回我那把宝贝雨伞的欲望，这感觉是如此强烈，好像乌云要在顷刻间涌入蓝天——这当然不会发生——虽然我确实认为，明后天天气就要转阴了。于是，我纵身跳向墓坑。在场的几位女士以为我伤心过度才做出了这样的举动，吓得小声尖叫了起来，似有串小鸟从她们嘴里飞出。土坑下面凉飕飕的，比上面冷多了。挖土的工人俯下身，伸过手，要拉我出去。我举着伞，站在原地，不知所措。送葬的人群对我这般疯狂深恶痛绝。他们就像文明男女一样站在坟墓对面。我一个人站在墓坑里。然后，我哭了，像古希腊的女人那样号啕大哭，完全不想控制一下自己的情绪。我的鼻涕哗啦啦地往下流，直流进自己的嘴里。上面的人已经厌恶我到了极点。我好像看到罗丹正盯着我看，眼中写满了震惊与厌弃。但我依旧大哭不止，浑身上下都因为剧烈的抽泣而开始发痛。恍惚间，我抬头看到自己的自行车正靠在树边。我这才平静了些。我好像看到了马拉美骑着自行车穿越冥府的画面。我陶醉其中，甚至笑了出来。我笑得深沉、骇人，却又凄美无比；我的笑与哭简直是一般热烈。现在，他们知道我疯了。只见所有人都张着嘴，互相对视——除了那位寡妇。她独自站着，透过面纱，凝视墓坑，是那么一尘不染，那么美丽纯洁，又是那么黯然神伤。我迈开腿，向自行车跑去，手里依旧抓着我的伞。我跳上自行车，拼命地朝墓边人群蹬去。他们转过身来，像红海的水一样分叉开来，给我让出了一条通道。我带着痛苦的哀号驶入坑中，撞上土壁，一屁股坐到了被撞倒的自行车上。雨伞随之滑脱，正掉到了我脑袋上面。我已经分不清自己是在笑还是在哭了。挖土的工人又一次向我伸来了手。一位警官正等着我。他往坑里探了探头，看了看那辆被撞坏的自行车，又看了看拿着伞的我。他摇了摇头，问惊讶的人群道："死者是位诗人？"最终，我向警官保证，不会再回来。然后他把我领到了大门处。我想给他小费，但被他拒绝了。"我不是服务生。"他说。[62]

雅里本人确实没再回到葬礼现场，但他不断作为一只亡魂复返巴黎。一部分原因在于他那些经历的物质痕迹——现在，这些痕迹具身于景观之中，从而能够复苏于路人的遐想之中；还有一部分原因，要归功于布勒东关于雅里的写作。布勒东曾借给娜嘉一本《迷失的脚步》。除了其中引用的一些雅里的诗文之外，还有什么能引起她的注意呢？（*N* 72–73/72–73；*PP* 41/28）。在这里，在雅里街，我重新遇到了那一点点的客观的偶然，在重温它的同时，寄希望于获取后形而上学所说的不可能的解决办法。那过去的微光，已在我所活的当下开始消解过去与现在、死者与生者之间的壁垒，让死者得以通过我这一媒介而讲话。

从这段关于雅里的遐想之旅中回过神来，我才发现，斯特拉斯堡大道不过是一条平凡、热闹的巴黎街道罢了。它既不是什么康庄大道，也不是什么迷人小巷；既非富人一身时装招摇而行的购物大街，亦非熙熙攘攘的商铺一条街。它仅供行人与汽车通行，是一条纯粹的**通道**而已：论这点，它相较于"欲望通道"来说倒更像是一条"通"道。我同来往车辆一道穿行而过，心中默默期盼，现今的媒介亦能通过某种方式，帮我找回逝去的时间。我无需等待多久。

在忠诚街（若从胡闹且后形而上学的角度来品味这个名字，这便代表了欲望的终结）的对侧，我发现了一座教堂。布勒东是在这座教堂前第一次遇到娜嘉的吗？并不。但这座教堂——圣洛朗教堂，亦引我走上了一条自由联想的道路，一路回到了我的童年。不只有加拿大第一大河流①的名字来源于圣劳伦斯，还有劳伦森地盾、劳伦森彩色铅笔——就是那个包装上画着雪中小木屋的彩色铅笔。圣劳伦斯海道；安大略省和魁北克省；小木屋烟囱上的袅袅炊烟；对严冬与枫叶糖浆的思念……我在开辟（*frayage*）布勒东与娜嘉走过的街道之时，亦打开了自己的记忆通道，仿佛进行了一场时空的位移，远离了8月的巴黎，通过浸入过去（在这个例子中，是我自己的过去）而使得我的现在非共时（non-contemporaneous）于其本身。

我沿着娜嘉和布勒东的足迹，左转来到了马真塔大道②。这条大道比斯特拉斯堡大道更加宽敞繁华，同样嘈杂万分，让人毫无久留的欲望。我沿斯特拉斯堡大道的方向朝巴黎东站看了一眼。这个建于19世纪的火车站，外墙雄伟挺立，面前的广场宽敞通达，像是吸铁石一般召唤着我……也只有对于娜嘉和布勒东

---

① 圣劳伦斯河（Saint Lawrence River），系加拿大流量最大的河流，而非加拿大长度最长的河流。
② 马真塔大道，得名于1859年6月4日在意大利马真塔附近进行的马真塔战役。

的忠诚，才能让我抵挡住那个美丽火车站的诱惑了。我的这般忠诚很快就得到了回报。我从马真塔大道拐进了一条不起眼的小路——小旅馆路。顺着这条小路，我很快就来到了弗朗茨·李斯特广场——1926年的拉法耶特广场。广场的北端矗立着圣文生-德保禄教堂。这位圣人以其对穷人的慈爱和悲悯而受人尊敬——考虑到娜嘉的许多不幸都来源于她的贫困，这一点不容忽视（*N* 142/142）。

1926年10月4日，布勒东初见娜嘉，便是在这座教堂门口：

> 她走路时头仰得很高，与其他路人都不同。她是那么纤弱，走路时，好像几乎不触及地面……我从未见过这样的眼睛——在如此美妙的眼睛中，会发生些什么呢？它们反射的是怎样幽暗的神伤，又是怎样明澈的骄傲？ [①]
>
> （*N* 64–65/64–65）

古希腊人云，人们可以从走路时双脚是否接触地面而识别出女神。在布勒东第一次遇到娜嘉时，她便已经有了那种介于凡人与神灵之间的精神气质——这一点，升华了几乎没被她的双脚所触及的地面。布勒东为她的眼睛、她神秘的微笑（*N* 64/64）[63] 和她行为的"轻快"（*légèreté*）所沉醉了（*N* 71/71, 94/93）："那么纯洁，那么没有人间的牵系，那么看轻生活，而且是以一种那么美

---

① 引自《娜嘉》，第12页。

妙的方式。"①（N 89/90）。

那么，娜嘉到底是谁？在缺乏大量传记资料的情况下，各路作家尽情地用想象填补着这块空白。丽贝卡·索尔尼特称她为"缪斯与妓女，城市之化身"，并没添加什么个性描写。[64]梅林·科维利也将她塑造成单纯的巴黎之象征，除了布勒东对她足迹的记录外，再没新添什么内容。[65]劳伦·埃尔金笔下的娜嘉，是"一个精神不大稳定的年轻艺术家"，为布勒东所"跟踪"和"勾引"。[66]曾为布勒东作传的安娜·巴拉基安，则认为她是"从［布勒东］口中说出会显得过于以自我为中心的话"的代言人。[67]似乎，没有人选择把她当作一个拥有独立人格、思想和感情的人物来处理。

布勒东的确是把娜嘉神话化了：他将她与斯芬克斯怪（N 77/78; 105/105; 112/112; 167 n. 47）、梅吕西娜和赫莱娜·史密斯（N 79/79–80）相提并论。传说，梅吕西娜是一个能够每周化变为蛇女的人，且据布勒东说，亦曾为一个"迷失的女人"，但在与情人经历了一系列磨难之后"重获新生"（N 106/106; 169 n. 64; 184）。赫莱娜·史密斯则是1900年前后著名的"灵媒"。可惜，我们只能通过布勒东的书来听娜嘉讲话，欣赏她那些天真无邪、令人回味无穷的画作（N 106/105）。[68]当布勒东问她"你是谁？"的时候，娜嘉回答"我是游荡的灵魂（l'âme errante）"（N 71/71）②[69]：四处游移、不可把握、难以捉摸、变幻无穷（N

---

① 引自《娜嘉》，第103页。
② 引自《娜嘉》，第86页。

197）——这正是超现实主义者理想的缪斯。

但无论布勒东笔下的娜嘉在何种程度上成为他的观念与理想之载体，娜嘉其人，都是一个真实的、有血有肉的个体。[70] 她于1902年出生在法国里尔附近，原名莱奥纳 – 卡米尔 – 吉斯兰·德尔古。二人相识那年，她24岁，布勒东30岁。她可亲但虚弱的父亲最早是名排字工人，后来转行成了巡回推销员；她贤惠但乏爱的母亲在一家工厂工作（N 66–67/66–68）。他们一直都不怎么有钱。莱奥纳在18岁的时候生了一个孩子，但在21岁搬往巴黎时，没有把这个孩子带在身边。在首都，她很难找到一份有着体面工资的工作。这长期"紧巴巴"的生活（N 197）让她的健康每况愈下，变得体弱多病（N 70/70）。她大概是靠打杂工、转卖"仰慕者"送的礼物而勉强维持生计的。为了支付房租，她很可能为别人提供过性服务，甚至偶尔还走私过毒品（N 91–93/91–92）。

布勒东曾描述她"穿戴优雅"，一袭黑红色套装，搭配丝袜与得体的鞋子，佩戴漂亮的帽子，头发也梳得整齐（N 72/72）。但在他初遇娜嘉/莱奥纳的那天，她还是一副头发凌乱、衣衫褴褛的样子（N 64/64）。曾为布勒东作传的马克·波利佐蒂表示，莱奥纳还有一张未公布于众的照片，其中可见她留着一头暗金色的卷发，椭圆形的脸蛋上镶嵌着丰盈的嘴唇，一双眼睛似是半睁半闭（参见 N 108）[71]，透着好奇与坦诚，同时又暗含悲伤。她便是这样带着一种能让人放下戒备的率真和直接，盯着看她的人的。当她笑起来，两颗小龅牙若隐若现。[72] 好像相较于美艳，她有的更多的是一种迷人的魅力。同为超现实主义者的皮埃尔·纳维尔形容莱奥纳有着"一双会改变形状的神奇眼睛",说她是个真正的怪女人。[73]但无论现今还流存着什么关于娜嘉的证据或者记录,我们了解她那独特个性的主要来源,仍是布勒东的书。现在,让我们回归到布勒东的叙述中来。

布勒东并没有透露,他和娜嘉具体是如何从法耶特广场走到他们的下一个目的地——巴黎北站的。所以,在没有任何痕迹引路的情况下,我不得不去想象他们走过的路线。我选择了一条非常安静的小路——费奈隆路,接着是同样安静的贝尔松斯路。我仿佛是受这些宁静的避风港之邀,尽情徘徊于狭窄的小路和19世纪的公寓楼之间。这些上了年头的建筑,好似并没有因环境的风云变幻而发生什么变化。我多希望,他们当时也选择了这条以费奈隆神父——弗朗索瓦·德萨利尼亚克·德拉莫特-费奈隆(1651—1715年)命名的街道。费奈隆神父是天主教康布雷总教区的大主教——一个善良温和的人、一位神秘主义者,也是教育小说《特勒马科斯纪》的作者。这部小说深深影响了18世纪的一位巴黎住客——让-雅克·卢梭。[74]在这里,我**几乎**能够想象,我真的通过循行娜嘉与安德烈的足迹而看到了他们当时所见的街道。

跟着他们的脚步,我又回到了车水马龙的马真塔大道。当时,娜嘉说她要去和那里的一名美发师约会,他的店就在斯芬克斯酒店旁边(N 64/65, 103–105/104–105)。但后来,她又向布勒东承认,自己那天的行走其实并没有什么特定目的地。接下来,他们去了巴黎北站的一家咖啡馆。于是,我穿过马路,直奔康比涅街。这条街不怎么长,但连接着拿破仑三世广场和巴黎北站前的敦刻尔克街——来自火车站的旅客、去往附近咖啡馆的顾客熙来攘往，穿行于这条街上。我在火车站广场对面发现了一家餐厅。店铺的外墙上挂着一块毫无遮挡，亦没有被翻新过的石板，板上镌刻的咖啡馆旧名清晰可见——"北部总站酒店，餐厅"（Hôtel Terminus Nord, restaurant）。或许，这就是娜嘉和布勒东最后去的那家店。娜嘉曾在里面喝着咖啡，向布勒东讲述她的过去，她那手部畸形的前恋人、她的贫穷、她的漫无目的（N 65–70/65–70）。"他们步伐的偶然性"，将他们引向了"狭窄的福布尔–普瓦尼埃街"。在那里，娜嘉失望地得知布勒东已经结婚了（"结婚啦！啊！那……算了"[①]）。她跟布勒东说，他那关于为人类腿脚"解开脚镣"的伟大想法（N 69/69）"真是一颗星星"。她说："您在走向那颗星星，您一定会达到那颗星星那里的。"[②]（N 70–71/70–71）布勒东很感动。他们约定第二天在拉法耶特街和福布尔–普瓦尼埃街交界处的新法兰西酒吧见面。这里，也是我第二天的出发地。

　　新法兰西酒吧曾经所在的地方现在正开着三家不同的商铺，其中包括一家门脸很小的咖啡馆。这里看似不起眼，却有着独特的魅力。福布尔–普瓦尼埃街上的一块牌匾告诉我，这片地区之所以叫"新法兰西"，是因为这里的军营曾收容被派往新法兰西（现在的魁北克）服役的新兵。邻近的建筑上，还嵌着一小块魁北克盾徽的浅浮雕。沿记忆之路径，我再次寻回了圣劳伦斯河和我的祖国加拿大。

---

① 引自《娜嘉》，第 85 页。
② 同上。

10月5日，布勒东与娜嘉约定在新法兰西小酒吧见面。娜嘉提前到了，衣着得体，妆容优雅（N 72/72）。布勒东给她带了两本自己的书，《迷失的脚步》和（第一部）《超现实主义宣言》①。娜嘉提供了一条关于她真实身份的线索：一位美国友人"为纪念自己已故的女儿"而管她叫"莱娜"。但有时，娜嘉实在受不了被这么叫："不，不是莱娜。是娜嘉。"②（N 73–74/73–74）她开始用亲密的"你"（tu）来称呼布勒东，还教了他一个游戏："闭上眼睛，说点什么。随便什么，一个数字，一个名字。就这样……两个，两个什么呢？两个女人。这两个女人什么穿着？黑衣服。她们在哪里？在一个公园里……"③（N 74/74）如布勒东所述（N 74n/74n），娜嘉的游戏接近"超现实主义愿望的极限"。事实上，它与超现实主义游戏"优美尸骸"（Exquisite Corpse）非常像。一个人先在一张纸上写下一个单词，把纸折起来，让别人看不到这个词，然后再由下一个人按照固定顺序的词性写一个单词（英文版"优美尸骸"的顺序为：形容词—名词—动词—形容词—名词），得到的结果（比如"优美尸骸喝新酒"）揭示了"客观的偶然"的运作方式，即多种外部环境的偶然结合。其中，一个人无意识的思想经由无意识之力而与另一个人无意识的思想联系了起来。布勒东很是惊讶：娜嘉竟自己想出了一个规则与"优美尸骸"如此相像的游戏。

他和娜嘉约定，次日下午5点30分在新法兰西酒吧见面。10

---

① 1924年，布勒东撰写了《超现实主义宣言》；1929年，又撰写了《超现实主义第二宣言》。
② 引自《娜嘉》，第88—89页。
③ 同上。

月6日下午4点左右，布勒东就离开了他位于方丹街①的公寓，所以还有点时间去逛一逛。他先去了歌剧院附近，然后一反往常的习惯，右拐进入了修塞当坦街②。在那里，他撞见了娜嘉（N 76/74–77）。娜嘉显得有些不安，且跟初次见面那天一样衣衫不整。她承认，她原本不想来赴约。

他们走进了一家小酒馆。娜嘉正拿着《迷失的脚步》，里面《新精神》一章的书页被剪掉了（N 77/78）。那章（PP 96–98/72–73）讲的是阿拉贡和布勒东对另一个酷似娜嘉之人的迷恋：1月的某天，他们在波拿巴路③偶然遇见了一个穿着怪异，有着"不寻常之美"的女人。她"眼睛很大"，身上散发着些许神秘的、"非常迷失的气质"。阿拉贡和布勒东将她比作了斯芬克斯怪（PP 97/73）。让娜嘉很失望的是，布勒东拒绝为这件事作进一步的说明。后来，二人按照娜嘉的建议，从小酒馆打车到了布勒东《可溶解的鱼》一文中一个场景的发生地。《可溶解的鱼》是一篇如梦似幻的"无意识写作"集，附在第一部《超现实主义宣言》之后。

布勒东以为，娜嘉所想的是发生在圣路易岛的场景，但她让出租车把他们带到了西提岛的太子妃广场④。那里被布勒东称为

---

① 方丹街，得名于皮埃尔–弗朗索瓦–莱奥纳德·方丹（Pierre-François-Léonard Fontaine，1762—1853年），他是法国新古典主义建筑师、设计师。
② 修塞当坦街，得名于曾经的当坦酒店（hôtel d'Antin）。
③ 波拿巴路，得名于法兰西第一帝国首任皇帝拿破仑·波拿巴（1769—1821年）。
④ 太子妃广场，译自 Place Dauphine，Dauphine 在法语中意为"太子妃"，该广场由亨利四世为庆祝儿子路易十三的出生而命名。

"我所知巴黎最隐蔽的地方之一，是巴黎最糟糕的空地之一"①
（N 79/80），同时也是《可溶解的鱼》中另一场景的发生地。日落时分，他们在广场的一个酒商那里用了晚餐。布勒东说，娜嘉第一次表现得有些"轻佻"。她想象有一条隧道正在他们的脚下，穿过亨利四世酒店，一直延伸至司法宫。娜嘉盯着一幢面向广场的房子，指向它黑漆漆的窗户，预言道："一分钟以后，它就会亮了，它会是红色的。"②她的预言应验了。一分钟以后，窗户确实亮了起来，透过红色的窗帘，呈现出红色的暗光（N 81–82/83）。

娜嘉似乎为死亡所困扰（她想象自己能看到死人的幽灵，还有一个声音在跟她说："你要死了！"）。娜嘉想往巴黎古监狱那边走。这座监狱很久以前是座王宫，后来被改成了监狱，在1789—1795年的革命期间关押过玛丽·安托瓦内特。之后，娜嘉又想要去警察局。她走进警局的院子，像是在寻找什么东西："不是这里……"她叹道（N 81–82/83–84）。她的目光转向一扇朝向壕沟的窗户，然后便不再往别处看，双手紧紧抓住栏杆不放。半个多小时后，布勒东终于让她松开了手。他们朝卢浮宫走去，经过新桥时（N 85/85），娜嘉靠在一个石栏杆旁，盯着塞纳河的水面看。她看到水面反射出了一只手。她担心布勒东会觉得她患有精神疾病，坚称自己没有病（N 87/85–86）。

这段文字精彩地描绘了娜嘉那具先见性的预感、快乐与恐惧

---

① 引自《娜嘉》，第95页。
② 引自《娜嘉》，第97页。

不安之混合，以及她身上那股纯粹的不可预见性。而巴黎古监狱和警察局，似乎预示着她要被关进精神病院的结局。在《可溶解的鱼》一文里发生于太子妃广场的一个场景中，布勒东"与一名柔弱而世故的女子在一起待着"，她同娜嘉很像，不时口出妙语，比如"深情一吻瞬间忘"。[75]这句话让娜嘉回味无穷。她说，那晚在出租车上与布勒东的吻"带着一种威胁"。（ N 85/85 ）这一场景在描述娜嘉的轻佻和预言天赋的同时，亦笼罩着一种危险的气息。

虽然布勒东不喜欢太子妃广场，娜嘉对这里也有种恐惧感，我却觉得这儿十分舒适宜人：一片三角形的公园坐落中央，四处长椅遍布，零星梧桐点缀，周边全是古建筑。在这个阳光正好的八月天，附近的巴黎圣母院外人头攒动，这里却几乎空无一人。在太子妃广场25号，亨利四世酒店仍在营业。酒店对面，科莱特①曾去买写作用纸的文具店也还开着。我在一棵梧桐树下徘徊了些许，试图想象娜嘉与布勒东在那边用餐的情形，想象她如何"轻佻地"幻想着从亨利四世酒店到司法宫的地下隧道。酒商的餐厅——宫殿酒窖餐厅正坐落在广场的17—19号。但我来得太早了，太阳高挂在头顶上，公园旁边的地段还没迎来餐客。尽管如此，如今的太子妃广场仍与1926年时的相差无几，足以让我将娜嘉和布勒东的幽灵几乎是以活生生的模样而唤回。正是通过他们的眼睛，我才得以看到眼前这番场景。

---

① 科莱特，全名西多妮-加布里埃尔·科莱特（Sidonie-Gabrielle Colette，1873—1954年），法国作家、默剧演员、记者，于1948年获得诺贝尔文学奖提名，代表作诸如《谢里宝贝》（ Chéri ）、《吉吉》（ Gigi ）等。

我离开太子妃广场，沿着钟表码头继续走。我路过了令人生畏的巴黎古监狱。这座监狱的某扇矮窗曾令娜嘉沉迷如醉，她在那里驻留许久，等待着什么东西的"开始"（N 85/84–85）。我绕过巍然耸立的司法宫，走向城市路的警察局。那里的保安不让我进院子。所以，娜嘉在那里面找的到底是什么，我和她一样不知道。我沿着新市场码头和金银匠码头往回走，经过了新桥。那晚，娜嘉看到黑暗的水面上反射出了一只燃烧着的手——一个幻影罢了。前一晚，我已经来这里观察了河水对于周遭灯光的反射，以及这种反射如何可能呈现出一只手的形态。之后，我跟着娜嘉和布勒东行走的方向，沿码头回到了杜伊勒里宫——他们于1926年10月6日午夜时分所去的地方。

我不大清楚他们选的是哪条路线，所以把几条可能的路线都折返着走了一遍，才最终止步于协和广场的杜伊勒里宫入口处。晴朗的天气吸引来了许多人，他们年龄各异、种族有别，来自不同国家，或为情侣，或携家人，还有独自成行的。我踏着广场中央宽阔的碎石路，来到了一个八边形的大喷泉池前。几根水柱从池边源源不断地往中心输送水流，旁边围了很多带小朋友来的家庭。但这不是《娜嘉》里的那个喷泉。要到那里，还需沿这条小路继续往旋转木马广场的方向走。在一座圆形喷泉池的正中央，一根水柱射向高空。

那晚，娜嘉指着这水柱，对布勒东说："那是你我的思想。看看它们全都来自哪里，一直可以上升到哪里。当它们落下时，又是多么美丽。然后，它们马上就又融合在一起，它们被同一种力量带起……永无休止。"① (N 87–88/86) 布勒东心中大惊。他最近刚买了一本 1750 年版的乔治·伯克利理想主义作品——《希拉斯和菲洛努斯的对话》，其中第三篇对话的插图，正是一幅有一道单一水柱的圆形喷泉（ N 86/88 ），旁边还配有一行说明："同样的力量将水往天空喷送，并令他们坠落。"② (N 168 n. 56) 布勒东告诉娜嘉，这段话对于伯克利的唯心主义思想有着重要的意义（ N 88/86 ）。但彼时，娜嘉已经有些心不在焉，并没有认真听他说话。她发现了一个人，她觉得自己认得这个人——他在不久前的某一天向她求过婚。娜嘉常于午夜时分出没于杜伊勒里宫附近。但现在，公园规定不能这样了。

虽然白天与黑夜有所差别，2008 年同 1926 年亦相隔甚远，但就在那一地点，恰于那一时刻，我竟感觉，自己与娜嘉和布勒东之间是如此奇怪地亲近，好像那将我们分割开来的岁月面纱消失不见了。喷泉易使人入迷，并引人进入一种自由自在的遐思状态之中，让爱梦之人（娜嘉、布勒东、我）得以随心所欲地思考。在同一柱水流中，我与他们的思想同起同落，受某种看不见的力量之驱使，神秘地周而复始。我的遐想，已与他们的遐想融为一体。

布勒东写道，这时，娜嘉已全然沉浸在了自己的思想之中，而他也突然觉得有些厌倦。于是，二人来到圣奥诺雷街③一家还开

---

① 引自《娜嘉》，第 100 页。

② 引处同上。

③ 圣奥诺雷街，得名于曾经的圣奥诺雷教堂（ collégiale de Saint-Honoré ），而教堂的命名是为纪念亚眠大主教圣奥诺雷（ Honoré of Amiens，500—600 年 ）。

着的酒吧——海豚酒吧（N 88/89）。娜嘉注意到，他们已从太子妃广场走到了海豚酒吧：从阴性到阳性。[①] 今天，海豚酒吧已经找不见了。不过，我在目前位于圣奥诺雷街167号的摄政餐厅享用了一顿美味的多菲内焗土豆。娜嘉和布勒东并没有在那家酒吧停留多久。娜嘉对一条从柜台延伸到地面的马赛克瓷砖感到非常不安，所以他们几乎是刚一进来就又离开了（N 89/89）。他们打车到娜嘉住处附近的艺术剧院，相互道别，并约好两晚后再于新法兰西酒吧见面。我也决定，今天的行程到此为止。

　　我仅仅是循着他们的脚步走了两天，就愈发感觉到：他们过去经历的物质痕迹正于我之中复苏。我所到访之地（其中很多自1926年以来几乎没有改变），将我引入了娜嘉与布勒东经历的内部。单纯去阅读《娜嘉》这本书，是无法做到这一点的。我追溯他们的脚步，走访他们的故事发生的地方，在这些地方复得了他们的经历。我因而得以从城市的无意识之中，唤起他们的记忆和我自己的记忆。走路这一行为，能具身地联结不同空间，由此开辟新的路径——巴黎的街道、弗洛伊德所说的神经通路，让我得以复苏来自过去的已休眠的符号（dormant signs）和"褪色的痕迹"，如记起我自己的经历一般"记起"布勒东和娜嘉的经历，并以此打破我的意识与他们的意识之间的界限、过去与现在之间的界限。我利用记忆和想象，在追踪幽灵之时，既为他们所萦绕，又萦绕于他们身边——至少，我希望如此。

---

① 在法语中，Dauphine（太子妃）是阴性名词，Dauphin（海豚）是阳性名词。

回到1926年10月7日，布勒东很后悔没与娜嘉约好见面。他与妻子乘着出租车，正路过圣乔治街一个拐角处。这时，他意外地在人行道上看到了娜嘉。布勒东立刻下了车，追上她，之后三个人一起去了某家不知名的咖啡馆。在那里，娜嘉很焦虑，坦白道："钱见我就躲。"[1]当布勒东答应给她500法郎来付房租后，她立刻平静了下来（N 90–94/91–93）。我不想再徒劳地照搬他们的行程（是哪个拐角？又是哪家餐厅？），而想一探娜嘉的住处：谢罗伊街[2]5号——剧院酒店，紧邻着巴蒂诺尔大道。

　　在巴黎17区，我避开了人群和游客。巴蒂诺尔大道中央有一片宜人的绿化带，绿荫繁茂，长椅遍布。我沿着左手边的路走，经过了一所气派的中学——夏普塔尔中学。这所学校是19世纪法兰西雄心勃勃的奇迹产物之一，是法兰西第三共和国之荣耀的见证者——辉煌的教育、执政、城市规划、铁路与工业、扩张与征服，似都在这所建于1876年的学校里得以体现。这是法国第一所工业化的职业学校，同时也是阿尔弗雷德·德雷福斯[3]和尼古拉·萨科齐[4]的母校。

　　在街道对面的78号乙（78 bis），坐落着赫伯特剧院，这座剧院依旧富丽堂皇。我右转来到谢罗伊街。在谢罗伊街5号，我找

---

① 引自《娜嘉》，第104页。

② 谢罗伊街，得名于约讷省的首府谢罗伊（Cheroy）。

③ 阿尔弗雷德·德雷福斯（1859—1935年），法国犹太裔军官，1894年被陷害，并导致了法兰西第三共和国初期的一次重大政治危机——德雷福斯事件（1894—1906年）。

④ 尼古拉·萨科齐（1955年— ），法国共和党前主席，法兰西第五共和国第六位总统。

到了剧院酒店——娜嘉在与布勒东交往期间的住处。看上去，这里比布勒东描述的要好得多。有一次，布勒东和娜嘉还一起去了巴蒂诺尔大道上的一家咖啡馆。在那里，娜嘉第一次给布勒东展示了她的一幅画作（ N 106/105 ）。我没有在附近发现什么吸引人的东西，便打算前往马拉凯码头23号，探寻他们10月10日去的那家餐厅（ N 97/98 ）。

我乘地铁到奥德翁，走上宽敞又热闹的圣热耳曼大道①，之后转到稍窄一些的波拿巴路（《新精神》中，布勒东和阿拉贡与斯芬克斯女相遇的地方），然后右拐来到马拉凯码头。我找到了马拉凯码头23号。不过，这里现在是一家古董店。太可惜了。1926年，为布勒东和娜嘉服务的侍者，被娜嘉迷得神魂颠倒，不仅把酒倒出了酒杯，还打破了这里的11个盘子（ N 97–98/98 ）。我想了想，决定去看看娜嘉和布勒东之后去的一家旁边的书店——多而蓬书店，位于塞纳街6号。

当时，娜嘉在书店附近看到了一张宣传海报。海报上面画着一只红色的手——不免让人联想到她在塞纳河水面上看到的那只燃烧的手，还有她前情人那只畸形的手。娜嘉跳起来，想去够海报上那只红手。她跟布勒东说："燃烧的手，跟你有关，你知道，这只手就是你。"②她还让布勒东一定要去写一部关于他们的小说，因为"一切都会变弱，一切都会消失。我们之间必须有点东西留

---

① 圣热耳曼大道，得名于它所经过的圣热尔曼区（ Faubourg Saint-Germain ）。
② 引自《娜嘉》，第112页。

下"。① （*N* 99–100/100）嗯，需要有点痕迹留下。

塞纳街窄窄的，原本很安静——除了一群吵闹的德国游客。他们显然是迷路了，在大声地商量接下来该怎么走。那群人正好站在了塞纳街6号门前，把门口堵了个严严实实。等他们终于挪开地方以后，我才看到，这里依旧是一家书店，只不过店名变了。当然，印有红手的宣传海报现在肯定是找不见了。我对那几个德国人有些恼火。他们嘈杂的声音让人几乎无法与娜嘉和布勒东的幽灵交流。在世者，挡住了已故者的道路。

我没有继续追寻娜嘉和布勒东之后的探险，比如去往圣热尔曼昂莱郊区的夜旅。在那里的一家旅馆，他们第一次同床共枕（*N* 107–109/106–108）。我不喜欢乘火车去远郊，这几乎算不上是循某人的脚步而行走。但不管怎么说，在圣热尔曼昂莱的那晚，似乎标志着这场恋情的终结。从那以后，布勒东就开始使用过去式来谈论娜嘉了（*N* 201）。传闻布勒东曾说，和娜嘉做爱"就像是和圣女贞德做爱一样"——不管这句话是什么意思，都不会是某种夸赞。[76]在接下来的一年里，娜嘉和布勒东仍会偶尔约出来见面，但无论娜嘉在信中如何恳求，布勒东都不再像以往那般对她着迷了。二人一同自由自在的游荡、那超凡的机缘巧合，就此落幕。没有更多的足迹可循了。

布勒东说，在发生了一件事后，他和娜嘉彻底分手了。当时，他和娜嘉正开车从凡尔赛去巴黎。娜嘉执意要把她的脚压在布勒东踩着油门的脚上，同时用手捂住他的眼睛，上前亲他。或

---

① 引自《娜嘉》，第112页。

许，她是想让车撞到一排树上——这样，他们的吻就能不朽了（N 152–153n/152–153n）。这有可能是娜嘉"完全颠覆的原则"之终极表达，但若再考虑娜嘉谈吐之中愈发严重的不连贯性（N 134–135/130, 135），这便也是她患上某种精神障碍的证据。这是布勒东所招架不住的。他热爱原则上的疯狂[1]，将其当作一种逃离逻辑牢笼的方式（N 143/143–144），但他无法忍受真正的精神病人。[77]

二人分手之后，娜嘉形单影只，郁郁寡欢（N 143/142）。1927年3月21日，她在旅馆的走廊里，因产生了视觉和嗅觉上的幻觉而惊叫不止。被旅馆经理发现后，娜嘉先是被送到了一家普通医院，后来又被转到了巴黎的圣安妮精神病院，之后从那里被送去了巴黎奥尔日河畔埃皮奈奈郊区的佩雷–沃克吕兹医院。在佩雷–沃克吕兹医院，她被强行关了起来。布勒东一次都没有去探望过她。不过，保罗·艾吕雅和路易·阿拉贡应该是去过的。[78]布勒东在娜嘉被关在佩雷–沃克吕兹医院的这14个月中对她的忽视，在1930年成了一批与布勒东观点相异的超现实主义者在反布勒东的文章所抨击的要点之一，这篇文章叫《一具尸体》（N 178）。对布勒东来说，这当然不是什么好事。1928年5月，娜嘉被转送至里尔附近的一家医院——或许，是为了离她的父母更近一些。1941年，她在那里死于一场伤寒。

---

① 参阅《娜嘉》："大家都知道，在疯狂与非疯狂之间缺乏边界，所以，我对来自疯狂或者非疯狂的感觉或者想法并不作价值上的区分。"——引自《娜嘉》，第154页。

5 | 通过归来：记起幽灵的痕迹

娜嘉留下的，或许是那个她曾许诺自己会是[①]（N 116/116），且最后真的在布勒东的叙述之中永恒地成为的那道痕迹、那片足迹。二人一同的探险只持续了十日，而我的探险甚至要更短。在追溯他们的足迹之时，我是否看到了他们曾看到的？通过追寻他们通过时所留下的物质痕迹，我是否记起了他们的经历？布勒东曾说："我真正喜欢的，是能为我的生活带来意外迂回的街道、有着其牵挂与目光的街道；只有在这些街道上，我才能够抓住可能性之风——在任何别的地方都不行。"（PP 11/4）那么，我在进行这场步旅的时候，是否能够把他们的"可能性"变成我自己的？

欲望通道、雅里街和忠诚街的相继排列，无异于一种超现实主义的结合（虽然布勒东并未就这一奇妙的事实发表过什么意见）。这种结合是如此地贴合超现实主义的感性，甚至这些街道都好像是由超现实主义者为超现实主义者而命名的。这似乎就是超现实主义者们所讲的一个"客观的偶然"的问题：一个偶然发现的客体符合一个人的欲望——这欲望在被这客体唤醒之前，并不为这人所知：一个内在的无意识欲望和外在的无意识自然（偶然性）的交集，[80]就像是以记忆痕迹为形式和以道路为形式的无意识路径之间的类比。与此相反，我与圣洛朗教堂的相遇唤起了对他们来说陌生，但于我而言超凡的联想之流。这种可能性，属我自己，而非他们。

[①] 参阅《娜嘉》："我可以什么也不是，或者只是一道痕迹。"——引自《娜嘉》，第128页。

娜嘉和安德烈肯定没见过巴黎北站里琳琅满目的现代化服务供应商和店铺。法国共产党位于拉法耶特广场（现在的弗朗茨·李斯特广场）120号的《人道报》书店，也已经不开了。但直至2008年，这个地址仍然为法国共产党所使用；而且，它过去的故事仍旧不断地萦绕着它。二人相遇的那所教堂、周遭的街道、巴黎北站那富丽堂皇的外墙，至少给了我一种**错觉**，好像它们与娜嘉和布勒东所看到的样子别无二致。甚至，街对面咖啡馆门口刻的字"北站宾馆，餐厅"（Hôtel Terminus Nord, restaurant），在1926年就已经存在于这里了。太子妃广场、杜伊勒里宫花园中那曾让娜嘉联想到她与布勒东的思想的那柱喷泉，与1926年相比，亦没发生什么变化。这些，才是我这场步旅的立足之地。每当我在快节奏的宽敞大道上（在那里，你是真的不能两次踏入同一条"车流"）迷失了脚步，便能再于这里将其寻回。

　　我在这趟步旅中所迈的每一步，都有娜嘉和布勒东相伴。他们指引我寻找、观察，尤其是在我记录下我所看到的与我想象他们所看到的之间的**差异**时，甚至包括我受他们启发而产生了我自己的超现实主义遐想（"欲望""雅里""忠诚"，或"圣洛朗""圣劳伦斯""劳伦森"）时。这些遐想是我自己"意外的发现"，是我通过自然、不定、无法预见、可能性小的机缘巧合，对于那些我在找到之前并不知道自己正在寻找的东西之发现。这些东西通过外部偶然性的运作，唤醒了一些无意识的需求，并给予这些需求响应，甚至将它们超越。

　　通过这些"客观的偶然"的例子，亦通过我的感知、欲望和想象之融合，他们灵魂当中的某种东西为我带来了活力，并于我之中成活。他们，亦萦绕于我身边；而他们那时的巴黎，通过一个既是"复得"又是"重复"的过程，通过"召回"（我这时的巴黎），通过亡魂的"归来"，而萦绕在我身边。"鬼魂常在死后行走。"他们的幽灵，真的引领着我的脚步与思想，与我一同行走了。虽然娜嘉对布勒东说的是"你我的思想"，但当我站在布勒东当时所站的地方（毕竟，我无法置身他的处境），我深刻地感受到，我的思想已经融入了他们的思想。

阿波利奈尔曾说："这是谁的声音？当我走上巴黎的街头，我便想象着时间被击碎，长眠已久的人能通过生者的嘴巴讲话。"[81] 布勒东在与娜嘉分手后，曾问道："那里是谁？"（"*Qui vive?*"，直译为"谁活着？"）——"是您吗，娜嘉？……难道只是我一个人？"[①]（*N* 146/144）在我追溯死者的脚步时，他们便能以我的感知作为媒介而活着，而讲话。

我的步伐便是这样复活了布勒东和娜嘉的幽灵，让他们听到交通的噪音，闻到、吸进尾气，感受到振动，看到他们生前从未了解过的东西。活人亦萦绕于死人周围。他们通过我的经验看到且感受到了2008年的巴黎，因为我把我的经验叠映到了他们的经验之上。索尔尼特写道："城市是语言、可能性的仓库，步行是说那语言，从那些可能性中选择的行动。"[②][82] 布勒东说过："已故之人会讲话，会再回来。"通过我在巴黎的行走，我复活了一种体验巴黎的可能性——一种最初由布勒东和娜嘉展开的可能性。他们让

---

① "是您吗……一个人？"引自《娜嘉》，第184页。
② 引自《浪游之歌：走路的历史》，第229页。

我为这种可能性所占有，让其通过我来讲话，就好像他们的灵魂正通过我这种媒介在讲话，并化身于我的感官和肢体之中。他们并不能有血有肉地待在我旁边，但即使是作为幽灵，他们也和苏波的缪斯女神乔治特一样，拥有一种"奇特的力量：改变黑夜"。[83]是的，而且不只是黑夜，还包括白昼。他们的足迹如魔法般为我带来了奇妙的体验。而这，正是超现实主义活动的目标。

而同样地，我也成了一只幽灵，一只**归来的亡魂**，即一个"能证明藏于他人体内的死者之存在"的人。[84]按 W. G. 塞巴尔德的小说人物雅克·奥斯特利茨的话说：

> 我觉得我们并不了解如何回到过去的法则，但我却越来越觉得，时间好像并不存在，而只有各种空间按照一种高等立体几何学原理连锁在一起，在这些空间之间，生者与死者可以随心所欲地走来走去。[①][85]

布勒东初见娜嘉时，曾跟她说：自由是一种永恒的解脱，

> 但是，自由同样也是——而且人性地讲更是——让解脱了锁链的人能够走的那些或长或短的、美妙的、连续的**脚步**……我承认，对我来说，这些脚步才是一切。这些脚步走向何方，这才是真正的问题。最后，这些脚步一定会描绘出一条路来，而在这条路上，谁知道呢，会不会出现让那些没

---

① 引自《奥斯特利茨》，桂林：广西师范大学出版社，2019年3月，刁承俊译。

有能够跟上的人解脱锁链的办法？ ①

（ N 69/69 ）

后来，布勒东后悔道，自己不该太过鼓励娜嘉将这种自由的想法置于其他一切之上（*donner le pas sur les autres*）（ N 143/142 ）②。对我来说，这些脚步同样意味着一切——它们是可能性的痕迹，虽然来自过去，却在我的前方领跑，指引着我的道路。

生前常去，死后常来。安德烈、娜嘉和他们的巴黎，早已不复存在；但每当一位超现实主义朝圣者循他们的足迹而行，召唤过去的幽灵，它们便会再度归来——一次，又一次，亦复如是。如理查德·霍姆斯言，"你无法将它们冻结，亦无法准确地找到它们的位置：它们不在马路的某一拐角，不在河流的某一弯处，亦不见于窗外的某道风景。它们总处于运动当中，不停地将它们过去的生活搬运至未来"。[86]我将继续沿他们的足迹走下去，继续追溯他们的脚步，追溯那从过去走向未来的脚步。这脚步为我们挣脱了脚镣，并给予了我们布勒东所说的"同时享受几种不同生活的透视法"（ *SM* 3/12 ）。[87]

---

① 引自《娜嘉》，第82页。

② 参阅《娜嘉》。"但我也一直鼓励她这样想，我还帮助她将这一想法看得比其他的都要更重：也就是说，自由，在这个世界上以上千种最难以做出的舍弃而得到的自由，要求人们在得到它的时候完全地、没有任何约束地享受它，不带任何实用的想法，而这是因为，人的解放，以它最简单的革命形式来看——但我们要知道，它已经是所有意义上的，根据每个人拥有的能力而得到的人的解放——是唯一值得人们效力的事业。"——引自《娜嘉》，第152—153页。

第四章

走近萨特与波伏瓦:《存在与虚无》中行走的示范性

1 │ 城市中的萨特

提到萨特,我们脑中所浮现的,大概不会是一位海德格尔那样的林中漫步者,亦不会是一位卢梭那样的徒步旅行者。我们更倾向于想象萨特正安坐于某地,比如说在巴黎的某家咖啡馆里,或是他的书桌旁。萨特常说,自己享受一种纯粹的城市生活与文学生活:"我在书丛里出生成长,大概也将在书丛里寿终正寝……凡是人都有他的自然地位[①],写作,或梦着自己在写作,直至他借

---

① 引自《文字生涯》,北京:人民文学出版社,2006年1月,沈志明译,第22、37页。

这愿望羽化登仙，幻作为国家图书馆书架上的二十五卷。①1

　　年轻时，萨特的确走过很多路，尤其是跟西蒙娜·德·波伏瓦一起。可是，他并不能像波伏瓦一样，从步行当中汲取某种兴奋（exhilaration）。据波伏瓦说，他不喜欢乡村，因为"他讨厌……昆虫那汹涌的生命力和植物的繁茂枝叶……只有在城镇里，在一个由人造物组成的人造宇宙的中心，他才感到自在"。2的确，萨特笔下的另外两个自己——洛根丁（《恶心》的主人公）和马修·德拉吕（"街上的马修"，《通向自由之路》的主人公），在走路时，全都是波德莱尔②式的闲游者：他们在城镇的摊铺路面上漫步，只接触被关进公园里的自然，或从远处观望着自然。同萨特一样，他们对"户外"的理解，便是街道或咖啡馆的露台。就像大卫·勒布勒东所说的那样，咖啡馆，是城市居民们的"安身之处"（le chez-soi de la ville）。3

　　于是，大多数追寻着萨特的脚步来到巴黎的步行者（包括我自己），全都穿梭往来于圣热尔曼德佩区和蒙帕纳斯区的一众知名地标之间：花神咖啡馆、双叟咖啡馆、多摩咖啡馆、利普餐厅。少有人会去到塔恩峡谷，或是普罗旺斯的乡村田园。植物生命那隐秘的脉动、在城市外环路旁野蛮生长的青葱草木，让洛根丁发自内心地感到恐惧。4我们可以推测，萨特不仅仅是

① 参阅《文字生涯》："一九五五年左右，一只怪虫出世，二十五只福利欧蝴蝶脱颖飞出，载着一页。一页。作品，振翅飞到国家图书馆，栖息在排书柜上。这些蝴蝶便是我。我即是二十五卷，一万八千页。文字，三百幅版画，其中有作者的肖像。"——引自《文字生涯》，第122页。

② 夏尔·皮埃尔·波德莱尔（1821—1867年），法国诗人，代表作有《恶之花》《美学珍玩》等。

像西蒙娜·德·波伏瓦戏称的那样，"对叶绿素过敏"，而更多是有着一种病态的厌恶。据萨特自己说，他对于乡村田园的了解主要是通过阅读书本，而非踏足于山水之中，近距离地探索这一切。[5]

然而，正是这样的萨特，在阐述其第一部哲学巨著《存在与虚无》[6]中的一个重要观点时，两次在关键时刻选用乡野漫步来举了例子。

第一次是用于例证焦虑（*angoisse*）。萨特写道，当一个人沿着没有护栏的悬崖走山路时，会感到晕眩。这种晕眩，是人在自投深渊的可能性面前所产生的焦虑，即在自己的自由之虚无面前的焦虑（*BN* 65–69）。萨特在其整个哲学生涯之中，都追求着极致的自由。他用面对深渊而产生晕眩的例子来解释对于自由的焦虑，这并不能只用偶然来解释。

第二次是用来例证，我们的一些自由选择如何受限于框架，即萨特所讲的在世（being-in-the-world）的"原始谋划"（original project），它与我们对存在的一般取向相吻合。萨特写道，有一人在乡下走了几个小时后，屈服于疲劳，放弃了，坐了下来（*BN* 584–589, 597–598）。萨特所作的延伸分析，不仅旨在阐述"原始谋划"，还涉及一段对于与身体和一个原始且偶然的存在［萨特将其称为"自在"（in-itself）］相关的两种相反方式的存在主义分析，包括一种关于徒步和攀登如何通过为自然世界的初始所予（brute givens）赋予意义而"使自在存在"的现象论。

我认为，萨特对两足行走之例子的选择，不应被想当然地置于他对自由和基本谋划（fundamental project）的概念**之外**，而是具有**内在的**意义。我的这一想法受德里达启发。在《绘画中的真理》中，他分析了例子的哲学运用，[7]并对例子和它们所要例证的理论之间的明确区分提出了质疑。在研究萨特在《存在与虚无》中对于行走之运用的同时，我还顺带研究了一番波伏瓦和萨特对于乡间漫步所持的截然不同的态度。那穿梭于普罗旺斯山川丘陵之中的远足，是波伏瓦极致的快乐源泉，却是萨特疲劳与烦恼的罪魁祸首。根据萨特自己的"存在主义精神分析"理论，他和波伏瓦对于乡野步旅的不同态度，正表明了他们的基本"存在主义谋划"之差异：他们如何系于世界，归于自己，包括自己的身体。

2 ｜ 焦虑与晕眩

萨特为什么要选择用在悬崖边的山路上步行时的晕眩来例证焦虑，并不十分明确。克尔凯郭尔——启发萨特思考焦虑的主要人物之一，的确曾将焦虑描述为一种"晕眩"（vertigo）或"自由的头晕目眩"（the dizziness of freedom）。[8]但若去克尔凯郭尔或海德格尔的作品中，寻找关于登山者所经历的晕眩的现象学描述，只会徒手而归。[9]萨特对此的描述更像是基于个人的经验，而非他人的著述。这不仅引人信服，更有着真理的回响。萨特同克尔凯郭尔、海德格尔一样，认为焦虑是一种与"乌有"（英文：nothing；法文：rien）的偶然相遇，它突然出现，并无任何明显的动机或客观基础。若要例证这一点，他其实有着大量的经历可选。在《自我的超越性》中，萨特曾描述一个体面的已婚妇女的焦虑，说她可能会（没有任何理由地）在窗前搔首弄姿，像个妓女一样招引路人。在这个例子中，他虽将焦虑称为"可能性的晕眩"（vertigo of possibility），但完全没有去关注晕眩的实际体验。[10]与在《存在与虚无》中不同的是，萨特在描述年轻新娘的"晕眩"时，并没有提及任何晕眩感。这更像是一种隐喻，无疑是从克尔凯郭尔那里受到的启发（1933年，克尔凯郭尔在法国名气正盛）。[11]

直到1939年，萨特才真正理解了克尔凯郭尔的《恐惧的概念》（1844年）。当时，萨特详尽地阐述了他的观点：面对"乌有"的焦虑，等同于面对作为可能性的自由之焦虑——"作为其自身虚无的自由"。但这次，他选来阐述焦虑的例子，是关于是否喝一杯酒："**没有什么**[rien]能阻止我喝它"，"**亦没有什么**[rien]能强迫[oblige]我们这样做"。[12]这才是在自己的惯常栖息地——某家咖啡馆落座后的萨特，而非步行于山崖边缘的萨特。

如此看来，选择通过步行——而且是沿着一条紧邻深渊的山路步行，来阐述恐惧的概念，便不应被视为完全的**偶然**（accidental）或巧合（fortuitous）。相反，借用萨特的存在主义精神分析的概念，他的这一选择，须被当作总体性语境下源自基本生存论谋划的选择，决定了其对于世界的态度以及主体的可能性：

> 关键在于在主体的特殊的、不完全的面貌下发现真正的具体化，这种具体化在内在关系和基本谋划的统一性中，只能是向着存在的冲动，只能是它与自我、世界和他人的原始

关系的整体。①

（ *BN* 719 ）

这种［存在主义］精神分析法的原则是，人是一个整体而不是一个集合；因此，他在他的行为的最没有意义和最表面的东西中都完整地表现出来——换言之，没有任何一种人的爱好、习癖和活动是不具有**揭示性的**。②

（ *BN* 726 ）

在后文中，我将主要聚焦于一个问题：萨特对于行走这一例子的选择，到底揭示了什么。

3 ｜ 对自然的反动：萨特的自由观

在深入萨特对于晕眩的现象学描述之前，我们不由会先想到一个问题：当时，萨特究竟为何要沿着山路行走？正如我在前文指出的，城市——而非乡野，才是萨特的"自然环境"。萨特跟夏尔·波德莱尔——或者说，跟他眼中的夏尔·波德莱尔一样，较之于天然的，更喜好人工的；较之于乡野，更热爱城市；较之于生食，更爱吃熟食；较之于原生态的自然，更偏向于选择人造物。迟暮之年的萨特，与波伏瓦有过这样的对话：

---

① 引自《存在与虚无》，北京：生活·读书·新知三联书店，2007年11月，第三版，陈宣良等译，第682—683页。
② 同上。

萨特：如果我想吃甜东西，我宁可吃人造的东西，一块点心或一个果储饼。在这种情况下，它们的外观、它们的构成甚至它们的味道，都使我想到它们是人按照某种目的制造的，而〔野生〕水果的滋味却是一种偶然的情况……食物应该是人制作的结果。

　　波伏瓦：总之，你是只吃熟东西而不吃生东西的？

　　萨特：对。①13

　　我们完全可以像萨特分析波德莱尔那样分析萨特："用浸透佐料的卤汁乔装改扮的熟肉，纳入几何形池子中的水……这都是他对自然的憎厌的表现方面。"②14萨特如是说：

　　波德莱尔是真正的都市人：对他来说**真正的水、真正的光、真正的**热是城市的水、光和热——它们已经是被一个主导思想统一的艺术品……叔那尔说他说过："我不能容忍自由状态的水；我要求水在码头的几何形墙壁之间被囚禁，戴上枷锁。"……真正的水，这是被其……容器划出界限，被其容器赋予人情味的水。③15

---

① 引自《萨特传》，南昌：百花洲文艺出版社，1996年4月，〔法〕西蒙娜·德·波伏瓦著，黄忠晶译，第387—388页。

② 引自《波德莱尔》，北京：北京燕山出版社，2006年8月，〔法〕让-保罗·萨特著，施康强译，第84页。

③ 引自《波德莱尔》，第75—76页。

在这点上，萨特跟波德莱尔可谓不谋而合。乡间那自由蜿蜒的小溪与河流，不适合他；倒是那被人造码头和堤坝安稳围住或被改为运河的塞纳河，更能够吸引他——塞纳河水的无定形性与无尽延展性，早已被强加了人类的秩序与规律。

和波德莱尔一样，萨特对于"生命——这个无定形的、固执的偶然性（contingency）"[16]感到厌恶。萨特的《恶心》一书，几乎就是一部他对于偶然性和自然——不作为某种计划或设计的结果，而碰巧就是这样偶然地、意外地发生的东西——的厌恶之沉思。小说结尾处的这段话很具代表性：

> 我害怕城市。但是千万不能出城。如果你走得太远，就会遇见植物的包围圈。植物蔓延好几公里，它朝城市爬来，它在等待。当城市死去，植物将乘虚而入，爬上石头，钳住它，深掘它，用黑色长钳使它破裂，堵填孔洞，将绿爪悬吊在各处。只要城市还活着，就应该留在城里，不能孤身一人去到城门口那丛生的枝蔓下，应该让枝蔓在没有目击者的情况下飘动和响动。[①17]

萨特还以非常相似的语言，描述过波德莱尔对于自然的态度：

> 假如说人在自然中间产生惧怕，那是因为他感到自己被

---

① 引自《萨特文集》，北京：人民文学出版社，2000年10月，沈志明、艾珉主编，（第一卷 小说卷［1］《恶心》，桂裕芳译）第186页。

一个不成形的、无所为而为的、无边无际的存在抓住，整个儿被它的无所为而为性贯穿：在任何地方都没有他的位置，他被撂在大地上，没有目的，没有存在理由，如一株欧石楠或一丛染料木。反之，在城市中间，他受到明确的、由其职能规定其存在的或者统统戴着价值或价格的光圈的物件的包围，他感到放心。①18

　　萨特和波德莱尔归属于城镇，归属于一个依人类目的而被改造的自然。他们惧怕没有任何缘由而存在着的自然与植物那"野火烧不尽"的生命力。据波伏瓦的记录，"［萨特］厌恶绿色植物，厌恶广阔的田园——总之，厌恶自然。"19萨特和波德莱尔，可以说是归属于"贯穿整个19世纪的、从圣西门直到马拉美和于斯曼的巨大的反自然主义思潮"，他们同马克思、蒲鲁东和孔德一样，将"人类秩序"放置于"自然界盲目而呆板的力量"之对立面。在他们看来，人类的劳动与自由，构成了一种反自然（anti-nature 或 *anti-physis*）。②20

　　事实上，萨特的整套自由理论，即相当于一套反自然理论。自由是意识对偶然的存在（contingent being）或自在的存在（being-in-itself）的"虚无化"（nihilation），是意识在人的意识和未选择的、未制造之存在的所予——萨特将其称为"事实性"（facticity）——

---

① 引自《波德莱尔》，第76—77页。

② 参阅《波德莱尔》第74页："反自然（anti-nature）这个表达方法来自孔德；在马克思和恩格斯的通信里用的说法是 anti-physis。"

之间，所分泌出的一点虚无。[21]亦或，在萨特更唯物主义、更马克思主义的阶段，自由与能够改变自然的所予和惰性（inertia）的劳动极为相似。[22]但无论按哪种说法，自由都是某种超越自然、逃离自然的东西，亦或能利用自然界的因果律与惰性而将未成形之物转化为人工产品。萨特生来归属人类世界：城市——充斥着人造物，具有已被所予且受社会所决定的意义与功能。乡下那乏驯、野性的自然，只会让他感到焦虑不安。

4 | 山中的晕眩

现在，让我们回到刚才的问题：萨特最初为何要沿着险峻的山间小路行走？对于晕眩这一主题，萨特的引入可谓直截了当，甚至在我看来，还有些"天真"。萨特比较了克尔凯郭尔与海德格尔的观点。克尔凯郭尔认为，焦虑所要面对的是自由；而海德格尔认为，焦虑试图把握的是虚无。萨特指出，克尔凯郭尔是正确的，因为焦虑与恐惧不同，所要面对的不是"世界上的存在"（beings in the world），而是自己和自己可能做的事情[23]："晕眩所以成为焦虑，不是因为我畏惧落入悬崖，而是因为我畏惧我自投悬崖。"（BN 65/ EN 64）

萨特列举了一些例子：遭受炮轰的士兵、在股灾中损失惨重的人、被委以重任者。在细致地分析完焦虑后，他回到了晕眩。这段描述深深抓住了读者，将其悬荡于深渊之上。它揭开了萨特对于自我的最基本的概念，值得详尽引用：

我走在悬崖边的一条没有护栏的狭窄小路上。对我来说，这悬崖是要躲避的东西，它代表着死亡的危险。同时我想到一些属于普通决定论范围的原因，它们能把这种死亡的威胁变成现实：我可能在石头上滑倒并掉进深渊，小路上疏松的土可能在我脚下崩塌。通过各种这样的预测，我把自己看作一个物……［看作］世界上的一个对象，服从万有引力……在这个时候，恐惧［peur］显现出来了，我从处境出发把它……把握为对象，在自身中并不拥有它的未来消逝的起源……我的反应将在反思范围内：我要"留心"路上的石头，我要尽可能远离路的边缘……我在自己面前设想了一些将来的行为，意在使我脱离世界的种种威胁。①

(BN 66–67/ EN 65)

　　萨特的这段描述，想必任何一个小心翼翼地走过险峻山路的人都能够感同身受：你全身心地投入于面对深渊的危险；你盯准每一步，确保落脚的位置足够安全；你时刻保持专注与警觉。坠落悬崖之恐惧，赋予了深渊令人排斥的力量，并使身心全然集中于规避坠落的危险。

　　这些，想必大家本就了解。真正有意思的，在后文的描述当中：

　　　但是这些行为，正因为它们是**我的**可能性，因而并不对我显现为是被外来的原因决定的。我们不仅不能严格地肯定

---

① 引自《存在与虚无》，第60页。

它们有功效，而且尤其不能严格地肯定它们将被采取……因此它们的可能性是以否定性行为的可能性（**不注意路上的石头、奔跑、想别的事情**）和相反行为的可能性（**我自己跳下悬崖**）作为必要条件的……我感到焦虑正是因为我的行为只是一些**可能**……把某种行为构成**可能**时，正因为它是**我的**可能，我才认识到，**没有任何东西**［*rien*］能够迫使我采取这个行为。然而我恰恰在那里，在将来；我正是趋向将来，竭尽全力地立即走向小路的拐角处［*detour*］，从这个意义上讲，我将来的存在和我现在的存在之间已经有了某种联系。但是在这个联系中，虚无［*néant*］溜了进来：我现在**不是**我将来是的那个人……然而因为我已是我将来所是的人（否则我不会关心成为这样还是那样），所以**我以不是他的方式是我将是的那个人**……以不是的方式是他自己的将来的意识正是我们所谓焦虑……如果**没有任何东西**［*rien*］强迫我去自救，就没有任何东西可阻止我跳下深渊。[1]

（*BN* 67–69; *EN* 65–67）

作为晕眩的焦虑是"面对它本身而感到焦虑的自由，因为**乌有决不激起也不阻碍自由**"[2]（*BN* 73/ *EN* 70），这个乌有象征着深渊本身，因为我的眼睛"从上到下扫视了深渊，摹拟了我可能的"[3]

---

[1] 引自《存在与虚无》，第61—62页。
[2] 引自《存在与虚无》，第65页。
[3] 引自《存在与虚无》，第62页。

通向死亡、通向虚无的跌落（*BN* 69/ *EN* 67）。我为深渊和我的可能性所吸引，同时又为其所排斥；我对于坠落的恐惧，迫使我接近悬崖的边缘并向下凝视。用克尔凯郭尔的话说，深渊**使我着迷**：焦虑是面对"乌有"、面对自己的"可存在"（being-able）的"一种同情着的反感和一种反感着的同情"。[24]这种着迷与紧张，可以是如此强烈，以至于自投深渊的行为，似携带着一种释放与解脱的诱惑力，而成为一种激励，让人去做自己会全力以赴**不**去做的事。[25]我凝视着可怕的深渊，恐慌（terror）本身吸引着我向下，直至最深处。克尔凯郭尔认为，恐慌其实不过是对于"**可存在**"的焦虑，是对于我可能做我所怕之事的畏惧（fear）。[26]

　　萨特说，没有什么能够迫使我或阻止我去拯救我的生命。因为，自由是介于动机（*motif*）和将未来同现在分开的行为之间的乌有[①]（*BN* 71/ *EN* 69）。至于，我对坠入深渊的恐惧在实际助我脱险方面会有多大的**效果**，则取决于一个我现在还不是的未来的自我（a future self）的行为。我希望与这未来的自我安然无恙地相遇于山脚下。但在此期间，他可能因为没有什么东西阻止他而将我投入深渊。当我徘徊于退至安全距离和将自己投过边缘这两个选择之间时，便是"在未来等待着自己"[②]。在后方道路的拐弯处，我与自己有着一场约会，而焦虑是"担心［*crainte*］在这种未来

----

① 参阅《存在与虚无》第64页："我们在焦虑中发现的这种自由是能以渗入动机和行为之间的这个'乌有'的存在为特征的。"
② 引自《存在与虚无》，第66页。

的约会时刻找不到我自己，担心自己甚至没有希望去赴约了"①（*BN* 73/ *EN* 71）。幸运的是，就像我对深渊的恐惧无法决定我避开它那样，面对自杀那诱人而又令人厌恶的可能性，我的反焦虑（counter-anxiety）亦无法让我纵身直下。我退了回去，继续走我的路，因为没有什么能阻止我这样做（*BN* 69/ *EN* 67）。

值得注意的是，萨特关于"自为的存在"（being-for-self）——与人类之存在和意识相适的存在——的本体论中的许多关键点，都在这一例子当中有所揭示。其中最明显的，是他对于自由的"虚无性"之陈述，它通过将现在的自我与未来的自我拆分开来，而将行动的动机与行动进行了区分。正是我"以不是他的方式"而是我未来的自我的这一事实，为行动的动机之无效性提供了依据：有行动之动机（规避悬崖）的自我，依赖于未来的自我；而现在的自我，则模棱两可地是又不是，根据这一动机而采取行动。没有什么（*rien*）迫使那个未来的自我按照现在的自我的动机而行动，因为虚无（*néant*）将自在的自我（self）与为它的自我（itself）区分开，这种"虚无"（nothingness）是从存在之中抽离而来的，将所有现存的东西（包括行动之动机）放置于"越位位置上"②（*hors de circuit*），并构成了自由本身（*BN* 51–52, 58–61, 63–64/ *EN* 52, 58–60, 62–63）。深渊即象征着自由本身的无底可能性，所有面对自由之虚无的焦虑，都是面对深渊的晕眩。

除了这些广为人知的萨特式比喻之外，在后方道路（*chemin*）

---

① 引自《存在与虚无》，第66页。
② 引自《存在与虚无》，第58页。

"等待着自己"的隐喻，也并非无意之选。"等待着自己"是存在的结构，因为我们未来的自由（*liberté ultérieure*）"不是我们的现实可能性，而是我们还不是的可能性的基础"。"我们的生命只不过是漫长的等待：首先是等待实现我们的目的（介入一项事业，就是等待它的完结），特别是等待我们本身。"[①]（*BN* 688/ *EN* 582）由于"自为"（for-itself）会予以自己时间性（temporalizes itself），因此我们须将我们的生活看作"不仅是因等待而造成的，而且是由本身等待着等待的对等待的等待造成的……是自我，就是走向自我（*venir à soi*）"[②]（*BN* 688/ *EN* 582）。在人生道路上的每一转弯处，都有一个自我正位于我们前方，当它接近我时，我亦在接近它，但我一直都可以不遵守我们的约会。赴约与否，要取决于我所等待的那个未来的自我（我正等待着其等待）在这段时间内做了什么。[27]如果未来的自我，就像现在我所是的那个，正坐着认真思考下一句话，或者犹豫是否要喝第二杯酒；那么，人们是否也可以似合情理、名正言顺地"等待自己"？严格来讲，**任何**决定都可能涉及焦虑，也因此而可能引起一种在可能性之深渊面前的晕眩。但只有在**真正的**深渊前那**真正的**晕眩的例子，才能够抓住读者的想象力。

5 | 远足与极致的快乐：波伏瓦的逍遥游

现在，让我们来看看《存在与虚无》中第二个关于漫步乡野

---

① 引自《存在与虚无》，第652页。语序略有调整。

② 同上。

的重要例子：

> 我和同伴们出去远足。走了几个小时的路以后，我越来越累了，最后变得寸步难行。我开始还坚持着，可是接着，我突然忍受不住了，我让步了；我把旅行袋往路边一丢，听任自己躺倒在旅行袋旁边。①
>
> （*BN* 584/ *EN* 498）

问题是：我可以另行他是吗？（could I have done otherwise?）对于许多哲学家而言，拥有其他可能性可以选择，便是拥有"自由意志"（free will）的标志：如果一个人不能不这样做，那么他就不能自由地执行或不执行某个行动；这个行动便由必然性所支配。但萨特认为，事情并非那么简单。很明显，我的朋友们可以且确实做了跟我所做的不一样的：他们继续往前行走，到达了指定的歇脚点。所以，抵制疲劳是人类可以做到的事。**但对我来说**，这可能吗？如果可能，又需**作何代价**？（*BN* 585/ *EN* 498）

你几乎都可以想象西蒙娜·德·波伏瓦在前面催着萨特，喊道："让-保罗，快出来！就剩一公里了！"波伏瓦是塞缪尔·泰勒·柯尔律治式横穿山岭之方法的实践者——一直走，直至陷入僵局而必须采取某些冒险或危险的行动。[28]波伏瓦将自己推至极限，然后克服疲劳，以此获取兴奋。这种通过克服物质障碍而实现的自我征服，令波伏瓦欢欣鼓舞。20世纪30年代，波伏瓦在马

---

① 引自《存在与虚无》，第551页。

赛教书时，常去周边的山脉丘陵远足，逐渐对乡野漫游产生了一种"狂热的"热情——她如是回忆（*FA* 105–110）。一次，在上卢瓦尔省徒步旅行时，波伏瓦感觉，自己"被叶绿素与蔚蓝色填满了"。她注意到，她所订计划的严谨性，正在将自然的偶然性转变为必然性：

> 或许我的幸福圆满的真谛就在于此，只是当时尚未能言明：我自由的意志摆脱了任性，同样也摆脱了束缚，因为环境的限制，不仅没有让我烦恼，反而为我的计划提供了支撑和内容……我享受着诸神的幸福；我自己就是造物主，创造让我欣喜若狂的礼物。[①]

（*FA* 249–253）

对波伏瓦而言，徒步旅行，能将这个世界变为她自己的世界。

由是，波伏瓦便开始与乡野漫步保持一种快乐的关系。乡野漫步之于波伏瓦和对许许多多浪漫主义者，都似一味灵魂的补药与慰藉。她在马赛对徒步旅行产生的热情，在接下来的20年中一直伴随着她（*FA* 105–106）。在她不上班的日子里（星期四和星期日），无论冬夏，她都会在黎明出发，独自一人，不带一般的徒步装备——背包、钉靴、粗布披风和短裙，只套上一件旧长衫，穿着跑步鞋，再往一个小篮里塞点香蕉和面包，拎上就走（这在20

[①]　引自《波伏瓦回忆录第二卷：岁月的力量（一）》，北京：作家出版社，2012年1月，黄荭、罗国林译，第169页。

年后几乎导致了一场灾难）。而同时，她也会尽可能地利用《蓝色指南》和《米其林地图》来仔细规划自己的路线。

开始，她还将自己的徒步时间限制在五六个小时之内；后来，时常会走上九到十个小时、四十多公里——堪比卢梭和尼采的徒步。波伏瓦按部就班地探索了附近的山峰、谷壑与悬崖，沿着蓝、绿、红、黄的箭头指示标，踏足了一片片她从未耳闻之地。新奇的发现接踵而至：看到或闻到的植物生命（杜松、日光兰、冬青），海关人员巡逻的海崖小路，守护着橄榄园的岬角，闪着矿物般光芒一次次扑打岬角的地中海，繁花满枝的杏树……每个观景点、每块山谷，都让她大开眼界。风景之美，永远超越她的期待。秀丽山河尽收她一人眼底，为她一人所独享。因为，正是她亲自洒下汗水，动用知觉，才得以揭开这非凡自然的隐世面纱：

> 我只身一人，在大雾迷漫中翻越圣维克托瓦山脊和国王之杵山脉，帽子被狂风刮到了山下的平原也全然不顾。我只身一人钻进吕贝龙山沟转不出来了，这些时刻无论是阳光灿烂、和风温煦还是电闪雷鸣，都任由我独自体验。[1]

（*FA* 106–107）

对于波伏瓦而言，行走是一种能让她将风景占为己有的经验：她那辛苦与轻松的感觉，她的感官知觉（嗅觉、视觉、听觉、触觉），均将自然界的"自在"元素从它们的初始偶然性中激发了出

---

[1]　引自《波伏瓦回忆录第二卷：岁月的力量（一）》，第66页。此处略有改动。

来，不仅仅赋予了它们人类的意义，且还有仅属于她的个人的意义。景观会通过步行者的知觉而被占有。不只是波伏瓦注意到了这一点。朱利安·格拉克曾谈到一种通过行走而占有景观的"陶醉"（intoxication）。弗雷德里克·格霍曾言，独身一人的步行者，像小偷那样占有着风景——"世界是我的，为我所用，与我同在。"[29]对波伏瓦来说，对自然的"发现—占有"是通过她自身的努力与经历而实现的。这便是她喜欢一人去远足的原因。波伏瓦曾有些惭愧地回忆道，一次妹妹来马赛看望她，后来发了高烧，不能再继续陪她徒步，于是便被她丢在了一家招待所里："我确实无视妹妹的存在，不愿意放弃自己的日程安排。"[①]（FA 108）

可见，实际呈现的意志与谋划，同波伏瓦自己的意志与谋划之间存在着差异。这意味着，波伏瓦通过步旅而独自发现的世界，也会向其他步行者揭示不同的秘密。这种意味，不同于景观之于她的意义，会剥夺她对景观独自一人的占有。她不希望拥有同伴，就像艺术家或作曲家不希望拥有合作者那样；对她来说，徒步旅行更像是一种创造性行为：

> 我想比任何有经验的徒步旅行者更彻底、更巧妙地探察普罗旺斯……特别乐于以与众不同的方式，使自己的体力消耗到极限……每次徒步旅行［promenade］都堪比完成一件艺术品。[②]
>
> （FA 108–109）

---

① 引自《波伏瓦回忆录第二卷：岁月的力量（一）》，第67页。
② 同上。

若论艺术创作，一人正好，两人为多。波伏瓦和同事图梅兰太太一起远足的经历，完美地诠释了这一点。波伏瓦看不惯图梅兰太太专业的远足装备（背包、钉靴），更受不了她慢腾腾的步伐："我们并不是在爬阿尔卑斯山，我还是按自己的步伐走。"①撇开图梅兰太太那缓慢的步速不谈，光有她**在场**，就够破坏波伏瓦的体验了："这些远足的可贵之处，就是让我单独地面对蛮荒的大自然，任性地保持着自己的自由。图梅兰太太大煞风景，破坏我的全部兴致。"②（FA 114）波伏瓦就像《大饭店》中的嘉宝③一样，喜欢一个人待着。

不过，独处也有其危险性——尤其是对于一名在乡郊野外独步旅行的年轻女子来说。波伏瓦还曾讲到她险些被强奸的经历。但她仍坚持着她那基本的态度——没有什么坏事（疾病、性侵犯、骨折、狗咬）会发生在她身上（FA 110），直到有一天，她差点没能逃过一劫（她的这次遭遇与柯尔律治非常相似）：

> 一天下午，我艰难地翻越一条通向一片高地的陡峭峡谷，路越来越难走，我觉得自己沿原路返回是做不到了，便继续往前走。但一面石壁最终挡住了去路，我只好跨越沟沟坎坎折回来，碰到一个断层，不敢跳过去，因为只听见许多蛇在干裂的石头之间乱钻，听不到其他任何声音。从来没有任何

---

① 引自《波伏瓦回忆录第二卷：岁月的力量（一）》，第71页。
② 引自《波伏瓦回忆录第二卷：岁月的力量（一）》，第107页。
③ 《大饭店》，美国剧情电影，"嘉宝"指的是该片的女主演——瑞典女演员葛丽泰·嘉宝（Greta Garbo，1905—1990年）。

人经过这个断层。万一我摔断了一条腿或扭伤了脚踝骨怎么办？我大声呼喊，没有人回应。我呼喊半个钟头，四周死一般寂静！我鼓足了勇气，才平安无事下了山。①

（FA 109–110）

虽然一个人去远足确实有些草率，但好在，这回波伏瓦有惊无险——跟下一章的柯尔律治一样。在多数情况下，她都非常幸运。有一次，她甚至只背了个包，装着衣服、闹钟和《蓝色指南》，一个人在上卢瓦尔省徒步探险了三个星期。她露宿星空之下、谷仓之中，享受着独立与自由的感觉，品味着凭借自身意志、欲望和身体经历穿越景观而得来的诸神般的快乐。回顾她那独自走过的旅程，她将其称为对于"精神分裂的梦想"之"疯狂"的追求（FA 563）。诚然，一个人的远足能带来独享景观的陶醉。这样的追求往往是不计后果的。波伏瓦能够长期幸免于难，似乎只是单纯地因为运气太好。

但有时候，好运气也会缺席。即使是结伴同行，危险也在所难免。克劳德·朗兹曼曾是波伏瓦的情人，同时也是萨特的小圈子（"la famille"）的成员之一。朗兹曼记录过一场差点和波伏瓦以悲剧收尾的远足之旅。20世纪50年代初，二人从采尔马特出发，一路翻越至马特洪峰在瑞士与意大利的交界——西奥多尔山口。30日出时分，他们便出发了。那天的阳光格外充足，但他们帽子、墨镜或者防晒霜都没带，身上仅有的专业装备就是运动鞋了。朗

---

① 引自《波伏瓦回忆录第二卷：岁月的力量（一）》，第68页。

兹曼穿了条轻便的短裤，热的时候，就把衬衫脱掉。据他回忆，刚开始，一切都很顺利。只见他

> 眼中噙满了爱的泪水——海狸［波伏瓦好友对她的爱称］的刚毅与勇敢、她稳健的步伐、马特洪峰那令人生畏的威严……山峦银装素裹，连绵不断，或阳或阴，散发着异曲同工之美。骄阳飞舞于岩面与峰顶之上，在空中划下道道亮丽的长弧。[31]

他们原计划在海拔3029米的甘德古特吃午饭，但由于山坡实在太陡，到达以后就已经很晚了。二人又饿又累，开了瓶白葡萄酒，边饮边赏景，吃饱喝足后又继续赶路："全然不知，我们已踏上了一条无比艰苦的旅程——翻越海拔3000多米的西奥多尔冰川。"随着海拔越升越高，温度也逐渐下降，他们的运动鞋浸透了冰水，不停地打滑。朗兹曼成了走在前面的人，波伏瓦开始跟不上他了。晚上7点，最后一趟缆车将从西奥多尔车站准时发车。西奥多尔山口海拔3301米，甘德古特山口海拔3029米，仅相差272米，他们本以为很快就能爬完最后这段坡。当他们在冰川上举步维艰地挣扎时，遇上了一队经验丰富的攀岩者。他们配备了专业绳索和手杖，正齐心协力地往回走。这些人告诉波伏瓦和朗兹曼，他们肯定是没有办法准时到达缆车站的。

与此同时，波伏瓦已经走不动了，心率也高得惊人。绝望之中，朗兹曼找了一块还温热着的岩石，让她躺到这块岩石旁的雪地上，随后独自出发寻找救援。在最后一趟缆车离开后，朗兹曼

终于赶到了缆车站，慌忙向几名瑞士人求助，但被无视了。最后，他找到了三名在山中执勤的意大利神射手部队（*Bersaglieri*）的士兵。他们即刻穿上滑雪板，戴上照明头盔，拉着一个装有毛毯和羽绒服的雪橇，用朗兹曼手绘的地图定位到波伏瓦，成功把她接回了车站。"意大利救援人员的善意、雪橇携来的温暖，以及她的心脏重新正常跳动的事实"，成功让她苏醒了过来。朗兹曼跟剩下的几名神射手部队士兵软磨硬泡，不惜一切金钱代价，成功地让他们又叫上来了一辆缆车，终于带波伏瓦下了山。朗兹曼被严重晒伤，在医院住了三天，由波伏瓦陪护。[32] 虽然，这条严酷的路线是波伏瓦选的，而且是由她拿着地图和指南图书亲自领的路，朗兹曼却并没有因为这次濒临死亡的经历而怪罪她。相反，他很感谢波伏瓦：她为他灌输了对于高山的终生热情。[33]

6 | 萨特的疲倦与原始谋划

但萨特可不会这样。在《存在与虚无》中，他对于在山中行走的恼怒——对于身处自然而非城市的恼怒、对于所需的辛苦与疲倦的恼怒，尽显于他对一个疲惫登山者的描述之中。与波伏瓦不同，萨特不喜欢将自己的身体推至极限，不喜欢那种由费力和自我征服所带来的疲劳感。萨特曾跟波伏瓦谈及他与自己身体之间这种不适的关系："说得更广泛些，我散步时——比如说同你——我感到疲劳。首先来的是疲劳的先兆，一种突然袭来的不愉快的感受。"[①34]

---

① 引自《萨特传》，第362页。

在萨特看来，最令人不快的，是构成疲劳的感觉中所涉及的**被动性**（passivity）。自打童年时代起，萨特便将身体当作一个行动的中心。他几乎不怎么去重视感觉与被动性；他认为，活动总是趋向于未来，并定义了人存在的本质，而"放弃、放任、放松是现在的，或趋向于过去"①35——过去和现在是不活动的"自在的存在"之时间维度，是无生命物的存在模式。对于自由哲学家（philosopher of freedom）来说，主动性即一切，而被动性则意味着人类个体对于物质世界和自然世界之惰性的放弃。走路带来的疲劳具有双重的不愉快：其中一种不愉快，来自感觉的被动性；而另一种不愉快，则是因为向疲劳屈服，即是被动地屈服于被动性——在他看来，这与自由背道而驰。

萨特对疲劳的厌恶，尽显于他在《存在与虚无》中对乡野漫步的描述之中。他以或多或少中性的第一人称行走现象学开始：

> 那么，如果我在野地里行走，这时在我面前所被揭示的是周围世界……我用能预测距离的眼睛、用能爬高下低的腿来把握自然风光，并且由此，我的眼睛与腿和我背旅行袋的肩膀一起使新的景色和新的障碍显现并消失，只是就此而言，我就在疲劳的形式下有了（对）这身体（的）非位置意识——这意识支配我和世界的关系，它意味着我介入了世界。②
>
> （*BN* 585/ *EN* 498–499）

---

① 引自《萨特传》，第362页。
② 引自《存在与虚无》，第552页。

疲劳决定了我与世界的关系，改变了世界在我眼中的样子："道路才显得无穷无尽，陡坡才显得**更加艰险**，太阳才显得更加灼热，等等。"①（*BN* 585/ *EN* 499）在读这句话时，我们很难忽视掉萨特使用的这几个形容词（"无穷无尽""更加艰险""更加灼热"）背后的消极含义。萨特说，当"我"通过对于山坡之陡峭和路途之无尽的领会，来**忍受**（*souffre*）"我"的疲劳时，在某一时刻，便觉得这一切好像**不堪忍受**了："我不能再继续走了。"

但在这里，到底是谁觉得不堪忍受？萨特说，之所以视"我"的疲劳"不堪忍受"，是由于对"我"自己和"我"与"我"身体之关系的一个更根本的选择。客观来讲，"我"的朋友可能"和我一样累"，但"我"以不同的方式**重视着**自己的疲劳：

> 但他**喜欢**他的疲劳：他会像沉湎于浴池中一样**沉湎**于疲劳；疲劳对他来说似乎是某种用以发现他周围世界的特殊工具，是用来适应粗石子路以发现山坡的"山的"价值的工具；甚至，正是那射在他头上的微弱的日光和这轻微的耳鸣使他得以实现与太阳的直接联系。最后，这种努力对他来说就是战胜了疲劳的感觉……忍受着它直至最后战胜它。②
>
> （*BN* 586–587/ *EN* 499–500）

在这里，萨特虽然使用了男性人称代词，但究竟是谁都蒙不

---

① 引自《存在与虚无》，第552页。
② 引自《存在与虚无》，第553页。

过：他说的就是波伏瓦。如勒布勒东所述，对于波伏瓦这样的步行者来说：

> 感受肌肉的劳动，感受汗水的流淌，即感受生命的一种方式……身体之消耗，无异于一种喜悦。因为，它并非来自强制。相反，它标志着充满探索与耀眼记忆的美妙时日。这人全然陷入了疲劳之中，陷入了一种向身体与乡野致敬的疲劳之中。[36]

若把萨特和波伏瓦之间的差异归结为萨特太娇气（*douillet*），而波伏瓦够坚强，那并无太大的意义。对于萨特而言，"娇气"或"坚强"，都只是一种态度与偏好之总体（ensemble）或整体（totality）的含义，源于一个人如何将自己的身体与事物构成联系的更基本的选择。在这种情况下，娇气不是**导致**你在同伴们还继续前行时选择放弃的原因；屈服于自己的疲劳，恰才是娇气的**部分**含义。于波伏瓦而言，正如萨特对她的描述一般（尽管萨特并没有指名道姓），"疲劳是在这样一种广泛的、深信不疑地沉于本性的谋划之中被体验到的"[①]，"是一种激情，即为了道路上的尘土、太阳的灼热、道路崎岖的存在，他［她］最大限度地做出的努力"[②]，是一种占有、统治山脉的方式（*BN* 587/ *EN* 500）。

或许，将"放弃"看作一种拥有的方式会显得有些奇怪。有

---

① 引自《存在与虚无》，第552页。语序按作者的引用方式略有调整。
② 出处同上。

时候，放弃这一态度也可以是为爱而承认现实——那个存在之初始且未选择的所予——也承认自己的无需作为。"沉湎于疲劳、炎热、饥饿和干渴，任自己舒舒服服地倒在一把椅子、一张床上，放松自己"①，是一种通过享受其中而掌控自身事实性的方式，是一种对于自己的自满或自恋（*BN* 588/ *EN* 500–501）。但放弃也可以有更积极的形式，即一个人"通过身体或通过取悦于身体"而"力图恢复非意识的整体，也就是作为物质**事物**总体的宇宙"②，这种态度被萨特称为"泛神"（pantheistic）。（*BN* 588/ *EN* 501）这好像很贴合波伏瓦的这个例子。身体"陷入"疲劳，"以便这自在更加强有力地存在"③。徒步旅行可以成为"一种使命：[徒步者] 去徒步，因为他 [她] 要爬的山和要穿越的森林是**存在**的"，而她想成为第一个为这些现象赋予意义的人（*BN* 588/ *EN* 501）。简言之，波伏瓦这样的徒步旅行者，揭开了自然的隐世面纱，并为之赋予了一种意义和价值。她将这自然改变——不是像工厂工人那样从物理意义上将其改变，而是通过她对其象征性的占有将其改变。她所创造并使之存在的，不是一个被人类体验过的"原始的"自然，而是一个人化的（humanized）自然，一个**对我们而言**，尤其是**对她而言**，都拥有了意义的自然。

因此，在某种意义上，波伏瓦就像乔治·马洛里一样：爬一座山，只是"因为它就在那里"。然而，萨特说，我们不能就此罢

---

① 引自《存在与虚无》，第554页。
② 同上。
③ 引自《存在与虚无》，第555页。

休。在他看来，通过在自然世界中徒步或攀登而使其存在的谋划，是另一谋划的一部分：试图创建一个人自己的存在、一个人自己的既定性和事实性——特别是一个人的身体，并由此通过占有自然世界的自在之存在，从而"恢复"这人自己的自在之存在的谋划。

但这并不是萨特的谋划。他自由地承认，他觉得疲劳令人不快，因为他**不信任**他的身体，不想"跟它有交集"。他还将这与一种同自在相关联的不信任联系了起来：他的存在、他的身体和自然世界的存在之原始偶然性（*BN* 589/ *EN* 501）。正如萨特所讲的那样，他这样的人，试图尽可能地将自然的原始状态用于被人类行为所改变的世界："我**通过他人的中介**而虚无化了的"世界（*BN* 589/ *EN* 502），城镇这人为建筑的世界。萨特对偶然性、自然和身体之逃离，尽显于他对疲劳所持的态度上：他感觉疲劳"令人讨厌"（importunate），只是想摆脱它，而不想把它变成使自在更有力地存在的手段（*BN* 589/ *EN* 502）。萨特渴望尽快走出自然，进入人类世界，进入到城市、行动与文化之中。波伏瓦记录过一次她与萨特在战争期间骑车前往"自由区"的旅行。当时，他们每天晚上都在外扎帐篷露营。她写道，他们一般"会在靠近城市或村庄的地方支帐篷，因为在田野乡间骑了一整天的车，萨特非常渴望晚上能重返烟雾缭绕的小酒吧消磨消磨"①（*FA* 562）。

这两种全然对立的基本态度，反映了两种"在世"之截然相反的原始谋划。萨特正是试图通过这些互相冲突的谋划，解释为

---

① 引自《波伏瓦回忆录第二卷：岁月的力量（二）》，第121页。

什么他在乡野漫步时屈服于疲劳，而波伏瓦却没有。他是能够不这样做的，但那便需要彻底改变他对于他自己的原始谋划："我向疲劳让步和任凭自己躺在路边的这种方式，表明一种对我的身体及无生气的自在相抗的某种最初时期的僵持。"①（*BN* 597/ *EN* 509）若从这种对于原始存在的反感之角度来看，继续走下去的困难便显得"不值得麻烦"：炎热、与城市人类世界的距离、辛苦的无用性，看起来都像是我应停止行走的理由（*BN* 597/ *EN* 509）。并不是说这些理由一定有效，或能迫使我停下来。"这并不意味着我必然应当停止行进，而仅仅意味着我只能通过彻底改变我在世的存在，就是说通过突然改变我的最初谋划……才能拒绝停止行进。"②（*BN* 598/ *EN* 509）

7 ┃ 晕眩与自我的易碎裂性

奇怪的是，"彻底改变"之可能性，令我回到了一开始：踱步于深渊边缘，内心充满了在我们自身自由之虚无面前的焦虑和晕眩。**焦虑**，揭示了我原始谋划的永久可修改性（*BN* 598/ *EN* 509）。由我目前的选择和行为所勾勒出的可能性，被我将来的自由（freedom-to-come）吞噬着，被我当前选择**异**于我所是的自我而可能导致的虚无化的威胁侵蚀着（*BN* 598/ *EN* 509）。也就是说，我们永远受到萨特和克尔凯郭尔等哲学家所讲的、由克尔凯郭尔同焦虑联系起来的"**瞬间**"（*BN* 599/ *EN* 510）之威胁。[37]

---

① 引自《存在与虚无》，第564页。
② 同上。

一个人决定继续做他一直以来都是的那个人（就像萨特扔下他的背包并放弃），或与之相反，成为另一个人的"瞬间"，并不是那些已然逝去且无法给人带来改变的无关紧要的时刻之一；这个瞬间是，当一个人在自己的自由面前感到焦虑之时，又意识到，自己可以选择一个不同的在世之谋划。这相当于选择了一个拥有不同年表的不同的自我和不同的世界。在这不同的年表之中，转变的瞬间即标志着一个时间轴的结束和另一时间轴的开始，就像是法国革命者在宣布"1792年"将成为"革命元年"时想要做到的那样。转变的瞬间标志着以全新未来之名义而与过去的决定性决裂。对于萨特和克尔凯郭尔来说，未来是可能性的时间维度，因此亦是自由的时间维度。

萨特和克尔凯郭尔所说的——"瞬间"是未来**于现在之中**的呈现，或永恒在时间之中的呈现，而未来是"永恒的化名"，即未来决定了它之前的**整个**时间（过去和现在）的意义——即意在于此。[38]焦虑总是关乎于未来，具体而言，是关乎于可以让一个人放弃其原始谋划的根本性转变之未来的可能性，这个决定将追溯性地改变他到那时为止的生活意义：一个将见证某人的生命分裂为一个"之前"和一个"之后"的思想发生巨大改变的时刻[①]；对于这人自己和其生活的意义而言，这个决定**至关重要**。焦虑关乎着自由———种为可能性的自由，和一种为自身选择的自由。

萨特说，因为我们在任何时候都是自由的，所以在**任何**时刻，焦虑的瞬间都可能会出乎意料地突然爆发。只要它建立在自

---

① 原文为 a "road to Damascus" moment，直译："通往大马士革之路"的时刻。

由的基础之上，我们对我们本身的最初选择便如同山路上松裂开缝的泥土一样**易碎裂**（fragile）；我正是通过这种自由，选择我本身是否要**无缘无故地**改变主意而做不同的决定——就像我对于我本身的最初选择无法从任何现有的状态中合乎逻辑地被推导出来一样，**毫无根据**（*BN* 598/ *EN* 509）。"每时每刻，"萨特说道，"我都将这最初的选择当作偶然的和无可辩解的"，我通过使自由的**瞬间**涌现而拥有超越这选择的可能性——"我担心自己突然被拔除，即彻底地变成另外的人，这样的焦虑和恐惧就是由此而来的；可是，使我完全改造了原始谋划的'皈依'经常也是从那里涌现出来的。"①（*BN* 611–612/ *EN* 520–521）

那么，我可以背离先前的选择而拒绝屈服于我的疲劳，这会涉及我对如何系于自身的选择，而这又将赋予我的疲劳以不同的意义：我的疲劳将不再仅仅是令人不快的，或我一心只想要摆脱掉的东西，反而将成为我谋划的一部分，即通过身体之辛苦而使自然存在得更加强烈。然而，同样的道理，我最初选择的荒谬性和无可辩解性，使我有可能完全抛弃生存之谋划而自投悬崖（*BN* 616–619/ *EN* 524–526）。焦虑揭示出，**没有什么**能够迫使我继续忠于我最初对于我本身的选择——正如**没有什么**能够迫使我放弃它一样。我可以继续走；我可以停下来；我可以往下跳；我可以远离悬崖边缘；除了我自由本身的虚无——一个深渊的虚无之外，再没有什么能够阻止我。

---

① 引自《存在与虚无》，第577页。

8 | 萨特之行走的示范性

我们现已了解，行走出现在了萨特对作为晕眩的焦虑和一个人对于自己的最初选择或原始谋划进行解释之关键时刻，其间包括他对相当于放弃该谋划的"彻底改变"之可能性的描述。我们或能轻易反驳：行走只是一个说明性的例子，不过是萨特的主要论点和他的本体论所**附带**的某种**外在**的东西罢了。我们不应过分纠缠于例子，那样就舍本逐末了。

但若从德里达的观点出发，这种反驳意见其实建立于假定之上，即我们可以在缺少萨特所用例子的情况下，依旧读懂他的思想；我们可以严格区分他的现象学本体论中**内在**和**外在**的东西。[39]这种反对意见假定，我们在没有相关佐证例子（否认事实的侍者、卖弄风情的女子、同性恋者）的情况下，依旧能够弄明白什么是自欺。[40]它假定，我们无需洛根丁与栗子树相遇的例子（《恶心》），就能够理解什么是自在的存在；它假定，我们无需年轻人抉择于与母亲一起待在家里还是加入抵抗运动的例子，就能够理解什么是选择。[41]我不确定这样的操作是否可行，我甚至认为它不可取。

在萨特看来，在一个原始谋划的框架内，所有的选择（包括对于例子的选择）都能够阐明。按萨特的话说，"没有任何一种人的爱好、习癖和活动是不具有**揭示性的**。"① (*BN* 726/ *EN* 614)

　　味道并不总是些不可还原的材料；如果人们能考问它们，

---

① 引自《存在与虚无》，第689页。

它们就对我们揭示出个人的基本谋划……因此，只要我们能稍微分清这些食物的存在的意义，喜爱牡蛎或缀锦蛤、蜗牛或虾，就不是完全无所谓的。①

（*BN* 763–764/ *EN* 661–662）

　　我们知道，一般来说，萨特"坚决站在熟食的一边，反对生食"。[42]他尤其害怕贝壳类食物。波伏瓦将这一点与萨特对于自然和乡野的厌恶联系了起来。[43]虽然波伏瓦在城市之中亦感到舒适自然，但当她漫步于乡野之中，则宛若步入了天堂——这一点，与我们将在下一章当中遇见的浪漫主义者们很像。据我们对波伏瓦的了解，她喜欢吃各种食物——无论生熟。尽管她与萨特的关系尤为亲密，她对世界和自然的态度却与萨特近乎相反。她能把萨特哄骗到乡野陪自己远足，证明了她说服人的能力之强，以及萨特对她的感情之深。

　　如果我们知道如何去审视这个问题，那么萨特在说明诸如自由面前的焦虑和一个人的原始谋划——如何系于世界、归于自身——这样的关键概念时，对于在山路上的行走这个例子的选择，便肯定"不是完全无所谓的"了。按照萨特自己的说法，他的选择必须基于他对他的身体和他对自然的基本态度来解释：他对被动性和惰性的厌恶、他对人类及其劳动产物的偏爱、他在自己身体之中感到的不适和对自己作为一个作家和思想家的活动之认同。不仅如此，若没了晕眩与疲劳的例子，萨特关于

_____

① 引自《存在与虚无》，第744页。

自由和一个人的基础谋划之理论便不会这样栩栩如生、富于说服力。

很多寻觅萨特精神的朝圣者，都会去巴黎的花神咖啡馆、双叟咖啡馆，或是萨特的长眠之地——蒙帕纳斯公墓。他们的选择并非没有道理。但去往花神咖啡馆和萨特墓地寻找波伏瓦的人，却只做对了一半：的确，花神咖啡馆的牌匾标示着波伏瓦最喜欢的桌子（室内，楼上）；她与萨特也确实合葬于同一墓地之中。但若要寻找那个感觉自己"被叶绿素与蔚蓝色填满了"的浪漫主义者波伏瓦，便应移步至普罗旺斯的山脉丘陵。现在，已经有人踏足其中，循波伏瓦的足迹而行走了。[44]正是在波伏瓦的带领下，萨特才发现了徒步者在悬崖边的晕眩与远足时的疲劳。对此，我感到庆幸万分。

第五章

柯尔律治，或行走的想象力

布里斯托尔湾

同什农场
波洛克坝
库尔班教堂　波洛克
霍纳村

西匡托克斯黑德
沃切特　　霍尔福德
霍尔福德山谷　阿尔福克斯登
下斯托伊
拉克斯伯勒　若德沃特　比克诺勒村
惠登克罗斯　　　　蒙克希尔弗
罗利克罗斯　斯蒂克帕斯

埃克斯穆尔国家公园

匡托克山丘

1 | 引言：想象力、诗歌与行走

迈克尔·温特伯顿的电影《美食之旅》（2010年）[1]中有这样一个场景。演员史蒂夫·库根和罗布·布莱登来到了英格兰湖区凯斯维克的格雷塔府。这里，曾是塞缪尔·泰勒·柯尔律治的居所。在格雷塔府的书房里，库根拿出了一封（后期复制的）柯尔律治致友人的信。信的日期是1800年7月25日——柯尔律治和妻子萨拉携两个孩子哈特利和萨拉搬进格雷塔府的第二天。按库根的话说，柯尔律治从窗户望向周围的山川湖泊，在信中如是"描绘他的视角"：

> 我所处之地，后方是斯基道峰……正前方是整片巨人的帐篷——亦或，是一汪湍涌的海洋，为宁静所裹挟，半空中腾向天堂？[2]

库根观视窗外，又瞥了眼手中的信，若有所思："嗯，他说群山便像是波浪一样……"突然间，他惊叹道："看！看！太神奇了，这简直跟他说得一模一样——如一汪广阔的海洋！"镜头转向窗外的乡野，观众随之看到了库根正看到的和柯尔律治曾看到的景象。

从库根的反应（"太神奇了，这简直跟他说得一模一样！"）即可见，任何一位观景者都能在此般景色之中看到同样的东西：柯尔律治所作的隐喻，不仅完美地捕捉到了观景者所看到的东西，还让观景者看到了类似于所呈现场景之基本真相的东西。山峰的确是像"湍涌的海洋"那般"半空中腾向天堂";但若没有了柯尔律治的隐喻,我们就不会将山峰看作为奔涌而来的滚滚波涛。正如柯尔律治所述,山与波浪之间的诗意关系并非预先建立于自然界中,而是由诗人自己所发明的。[3]

柯尔律治之诗作艺术的本质,其实是对于感官印象的想象性重塑(imaginative refashioning)。据他本人的说法,诗人的语言和隐喻并非只是简单地再现感官形象,而是根据一种被康德称为调节**观念**(regulative *Idea*)的东西———种更多是被直观感受到而非明确认识到的组织原则——赋予感官形象全新的统一性与意义。[4]而被诗人用来将不同的感官印象结合为一个有机整体的力量,便是想象力。柯尔律治将这种能力当作其诗歌理论的重中之重。

对于柯尔律治想象力理论的解释和批评已是数不胜数——其中大部分都以 I. A. 理查兹的《柯尔律治论想象》(1934年)为出发点。[5]但除了罗宾·贾维斯精彩的《浪漫主义写作与步行旅行》[6]和理查德·霍姆斯为柯尔律治作的两卷传记[7]之外,少有人关注到了柯尔律治的诗歌与其行走之间的关系。霍姆斯本人就是一位颇有名气的步行爱好者。他还为自己写过一部传记,题为《足迹》。这本书讲述了他身为一名传记作家所做过的一些研究,包括他沿着罗伯特·路易斯·史蒂文森、珀西·比希·雪莱、玛丽·沃斯顿克拉夫特等人的足迹而行的故事。[8]霍姆斯和贾维斯尤其关注到柯尔律治的乡野漫步对其诗作的影响。

大多数关于步行诗人的文献,都十分重视一个人:柯尔律治的合作者、挚友——威廉·华兹华斯。丽贝卡·索尔尼特[9]、约瑟夫·阿马托[10]等人基本上都认为,华兹华斯开创了浪漫主义步行。文学评论家安妮·华莱士甚至将华兹华斯封为一派诗歌的创始人——她称之为"逍遥派"（the peripatetic）[①][11]。然而，在柯尔律治的诗歌创造力最旺盛的时期（1797—1802年），其作为一名诗人之"逍遥"，实则无人能及。柯尔律治每日游走于英格兰的山水之间，足迹遍布萨默塞特郡的匡托克山区与坎布里亚郡的湖区。在一片片如画风景中，他常会徒步走上很远的路（约64公里，甚至还要更远）。一幅幅印象化作文字，跃然他的笔记本上，为他的许多诗歌打下了灵感之基。一趟趟步旅让他得以"近距离"地观察自然。步行的**韵律**不断刺激着他的想象力，塑造出一首首诗歌佳作。

在我看来，柯尔律治最具代表性的那些诗作表明：诗性想象力（poetic imagination）并非某种无形或者纯粹的精神力量，而是一种具身的思维形式。它同走路一样，随着时间的推移而将身体的运动、感官的感受性（sensory receptivity）与主动的反省思考合为了一体。[12]后来，当鸦片进而取代行走，成为诗作遐想的"兴奋剂"时，柯尔律治的诗作能力便陷入了漫长的衰退期——即使再有曾经那"布满阳光的穹顶！那雪窟冰窖！"般的辉煌，也仅是昙花一现，永远未能完全复得其早期诗作中被贾维斯称作为"动觉"（kinesthetic）的品质了。[13]

纸上得来终觉浅，绝知此事要躬行。为了研究柯尔律治的行走与诗歌创作之间的联系，2013年7月，我与我的好友、同为步行爱好者的厄尼·克罗格一同出发，踏上条条蜿蜒小路，穿过重

---

① 与亚里士多德的逍遥学派（Peripatetic school）得名方式类似。

重山谷沼泽，沿行了柯尔律治之路。这条路起于柯尔律治位于下斯托伊的住处，止于波洛克——当时，这里住着一位臭名昭著的绅士，以公为由，将柯尔律治扣留了一个多小时，（据柯尔律治自己说）粉碎了他在写《忽必烈汗》时的创见遐想。2018年春，我又一次故地重游，参观了柯尔律治之路沿途一些独具意义之地，如沃切特附近的一片海滩——柯尔律治曾与威廉·华兹华斯、多萝西·华兹华斯漫步其上，一同勾勒出了《老水手行》（*Visions* 171）的轮廓雏形。[14]通过这一趟趟步旅，我不仅领会了柯尔律治在匡托克山脉的漫步与他诗歌的意象、形式和韵律之间的基本关系，还发现了想象力作为一种思维之具身形式的方式。

2 | 想象力与行走

乍一看，行走和诗歌好像并无太多共通点。但我们不妨进行一下类比：走路这种行为，是通过连续的运动过程，将空间中分开的区域相互连接起来；诗歌，则是通过语言，将分开的事件和经历结合起来。二者都涉及"合成"（synthesis），即把多个合为一个。对柯尔律治而言，合成即是想象力的本质："在这个词最高、最严格的意义上"，想象力是一种将感官印象统一为一个连贯统一的整体之能力。而在诗歌那"观察中的真理与修饰观察对象的想象力之间的微妙平衡"以及"深刻情感与深远思想的结合"之中，这种统一的力量得以更好地展现。[15]正如诗性想象力将文字与图像结合成诗歌一样，行走为一系列对于景观的变换着的视角赋予了形式，将它们结合成了一个有机整体。

如是，行走确为一种认识的具身形式。在罗伯特·麦克法兰看来，当我们行走时，世界"透过将自身呈现给各种视野……而得以显现；至于我们对它的知觉，则是通过我们的身体和我们的感官运动功能来获取的"。[16]我们正是通过在空间中移动，以一种"让自然景物的细节能够在头脑当中留下印象的速度前进。我们可以徘徊凝视或向后方看去，且拥有随意愿而停脚或休息的自由"，才得以实现贾维斯所说的"进步着的现实之秩序"。[17]用人类学家蒂姆·英戈尔德的话说，我们在行走时，无法从鸟瞰视角将完整的风景尽收眼底；行走是"一种绕行式的（circumambulatory）认识形式"[18]，当我们在事物旁边或周围移动时，它们便是以这种认识形式，揭示出它们的各种感官品质。正如贾维斯所言，行走——"将一只脚放在另一只脚前面"，十分具体，却又为"一种观念，一种思考的形式（一种联结观念的方式）"。[19]

　　行走之所以为一种想象力的具身形式，正是因为它能够联结观念。一趟行走，由一连串的步伐组合而成，由对于所行之路的视线引导。诗歌亦是如此：对于整体作品的想象性预期，控制着诗人对于具体部分的创作与排编。诗人在措辞、选取意象时，会考虑它们的前后关系而构造旋律和韵律，将想象力作为一种综合能力而为意象和感觉配置辞藻——将单个词语置于诗句的整体与韵律之中，再将诗句置于诗节的整体之中，后将诗节置于整首诗的整体之中。作诗和行走，都是使用格律（meter）及韵律的内在时间性的手法而联结意象与时刻。此外，格律和韵律，均如被心灵所知觉到一样，又为身体所**感受到**。诗句由音**步**组成，每一音步又有其独特的强弱音节韵律：抑扬格音步的灵动跳跃，扬扬格音步的沉重步履，抑抑扬格音步的轻快华尔兹……①它们正如行走时的脚步声一样，或为上升（弱—强），或为下降（强—弱）；这绝非巧合。[20]

事实上，诗歌、行走和想象力之间的联系，不仅限于单纯的类比。贾维斯指出，"在一段远足之中"，右腿与左腿饶有规律的交替节奏，会诱发出一种"催眠一般的自我陶醉状态"的"漫游遐想"，既让人能够敏锐地关注感官环境，又让想象力得以自在漫游。[21]玛丽莉·奥佩佐和丹尼尔·L. 施瓦茨曾在2014年的一篇论文中写道，"在自然环境中行走会唤起'软性着迷'（soft fascination），它不需要直接的注意力，并会延伸集中注意力（directed attention capacity）"，增强创造力与类比思维[22]；而参与隐喻之诗歌构建的，正是这种类比思维。当人们"以其自然的步态"行走时，无需注意行走的行为本身，就能注意到周围不断变化的环境，由此而生成变化着的观念和知觉——这两者对于"发散性思维"而言至关重要；当这种思维自由流动，便会产生新奇而贴切的观念与类比。

这些较新的结论均与早期的研究成果相吻合。研究表明，在"适度"吸引我们注意力的自然环境当中，行走能够增强我们同时关注环境并将注意力引导至其他事物（联想的思考、记忆等）之上的能力。[23]相比之下，在城市环境中，刺激物（交通、广告）会

---

① 音步（metrical foot），由诗行中按一定规律出现的轻音节和重音节组合而成，是韵律最小的单位。抑扬格音步（iamb），由两个音节组合而成，前者为轻，后者为重。扬扬格音步（spondee），由两个音节组成，两个音节同时重读。抑抑扬格音步（anapest），由三个音节组合而成，先两个轻音节，再一个重音节。

"显著地"吸引注意力，需要我们投入更多的认知努力（cognitive effort）才能被忽略，因此，自由流动着的发散性思维便会受到抑制。[24]据研究，在自然环境中行走，会产生更大的"认知与知觉上的改变，[并]产生焕发生机的感觉"，而"直观思维、创造力和不受引导的幻想"也会一同得到强化。[25]

综合来看，这些研究都统一指向一个假说：在自然界中行走，会促进人的思维在关注自然环境的同时，能够创造性地和发散着漂移，从直接呈现于知觉的到关联观念与记忆的：宛若一种知觉、认知和想象之间的自由游戏。[26]在某种程度上，行走对富于发散性、创造性的思维之促进，有着一个纯粹的生理学基础：行走通过刺激神经元生长，并随之在大脑的不同部分之间建立新的神经通路，从而加强思考复杂观念的能力和思考基于记忆之联想的能力。[27]但是，贾维斯所讲的似乎同样有道理：规律的步行节奏能够放松思维，让想象力自由地追随它那无规律的路线。[28]尤其是在自然绿地之中的行走，有着改善情绪、促进与自然的积极联系之功效。[29]难怪这一趟趟自然之行，化为了柯尔律治那诗性想象力的宝贵资源。

无论是诗人还是步行者，都须具备柯尔律治所说的

　　一定的远见卓识，它能够使一个人从某个视角前瞻性地预测自己计划表达内容的整体情况；通过这种方式，使不同的部分按照它们的相对重要程度进行从属和排列，并作为一

个有组织的整体马上表达出来。①

（ BL 201 ）

　　无论是行走还是想象，都是将不同的感官直觉和不同的时刻汇结成为一个有序的整体，使得"每个音调都和相同时间或诗节前后词汇的旋律相和谐"。②（ <i>BL</i> 183 ）[30]

　　柯尔律治认为，想象力会根据整体的计划而将细节编织到一起，发挥把许多东西融合成为一个整体（ εἰς ἕν πλάττειν ）的"融合"之力（ <i>BL</i> 91 ）。"那种综合、神奇的力量""把众多的元素统一起来，用一种主要思想或感受来改变一系列的想法的力量"，"传播一种气氛和精神的统一"，以此"实现相互融合和（可以说是）相互渗透"。③（ <i>BL</i> 174, 176 ）柯尔律治还欣喜地指出："德语单词 <i>Einbildungskraft</i>（想象力）是如此出色地表达出了最重要、最崇高的能力——一体化塑造（co-adunation）；这种能力将多个结合为一个，正是 <i>in-eins-bildung</i>④！"[31]

　　行走和想象力不仅仅是都将诸多细节组织成为一个统一的整体。由行走和想象力所促成的综合体，结合了主动性和被动性、自愿性与非自愿性。柯尔律治将想象比作跳跃，这个类比同样适用于步行。"首先，我们通过一个完全自主的动作抵抗引力，然

----

① 引自《文学传记：柯勒律治的写作生涯纪事》，北京，中国画报出版社，2019年4月，王莹译，第293页。
② 引自《文学传记：柯勒律治的写作生涯纪事》，第272页。
③ 引自《文学传记：柯勒律治的写作生涯纪事》，第252页。
④ 在德语单词 ineinsbildung 中，in 为介词，此处意为"为、成"；eins 表示"一个"；bildung 是动词 bilden 的名词形式，意为"塑造、构成"。

后再通过另一个部分自主的动作屈服于引力，从而降落在地上，就像我们事先预想的那样。"[①]（*BL* 72）同样，思维亦是通过"主动和被动运动交替的节奏"而运作，屈服于它从感官那里所接收到的，以此来"恢复力量……以便进一步推进"——就像步行者屈服于重力，以便为迈出下一步而找寻"一个短暂的支点"（*BL* 72）。这种让步（感官的感受性）与活动（思考的自发性）的结合、下降同上升的结合，均需要一种"既主动又被动"[②]的协调能力。这种能力，便是能够积极组织被动接受的感官印象的想象力（*BL* 72）。

在后文中，我将深入康德和F. W. J. 谢林的哲学思想对柯尔律治的想象力理论所产生的影响。但无论柯尔律治的诗歌**理论**在多大程度上受到了这两位哲学家的影响，他的诗作**实践**仍扎根于他所动用的感官和行走这一身理行为。一位研究柯尔律治的学者曾一针见血地指出："纯粹的想象力作品并非凭空捏造，不是某种在现实生活中没有锚地而悬浮于某个无法触及的空想世界的以太之中的东西。"[32]而柯尔律治诗性想象力的锚地，便是他的行走。

3 | 柯尔律治：步行者、健谈者、创想者

从柯尔律治生前的那些信件来看，相较于一个充满活力的步行爱好者，他更像是一个从早坐到晚的书虫。他曾这样回顾自己的童年："我成了一个**爱做梦的人**，不愿意沾上任何体育活动。我

---

① 引自《文学传记：柯勒律治的写作生涯纪事》，第102页。
② 引自《文学传记：柯勒律治的写作生涯纪事》，第103页。

整天烦闷暴躁，而且因为我什么都不会玩，还比较懒，所以那些男孩们都看不起我，讨厌我。"（*Letters* I, 347–348）如柯尔律治亲自所述，从他"开始阅读关于精灵鬼怪的童话故事开始，思想便已经习惯于**辽阔之境**"，产生了"对于'伟大之事'（the Great）和'整全之物'（the Whole）的热爱"。甚至还在孩提时代，他就已经开始"通过自己的构思，而非**肉眼所见**，来规范自己的所有信仰"（*Letters* I, 354–355）。他曾如是回忆他的童年：

> 我几乎读遍了所有东西——像是一只图书馆里的鸬鹚[①]；所有不入流的书都让我**深深着迷**……我热爱形而上学、诗歌，酷爱研读"关于心灵的事实"（从埃及的托特神[②]，到英国的异教徒泰勒[③]……一切对你们这些哲学梦想家产生深刻影响的奇怪幻象）。

至于他的体态，柯尔律治说，他的脸"除非是为刚读到的修辞所赋予了生机，否则便流露出极大的懒惰，以及相当——甚至可以说是傻里傻气的善良天性"。"我**整个人**，"他写道，"浑身上下无不展露着一种**富于能量的懒惰**。"（*Visions*, 130; *Letters* I, 330）

总之，信中的柯尔律治是一位懒惰的梦想家。他那些信件给

---

① 柯尔律治用"图书馆里的鸬鹚"（library cormorant）来形容爱读书之人。在英文中，cormorant除"鸬鹚"之意，还可表示"贪婪的人"。

② 托特神（Thoth），埃及神话中的智慧之神。

③ 泰勒，全名托马斯·泰勒（Thomas Taylor），第一位将柏拉图和亚里士多德全集作品翻译成英文的学者。他自我认同为一名异教徒（这在18世纪的英国尚属罕见）。

人的印象，好似他生活于书本与想象之中，而非一个身理活动的世界。其实，从小时候开始，他便常去德文郡的奥特里·圣玛丽村附近的乡野漫步了（*Visions* 12, 13, 16–18, 51; *Letters* I, 352–354）。在剑桥大学耶稣学院读书时，青年时期的柯尔律治曾"绕着剑桥的村庄完成了8个小时的徒步马拉松"（*Visions*, 42）。三年后，他还和三名剑桥大学的同学踏上了一场前往威尔士的长途步旅，在两个多月的时间内，徒步跨越了600多英里（约966公里）的路程（*Visions*, 60–61; *Letters* I, 88–94）。

威尔士之行的非凡之处，不仅在于其总里程之长。旅途之中，柯尔律治还带了笔记本、便携式墨水瓶和一捆羽毛笔："我买了一个空白的小本，还有便携式的墨水瓶。前行的路上，我时而停下，摘两朵饱含诗意的野花。"（*Visions*, 61; *Letters* I, 84）[33] 这是他在《文学传记》中对**"做研究"**（making studies）之方法所给出的第一个实例。就像外光派①画家一样，"那些物体和意象也都清晰地呈现于我的感官之中"。②（*BL* 108）这趟旅行的直接成果并不多，只有几首小诗，还有一些后来加入《老水手行》之中的片段（*Letters* I, 88–94; *Visions*, 67）。但据霍姆斯的说法，威尔士之行让"柯尔律治的诗歌变得更加行云流水，并且，这是他第一次热情地回应野生的自然"。（*Visions*, 66）

也正是在这趟1794年的旅行之中，柯尔律治于牛津结识了同

---

① 外光派（Pleinairism）强调自然和真实的生活状态。外光派画家会直接在日光下作画，回到室内后不再对作品作任何更改。

② 引自《文学传记：柯勒律治的写作生涯纪事》，第154页。

为诗人的激进民主人士罗伯特·骚塞。二人一拍即合，计划创立"万民同权政体"（pantisocracy）——一个所有成员都共同分享其全部财产的共同体。他们选了刚独立不久的美国的萨斯奎哈纳河畔，来建立他们的乌托邦大同世界（*Letters* I, 96–99, 103, 114–115, 119–120, 121–123, 150–153, 155, 158）。1794至1795年间，柯尔律治为了争取财政支持，走遍了赫里福德郡和什罗普郡（*Visions* 65）。虽然他们的计划无疾而终，[34]但二人的故事仍在不断续写。没过多久，骚塞与伊迪丝·弗里克成婚。1795年10月，柯尔律治又娶了伊迪丝的妹妹萨拉。从此，这两位万民同权主义者和他们的家人，可谓结下了一生的缘分。

骚塞和柯尔律治很快就成了步友。在1794年的威尔士之行后不久，二人的第一次远足就又对柯尔律治的生活和诗作产生了进一步的影响：在萨默塞特郡，他们遇到了下斯托伊匡托克村的皮革厂老板——汤姆·普尔。普尔崇尚自由、支持民主，后来成为柯尔律治忠贞不渝的挚友与资助者——尤其是在他与萨拉带着刚出生不久的孩子哈特利于1796年12月31日搬到下斯托伊之后。在那里，柯尔律治迎来了他一生中最快乐、最高产的两年（*Visions*, 124, 135–204）。

在匡托克山区，柯尔律治真正进入了其逍遥诗涯的鼎盛时期。他常外出漫步，或独自成行，或结伴而行，既是为了给诗歌收集素材，亦是为了在"诗"途不顺之时孤蓬自振。其中最重要的一场步旅，当属他前往瑞斯顿拜访华兹华斯兄妹（威廉·华兹华斯和多萝西·华兹华斯）之行。1797年6月4日，柯尔律治从布里奇沃特出发，在一天半内走了40英里（约64公里）（*Visions*, 148），由此开启了一段名垂文学史的友谊佳话。

　　1797年7月，在柯尔律治的鼓动下，华兹华斯兄妹搬到了附近的阿尔福克斯登（由汤姆·普尔依柯尔律治的请求为他们所建）。同月，柯尔律治在伦敦基督公学的要好同学、著名的散文家查尔斯·兰姆，便受邀来这里做客。不久后，约翰·瑟沃尔也过来了。瑟沃尔是一位激进的民主人士，曾因支持法国大革命而被监禁（内政部称他为"英国最危险的人"）。他本人亦是一名狂热的步行者，曾撰写《逍遥者：或对心灵、自然和社会的素描作品之系列政治感性日记》（1793年）[35]。他们一起漫游于匡托克的树林和山丘之中，踏过涓涓溪流，走寻海岸碧波，日夜连缀，步履不停，诗兴所致，言谈不休。据霍姆斯所述，

　　　　1797年夏天，朋友们突然多了起来。他们一同畅游自然，徒步山中，同饮共食，彻夜谈诗。这一切，对柯尔律治的想象力产生了深刻的影响，为他的写作注入了新鲜的活力。

　　　　　　　　　　　　　　　　　　　　　（ *Visions*, 153 ）[36]

　　华兹华斯在他的诗著《序曲》第十三卷第395—398行中，亦写道：

　　　　但是，可爱的朋友！可还记得
　　　　那个夏季？回首遥望，你看到的
　　　　景象比昨日更加鲜明。当时天气
　　　　宜人，我们自由地漫步，有时

登上匡托克的峰峦，在习习轻风中

走过平滑的山脊，有时走入

山谷，在茂树浓荫中闲游。你怀着

高昂的兴致，以迷人的语言吟诵着

那苍苍老人的所见——那目光逼人的

老水手；也以悲叹的语调讲述着

克里斯特贝尔女士的故事。①37

1797年，多萝西·华兹华斯在写给好友（后来又成了她嫂子）玛丽·哈钦森的信中，生动地描绘了她对柯尔律治最初的印象：

> ［柯尔律治］是一个了不起的人。与他的谈话充斥着灵魂、思想与精神……起初我认为他很平凡，但这感觉也就维持了三分钟左右。他面色苍白，身材消瘦，嘴大唇厚，牙齿不怎么好，一头半卷的黑发又长又松，乱蓬蓬的。但你若听他讲上个五分钟，就会把这一切都抛诸脑后。你会发现，他的眼睛又大又饱满，不是黑色，而是灰色的。这双眼，似接纳着一条沉重灵魂最阴郁的情感，却又诉说着他朝气蓬勃的内心的每一丝情绪；它比我见过的所有"诗人眼睛神奇的狂

---

① 引自《序曲：或一位诗人心灵的成长》，北京：中国对外翻译出版公司，1997年10月，丁宏为译，第359—360页。

放的一转"①都更加神奇，更加狂放。

（*Visions*, 149–150）³⁸

那段时间，柯尔律治和多萝西走得很近（*Visions*, 185, 191–192）。但具体有多近，我们便无从知晓了：在柯尔律治死后，他的遗孀萨拉烧掉了柯尔律治"一大袋一大袋"的信件，其中就包括他与多萝西的通信。同样可惜的是，多萝西于1797年7月至12月在阿尔福克斯登写的日记也未能流传。³⁹但在她现存的日记之中，柯尔律治常以多萝西步友的身份出现。无论昼夜，二人常一道出门散步。多萝西无微不至地记录了天气、花草、树木、大海、天空、昆虫、鸟类、小屋、当地的居民、月亮与行星变幻之中的位相，唯独没有记录她与柯尔律治的谈话。这很奇怪，因为柯尔律治会一路上说个不停。当时，柯尔律治夫妇和华兹华斯兄妹一起吃饭、互相借宿，可以说是情同一家。正如霍姆斯所述，"虽说不清是谁影响了谁"（*Visions* 191），但柯尔律治这段时期的诗歌和多萝西这段时期的日记，都烙印着他们半聊天式自然之行的明显印记。⁴⁰

事实上，对于柯尔律治活跃的散步与谈话的最全记录，来自他曾经的崇拜者、日后的批判者——威廉·哈兹利特。哈兹利特

---

① 参见《仲夏夜之梦》。"疯子，情人和诗人，都是空想的产儿：疯子眼中所见的鬼，多过于广大的地狱所能容纳；情人，同样是那么狂妄地，能从埃及的黑脸上看见海伦的美貌；诗人的眼睛在神奇的狂放的一转中，便能从天上看到地下，从地下看到天上。"——引自《莎士比亚全集：喜剧卷（上）》，南京：译林出版社，1999年3月，朱生豪译，第357页。

还曾赞美柯尔律治为一位好步友。这乍听上去可能令人惊讶，毕竟，哈兹利特在他著名的《论出游》（1821年。在索尔尼特和贾维斯看来，这篇文章是贯穿梭罗和罗伯特·路易斯·史蒂文森的文学体裁之起源）[41]一开篇，便谈起了自己如何喜欢**独**行于乡野之中："我想要自行我意，哪怕仅此一次；而除非你正孤身独处，否则这便无以实现。"他想要对一切"直击你幻想的空中情触、云中色彩"敞开心扉，而无需压抑他自发的感觉，或去为别人解释它们："你面前这物体与环境……都可能让你心生某些观念，亦或唤起某些联想。它们是如此微妙精致，绝不可与他人交流互议。"[42]

但哈利特却对"老朋友柯尔律治"破例了。即使与人结伴而行，柯尔律治亦能自如支配景观唤来的感情与想法：

> 他能以最令人愉快的解释方式伴你翻山越谷，度过炎炎夏日；他能将风景转化为一首首教谕诗或品达式（Pindaric）的颂歌。"他爱以话语为歌。"……我多愿在欧福克斯登①附近的树林里，再听到他那回荡的声音。[43]

哈兹利特回忆道，1798年拜访柯尔律治途中，在去往威尔士兰戈伦的路上，他

---

① 欧福克斯登，是"阿尔福克斯登"的别名。据哈兹利特《初识诗人记》（*My First Acquaintance with Poets*）第二卷中的记录，欧福克斯登是"圣奥宾（St. Aubins）一个浪漫的老宅子，华兹华斯曾住在那里"。详见后文。

顿然来到了一片山谷。那儿仿佛一个圆形露天剧场，四周的荒山巍然屹立，一眼望去广袤无垠。脚下的"绿色高地之起伏，黯然呼应着岩石的脉动"……此时此刻，山谷"闪烁着青翠欲滴的阳光雨露"，还有棵发芽的白蜡树，将它的嫩枝浸浴在如泣如诉的溪流之中。这般辽阔之景，仿佛全然听从于这条高处小路的指挥。我沿路前行，耳边萦绕着方才从柯尔律治先生的作品中摘引的诗句。[44]

估计，哈兹利特当时的反应可能跟史蒂夫·库根差不多："太神奇了，这简直跟他说得一模一样！"在这一段里，哈兹利特只给一句话加上了引号——英格兰山谷中"闪烁着青翠欲滴的阳光雨露"［引自《离别之年的颂歌》（*Poems* 166）］；将树枝浸入溪流的白蜡树之形象、把山谷当作圆形露天剧场的主意，似乎都出自柯尔律治的其他诗歌，如《致一位提议与作者同住的年轻朋友》（*Poems*, 155–157）、《这椴树凉亭——我的牢房》（*Poems*, 178–181）和唤起了现于"爆发的美景"之中"繁茂榆树林立而成的巨大圆形露天剧场"（*Poems*, 263）的《孤独中的忧思》（*Poems*, 236–263）。在《初识诗人记》（1822年）中，哈兹利特写道，他前往兰戈伦谷地的另一个明确目的，便是"将自己浸入自然风景的奥秘之中"。"那段时间，我读到柯尔律治在《离别之年的颂歌》中对于英国的描述，叹妙笔天成，甚愿将其温柔地应用于我面前的事物上。"[45]柯尔律治不仅可以在走过一段风景时，将其编为一首诗歌；亦能够在没有他本人滔滔不绝、四射活力的情况下，由其写下的诗歌引导哈兹利特观赏风景。

1798年1月，哈兹利特在踏上这趟由柯尔律治"陪伴"的独步之旅前夕，还曾与柯尔律治本人一起完成了6英里（约10公里）的步旅，从哈兹利特所在的韦姆村至施鲁斯伯里市。哈兹利特的父亲是位上帝一位论①牧师。他邀请柯尔律治在韦姆住上一段时间，以便在施鲁斯伯里布道。而当时，柯尔律治也正想着去做一名上帝一位论牧师（在汤姆·威治伍德和约西亚·威治伍德给了柯尔律治一笔年金以追求诗作生涯之后，他才放下了这一计划）。哈兹利特在与柯尔律治共进晚餐时，为其风雅谈吐所深深折服；而第二天与他的外出之行，更是让他如痴如醉。但若他有诗作天赋，一定会作出一首《韦姆—施鲁斯伯里之路的十四行诗》，将这场步行颂于不朽之列：

> 那是一个隆冬的清晨。一路上，他都在喋喋不休地讲话……他时而偏题，时而详述，时而跳转话题——无论他说什么，在我看来都仿佛是在空气中起舞，在冰面上滑翔……我坚信，当他经过，路边的每一块里程碑都竖起了耳朵，哈默山上的每一棵松树亦开始聆听一位诗人的声音！……我早已听闻他能说会道，他也的确不负众望。说实话，我还从未有过任何这样的经历……在回来的路上，我耳边萦绕着一种声响——那是幻想之音；一缕亮光照耀我面前——那是诗歌

———————

① 上帝一位论派（Unitarian），与传统基督教不同，强调上帝只有一位，而非由圣父、圣子和圣灵三位一体共同组成。这在当时是反英国国教的。

之容。它们徘徊不去，不愿与我相别。[46]

　　哈兹利特对与柯尔律治同行的回忆，生动地重现了柯尔律治在1797—1798年间的诗作方法：步行、交谈、观察自然，再将自然付诸文字，按哈兹利特的话说，使之成为"一首首教谕诗或品达式的颂歌"。柯尔律治如是写道：

　　　　我几乎日日行走于匡托克的山顶和它那倾斜的峡谷。我手里拿着铅笔和备忘录，若用艺术家的话说，我正在**做研究**：我时常把我的思想塑造成诗歌，那些物体和意象也都清晰地呈现于我的感官之中。[①]

（*BL* 108）

　　但与**外光派**画家不同的是，柯尔律治并非在某个固定的有利位置研究风景，而是从他行走时变换着的视角出发；同时，行走的韵律和能量会帮他组织、编排感官意象。哈兹利特将柯尔律治的行走风格——离题、从不保持直线——同他"富戏剧性""生动多样"的说话风格和写作风格联系了起来："柯尔律治跟我说，他喜欢在行走于不平坦的路面之上，或是穿梭于灌木丛的枝芽之间时，进行创作。"[47]行走、诉说、诗作，三者密不可分。[48]这便是行走的诗性想象力、柯尔律治所说的*Μεθοδος*（希腊语的"方法"）——正如他所指出的："从字面上来看，是**一种通过**（Transit）

----

① 引自《文学传记：柯勒律治的写作生涯纪事》，第154页。

的方式或路径。"①⁴⁹

想要理解柯尔律治所说的方法，我便需要身体力行。如是，2013年，我来到了曾给予柯尔律治无数灵感的匡托克山区，与厄尼一起，踏上了柯尔律治之路。

4 | 柯尔律治之路

6月的最后一天，我与厄尼来到了下斯托伊。在踏行柯尔律治之路前，我们先去参观了他的故居。这座曾经老鼠四窜、潮湿拥挤、烟雾弥漫的小屋，现在已经被改造成为一所国家信托博物馆，干净又通风。柯尔律治曾期望在这里安享半诗半农的田园生活。他和萨拉也的确这么尝试过：他们在小屋的后花园里养了猪、鸭、鹅，亲自砍柴烧火，下地挖土豆、撒谷种。可惜，柯尔律治并不擅长干农活。很难想象，当华兹华斯兄妹、查尔斯·兰姆、约翰·瑟沃尔或年轻时的哈兹利特等客人来访时，这座小屋会变得多么拥挤。但正是在这里，柯尔律治作下了他最著名的诗歌:《忽必烈汗》《老水手行》《这椴树凉亭——我的牢房》。初版的《抒情歌谣集》（1798年），静躺在玻璃罩下。也正是在这里，柯尔律治说，他感到"**非常地**幸福"（*Letters* I, 308）。

之后，我和厄尼带上英国地形测量局的地图（#140，匡托克丘陵；#9，埃克斯穆尔）、一本柯尔律治之路的路线指南，背上旅

---

① 在希腊语中，来自介词 μετά 的前缀 μετα- (μετ-/μεθ-, met')，表示"追随、根据"等含意，ὁδός (hodós) 则意为"道路、路径"。由此合成的 μέθοδος，即有"追随道路"之意味。（μέθοδος 是 Μεθοδος 的小写形式）

行包，正式沿这条柯尔律治走过无数次的路出发了。目标：阿尔福克斯登。那天，温度宜人，惠风和畅。在下斯托伊，我们爬了段还算平缓的坡，踏上一条蜿蜒的小路，又穿过一片树林，来到了一块山顶空地。站在高地之上，绵延美景尽收眼底：下至布里斯托尔湾，西至那或绿或金的荒野山丘；羊群在栅栏里悠然吃草，下斯托伊的栋栋小屋上，正有炊烟袅袅升起……我俯瞰这幅壮美全景，想到柯尔律治便是在这条路上行走时构思出一首壮丽诗谣（虽说终未写下）：

> 　　在我看来，一个主题应含有相同分量的描述、事件和对人类、自然和社会充满激情的思考；同时，这些部分之间应该自然衔接，并组合成统一的整体。我试想在溪流中找到了这样一个主题，并从它在山间红黄色苔藓和锥形玻璃状的草丛中的源头，追溯至它的第一个破浪堤和瀑布，在那里可以清晰地听到水滴声，溪流也开始形成一个沟渠；然后来到那用黑色块状的泥炭搭建成的，储存泥炭用的仓库；再到羊圈；再到第一块耕地；再到那孤独的小屋和它从荒野那儿得来的惨淡的花园；最后到了小村庄、村落、市集、工厂和海港。[①]
>
> 　　　　　　　　　　　　　　　　　　　　　　（*BL* 108）

我们沿着潺潺溪水前行，直至霍尔福德山谷。在那里，小路告别了溪流，转而穿向另一片树林，引我们来到了霍尔福德村。

---

① 引自《文学传记：柯勒律治的写作生涯纪事》，第154页。此处略有改动。

我们沿路出村，很快步入了一片美丽的橡树林。林中，树冠高挺，蕨植匍匐，一同捕捉着光线，遮映出了形状各异的"绿色光点"。没用多久，我们就找到了华兹华斯的故居——阿尔福克斯登。整栋房子背对着小路，但即使从背面看去，也要比柯尔律治在下斯托伊的小屋大得多（华兹华斯当时每年的房租是23英镑，而柯尔律治的房租只有3英镑）。四周寂静无声，但有兔子、蓝山雀、乌鸫和一只一看到我们靠近就立刻跑走的野鸡。离开林地时，下方的田野渐入视野。田上，几只赤鹿和牛安然咀嚼着青草。那里，便离西匡托克斯黑德和我们过夜的小旅社不远了。

旅途的第一天，我们精力充沛，脚步轻快，一边前行，一边细致地观察周边的情况。路旁不时可见木头路标，上面还插有羽毛笔。我们所经过的地段，在柯尔律治的《这椴树凉亭——我的牢房》和其他几首诗歌中均有迹可循：树林、深谷、光影之斑、辽阔的视野、牧羊的草场与碧绿的溪谷……但随后的几天，"最初那无忧无虑的狂喜"就消失不见了。匡托克山区的这一片，是柯尔律治最常走的地方，他的大部分意象也都出自这里。

第二天，我们以一种更加诙谐，但没这么抒情的方式走进了柯尔律治。一大早，我们就兴致勃勃地出发，继续这场长徒步旅。在前往比克诺勒村的路上，我们错过了一个路标，但没把它放在心上，又另找了一条路进村。村中有着许多漂亮的花园，风景迷人。离开时，我们又穿过了一片幽暗的树林。林中树木高高隆起，形成了一张巨型拱顶。在一个铁路交叉口，我们被吓了一跳：一台黑色的蒸汽机车鸣哨而过，在空气中留下了腾腾汽烟，好似带我们穿越到了工业时代。但很快，我们就又回到了柯尔律治所生活的那更遥远而朴素的年代：穿过林子，绕过牧场，前方即是萨姆福德·布雷特村与蒙克希尔弗村。在那里，古老的石砌教堂静候街边，一旁的紫杉拔地而起。我们还去走了一座小木桥，按照当地的习俗，揣一枚便士过桥，以求好运。

我们的确求来了好运。没过多久，我们就找到了从蒙克希尔弗村出去的路。我们沿路上坡，又进入了一片茂密的树林之中。彼时，云层越聚越厚，天空也愈发昏暗。但我们忙着寻找带羽毛笔标志的路标，聊得正欢，无暇顾及天气的变化。

我们无论如何也找不到类似的路标，便出了树林，来到大路上。指南上写着："近一英里（约1.6公里）后，将有一个丁字路口出现，由此稍向右拐，然后继续前行。"我们估摸着走了快一英里，小心翼翼地注意着通向右边的路。雨不知不觉地下了起来，空气也变得雾蒙蒙的。我们拉上冲锋衣的拉链，继续找路。终于，我们在右手边看到了一个带有羽毛笔标志的路标，但这条"路"其实更像是条田间的小农道。我们沿"路"来到一片田野，在一扇金属制的农场大门上又发现了一个羽毛笔标志（"肯定就是这条路！"），然后就被一排农田栅栏挡住了去路。忽然间，一只鹿跳进我们面前的灌木丛中。我们在原地摸索了半天，发现前方确实是无路可走了。于是，我们翻过带刺的铁丝网，下到一片路堤上，终于回到一条人工铺砌的道路上。我们凭着直觉左拐，期望能找到一个十字路口，好先弄清所在的位置。

幸好，拐了个大弯后，我们真的来到了一个十字路口。路的另一边有家宾馆——罗利克罗斯旅店。或许，那里有人能帮我们指指路。旅馆的小门厅里坐着两位女士。一位较年长，坐在接待台后面，圆圆的脸蛋，整洁的银发；旁边那位较年轻，友善的面庞，长长的黑发。我们拿出英国地形测量局的那份地图，说明了我们的困境，并告诉他们，我们要去若德沃特村。"若德沃特！"那位老妇人惊呼道：

> 哎，你们越是尝试，就越会迷路！以你们的速度，怕是得走到地老天荒。嗯，柯尔律治也迷路了。你们应该来点儿鸦片酊！**现在**就忘掉你们的柯尔律治之路吧。

云云。

好在，那位年轻的女士过来帮了忙。她走到接待台，在地图上给我们指明了我们现在的位置、若德沃特村的位置，以及另一条不是柯尔律治之路，但同样可以到达若德沃特村的路线。可惜，她说的这条路实在太过复杂，而且当时我们已经身心俱疲，只想早点赶到我们之前预定的小旅社。最终，我们研究出了一个大概能通向奇德格利山丘农场的方向，并决定沿着B3190号公路走。这条路狭窄多弯，不时有拐弯或上坡的车辆经过，而且双侧均无人行道。我们两步一回头，走得很紧张。在一个安静的路段，我们停下来歇了歇脚。英国地形测量局的地图显示，斯蒂克帕斯村应该就在前方不远处，从那里可以接上柯尔律治之路。没过多久，我们"喜笑颜开"地看到了一个柯尔律治之路的路标。路标指向奇德格利山丘农场。没过多久，我们就成功地找到了通往目的地伍德阿德凡农场的路。我们经过一片茅草小屋，又穿过一片山毛榉林，终于到达了小旅社。彼时，我们已是满身泥泞，但感激之情溢于言表。我们把背包扔进房间，然后被领进了一个宽敞的会客室，喝了杯热茶，还品尝到了一块我这辈子吃过的最美味的巧克力蛋糕。爱吃甜点的柯尔律治肯定也会爱上这个味道。在此刻的温馨面前，迷路的焦虑烟消云散。

柯尔律治之路有一大特点，即地图或指南上并没有它完整的确切走向。常有多个"通往下一块田地的大门"，但你不是每次都能确定到底是哪一扇门，只好将这一切托付于运气，和一点点的灵感。你还须时刻保持敏锐的洞察力。我和厄尼就疏于做到这一点，我们太专注于聊天，因而在从蒙克希尔弗村出来的时候，忽视了柯尔律治之路的标志。

现在回想起来，我其实并不只是在循行柯尔律治之路时偏离了正轨，暂时性地迷失了方向；事实上，在本书所记录的许多步旅当中，这都是常有的事。无论是在万里路上，还是万卷书中，我都一次又一次地迷失过方向，迷失了我原本所寻的：一些观念设想、对曾行于我现行之路上的故人的理解、在我的行走与他们的思想之间建立联系的方法。我误入歧途，折返，又重拾旧路，时而收获我所寻的观点，时而铩羽而归……似乎，这才是漫行哲人路的意义所在：这是一种开放且富探索性的行走，你只需跟随思维的指引而迈开双脚——即使，这想法还尚未成为某种定论。但话说回来，当时的我，只是因为自己错过了一个路标而感到懊恼万分。

第三天也是不停找路的一天。我们在田野与树林之中折返往复，一次次迷失了方向，又重新找回正轨。前一天的冒险经历有些动摇了我们的信心。幸运的是，太阳与云层更唱迭和，所见之处均是光影纷扬；和畅的微风拂面而过，不断为我们送来新鲜的动力。我们沿着一条宽阔而平坦的林间小路走到了若德沃特村，又穿过了一连串的农田（田间的路线有些难以辨别——又是那些"通往下一块田地"的大门），然后左拐上山。路上，还有一窝山鹬被我们惊动，从我们肩膀的高度蓦然飞起。站在莱普山的山顶，我们将周边的山丘全景尽览眼底。时逢7月初，那里的风已有了刺骨之意。在惠登克罗斯，我们顶着冰冷的夜风，参观了莫兰社区会堂——那里有一扇设计灵感来源于《午夜寒霜》的彩色玻璃窗。今晚，寒霜的确有可能施展"它的神秘功能"，但与这首诗相反，风将为它提供极大的帮助。[1]一位住在前卫理公会教堂里的女士告诉我们，冬天的惠登克罗斯常有大雪盈尺之势。的确，盛夏7月的惠登克罗斯已是寒风习习。

循柯尔律治之路而行的最后一天，可以说几乎与第一天一样美妙。刚走出村庄，我们就踏入了一片汪洋的杜鹃花海与橡树林木之中。林中，还有只锈胸鸫从我身旁倏然飞过。我们沿路告别了树林，又来到了一片牧羊田野。在这里，我们跟随一只母羊和它的小羊羔爬上了一座小山。山上云雾迷蒙，蕨植与荆豆丛生。在一片空地，我们又迷了路，几乎是摸索着爬到了邓克里比肯山的山顶。我们停下来，拿着地图和指南针研究了半天。此时，雾气也已经消散了一些。就这样，我们又一次回到了柯尔律治之路

---

[1] 参见《午夜寒霜》："寒霜施展着神秘功能，没有风给它鼓劲。"——引自《华兹华斯、柯尔律治诗选》，北京：人民文学出版社，2001年1月，杨德豫译，第358页。

上。我们沿路下行，经由一段缓坡，穿过一片树林，来到了一个十字路口。四周古木参天，一束束根茎破土而出，拱起了附满苔藓的地面。树丛由两条"空心道"（holloway）圈起。这些空心道"由脚步、车轮或水的侵蚀力开凿而成，已经纳为了周围景观的一部分"。[50]粗壮的树根撑起了浑然天成的靠椅，乃是完美的休憩之座。

从树林中出来后，我们沿山脊爬了有一英里多，便到达了山顶。放眼望去，波洛克溪谷及更远处的景色让我们想起了旅途第一天霍尔福德的景色——只不过，这里的视野要更加宽广。我们还发现了两匹成年野马和两只小马驹。但当我们走近后，它们就又消失在茂密的灌木丛中了。在韦伯斯波斯特另一处视野宽阔的地方，我们开始了轻松的下坡之行。经由一片深暗的树林，我们来到了风景如画的霍纳村。继续沿一路清晰的路标前行，我们终于到达了波洛克，并在游客中心领取了完成柯尔律治之路的证书。柜台的女士听说我们从加拿大的不列颠哥伦比亚省远道而来，没有跟我们收任何费用。她说，自己还曾去不列颠哥伦比亚省温哥华郊区的枫树岭探望过女儿。但她害怕遇到熊，所以没敢下乡徒步。

那场步旅有一大遗憾：我没有留出时间从波洛克继续走到阿什农场，也没能去成沃切特附近的海岸。在阿什农场，柯尔律治写下了《忽必烈汗》；而在沃切特附近的海岸，他与多萝西、威廉一道，构思出了《老水手行》的雏形。因此，2018年5月，我又一次来到了萨默塞特郡，誓要弥补当初的遗憾。

这次，我从柯尔律治所绕经的霍尔福德村出发。村子上游有条小溪，正缓缓地流经一座长满蕨植和野韭菜的小山谷；一座人行小桥建于溪上，紧邻岸上一间废弃的磨坊；还有一道名为"多萝西瀑布"的小瀑布，汇流于桥下。几乎可以肯定，这正是柯尔律治在《夜莺》(1798年)和《这椴树凉亭——我的牢房》(1797年)中提到的那条溪流。我在这山谷里从上午待到了下午，又从下午待到了傍晚，既没听到也没看到为柯尔律治的诗作送去灵感的夜莺。这回，我为这一地区预留了整整一天半的时间。我还去了趟柯尔律治的后花园——阿尔福克斯登和下斯托伊。我欣赏着柯尔律治在诗中所绘的画面，又一次体会到那种踏行于他常行之路的感觉；只不过，这次的感受更加深切。

我沐浴在温暖的阳光下，从斯托伊走到了霍尔福德。阴暗的树林中，渐入花期末尾的风信子锦簇一齐，点缀着林木。池塘水面如镜，投映出棵棵参天白蜡树影。我穿过一片开阔的荒地上山。半山腰的景色让我驻足良久：在午后骄阳的斜射下，山坡上的蕨植与土壤金棕相伴，远处的布里斯托尔湾闪耀着银蓝，二者交相辉映，美轮美奂。当我走到弗吉尼亚·伍尔夫和伦纳德·伍尔夫曾度蜜月的普劳旅店时，已全然感觉自己融入了周遭景色。正是通过这般美景，柯尔律治感知到了"一颗心灵，一颗无所不在的心灵，创造了万物"，它"浸渗一切……将其归并"("Religious Musings," *Poems*, 113–114)。

第二天早上，在去往沃切特的路上，我又一次经过了阿尔福克斯登。附近的田野里，仍有只赤鹿悠然吃草。曾经，柯尔律治就常在这条绿树成荫的小路上散步。时至今日，这里的乡田气息依旧浓厚；不难想象他与威廉和多萝西安步于此的情形。翻越一座座小山，穿过一片片谷地，我来到了一处景色尤为宜人之境。几块宽木板搭在小溪两岸，构成了两道步行小桥。到此为止，这一路都令人心旷神怡。

可惜，到了匡托克斯黑德，我就不得不与柯尔律治之路告别了，因为它并不通向沃切特。我沿一条次干道往多尼福德的方向走，每当身旁有车辆驶过，便需紧紧贴住多石的篱墙，或跳进路旁的沟渠。我就这么心惊胆战地走着，直到发现了一块指向通往沃切特的近海小路的路牌，才松了口气。到达时，潮水已退，海边的泥滩很好走。附近的男女老少有的遛狗，有的低头找着化石。岸边设有去往沃切特的步行梯，梯子又长又陡，我爬了半天，终于来到了贝尔旅店。柯尔律治在这里作下了《老水手行》中的部分段落。房顶不高，由黑色的木头搭成，为整个旅店蒙上了一层18世纪末酒吧的氛围，十分耐人寻味——似乎，柯尔律治的灵魂正徘徊于此。

沃切特铭记着柯尔律治。港口立着一尊拿着一把弩和一具信天翁尸体的老水手雕塑——看上去有些吓人。但这里也有张更体面的壁画，上面印着彼得·范迪克那幅著名的23岁柯尔律治像。布里斯托尔湾的夕阳下，不再有帆船立体的剪影——那幅画面，曾让多萝西和柯尔律治产生了创作《老水手行》的想法。但即使是行走在柯尔律治与华兹华斯兄妹曾漫行之地，我仍感觉，柯尔律治同我亦近亦远。

然而，之后的那一天彻底拉近了我与柯尔律治的距离。我如愿来到了阿什农场——柯尔律治创作《忽必烈汗》的地方。当时，他从波洛克徒步至林顿，沿海岸走了15英里（约24公里），忽感腹痛难忍，急于腹泻，便停下休息。为缓解症状，他服用了"两粒鸦片"，由是陷入遐想："所有［《忽必烈汗》的］形象在他毫无感觉、未费吹灰之力的情况下，携其相应的表达方式，生龙活虎般向他涌来。"（Preface to "Kubla Khan," *Poems* 296）我从波洛克坝踏上了一条有些陡峭的小路。这条路仅长一英里半（约2公里），但在如此风娇日暖的一天，显得尤为漫长。一条小溪沿路穿行于风景如画的树林山谷，时而在岩石上陡然翻滚，时而又不见了踪影。这肯定就是柯尔律治《忽必烈汗》中的"圣河阿尔弗"（Alph, the sacred river）了——虽然，它比诗中描述的要小得多，也远没有那么强大（按照托马斯·德·昆西的说法，鸦片有着放大物体的尺寸与距离的效果）。[51] 小溪的湍急之处，被柯尔律治的想象力处理成了诗中浩瀚的激流，又或化作"蜿蜒的川涧"。我并没有找到"杉木林"，但在陡岸边看到了繁茂的蕨类植物。

霍姆斯坚信，《忽必烈汗》中的意象既来自柯尔律治在这片土地上漫步时的所见所闻，亦得之于鸦片所带来的幻象（*Visions* 164–168）。贾维斯持相近的观点，认为柯尔律治的想象力之所以能活跃他的感官知觉，是因为他"将身体沉浸在了风景之中——而这，只能通过步行来实现"。[52] 进入到诗文当中的，不仅仅是风景，还有柯尔律治那活跃的行走风格——如哈兹利特所述，那不连贯的步伐与无征兆的急转。在这里，我想，我大概终于领会到了柯尔律治的行走与其诗性想象力之间的基本关系。

库尔班教堂就在阿什农场不远处。这座古老而迷人的石砌建筑物，据说是"英国最小的教区教堂"。我接着往前走，经过一片羊圈，又爬了段坡，告别树林，来到了近海小路与柯尔律治之路的会合处。驻足山顶，我再一次望向布里斯托尔湾，又见色彩各异的田野树林。彼时，雾气缭绕，远处的威尔士若隐若现。下面，羊群正悠然食草，野鸡在绿野上散步。山路和路边的栅栏上，零零散散地落了几只知更鸟。一种深深的平静感笼罩着这一切。

我在阿什农场的旅舍办了入住。老板詹妮·理查兹让她的丈夫托尼开车送我到波洛克坝的餐馆去吃晚饭。托尼的祖祖辈辈均是这片地区的牧羊人，他的高祖父就葬在库尔班教堂的墓地里。我请他喝了一品脱（约568毫升）的啤酒，同他从天南聊到了海北：第二次世界大战、英国脱欧、温斯顿·丘吉尔和鲍里斯·约翰逊、牧羊业的危机，还有柯尔律治。托尼说，华兹华斯剽窃了柯尔律治的思想；我委婉地表示了反对。他还认为，柯尔律治本人并不会沿所谓"柯尔律治之路"穿行于片片山区之中，而是会沿着近海的街道小路走，从下斯托伊到沃切特，再到波洛克，再到林顿。这一点，我不得不同意。

第二天，我离开了柯尔律治的国度。我不禁开始思考，我在此的行走是否真的能够帮助我理解柯尔律治的诗作"方法"，理解他的方式与路径。虽然我只沿着柯尔律治曾数次踏行之路走了两三回，但匡托克的丘陵与山谷却在我脑中挥之不去。我同创作《这椴树凉亭——我的牢房》时的柯尔律治一样，能够想象其他步行者在沿途的所见、所听、所感：从下斯托伊上山，然后下到通往阿尔福克斯登那铺满蕨类植物的树林之中，或许，又重新走出树林，来到匡托克斯黑德的农场与田野之上，步入古老的教堂院落，倚参天紫杉而坐，玄思静观这被"我们身内、身外的同一生命"① ("The Eolian Harp," *Poems* 101) 所渗透的"生灵"与"同一自然"。当我穿过一片片"同山丘一样古老",而又"环抱着光影斑驳的绿茵"的树林时,《忽必烈汗》《这椴树凉亭——我的牢房》和《午夜寒霜》中的意象与文字,便不由自主地潜入我的意识当中。我如愿以偿,重温了自己在第一趟步旅中走过的地点,又探访了那时所错过的地方(沃切特、阿什农场、霍尔福德山谷)。一场场悠闲的探索,让我对那一地带有了更深的了解。

然而,一个无法回避的事实是:我所踏寻的许多地方,都非柯尔律治真正所行。为了促进旅游业发展,当地的旅游协会利用现有的小路拼凑了一条"柯尔律治之路"。正像托尼·理查兹说的那样,柯尔律治之路,并非柯尔律治曾走的路。首先,对于柯尔律治来说,匡特克的群山紧邻他的住所,他因而履行于此地,对每条小径与路线了如指掌。他无需琢磨路线,就清楚地知道该往哪个方向走。与罗利克罗斯旅店的老板跟我和厄尼讲的正相反:柯尔律治从未在匡托克山区迷路。我花了很多时间来找路;柯尔律治则不然。他只需接受大量的感官印象,任思想悠然腾飞,同时还能像只喜鹊一样叽叽喳喳地同步行伙伴聊天。他的思想与双脚,得以自在逍遥于感官之感受性与为诗性想象力所占的活跃思维这两者的中间地带。相比之下,我的思想则需全神贯注于我的实际目标与认知任务,因为我在沿他人所设定的路线而行。这到底是不是一场骗局?柯尔律治之路,难道不就是些不真实的、伪造出来的旅游宣传吗?

---

① 引自《华兹华斯、柯尔律治诗选》,第281页。

这样的结论未免过于草率。若要寻找完整的答案，我们需回归到柯尔律治的想象力理论与他的诗作之中。咱们不妨来一起看看他伟大的步行诗作《这椴树凉亭——我的牢房》。这首诗出色地例证了他于20年后在《文学传记》（1817年）中提出的想象力理论。

5 ｜记忆、想象力与诗作：《这椴树凉亭—我的牢房》

我们需要注意，《这椴树凉亭——我的牢房》这首漫行匡托克山区的诗歌，是柯尔律治在他无法行走的情况下创作出来的。背后的故事，可能很多人都听说过：萨拉·柯尔律治把一锅滚烫的热牛奶洒到了柯尔律治的一只脚上，他因此不得不卧床休养一段时间（*Visions* 153）。当时，萨拉、威廉·华兹华斯、多萝西·华兹华斯和查尔斯·兰姆一起外出散步，留下柯尔律治一人在汤姆·普尔的花园里休养。这首诗想象着步行者从正午到黄昏所洞察到的不同景观，跟随步行者的进程，从山丘"松软湿润的荒野"，再到霍尔福德山谷的小瀑布旁"墨绿的野蕨"，最终回到了斯托伊。在这一过程中，柯尔律治在诗中的情绪，从对于步行者的艳羡，逐渐转变成了一种慷慨与爱。到了最后，诗人通过"同一自然"与步行者进行了交流：这"同一自然"不仅将其洵美赋予了丘陵山谷，亦洒落在了他身处的小花园中。柯尔律治通过想象性的认同（"我欣然，仿佛也陪着友人在那边游览"），好像走了他并没在走的路，重获了他本因失去而放弃了的"美的风致和情感"。

也罢，他们都走了，我可得留下，

这椴树凉亭便成了我的牢房！

我早已失去了美的风致和情感——

这些呵，哪怕我老得眼睛都瞎了，

也还是心底无比温馨的回忆！

此刻，我那些不可再得的友人，

在松软湿润的荒野，在山顶近旁，

正怡然漫步，也许，还盘旋而下，

走向我说过的那片呼啸的山谷；

那山谷幽深狭仄，林木蔚然，

中午才偶有阳光斑驳洒落；

细长的白蜡树，从一块岩石伸向

另一块，弯得像拱桥；它没有枝桠，

又湿又暗，几片枯黄的叶子

风来了也不摇摆，如今摇摆着，

是受到瀑布的激荡！我那些友人

正伫望一列墨绿的野蕨，蓦地

（绝妙的奇观！）野蕨都抖动起来，

还淋漓滴水，原来高处的青岩

也往下淋漓滴水呢。

　　　　茫茫天宇下

又见我那些友人，正纵目远眺

壮阔的青山绿野——有教堂尖顶

错落其间；他们还望见海上

秀逸的轻舟，银帆也许映照着

绛紫暝色里两片绿岛之间

那一泓柔滑明净的海水！是呵，

他们遨游着，人人都饶有兴致；

而照我想来，兴致最高的是你，

温良的查尔斯！因为你渴慕自然，

多年来却困居都市，如入樊笼，

心境悲凉而坚忍，在忧患艰危

和奇灾横祸中夺路前行！哦，

缓缓落下西山吧，堂堂的红日！

在落日斜晖中吐艳吧，紫色石楠花！

烘染出更加绮丽的霞彩吧，云层！

在金黄火焰里流连吧，幽远的林苑！

闪耀吧，碧蓝的大海！让我的友人

也像我那样，感受到深沉的欢愉，

肃立无言，思潮涌溢；环视着

浩茫景象，直到万物都俨如

超越了凡俗形体；全能的神明

为缤纷色相所掩，威灵仍足以

令众生憬然于他的存在。

        蓦地

喜悦涌上我心头，我欣然，仿佛

也陪着友人在那边游览！在这边，

这小小凉亭里，我也不曾怠慢过

种种悦目怡神的景象：霞光下，
纷披的树叶浅淡而透明；我观赏
那些阳光闪闪的阔大叶片，
也爱看枝叶洒下的阴影，给阳光
印上花纹！夕照里，胡桃树变得
斑斓多彩；被深浓光影笼罩的
苍老常春藤，缠住对面的榆树，
树上的晦暗枝柯，在漆黑一团的
藤蔓阴影衬映下，在昏沉暮色里，
闪着幽微的光泽。虽然这会儿
旋绕的蝙蝠不声不响，也不闻
燕子呢喃，却还有孤寂的野蜂
在豆花丛里哼唱！从此，我懂得
自然决不会离弃明慧的素心人；
庭园再狭小，也有自然驻足，
荒野再空旷，也可以多方施展
我们的耳目官觉，让心弦得以
保持对"爱"和"美"的灵锐感应！
有时候好事落空也安知非福，
这可以使我们心境更为高远，
怀着激奋的欢欣，去沉思冥想
那未获分享的佳趣。温良的查尔斯！
当最后的归鸦掠过暮霭，径直地
飞返栖巢，我为它祝福！我猜想，

你伫立凝眸的时候，它那双翅膀

（此刻只剩个黑点了——此刻消失了）

曾飞越万彩交辉的夕照；要么，

一片沉寂里，它飞来，羽翼拍击声

引得你悠然神往；在你听来呵，

凡宣示生命的音响都和穆雍融。①

（*Poems* 178–181）

柯尔律治动用自己的记忆与想象力，唤起了过去那一段段步行的所知所觉，准确地描绘出他的朋友们应能察觉到的细节，并通过这些细节来加工对于整体的计划（从怨愤到慷慨，从失落到感激），赋予了这首诗一种包罗万象的感觉。柯尔律治在创作《这椴树凉亭——我的牢房》时，也许并没有参阅他在散步时所做的笔记，他根本不需要这么做。他对于"光影之于风景的效果，植被水域的曼妙，风云星光的变幻"（*Visions* 160）的大量翔实记录，早已将这些细节牢刻进了他的记忆之中。柯尔律治在回忆并利用想象力改造记忆中的感官印象时，将它们转化为了思想——它们不再是被动接受的感官印象，而是经由回忆、想象，并由此精神化了的感官印象；它们不仅仅是记忆中的事实与细节，如某物的外观或味道，而是这些印象的诗性意义。这些被回忆起的知觉，即柯尔律治所说的"通过深刻敏锐的沉思之创造性力量而化为诗歌的自然"[53]，被诗人那决定诗中各部分之关系的整体构思所组

———————————

① 引自《华兹华斯、柯尔律治诗选》，第287—290页。

织了起来，为诗作注入了细节。"没有一种诉说着生命的声音是不和谐的"：这种关于整体的洞察力来之不易，它是标志着诗人精神旅程之印象与感觉的结果；其若脱离了细节，便会让人感觉是在说教。

只有当诗性描述赋予了感官对象以精神上的意义而将其转变之时，心灵才得以实现柯尔律治的理想，即与一颗以自然景观之形式而体现的"无所不在的心灵"融为一体："万物都俨如/超越了凡俗形体；全能的神明/为缤纷色相所掩，威灵仍足以/令众生憬然于他的存在。"① (*Poems*, "The Eolian Harp;" 102, "Religious Musings," 113–114; "This Lime-tree Bower My Prison," 179; "Frost at Midnight," 242)。柯尔律治曾在一本早期的笔记中写道：

> 透过沾盈露水的窗玻璃，我看到那月亮正朦胧发亮。每当我边思考边端详着自然界中的物体，便像是受其**请求**，为我身内某种已经存在且将永远存在的东西，寻求一种象征性的语言……好似，那新的现象正是我那内在自然（inner nature）所被遗忘或隐藏的真理的朦胧觉醒。[54]

诗性想象力将感官知觉转化为思想与象征，让心灵得以去"回忆"那些沉睡于诗人灵魂当中的真理。想象力并非独立于以经验为依据的现实；它恰是通过让一切穿过从诗人的记忆与感性中提取出来的"大量模糊影像与思考"而立足于现实，将其改变并

---

① 引自《华兹华斯、柯尔律治诗选》，第289页。

升华至一个更高的水平，寻求一个为风景与诗人的内心所共有的内部自我组织原则。[55]当诗人发现了这一原则，其心灵便已反映于自然而能够悠然自得于其中。

那么，这其中的原理何在？要回答这一问题，我需详读柯尔律治的想象力理论，以及其在康德和F. W. J.谢林理论当中的源头。

柯尔律治曾对三种能力进行过重要的区分：主要想象力；次要想象力；幻想（fancy）。在此之前的英国作家，如华兹华斯（*BL* 160），均是互换着使用"想象"和"幻想"这两个词的。这两个词也都主要指心灵唤出不存在于现实之中的事物与事件的能力。唯柯尔律治受康德的《纯粹理性批判》[56]之影响，认为想象力是某种全然不同于此的东西，即心灵将思想或感官印象混合成为一个整体的能力。

柯尔律治写道："我将想象力分为主要和次要。我认为主要想象力是所有人类感知的生存力量和主要中介，也是无限的'我是'（I AM）中永恒创造行为的有限思想的重复。"[①]（*BL* 167）换句话说，主要想象力是一种先验的（transcendental）合成能力，它参与了对具有多种属性的单一物体的每一种认知；例如，在对一个苹果的认知中，它会将苹果的甜度、红度、圆度、香度与脆度结合起来。[57]而作为一种联结合并的力量，认知中的想象力也是"我思故我在"中"我思"和"我在"之统一性的基础。对谢林来说，这即相当于自我（Self）或"我"（I）通过"我"对于自己行为的意识而来设定自己。用康德的术语来说，将每个思想或经验与单一

---

① 引自《文学传记：柯勒律治的写作生涯纪事》，第240页。

意识联系起来，并使它们成为由**我**所有的"统觉的先验统一性"①（*CPR* §16，§17；77–81），是建立在先验想象力的"**先天综合能力**"（power of synthesis *a priori*）之上的，这种能力产生了"在现象的一切杂多方面的综合中的必然统一性……任何对象的概念都无法在没有它的情况下结合为**一个**经验"②（*CPR* A: 123; 113）。

柯尔律治延续着康德的理论，把想象力视为基本动力，将感官的感受性与心智的精神活动结合了起来。康德说，感官本身给了我们一个没有统一性的多数性；知性（understanding）本身给了我们"我思"那纯粹但空洞的统一性。感官只能被动地接受印象；它们不能主动地"复合"（compound）或把它们组合成为物体的"表象"（representation）或形象（*CPR* A: 121; 112n）；心智为组织和理解经验提供规则，但无力生产感官印象。康德说，如果我们要对物体拥有连贯的**经验**，那么"这两个极端……必须借助于想象力的这一先验机能而必然地发生关联"③（*CPR* A: 124; 114）。先验想象力接纳了感官所被动接受的东西，并主动地将这些"直觉"（intuition）结合起来，因而既被动又主动，既是接受性的，又是自发性的。如海德格尔所解释的那样，"如果感受性意味着感性，自发性意味着知性，那么，想象力就以某种特定的方式落入

---

① 引自《纯粹理性批判》，北京：人民出版社，2004年2月，邓晓芒译，杨祖陶校，第93页。
② 引自《纯粹理性批判》，第129页。
③ 引自《纯粹理性批判》，第130页。

两者之间"①(*KPM* 88–89),"对感性和知性……进行源初地中和"②(*KPM* 112)——海德格尔所说的"源初"(original),即意指一种不能从其他心理能力中得到的方式。

　　但尽管柯尔律治的理论在很大程度上来自于康德,他所说的诗性想象力与康德所说的先验想象力仍有所区别。用康德的话说,先验想象力只是"灵魂的一种盲目的、尽管是不可缺少的机能的结果……但我们很少哪怕有一次意识到它"③(*CPR* A: 77/B: 104; 61)。相比之下,柯尔律治的次要想象力,或者说诗性想象力,则受诗人有意识的意志而控制(*BL* 167);"为了重新生成,它先是溶解,接着扩散,最后消散"④,按照对于整体的"理想化"概念,重新构成事物的既定形式(*BL* 73, 172)。诗人的任务是在"一个优雅而智慧的整体"(*BL* 174)中组织"感官之流";这个整体是系统化且有意义的(参见Kant, *CPR* A: 567f/B: 595f; A: 832/B: 860)。由此产生的"和谐的整体"(*BL* 173)会表现出一种自决(self-determination)的内部原则,诗歌的意象因而**象征**着自主、自决的理性观念(Kant, *CJ* § 49, § 59; *BL* 85)。[58]

　　如此看来,柯尔律治所说的诗性想象力,正处于有意识的目的性和无意识的、先验的想象力之间:二者都具有综合之生产性的力量,因而与先验想象力相同;但又以先验想象力不具备的方

---

① 引自《康德与形而上学疑难》,上海:上海译文出版社,2011年1月,王庆节译,第123页。
② 引自《康德与形而上学疑难》,第155页。
③ 引自《纯粹理性批判》,第70页。
④ 引自《文学传记:柯勒律治的写作生涯纪事》,第240页。

式而受制于诗人的有意识的意志（*BL* 167）。在这方面，诗性想象力更类似于康德在《判断力批判》中关于想象力对于产生审美观念的作用的表述（*CJ* 182），而非康德在《纯粹理性批判》中所说的关于生产性的、先验的想象力的任何东西。对于柯尔律治和康德来说，在诗歌的生产过程中，想象力是一种进行构形的综合（formative synthesis）[①]之"自由"力量，不受制于知性的认知目标，而由诗性的感觉与感性所指引（*BL* 25, 253）。

柯尔律治所说的"幻想"，则是另一回事。对他而言，"幻想"只是想象力的一种"经验性"（empirical）功能，相当于康德所说的"再生的想象力"（reproductive imagination）（*CPR* B: 152; A: 100–101, 120–123）。想象力是一种"进行构形的"能力，而"幻想"则是一种"进行集合的"能力：它按照"观念的联结"（association of ideas）（*BL* 159–160, 167），将经由处理的、确定的形象联系起来。如康德言，

> 这是一条单纯经验性的规律，据此，那些经常相继或伴随着的表象最终相互结为团体，并由此而进入某种联结，按照这种联结，即使没有对象的在场，这些表象中的一个也根据某种持久的规则而造成了内心向另一个的过渡。[②]

> （*CPR* A: 101）

---

① 引自《纯粹理性批判》，第200页。
② 引自《纯粹理性批判》，第170页。

例如，因为我们体验到，雪既白又冷，所以仅仅是白雪的概念，就能让我们想起它的冰冷。但当心灵以这种方式从一个观念转移至另一观念时，这些观念并不会改变：白色仍是白色，寒冷依旧为寒冷。由此看来，幻想并不会像先验想象力那样，生产一个**决定**现象或知觉之关系的"必要的综合性统一"，而只是根据已经在经验中建立并在记忆中巩固的关系来组合知觉。诗性想象力创造性地重制（refashion）了经验；而幻想只是再生（reproduce）了经验。

诗性想象力并不依赖于观念之联结，而是将心灵从联想的习惯中**解放**了出来，剥去其"熟悉的薄层"，从而重新唤起孩童般的好奇感（*BL* 168–169）。幻想不会改变观念，而诗性想象力则会"传播一种气氛和精神的统一……实现相互融合和（可以说是）相互渗透"，并协调着"思想与想象；个人与代表；新颖感和新鲜感与老旧和熟悉的对象"[1]（*BL* 174）。当诗人安排诗歌的"各个部分……相互支持，相互解释"，让"所有部分的处理必须与格律安排的目的和已知影响相协调，并提供支持"[2]（*BL* 172），"诗歌才能"便能够"支持和修改着诗人内心的影像、思想和情感"[3]（*BL* 174）。

谢林的先验唯心论（Transcendental Idealism），则构成了康德所说的先验想象力与柯尔律治所说的诗性想象力之间的桥梁。先

---

① 引自《文学传记：柯勒律治的写作生涯纪事》，第252页。
② 引自《文学传记：柯勒律治的写作生涯纪事》，第250页。
③ 引自《文学传记：柯勒律治的写作生涯纪事》，第252页。

验唯心论将生产性的想象力之"无限的我是"（infinite I AM）[1]与诗歌才能这两者联系了起来。谢林和康德都认为，想象力是一种联结**主动的**知性与**被动的**感性之中介力量，在这方面，它是一种"综合矛盾事物"[2]的力量。[59]这种综合矛盾之力量的至高表现便是诗歌才能，它将主体（主动思考）与客体（物质属性）结合起来，创造了"理想的产物或艺术世界"[3]（*STI* 230–231）。艺术作品是艺术家思想与意志的客观物质表达。如谢林言，通过艺术作品，我们能够认识到"主观事物与客观事物"之间、心灵与物质之间、主动与被动之间的"和谐"和"原始统一性"[4]；而这些东西正定位于自我之基础上。[5]由此，艺术作品是感性与"美感"的"自我直觉的最高级力量"。在作品的感性可知觉的组织与自由产生的组织中，我们得以直觉到（intuit）我们创造性的想象力那组织我们自己精神生活的自由力量（*STI* 229, 232, 236）。

和柯尔律治一样（*BL* 218），谢林也认为艺术作品并非是"从外

---

[1]　引自《文学传记：柯勒律治的写作生涯纪事》，第240页。

[2]　引自《文学传记：柯勒律治的写作生涯纪事》，第309页。

[3]　参阅《文学传记》："那种在发展的最初级次中是原始直观的东西，正是诗才，反过来说，我们称为诗才的东西，仅仅是在发展的最高级次中重复进行的创造性直观。在两种直观中进行活动的正是一种才能，正是使我们能够思考与综合矛盾事物的唯一才能——想象力。因此，也正是同一种活动的产物，在意识彼岸我们觉得是现实的产物，在意识此岸则觉得是理想的产物或艺术世界。"——出处同上。

[4]　引自《文学传记：柯勒律治的写作生涯纪事》，第311页。

[5]　参阅《文学传记：柯勒律治的写作生涯记事》："因为主观事物与客观事物完全和谐的原始根据，只能由理智直观来表现其原始统一性，正是这个原始根据经过艺术作品，从主观事物中完全表露出来，并全部变为客观的，以至我们把自己的对象，即自我本身逐渐引导到我们开始作哲学思考时曾经亲自待过的地方。"——出处同上。

部"被组织，而是"自己组织着自己"；因此，它的组织原则"原始且必然地""在于它自己"……"而非我们［对此］的观念之中"。[60] 内部的、有机的组织使得自我与艺术作品同为"自身的原因与结果"（IPN 31），正如统一着所有经验的先验的"我是"（BL 140）。谢林说，自我之统一性只能来自综合的力量、先验且具创造性的想象力（IPN 35）。这种创造性的想象力以理性的形式，在我们体验自然时为其提供秩序与统一性。正因如此，只有这具创造性的想象力才是综合性的统一力量。我们因这力量而能将自然解读为"一部写在神奇奥秘、严加封存、无人知晓的书卷里的诗"[①]（STI 232），"心灵亦可见"（IPN 42）。

对柯尔律治而言也是这样：自我与艺术作品的组织和统一性，均取决于诗性想象力。诗性想象力所产生的有机形式，会转化特定的思想与经验，让它们通过与"整体观念"的关系来获得新的意义。如柯尔律治所述，从这一角度出发，"整体实际上是一切，而部分则是乌有"。[61]我们可以将自然理解为上帝的创造性想象力之产物，而"心灵亦可见"，因为人类的想象力是上帝有限的表达方式，它在自然中辨识着（recognize）自己，亦在艺术中辨识着自己。[62]

康德和谢林的哲学思想，为柯尔律治提供了资源，帮他进一步用理论阐述了他对于自然作为上帝心灵之外在表现的泛神论观点，以及他自童年来就拥有的"想象力那进行构形的能力"。但是，他诗性想象力的**实践**基础，乃是被动与主动的另一种结合：行走。

---

① 引自《文学传记：柯勒律治的写作生涯纪事》，第310页。

6 | 去而复返

了解完柯尔律治的诗歌理论与实践之后，我便可以思考：循行柯尔律治之路，是否深化了我对于柯尔律治诗歌创造力的理解。我两次收拾行囊，踏上柯尔律治之路，都是期望能够重新体验他通过想象力而将匡托克山区的风景转化为内心象征性表达的这一过程。我不期盼能看到他曾看到的东西，但至少，我得以重新想象他想象过的东西，重演他那行走的想象力在感官与心智之间所进行的调解，根据对于整体的观念或"观察"（survey）来综合感官印象。就像想象力为解决矛盾而在感官和智力之间"摇摆不定"一样（*STI* 228）——正如柯尔律治的想象力结合了"冰凌洞府"与"艳阳宫苑" [①]（"Kubla Khan," *Poems*, 298），我这行走的行为，也不得不在被动决定的感官知觉与想象性的阐述之间摇摆：既不能让想象力与感官脱钩，亦不可落入习惯之"熟悉的薄层"。

我逐渐意识到，通过创造性的想象力而将感官印象观念化的这一过程，所涉及的不仅仅是一种综合，而是两种。第一种综合在时间上相互延续，由行走本身带来；第二种综合则是诗人随之对于记忆中的经验进行反思而得来的产物。

我希望能尽可能地接近柯尔律治的方法：漫游于匡托克的群山之间，手里拿着一个笔记本，"做研究"。要想欣赏不同天气、一天中不同时段、不断变化的视角之下光影嬉戏，最好的方法便是去到乡间，身体力"行"。这是唯步行才能做到的（因为汽车

---

① 参见"冰凌洞府映衬着艳阳宫苑"——引自《华兹华斯、柯尔律治诗选》，第395页。

无法驶入沿途的许多地方），且相较于透过车窗向外观察，我的腿脚还能让我对风景的轮廓——它的隆起、低伏与平夷，产生更加生动的印象。"在重重山峦谷壑之中，"英戈尔德如是写道，

> 步行者踏行于地面之上，在地平线那或近或远的交替之中，在肌肉那先是奋力对抗，后又屈服于重力的努力之中，体验着地面的上升与下降。[63]

如大卫·勒布勒东所述，步行为我们提供了停下脚步，以不同的方式关注这个世界的机会，由此而净化"常规的感官知觉"，帮助我们重新发现"世界的感官厚度"。[64]简言之，步行亦如诗歌才能般，可以剥离掉事物那"熟悉的薄层"，而让我们能够以新的方式去知觉它们。"当我们行走时，"罗伯特·麦克法兰如是写道，"物质世界能够在我们之中刺激超越认知的知识"，"改变思维的质感与倾向"。[65]在自然界中行走，本身即是富于想象力与诗意地思考。

首先，步行让我得以接近深山谷壑，在其中乘凉避雨，像柯尔律治那样与牛羊并行；我可以将双手浸于溪中，或轻拂过一朵朵金雀花；我可以感受山顶的冷风，嗅闻植被与动物的气味，还能体验在有着大门栅栏的农庄里行走，与在田野和开阔荒野地带行走的区别。若是没有这些具体的细节，我对景观的经验将会变得贫乏而抽象。行走本身，能够将所有细节结合成为一个整体；这种经验在时间中展开，通过一种主动的努力——一种我不仅在双腿上感受到，且当我走上陡峭或坑洼的道路时，还能在肺部与

心脏中感受到的努力———一步一步地将此地与彼地、一处景色与另一处景色联结起来。我时而心怀感激地畅吸着乡野新鲜的空气，时而又在炎炎烈日下挥汗如雨；但无论何时，我都能注意到身体的感觉——世间各种形式的细节，正是通过这些感觉而得以呈现。

对世界的经验性综合的关键因素，便在于先验想象力那将经验统一为一个整体的能力。先验想象力将感性与知性汇至一个统一的主体性；而要通过这种方式来结合感性与知性，先验想象力必须"在本质上就是自发的接受性和接受着的自发性"①（Heidegger, *KPM* 134），或用柯尔律治的话说，是"反作用力的相互渗透，两者同时参与"②（*BL* 164），是"一个起媒介作用，既主动又被动的能力"③（*BL* 72）。

而步行，既主动又被动，既是自发的接受性又是接受着的自发性，还是一种将多个地点与多种经验结合起来而构成经验性时间（experiential time）的综合。步行者对运动的主动开启（initiation），基于眼、脚、肺与四肢中被动接受的感觉。因此，每一步都是主动性与被动性的综合。这些独立的脚步，构成了一段旅程的各部分；而这旅程本身，即是所有被动性与主动性之瞬间综合、感官感受和主动构形的瞬间综合。步行者的眼引导着脚，而脚礼尚往来，亦向眼输送着自己的智慧。

脚的位置虽低，却有着不可低估的智慧。托马斯·哈迪曾谈

---

① 引自《康德与形而上学疑难》，第187页。
② 引自《文学传记：柯勒律治的写作生涯纪事》，第236页。
③ 引自《文学传记：柯勒律治的写作生涯纪事》，第103页。

道，多年的漫步经历能为双脚开发出一种"即使穿着最厚的靴鞋，亦能知觉出踩上少女般的柔草与人行道上弯曲茎秆的差异"的触感能力。[66]如英戈尔德所述，脚的运动"毫无间断地应对着，用知觉监测着前方的地面"，因此，行走的"智慧""并不完全位于头部，而分布于由人类在所居世界之存在所构成的整个关系领域中"。[67]当我的双脚记录下草坪、砾石、泥土与柏油路之间的差异，记录下宽阔平整的小路和蜿蜒曲折、布满树根的路面之间的差异时，我便开始信任它们；这让我的目光和思维得以根据我看到或听到的东西———一处风景、在灌木丛中作出沙沙声响的鸟儿、斑驳林荫下的千种绿色、从地面或随微风而飘散开来的金雀花或草坪之香气，而游离于小路之外。

　　蹒跚前行或蹦蹦跳跳地跑向下一处山峰，还是奔跑着下坡——我们**如何**行走决定了我们如何将特定的知觉综合为一种统一经验。步行如同诗歌格律，其具身时间亦"有着重音"——我们迈的步子，有些更重，有些则更轻。步行亦如音乐，有着节奏或速度。重音的分布与行走的节奏，都会根据境况（天气、地形、人的精力等）而不断变化，为每趟步行赋予独特的韵律与风格。正如韵律在一段旋律当中连接着音符，每一步行的时刻，亦拥有自己的重量或价值。步行者有时依重复性、习惯性的规律节拍而行，有时又突然蹦起，或是长久驻足某地……步行者的行走方式，随其注意力从身体对于环境的觉知转移至对于平衡和运动的本体感受而不断变化着。如贾维斯所述，这种步行者的身体与其所处环境之间富有节奏的相互作用，使得步行者对于运动、行进和变化之中的时间因素尤其敏感，因而能够想象性地将经验调换、组合、转移成为一个令人愉悦的整体，并对这一整体玄思静观。[68]
左右脚饶有规律的交替运动，那如抑扬格音步般的"放下和抬起
的脚部节拍"，使得步行者的抑扬格音"步"成为"无限的**我是**"
之具体的表达。[69]行走，亦是诗意的。

　　但行走并不等同于诗歌。对于每一交错步伐的记录，甚至是
对于每一"抑扬格节奏"的步伐之记录，事实上只能归因于纯粹
的偶然性——一个经验随另一经验之后而来，但至于这种顺序为
何只能如此，而不能是别的样子，却并没有一个让人信服的理由
（参见 *BL* 172, 197, 201, 211–212, 251）。行走本身，平淡而单调，
正如"pedestrian"一词的消极含义。①处于行走过程中的经验与事
件，需经由一个全面、规范的**观念**所组织而剥离其偶然性，才能
变得诗意起来。而在诗文当中，并没有什么**偶然的**：不同于我
自己的行走，诗文中的绊倒、滑倒、跌倒或迷路，都由诗人所**决
意**。诗人那进行构形的想象力，努力找寻着一个整体之观念、一
个有机的形式，并在这一过程之中转换特定的经验，将其观念化，
在它们之间建立起一套新的关系，赋予它们新的意义——不再仅
是单纯的事实，而是整个创作的统一性所**必需的**特殊事物。[70]在
探讨《这椴树凉亭——我的牢房》时，我们发现，若仅是将步行
通过经验而**记起**，那么它并无法成为诗歌；我们须将其**回忆**——
将其精神化并内化为通过反省思考而理解的本质，才能将其转为
诗歌。[71]

---

① 在英文中，pedestrian既可表示"行人""步行者"，亦可表示"乏味的""平淡
　无奇的"。

诗歌的观念化并非与经验感官世界所割裂，而恰恰建立在强烈的感官集中上——麦克法兰称之为"激进的经验主义"，柯尔律治则称其为"深刻敏锐的沉思之创造性力量"，[72]是敏锐的感官意识和反省思考之结合。[73]诗人那份敏感和思考性的观察，通过与创造性的冲动相结合而揭示出"每个步骤的潜在因素"①，由此将特殊事物统一到一个有机的整体之中（*BL* 253），在一个事物与另一事物之间建立起新的关系，赋予它们更为内在、更为精神性的意义。只有当诗人**自由地**创作，即通过对于整体的诗性构思而非一味地遵循实际经验的顺序而将事物联系起来，自然景观才会成为诗人心灵的象征。

待到柯尔律治回到书房，运用记忆和想象——而非感官，反思起他的步行时，他才能将其变为诗歌。诗歌需要一个来自"次要的"、诗性的想象力的挑选与排序过程；只有当这第二种综合参与到了步行的主要综合之中，步行才能够变为一首诗。柯尔律治那"牢固而系统化"的记忆（*Letters* I, 63–64），先是将在外部确定的感官经验转化为在内部确定的思想，然后他的诗歌想象力——"真正的、内在的女造物者（creatrix）"，便"立即从混乱的元素或记忆的碎片中拼凑出一些形式"[74]，根据整体之观念而挑选并整理所回忆起的经历。

即对于经验的创造性选择和整理，发生在事实之后。近年，一项来自丹麦的研究证实了这一假设。[75]这项研究表明，行走首先"刺激了思想的产生"：当我们从一个地方移动至另一个地方

---

① 引自《文学传记：柯勒律治的写作生涯纪事》，第379页。

时，我们的知觉与思想亦会随之转移，"创造新的视角、观念和目标，探索新的道德与审美立场"（259）。这种视角之转变，能够帮我们从老一套的常规（即柯尔律治所说的"熟悉的薄层"）之中解放出来，"发现观念与观念之间的新联系"和"新颖而富吸引力的模式"（259）。与此同时，美丽而富吸引力的自然模式所带来的刺激，能够提振我们的情绪，增强我们的创造能力（259–260）。所有这些身理活动和精神活动——意识到变换着的视角和无限的多样性，或是情绪变得越来越好等——都属于作者所说的创造性思维之"准备阶段"或"孵化阶段"（261）。但是，观念需要一个反思性的**挑选过程**，才能被组织成为全新且更具包容性的模式。这反思性的挑选过程，负责确立各部分的意义，以及它们与整体和它们与彼此之间的相关性（259）。这样的过程只能发生在事实之后，如当一个人坐在书房或与他人在工作坊中讨论之时，因为它需要比行走本身更持久的关注与反思（259–260）。

柯尔律治的诗作活动同样分为两个阶段：首先，步行刺激他的感官意识，让他注意到景观的特征与模式；随后，反思和回忆的过程使自然模式服从于一种创造性的原则或观念，而不仅仅是复制在步行过程中被体验到的经验性知觉序列。这种由行走构成的第一种时间性的综合，必须由第二种反思性、回顾性的综合所补充，才能将单纯的行走记录转化为一首诗歌（参见 *BL* 209）。

这样说来，或许我沿柯尔律治之路的行走并非一种徒劳的"冒名顶替"。我亦是在"做研究"，在综合由行走的韵律和不断变化的速度所构成的感官经验。即使我的经验和知觉并非原封不动地将柯尔律治的复制而来，它们仍是一种诗性的**模仿**，一种利用全新形式和安排来重新塑造原作而非将其扭曲（*BL* 253, 263）的想象性的重建（*BL* 189–190, 212）。正如哈兹利特所述，

> 在回来的路上，我耳边萦绕着一种声响——那是幻想之音；一缕亮光照耀我面前——那是诗歌之容。它们徘徊不去，不愿与我相别。[76]

在我面前，一条道路大敞着：通过记忆和想象力选择细节，用文字表达它们，由此将我的感官经验提升至思想的高度，为整体之景而服务。知之非艰，行之惟艰。步行虽能够促进创造性的思维，但并非每名步行者都具有诗歌才能。

7 │ 柯尔律治的黄昏：从漫步到鸦片

"诗歌的信仰"，柯尔律治如是说，意味着"自愿放下"对于想象力产物的"怀疑"（*BL* 169），是对想象力的"综合而神奇的力量"的信仰，这种力量能够产生"不可分割的一体"，正如那"无所不在和遍布个体的灵魂，将所有部分统一为一个优雅和智慧的整体"①（*BL* 174）。当柯尔律治不再将步行作为新鲜感知与灵感的来源，而愈发依赖鸦片致幻时，"外在形式"便丧失了吸引的力量（参见"Dejection: An Ode," *Poems*, 365）。正如他自己在《失意吟》这首佳作中所言，这只会令他惘然若失。不过，但凡他还在

---

① 引自《文学传记：柯勒律治的写作生涯纪事》，第253页。

行走，便能够保持自己的想象力。

理查德·霍姆斯认为，1801年是柯尔律治从偶尔吸食鸦片到毒瘾不断加剧的过渡时期（*Visions* 297–298, 337, 352; *Reflections* 11–12n）。1800至1804年，柯尔律治初到湖区居住，其间常去山野漫步攀登，至少还留住了一些诗作能力。到了1804年以后，柯尔律治的诗歌便丧失了与自然的同一性，无法再将自然化为诗歌。外在的风景，不再能于他身上得以反映而为其思维注入创造性。柯尔律治的思想已愈发向内回转，他后期的诗作也体现了这一点。

1802年3月，柯尔律治于湖区创作了《失意吟》，在其中尽情抒发了自己对自然之回应能力的丧失之感。诗中富含他从山野之行中收获的自然意象：从"绿穗"和"叠起的小叶片"中"顶出的落叶松"，松中鸫鸟那"笛声般的鸣叫"，"利齿岩石，或山塘，或枯树，或松林"中暴风那"凄惨的尖叫"——"这重重山峦、溪谷、森林、湖泊，无不盈裕着美丽而崇高的景象"。柯尔律治在诗中哀叹着，自然现象不再能为他带来安慰或灵感："我欢快的精神正在衰退……我无法再指望从外在的表现形态当中获得/内在的激情与生命之源泉"，因为悲伤"中止了大自然在我出生时即赋予我的东西，/我那能进行构形的想象之精神！"[77]柯尔律治总结道："我们接受的不过是我们所给予的，/自然得生于**我们的**生命之中。"自然，若没了想象力对其的改造，不过是一块"裹尸布"；而想象力，若没了"运动与行动"，便会搁浅于诗人自身思想的内部。

《失意吟》，是柯尔律治对其诗作灵感一次富于想象力和诗意的壮丽阔别，但并不是他最后一场伟大的行走。

在湖区，同日益加重的毒瘾作着斗争的柯尔律治，依旧从山野之行中汲取着灵感，甚至有一次，他还在悬崖与深渊中死里逃生。正如罗伯特·麦克法兰所言，这一场场冒险"舒展了、增强了他那知觉着的思维，[并]以某种方式扩充了这种思维的面积，或让其变得愈发尖锐"。[78]

没有什么能比柯尔律治1802年8月从斯科费尔峰下山的经历，更能说明冒险攀登的刺激作用了。柯尔律治下山的"方法"是："在最近的可能落脚之地"落脚，然后，依靠"运气来决定这种可能性能够持续多远"。[79]那天，柯尔律治从"宽台"开始下山。只见"巨型岩石板和倾斜的边刃层层叠叠，又宽又陡，好似巨人的阶梯"[80]。岩架之间的空隙越拉越大，他一不小心，滑到了一块宽阔的岩壁上，既落不下去（"如果我尝试下去，只会向后摔倒，然后葬身悬崖"），也爬不上去。彼时，山中一场风暴骤然而起，柯尔律治插翅难逃：

> 我的四肢不住地颤抖——我仰面躺下休息，并开始按照我的习惯嘲笑自己是个疯子。我看到两边的峭壁，还有其上急躁的云层，它们正快速北移，使我毛骨悚然。我躺着，恍惚而喜悦，几乎能够预见将要发生的事——我大声祝福上帝，但有这理智和意志之力量，任何危险便无以压倒我们！上帝啊——我大声地呼喊着——我现在是多么平静，多么蒙受祝福：我不知如何前进，如何返回；但我从容、无畏、心怀坚定。若这现实仅为大梦一场，若我正处眠中，我将遭受怎样的苦痛！这将让我作何撕心惨叫！——当这理智与意志离去，我们便仅余留了黑暗、昏幽与眩惑之耻；那苦痛，将彻然成

为我的新主；那梦幻极乐，将吸引形状各异的灵魂游荡空中，甚能作形为一只狂风中的椋鸟。

（*Visions* 330; *Notebooks* I, 948）[81]

一位令人钦佩的攀登爱好者娜恩·谢泼德[①]曾写道，从陡峭的悬崖往下看时所产生的恐惧，会把攀登者"吓"进一种"连恐惧都变成了一种罕见兴奋"的觉知状态。这种恐惧是"如此地客观，又是被如此敏锐地觉知到"，以至于它"增强——而非减弱了精神"。[82]柯尔律治便是如此。正当他的思想被恐怖所集中之时，他发现了一个"烟囱"——一个狭窄的垂直通道。他放下背包，"似从两堵墙之间安全而轻松地滑了下去"。岩石刮伤了他的胸部，撕破了他的衣服（*Visions* 330–331; *Notebooks* I, 949），但他安然着陆，并找到了一片羊圈避雨。

罗伯特·麦克法兰将柯尔律治的这场冒险称为"首次岩行"。[83]理查德·霍姆斯则认为，柯尔律治发明了"一种新的浪漫主义旅游"（*Visions* 328）和一种新的户外文学（*Visions* 363）：不是在远处观望自然那雄伟、震慑着生命的力量，而是为了拓宽眼界，将自己投于危险当中——充满戏剧性、由亲身参与而来，且具有全新意义上的崇高。然而，当时的柯尔律治已经对自己的诗作能力产生了怀疑，受此困扰，他未能将这些幻象化为诗歌，而是把它们永远地锁进了信件与笔记之中。

---

① 娜恩·谢泼德（1893—1981年），英国作家、诗人，一生未婚，与山为伴，其作品多以山为主题。

待到1816年3月柯尔律治搬到伦敦时，那一场场伟大的乡野漫行，早已离他的生活远去了。柯尔律治住进了生理学家詹姆斯·吉尔曼博士位于海格特^①的家中。直至1834年柯尔律治去世，吉尔曼博士一直都在努力帮他戒毒。在那里，柯尔律治成了著名的健谈者——"海格特的圣贤"（Sage of Highgate），深受约翰·斯图尔特·米尔、拉尔夫·瓦尔多·爱默生和托马斯·卡莱尔等人追捧（*Reflections* 423–488）。正如弗吉尼亚·伍尔夫概括的那样，那段时间的柯尔律治"不是一个人，而是一群人；是一朵云，是一串嗡嗡作响的词语；一会儿飞到这边，一会儿又飞到那边，群聚而颤，悬浮空中"。⁸⁴

约翰·济慈曾在信中记录柯尔律治走路和说话的情况。当时，济慈还是一名梦想着成为诗人的年轻医科学生。1819年4月15日，他碰上了柯尔律治：

> 上星期日我［从汉普斯特德荒野］散步到海格特那边，在曼斯菲尔德公园一侧拐了弯的小道上，我遇见了格林先生——他是我们在盖伊家和柯尔律治谈话的见证人。——我用眼神试探了一下他们是否愿意以后，便加入了他们的谈话，——我和他以总督饭后散步的步子走了近2英里（约3公里）。在这2英里的路上他提出了上千的问题——让我看看能否给你开个单子——夜莺、诗歌——关于诗歌的轰动——形而上学——各种各样的梦——梦魇——伴随有触

---

① 海格特，位于英国伦敦北郊。

觉的梦——一次或两次触觉——讲述出来的梦——第一和第二知觉——对意愿和意志之间差别的解释——需要了解第二知觉的形而上学家如此之多——巨兽——挪威海中的海妖——美人鱼——骚塞相信它们——骚塞的信任被削弱了——一个鬼的故事——早安——当他走近我时我听到他的声音——当他走开时我听到他的声音——我总能听到它——如果可以这么说的话。他十分客气地要请我到海格特去访问他。晚安！[①]

（Reflections 496–497）[85]

似乎，济慈在被柯尔律治那滔滔不绝的讲话吸引的同时，亦感到十分困惑。这与1798年哈兹利特的那般痴迷大相径庭——当时，柯尔律治的声音让他仿佛"听到了天籁之音；诗歌与哲学骤然相遇"。[86]而"海格特的圣贤"几乎幻灭了曾经的柯尔律治给哈兹利特留下的美好回忆：

> 如果柯尔律治先生不去做那个时代里最令人印象深刻的健谈者，那么，他很可能会成为最优秀的作家。但是，为了确保自己拥有听众，他放下了笔，并以一名闲人的目光抵押了后人的钦佩……唉！"脆弱，你的名字叫作才能！"这成堆的强大的希望、思想、学问和人格，究竟变成了什么？它

---

① 引自《济慈书信选》，天津：百花文艺出版社，2003年8月，王昕若译，第209—210页。

最终吞下了长眠之剂量，只能在《信使报》的一些小文段中
略现旧踪。[87]

不过，哈兹利特最初对柯尔律治的热情并未泯灭一空。他的
《论出游》（1821年）和《初识诗人记》（1822年），均是在柯尔律
治从共和主义转向有原则的保守主义（principled Toryism）而与其
决裂后很久才发表的。1817年，哈兹利特在位于伦敦黑衣修士的
萨里学院发表了演讲——《论活着的诗人》。他对柯尔律治的钦佩
之情，燃烧于讲稿的字里行间：

> 但我可以说，他是我所认识的唯一一个符合"天才"之
> 概念的人……他的才能，曾拥有天使般的翅膀，并以吗哪[①]为
> 食。他总是说个不停；而你也的确会希望他永远这样滔滔不
> 绝。他的思想似乎来得毫不费力，好似是被天才之狂风顺送
> 而至，好似他插着想象之翅，飞离了地面。他的声音翻滚耳
> 边，如同风琴鸣响。这声音，正是思想之乐。双翅附着于他
> 的思想，助他腾飞翱翔，将哲学送往天堂。在他的话语之中，
> 你仿佛能看到人类幸福的进步，还有那明亮的、永无止境的
> 自由——正如雅各的天梯[②]，空中有浮影上下移动，而梯子顶

---

① 吗哪（manna），《圣经·出埃及记》中所述古以色列人在荒野中奇迹般得到的
天赐食物。
① 在《圣经·创世记》中，雅各梦见一架直通向天的梯子。在那天梯高处，有
众天使上下往返；上帝耶和华在天梯顶端与雅各对话，并向他许诺了丰饶的
未来。

端传来上帝之音……那个声音已经不复存在；但回忆，伴随着对过去漫长岁月的思念，汹涌而来，萦我耳际，永不漫灭。

（*Reflections* 471）[88]

悠扬的管风琴声，标志着我在2013年与柯尔律治的最后一次相遇。从萨默塞特郡回到伦敦后，我和妻子黛安去了趟海格特。我们找到了柯尔律治在生命中的最后18年所住的两座房子，还在他生前最喜欢的酒馆——烧瓶酒馆用了午餐。之后，我们去了旁边的圣迈克尔教堂——柯尔律治的长眠之地。教堂大门紧锁，但有阵阵管风琴声传出。我按了按门铃。一位50多岁的女士走出来，问道："您是来找柯尔律治的吗？"我解释说，我是一名对柯尔律治很感兴趣的哲学教授，然后她便放我们进来了。柯尔律治的墓碑安躺在正厅的地板上，墓碑上面镌刻着柯尔律治为自己写下的墓志铭：

停，追随基督的过客！停，上帝之子。
并以温柔之心胸阅读。这土皮子底下
躺了个诗人——或他曾像是名诗人。
哎，请兴起个祷告的念头，为塞缪尔·泰勒·柯尔律治。

第六章

克尔凯郭尔：哥本哈根的闲游者

1 | 隐姓埋名的闲游者

19世纪初，一批新的步行者横空出世。他们不像柯尔律治那样深入自然而为诗歌创作"做研究"，亦不像华兹华斯或卢梭那样，融入自然以寻求安慰，更不像贵族或上流资产阶级那样，漫步于诸如凡尔赛宫、伦敦沃克斯豪尔花园那样匠心独妙的花园之中，将散步当作一种高度仪式化的社交行为。[1]在伦敦和巴黎等城市，有人开始通过步行欣赏新兴的摩登都市的音与景。他们观察着他人，大隐于市。这些城市的间谍，像是自我雇用的秘密特工。他们的经济条件足够宽裕，可以支撑他们整天在大街上逛来逛去。他们中的一些人，将自己收集来的印象写成了小说（巴尔扎克、查尔斯·狄更斯）或诗歌（夏尔·波德莱尔）。对这类人来说，漫步，常常仅是为了享受在没有任何明确目标或任务时的漫步之趣。

这种新型的步行者，便是*flâneur*（闲游者）。

早先，*flâneur*主要是指那些无所事事的闲人。到了19世纪40年代，这个词逐渐开始指向另一群人：他们喜欢漫无目的地走上街头，观察他人，观察新的潮流，观察那些在时髦的街店橱窗和19世纪中期在巴黎兴起的有顶盖的"拱廊"里的商品。[2]

"闲游"（*flânerie*）对基础设施建设亦有要求。人行道的出现，将行人与马匹、马车分隔了开来。从此，上街行走的人避开了水沟中的污水，告别了为减轻马蹄和马车轮在铺路石板上发出的噪音而铺设的粪肥。巴黎的第一条人行道建于1781年，位于奥德翁街。[3]大约在同一时期，巴黎的一些街道被改造成了林荫大道。行人得以置身花园般的环境，在荫凉的沙石路上漫步，骑马或者乘马车"兜风"（promenade）。[4]随着建筑技术日益发展，一座座由铁和玻璃构筑的购物拱廊崛地而起。城市里的行人终于远离了马车，可以安安静静地散步了。[5]

新兴近代城市中"闲游者"的出现，并非一朝一夕之事。路易斯–塞巴斯蒂安·梅西尔在其1781年的《巴黎图景》中提到，伴随林荫大道而来的，还有两种全新的城市步行者：一种是"偷窥狂"（*lorgneur*），他们喜欢色眯眯地盯着在街头漫步的女性；另一种是"发现者"（*trouveur*），他们常出没于剧院出口处或林荫大道上，捡拾别人掉落的物品。[6]如拉鲁斯①1872年的《大百科辞典》

————————

① 拉鲁斯，全名皮埃尔·拉鲁斯（Pierre Larousse，1817—1875年），法国语法学家、词典和百科全书编纂家、出版商。

所述，到了19世纪40年代，"闲游者"所要收集的，不再是某个具体之物，而是一抹芳神、一种步态、"一个偶然掉落的词语——［这词语］会向他揭示某一无法通过自己发明而须直接从生活当中提取的性格特征"。[7]或用瓦尔特·本雅明那句令人难忘的话来说："闲游者在沥青路上进行着植物学研究。"[8]他们和生活在匡托克山区的柯尔律治一样，"做着研究"；只不过，他们研究的并非山野自然，而是那些摩登都市居民的特性。巴尔扎克将林荫大道视为一种"实验室"。他在这"实验室"中观察着路人，观察他们如何行走——"有多少种行走的方式［démarches］①，就有多少种不同的人"——以及如何沟通交流。这一切，均为辨别路人潜在特性的手段。[9]

这样说来，丹麦哲学家索伦·克尔凯郭尔完全符合"闲游者"的定义。19世纪40年代，克尔凯郭尔整天游走于哥本哈根的大街小巷，与各种类型、来自不同阶级的人们交谈，由此进行心理学观察。他将搜罗来的成果汇总整理，植此根基，著成了从《或此或彼》（1843年）到《致死的疾病》（1849年）的一系列"存在主义"巨著。但克尔凯郭尔与闲游者又不尽相同，且不止于此。他更像是哥本哈根的苏格拉底——不断引其同胞参与到哲学讨论中来，通过这种方式让他们觉知到自己的无知。

克尔凯郭尔不仅仅是一个观察者，他还是一名老师、一位思想的助产士。无论其努力被赞赏与否，克尔凯郭尔都和他之前的

---

① 在法语中，démarche表示"步态、步伐"，亦有"（思想、推理的）方法"之意。

苏格拉底一样，认为自己正在为同胞们提供一项极其重要的服务。[10]
而就像苏格拉底一样，他注定也会被误解。或许，这便是克尔凯
郭尔那"间接交流"的"助产术"（maieutic）方法所带来的必然
结果。克尔凯郭尔从不会断言什么东西，而是会引导他的读者通
过自我反思而找到所寻真理。若要应用这种方法，克尔凯郭尔就
必须披上伪装的外衣，例如他那五花八门的笔名和街头身份。对
克尔凯郭尔来说，真理即主体性或内在的东西。它存在于个人之
中，而在一个人灵魂之中发生的事情，无法通过这人的外在显象
（outward appearance）或行为分辨出来。如他所言，你无法在街头
区分出一位"信仰的骑士"（knight of faith）和一名税吏。

克尔凯郭尔在《吾书之观点》（一本于其去世后出版的自传）
中如是描述自己：

> 若哥本哈根能对某人产生某种观点，我敢说，它一定对
> 我产生过一种观点。我是一名浪荡街头者，一个闲荡者、闲
> 游者，一只轻浮的鸟儿……惯常来说，没有别人，而在哥本
> 哈根确有一人，可以让任何穷人在街头不拘礼节地与之谈话
> 交流；惯常来说，没有别人，而在哥本哈根确有一人，无论
> 他平时在怎样的社会圈子里活动，从不在遇到女仆、男仆或
> 散工之时转头走掉，而会向他们致以问候……对我来说，这
> 是一种纯粹的基督教式满足。这种存在方式极大地丰富了我
> 对人类生活的观察。[11]

他的同时代人亦认同：克尔凯郭尔生活在街头。瑞典作家弗瑞德丽克·布雷默在她于1849年出版的《斯堪的纳维亚的生活》一书中写道："白天，人们会看到［克尔凯郭尔］漫步于人群之中。在哥本哈根最繁忙的街道上，他一走就是几个小时。"[12]约在同一时期，来自苏格兰的安德鲁·汉密尔顿写道，克尔凯郭尔虽

> 从不进入到商号楼堂之内，亦不在家中接待任何人……［但］他的一项重要研究是人性。没有谁认识的人比他更多。事实上，**他整天都徘徊城中**，且很少形单影只。只有在晚上，他才会阅读写作。他在走路时很健谈，总是想方设法地从对方嘴里引出一切可能为自己带来收获的东西。[13]

一个哥本哈根人回忆道，克尔凯郭尔"对所有人都保持着一种习惯"：挽着同行者的胳膊。[14]这能创造出一种亲密的关系，有利于让对方更加直言不讳地自我坦白。

许多认识克尔凯郭尔的人，都注意到了他那"与来自各个年龄段和各个社会阶层的""普通人交谈的特殊能力"。[15]一位神学家曾说，"政治家、演员、哲学家、诗人、年轻人和老年人……简言之，最不相同的人们"都曾与克尔凯郭尔挽着胳膊并行走路。[16]同为哲学家的汉斯·布吕希纳尔曾描述道，克尔凯郭尔仅通过一个致意的眼神，就能立即和路人建立起融洽的关系，轻松与其展开对话。[17]据克尔凯郭尔自己的估计，他"每天都会与约50个不

同年龄段的人说话"。[18]他的侄女亨丽埃特·伦德回忆道，"对他来说，哥本哈根的街道就是一个巨大的会客室；他踱步其中，与所有让他感兴趣的人交流"[19]，无论是老海滩的虾贩子，还是出入时尚茶室和咖啡厅的文人学者。用他自己的话来讲，他的目标"可以说，是将平淡的生活变为舞台，走出去，在街头教书育人"，正如他的偶像苏格拉底一样——他称其为"邂逅之高手"。[20]他想同他的老师、引路人保尔·马丁·穆勒那样，在哥本哈根的街头实践自己的哲学，通过与他人交谈而加深对于自己的理解。[21]他乐于"在街上闲逛，当一个无名小卒……［同时体会着］思想与观念运作体内"。他看上去像是个游手好闲的浪荡街头者，但背地里却比同时代任何作家都更努力地工作着。[22]

本雅明曾写道，"闲游者"一词的定义不够明确——它既可以指向某个被怀疑甚至被蔑视的对象，亦可以指向某个融入了人群而完全无法被发现的人。[23]由于克尔凯郭尔一直都为人们所知，因此他唯一的隐藏方式，便是极致的熟知：

> 我必须在绝对孤立的情况下存在，并保护自己的存在；但我也须特别注意，让自己在一天当中的所有时间都被看见——可以说，生活于街头，在最随意的情形下，同每个张三、李四、王五打交道……日复一日地被看见，与最随意地选来的同行者一起被看见，足以让人群……很快就对这人感到十分厌倦。如果一个人能够巧妙地（或者说，疯狂地）适当利用时间——在城市中固定一处最人来人往之地来回游走；

那么，甚至无需太久，这人就能每天都被看见。[24]

那哥本哈根"最人来人往之地"，便是位于国王新广场的皇家剧院。克尔凯郭尔嘴叼雪茄，踱步其外，让**整个**（*le tout*）哥本哈根都能看到自己。[25]克尔凯郭尔与哥本哈根的民众是如此熟悉，几乎都可以互称"你"（*du*）了。[26]

熟知度，是克尔凯郭尔的伪装，是他的隐姓埋名："要能知道跟你交流的这个人、这个闲游者是谁就好了！"[27]首个为克尔凯郭尔作传的作家乔治·布兰德斯，称克尔凯郭尔为"人人都知道的自我封闭者"——人们每天都能看到他，但永远猜不透他真实的想法、意图与活动。[28]克尔凯郭尔说，他把自己伪装成一个闲游者，是为了运用苏格拉底式反讽，将他的丹麦同胞们从相信自己因为生活在一个基督教国家而是一名基督徒的普遍错觉中解放出来。在生命的最后阶段，克尔凯郭尔愈发坚定地认为：对于个体而言，成为一名基督徒是一项无比困难的任务，因此，"基督教国家"的概念完全是无稽之谈。[29]克莱尔·卡莱尔还提出，克尔凯郭尔"将自己暴露于哥本哈根的街头和咖啡馆中，是为了掩盖他在书桌前度过的漫长日夜"。[30]无论其具体原因如何，克尔凯郭尔的策略都是为了隐藏而暴露——隐匿于众目睽睽之下，就好似埃德加·爱伦·坡那封失窃的信①。[31]

---

① 详见埃德加·爱伦·坡《失窃的信》（*The Purloined Letter*）。书中，失窃的信就藏在一个显眼的地方。

这种辩证的"闲游者"策略，不同于波德莱尔和瓦尔特·本雅明所下的定义。波德莱尔在他于1863年发表的论文《现代生活的画家》中对"闲游者"进行了经典的描绘：

> 如天空之于鸟，水之于鱼，人群是他的领域。他的激情和他的事业，就是和群众结为一体。对一个十足的漫游者、热情的观察者来说，生活在芸芸众生之中，生活在反复无常、变动不居、短暂和永恒之中，是一种巨大的快乐。离家外出，却总感到是在自己家里；看看世界，身居世界的中心，却又为世界所不知，这是这些独立、热情、不偏不倚的人的几桩小小的快乐，语言只能笨拙地确定其特点。观察者是一位处处得享微行之便的**君王**……也可以把他比作和人群一样大的一面镜子，比作一台具有意识的万花筒，每一个动作都表现出丰富多彩的生活和生活的所有成分所具有的运动的魅力……"任何一个……在群众中感到厌烦的人，都是一个傻瓜！"[1]32

波德莱尔在《巴黎的忧郁》（1869年，于其去世后出版）里的散文诗《人群》中明确指出，如鱼得水般在人群中生活，是一种唯少数人才能够掌握的艺术：

---

[1] 引自《波德莱尔美学论文选》，北京：人民文学出版社，1987年9月，郭宏安译，第481—482页。

并非所有人都可以浸在众人之中：享受人群是一种艺术，［需要］……对家居的痛恨和对出游的激情。众人，孤独：对一个活跃而多产的诗人来说，是个同义的、可以相互转换的词语。谁不会让他的孤独充满众人，谁就不会在繁忙的人群中孤独……孤独而沉思的漫游者，从这种普遍的交往中汲取一种独特的迷醉……人们说的爱情是多么渺小、有限和虚弱啊，与这难以形容的狂欢、与这完全献身于诗和怜悯的灵魂的神圣的出卖、与这突如其来的意外、与这过路的陌生人相比。①33

弗雷德里克·格霍曾总结闲游者之策略：**"没有人可以看到他在看！"** 亦如本雅明曾言，闲游者不像是浪漫主义者那样，在山野森林中觅寻着孤独；他们是未被观察到的观察者，躲在无差别的城市人群中才能寻得孤独。34

这些居于群者，亦有着可疑之处。本雅明曾引用1798年巴黎警方的一份报告。该报告显示，人群之无特征性（anonymity）为犯罪提供了有利土壤。35本雅明注意到，人群会冲淡"个体的所有痕迹"，而这非常类似于罪犯无痕作案的行为。36在他看来，爱伦·坡1840年的短篇小说《人群中的人》无比精彩地阐明了人群之无特征性与犯罪之间的关系：伦敦，一名男子（主人公、叙述者）坐在咖啡馆里。他望向窗外，注意着街边过往人群的特

---

① 引自《巴黎的忧郁》，北京：商务印书馆，2018年6月，郭宏安译，第29—30页。此处略有改动。

征——有些人"可以确信是公务在身，似乎只专注于如何穿过拥挤的人群"；此外的人则"躁动不安……自己同自己比画着手势，仿佛因为周围行人过多而感到孤独"。这时，他看到一个"老态龙钟的长者"，随即便被"全神贯注地吸引"了，遂跟随这名老人，从黄昏到黎明，穿过科文特花园周围的街巷市场。最终，他得出结论：这个老人"是深度犯罪的典型，是深度犯罪的天才。他拒绝孤独。**他是人群中的人**"。[37]

1857年，波德莱尔翻译了爱伦·坡的短篇小说集《新非凡故事》。他将这个故事译为了"人群中的人"（L'homme des foules）。在这之前的一年，波德莱尔刚出版了爱伦·坡的侦探小说《摩格街谋杀案》（1841年）和《失窃的信》（1845年）的法译本。这两部作品，是西方文学中最早以一名摩登侦探（C. 奥古斯特·杜潘先生）为主人公的故事。正如本雅明所言，"闲游者"的定义有些歧义：他们既可能是寻找线索的侦探，亦可为通过融入人群而逃避侦查的罪犯。

如果说，波德莱尔的"闲游者"已经处于一种有歧义且辩证的境地，那么克尔凯郭尔——一个在其敌人看来都彻头彻尾辩证的人，无疑又将这辩证之模糊性推进了一步。他并非消失于人群，而是**为了被看到**而浸浴众人之中——他将其称为"人群之浴"[38]——并由此实现隐匿。

克尔凯郭尔没有办法直接消失在人群之中。首先，19世纪40年代的哥本哈根与同时期的巴黎并不一样。这座小巧玲珑的城市仍被中世纪的城墙所包围——克尔凯郭尔正喜欢沿着这些城墙散步。1845年，那里只有12.7万居民。³⁹1843年，《或此或彼》出版，轰动一时。克尔凯郭尔虽用了假名"维克多·埃雷米塔"，但大家都知道这本书是谁写的。⁴⁰克尔凯郭尔一夜成名，尽人皆知，再也无法隐匿于这座城市的公众面前。哲学家弗雷德里克·尼尔森常与克尔凯郭尔一起散步。据他回忆，"人人都知道〔那本书真正的〕作者是谁，那个瘦小的男人，一会儿在东门碰到，一会儿又出现在城市另一头的边缘；那个看上去无忧无虑，逍遥自在的人，谁都认识他。"①⁴¹据克尔凯郭尔自己说，在哥本哈根一带，人们甚至直接称他为"或此或彼"。⁴²

但克尔凯郭尔也不愿意一直躲在家里。他蔑视那些像叔本华一样害怕"低微的和高贵的，全体群氓的嘲笑"②之人——"我愿站在街上，在稠人广众之中，在有危险和阻力的地方"③，不愿退回到"贵族的间距之外"。⁴³所以，既不能躲在人群之中，亦不能退离到公共生活之外——克尔凯郭尔又想出了第三种办法，即隐匿于众目睽睽之下——"公开地，在每个人的眼前"四处走动，而同时又"偷偷地，以陌生人之身份，混迹于这人群之中"。这些人沉浸在首都集镇的喧嚣熙攘之中，全然无以察觉一个虔诚之人的内心世界。⁴⁴而实现这一目标的关键，便是克尔凯郭尔所说的"内在的东西"——一种无法通过外在显象而察觉到的内在心理运动。

---

① 引自《克尔凯郭尔传》，杭州：浙江大学出版社，2019年12月，周一云译，第236页。
② 引自《克尔凯郭尔传》，第518页。
③ 引自《克尔凯郭尔传》，第241页。

2 | 内在性与重复

内在性这一主题，贯穿了克尔凯郭尔的所有作品，而尤在其中最伟大的一部作品——《畏惧与颤栗》（1843年）中得以最佳阐明。[45]《畏惧与颤栗》的主题是信仰——克尔凯郭尔将其描述为一种双重运动（double movement）：首先，放弃、抛弃个人的具身存在与感性存在之有限物质世界，在一个永恒的、理想的、精神的世界 ["无限"（the infinite）] 之中寻求庇护，然后"依据于'那荒谬的'"（in virtue of the absurd）[①]，通过信仰的飞跃（leap of faith），重获整个物质与肉体的存在。克尔凯郭尔将做这第一种运动的人称为"无限放弃的骑士"（the knight of infinite resignation）；他们是世界的陌生人，"异质"（heterogeneous）于世界，如一类恍惚不实的诗人。而做这第二个运动并返回世界的人，克尔凯郭尔则称之为"信仰的骑士"。克尔凯郭尔选择借助**步行**来阐述这两种类型，绝非偶然：

> 人们很容易认出"无限放弃"的那些骑士们。他们的步伐是翩然而勇武的。相反，那些身怀信仰之宝的人，则很容易欺骗人，因为他的外在与那种"无限放弃"和"信仰"都深刻鄙视的东西，亦即，与"尖矛市民性"（bourgeois philistinism），有着显著的相似……如果我知道，在什么地

---

① 引自《克尔凯郭尔文集6：畏惧与颤栗 恐惧的概念 致死的疾病》，北京：中国社会科学出版社，2013年4月，京不特译，第27页。

方有着这样一个信仰之骑士，那么我将步行走去他那里；因为这一奇迹是绝对让我关注的……他就在这里。相识确定了，我被介绍给。在我第一次将他抓入我的双眼的这一时刻，我在同一个"此刻"之中马上将他抛离我，我自己向后跳跃，合起我的双手并半出声地说："主啊！是这个人吗？真的是他吗？他怎么看上去像个税吏呢！"然而，这确实是他。我向他靠得更近些，留意那最微小的运动，是否会有一个来自"那无限的"的小小的异质分数传讯①显现出来，一瞥、一个表情、一个手势、一丝忧伤、一道微笑，这些都能够在其自身与"那有限的"的异质性中泄露出"那无限的"。不！我从头到脚地审视他的形象，检查是否有一道这样的裂缝在让"那无限的"从这裂缝里窥视出来。他是完完全全地固实的。他的立足处？是强有力的，完全属于那有限性，没有什么精心打扮的在星期天下午到弗雷斯堡（即弗雷德里克堡，哥本哈根郊区的一个公园）的公民能够比他更为彻底地脚踏大地，他完全地属于世界，没有什么尖矛市民能够比他更多地属于这世界……傍晚临近，他回家，他的步伐不悔不倦就像邮递员的步子……他无忧无虑地顺其自然，就仿佛他是一个不负责任的浪荡子，然而他却以最贵的价钱购买下他所生活的每

---

① 参阅京不特的译者注：分数传讯系闪光通式讯方式，以分方数式传输字符（每秒钟）。——引自《克尔凯郭尔文集6：畏惧与颤栗 恐惧的概念 致死的疾病》，第46页。

一个瞬间、这舒适的时光；因为他所做的事情无一不是依据于"那荒谬的"。[①46]

仅从表面上看，信仰的骑士与某一尖矛市民、税吏或商人并无区别：他们的行走方式、他们的行为差别甚小。内在的"信仰的飞跃"是隐蔽的；它与那些外在的东西——外表、行为，甚至是语言，都无从相比[②]。这不是因为信仰的骑士有意隐瞒或欺骗，而是因为，这样一种个人的、非理性的精神状态，并无法充分表现在外。语言和传统的身体动作只能表达每个人所共有的经验，即"普遍的东西"（the universal），而信仰的飞跃是一种异常而独特的经验——即使信仰的骑士谈论起这种经验，亦无人能够理解他。[47]与我们通过语言和行动而表达思想的正常经验相反，克尔凯郭尔称"信仰的悖论是这个：有一种内在性，它对于那外在的是无法共通的"。[③48]

在之后的内容当中，克尔凯郭尔进一步描述了什么是"信仰的骑士"：

> 无限性的骑士们是舞蹈家并且有着崇高。他们使得运动向上，并且重新落下……但每次他们落下，他们无法马上作

---

① 引自《克尔凯郭尔文集6：畏惧与颤栗 恐惧的概念 致死的疾病》，第29—31页。
② 参阅京不特的译者注：不可比性（丹麦语：Incommensurabilitet；英语：incommensurability），"在数学上说是'不可通约性'，比如说8和9两者没有可供通约的单位。就是说，不比可较的。"——引自《克尔凯郭尔文集6：畏惧与颤栗 恐惧的概念 致死的疾病》，第46页。
③ 引自《克尔凯郭尔文集6：畏惧与颤栗 恐惧的概念 致死的疾病》，第70页。

出这［最后的］姿势，他们犹疑蹒跚一瞬间，并且，这一蹒跚显示出他们毕竟是这个世界里的异乡人（aliens）……但是，能够以这样的方式落下，在同一秒中看上去就仿佛一个人在站着和走着，把生活中的跳跃转化为行走，在那单调的徒步的动作之中绝对地表达出那卓越升华的东西，——这只有那个［信仰的］骑士能够做得到，——这是那唯一的奇迹。①49

如克尔凯郭尔所言，"在那单调的徒步的动作之中绝对地表达出那卓越升华的东西"——内在的精神性与外在显象不可相比。这不免会让读者怀疑，能否如巴尔扎克或波德莱尔那样的人所主张的那样，通过某人外在的打扮与行为而把握其内在的灵魂。对克尔凯郭尔来说，单个个体的内在性完全不同于那些可以将某人归为某种类型的特征50，或使其被认作为一名公共人物的特征。"世上的地位与认可"，是克尔凯郭尔最不想要的东西51；他在公众面前所表现出的人格面具（persona）是一种伪装。克尔凯郭尔这个"闲游者"，为各阶层的人们所熟知，而又于每个神佑的日子都能在街头被看到。这是他的伪装，是他掩盖真实自我的方式。

而这为我的实践带来了一个问题。我如果只是去走克尔凯郭尔过去常走的街道，那么无非就是在模仿他的外在动作，而无从了解他的行走是如何对他的思想与写作产生影响的。漫步于哥本哈根，研究带有克尔凯郭尔烙印的地标，可能的确会很有意思——可是，如果克尔凯郭尔的同时代人每天看着他在哥本哈根

---

① 引自《克尔凯郭尔文集6：畏惧与颤栗 恐惧的概念 致死的疾病》，第31—32页。

散步，都没有办法了解他在行走和交谈的那一时刻心里正想着什么东西，那么我又怎能做到？

我在克尔凯郭尔的用词当中找到了这个问题的答案。《畏惧与颤栗》的同系列作品《重复》，英译名为 Repetition，丹麦文原名为 Gjentagelse，其字面意思是"收复"或"重拾"，[52] 是对以前潜在可能性的召唤或复得[53]——与其说是简单的外在行为的"重复"（repitition），不如说是内在精神运动的"重演"（reprise）。如克尔凯郭尔在《恐惧的概念》中所说，精神上的重复将"重复转化为内在的东西，转化为自由本身的任务，转化为其最高的兴趣；这样，当一切［外在的东西］变化时，［精神］便能够真正地实现重复"——并非于外部或字面意义上，而是作为一种自由的精神运动，以一种全新而原始的方式实现一种特定的可能性。[54] 做字面意义上的重复、试图复制过去行为之外在显象的行为是徒劳的，甚至会有些滑稽。打个比方，如果克尔凯郭尔在"重复"苏格拉底时，决定抛弃同时代的丹麦人常穿的衣服而换上古希腊式无袖长袍，那就彻底误解了苏格拉底的方法——苏格拉底在与人相处时，正是将同时代人**当作**同时代人，而非历史古装剧中的人物。

照克尔凯郭尔自己看，想要真正理解他，我就必须重现他内在的辩证运动。[55] 我须将他步行时的环境——哥本哈根的街道、教堂、公园、纪念碑，同我自己存在的可能性联系起来。我无需像克尔凯郭尔那样，穿着双排扣大衣，头戴礼帽，手持银尖手杖，闲荡街头，而应以一种适合于2018年的方式，将自己同其他人，同哥本哈根联系起来。根据克尔凯郭尔的理论，这样一来，我便将成为他的**同时代者**——如他所言，那些相信耶稣真为上帝的基督徒，与外在显象相反，无论是生活在耶稣的年代还是于2000年后，都会成为基督的同时代者。[56]克尔凯郭尔讽刺、怀疑那些声称"好吧，如果我真的看见了耶稣，那么我会相信他"的人；而这，无疑是受到了他个人经历的提示——他总是被哥本哈根的人们看到，却从未有人**认出过**他的真实面貌。从外在的、身理的运动，转向一个人的内在真相，是一种"真正的重复"，一种"精神之重复"，它能够把握住现象之外显背后的内在辩证运动。

这种"重复"虽涉及内在性，但不能仅在思想中，而须通过实际的身体运动来进行。[57]克尔凯郭尔认为，理论与实践绝不能相互分离，而需**"知行合一"**（walk the talk）。毕竟，《重复》的第一段话，便将行走用作对单纯观念世界的实践性拒斥："在埃利亚派的信徒们拒绝运动时，正如每一个人所知，第欧根尼作为反对者站出来；他真的是**站出来了**；因为他一言不发，而只是来回地走几次。"[①][58]我也必须站出来，但同时，我必须把那些外在的、身体上的脚步，变成仅观察外表之人所看不到的，内在的、精神上的动作。

这就类似于阅读克尔凯郭尔的假名作品：在这一过程中，读者面对一系列的悖论、智力挑战和德性挑战，被迫进入自己的内心，得出些自己的结论，或至少能得出些自己的思考。当读者被克尔凯郭尔的书引入到深刻的存在主义自我质疑时，其内在的东西便进入了与克尔凯郭尔同在的知性（understanding）境界；这并非基于对某些可客观陈述的命题之认同，而事关内在性的真

---

① 引自《重复》，北京：东方出版社，2011年1月，京不特译，第3页。

理——这人自己的真理。[59]

比如，我可以将克尔凯郭尔走过的街道当作一个文本，并通过行走来阅读这文本。正如克尔凯郭尔的读者须超越文本所讲的内容而去思考它所提示的内在的自我质疑，我作为一名步行者，也须将我听到、看到、摸到、闻到、尝到的一切，都视为对于我自己之存在论问题的提示。由此产生的思想，虽不可能在内容上与克尔凯郭尔的相同；但我**如何**思考——思考之行为的内在性与激情，对自我本身与其所处世界的自我质疑——或许，能够类似于克尔凯郭尔自己的内在存在方式。[60]这，才是对于克尔凯郭尔的哥本哈根漫步之真正的、非字面意义上的重复。

3 │ 逍遥者克尔凯郭尔

有人称克尔凯郭尔为哥本哈根"最伟大的逍遥者"。[61]为克尔凯郭尔作传的尤金姆·加尔夫认为，无论他的人生故事已在多大程度上化为了传奇，"**一个不争的历史事实是，克尔凯郭尔是一名街头哲学家**"。[62]他像是古雅典的苏格拉底，漫步于哥本哈根的大街小巷、公园集市，引其他市民进行对话、探究哲学。他用了几乎每天的时间，走遍了哥本哈根的几乎每一地。他或独自成行，或结伴而行，"穿过市井人群，走过湖泊一角、城墙一边，又或是前往弗雷斯堡那里"，[63]向人们发问，进行思考，收集印象。[64]

克尔凯郭尔的步行量，从他在步行装备上的花费便可见一斑。他用来散步的靴子是专属定制的，价格昂贵，鞋底嵌有软木，为双脚提供缓冲，让他能像名间谍一样悄然走动。在1849年的某一个月内，他至少给靴子换了五次鞋跟。[65]他的私人秘书伊斯雷尔·莱文曾记录道，克尔凯郭尔拥有"数量惊人的手杖"[66]。这些手杖后来又为绸伞所取代——两把黑色的，一把绿色的。克尔凯郭尔自己写道，只要他去散步，"无论晴雨"[67]，都会带着它们。上好的靴子和手杖，是克尔凯郭尔这位行走着的心理观察者的基本工具。

克尔凯郭尔去过四次柏林、一次瑞典、一次日德兰半岛，并会定期前往北西兰岛——但这也是他去过的最远的地方了。除了这为数不多的几段旅行，哥本哈根便是他的全部世界。[68]加尔夫曾如是评价克尔凯郭尔道："克尔凯郭尔是一个大写的哥本哈根人，他对这座城市了如指掌，或许还胜于指掌"①；他的著作几乎提及了哥本哈根从阿迈厄桥到东门②的所有大街小巷。[69]《人生道路诸阶段》中提到的街道有：艾斯普拉纳德街、豪瑟广场街、王储妃街、煤市街、东街、斯楚格街、苏姆街、荆棘街，以及另一些地点——鹿园、圣三一教堂、国王花园、厄勒海峡。[70]而在《或此或彼》中，亦出现了大量哥本哈根的地点：宽街、哈尔姆托夫广③、高桥广场、克尼普桥、国王新广场、朗格林涅街、北门、新宿舍、东门、皇家寄宿舍、圆塔、激战街、斯特兰登街、斯特兰德维热、孔根斯格德商业街、科伯玛格商业街、韦斯特街[71]——好似一本哥本哈根的地图集。

的确，克尔凯郭尔关注到了哥本哈根的公园与港口之美。但

① 引自《克尔凯郭尔传》，第232页。
② 阿迈厄桥、东门，分别译自丹麦语Amagerbro、Østerport，其起始字母A和Ø分别为字母表的第一个字母和最后一个字母。
③ 哈尔姆托夫广场，译自丹麦语Halmtorv，字面意思为"稻草市场"。

最令这位"现代版"苏格拉底感兴趣的，还是他的同胞们。在《人生道路诸阶段》中，他如是讲述了当一名闲游者的好处，让人看了心驰神往：

> 如果一个人根本就不想做任何事，他仍还是能够（如果他有着半睁着的眼睛的话）只通过关注其他人来得到一种很享受的生活……然而，如果有很多人错过了无需付出代价的事情，免费入场、无需为宴会筹钱、免会费加入社团、没有麻烦且无忧无虑，错过了令最富的人和最穷的人耗费同样低廉却又是最丰富的享受；如果有很多人错过一次授课，这不是一个特定大师所讲的课程，而是由往昔随便的一个人、对话中的一个陌生人、偶然的接触之中的一个人讲授的；如果有很多人就这样错过了，这是多么可悲的事情！你在书中寻找着想要了解什么事情，却只是徒劳，但是因为你听见一个女佣与另一个女佣的对话，你突然就看见一道光线阐明了这件事；你绞尽脑汁，翻遍各种辞典，甚至是各门科学的辞典，想找到一个表达，却只是徒劳，但是因为你听一个过路人说，一个本国士兵说过这个表达，他做梦都没想到他是一个多么富有的人！就像一个走在大森林里的人，感叹所有一切，一会儿折断一根树枝，一会儿摘下一片树叶，一会儿弯腰向一朵花鞠躬，现在又去倾听鸟鸣；就是这样，你混迹于民众群落之中，感叹语言神奇的馈赠，从路人那里一会儿摘取这一个、一会儿摘取那一个语言表达，为此而喜悦……就是这样，你走在人群之间，看见灵魂状态的表达，一会儿这一个，一

会儿那一个，学着，学着，你只会变得越来越想学。①72

大街是研究人性的地方——时而倾听并观察，时而直接与他人交谈——且是作为一个个体，而不仅仅是以某类人的身份去这么做。克尔凯郭尔说，虽然他在街上同非常多的人交谈过，

> 我还是有责任尽可能和每一个人从上次、上上次的谈话说起。更不要说每个人都是我注意的对象，即便上次见他已经是很久以前，一看见他，他的表达，他的思想活动，都会立刻生动地呈现在我眼前。②73

无论能否成功，克尔凯郭尔都总是试图在特殊的克尔凯郭尔式"范畴"（category）——单一的个体——之中邂逅他人。74

与人交谈后，克尔凯郭尔会赶回家，在一个高大的写字台前，站着将他的印象记录下来75——他在每个房间里都设置了一张桌子，上面的墨水纸笔随时待命。因为着急把自己的想法记录于纸，他甚至都懒得先更衣脱帽。76克尔凯郭尔如是说，一个好的心理学家要"能够将他的观察提出水面，完全新鲜的，还在扭动着，呈现出整个系列的色彩"。③77加尔夫写道，克尔凯郭尔具有一种罕

---

① 引自《人生道路诸阶段》（克尔凯郭尔），北京：商务印书馆，2017年4月，京不特译，第652—653页。此处略有改动。
② 引自《克尔凯郭尔传》，第236页。
③ 引自《克尔凯郭尔传》，第202页。

见的天赋，可以"将语言的节奏、停顿、呼吸转化为书面文字"[1]，并注意语气与韵律。[78]有时，他到家时便已经完全构思好了作品，甚至包括其风格形式。[79]

将"还在扭动着"的思想"活着"带回家，绝非易事。克尔凯郭尔说，在街头漫步之时，**"我亲身走进了自己的最佳思想中"**[80]。但有的时候，在回家的路上，他会偶遇某人，被打断而丢失了方才的思想；那么，他唯一的解决办法便是**"再去走一遍"**[81]。有时，在回家的路上，他"思如泉涌，每一个字都想好该怎么写了"，因而急于走到他的书桌前，甚至会拒绝一些想和他说话的可怜人，但到家后又发现"一切好像都消失了一样"；而如果他在途中停了下来，同这想跟他说话的人交谈，却又能够将脑中的思想与文字完好无损地带回家。[82]可作为一名行走着的心理学家，他又能怎么办呢？

从身体的角度来讲，与他同行亦非易事。克尔凯郭尔走起路来，远不如他那步态"稳若邮递员"的"信仰的骑士"。汉斯·布吕希纳尔说，他的"身体歪斜"，走起路来如同"蟹行"：

> 由于他身体歪斜造成的行动不规则，跟他一起时，总是无法保持直走，而是不断被推向路边房屋和通往地下室的台阶，或者排水沟……时不时地，必须抓住机会转到他的另一边以获得足够的空间。[2][83]

---

[1]　引自《克尔凯郭尔传》，第256页。
[2]　引自《克尔凯郭尔传》，第238页。

克尔凯郭尔的朋友们对于他这种曲折的步态有喜有恼，却都包容。但其他人可就不一样了。讽刺周刊《海盗报》的作者皮特·路德维希·穆勒在评克尔凯郭尔最新出版的《最后的、非科学性的附言》时嘲笑道："对于不太明白'辩证性'和'辩证法'的人，这些词可以描绘为一种曲折运动，海员说的'抢风行驶'，前往一个不辩证的平常人走直线到达的目标。"①[84]

哲学家F. C. 希本曾称，克尔凯郭尔的作品有着"典型和特殊的行军、走路和散步的方式"②[85]。这样的评价，也可能与克尔凯郭尔的脊柱畸形有关。他的同时代人对此的描述各不相同："肩膀很高""肩膀很圆""驼背""背相当圆，走路时甚至有点弯着腰""步伐骚动、时而跳跃"。[86]克尔凯郭尔曾经的未婚妻——雷吉娜·施莱格尔（娘家姓奥尔森），对他体态的评价则更具温情。她曾跟一位历史学家说，克尔凯郭尔"有点耸肩，头向前倾，可能是在书桌前读书写作太多的缘故"③[87]。无论克尔凯郭尔的体态是什么所造成的，这都可能是他裤腿长短不一的元凶——对此，《海盗报》曾毫无保留地大做文章。

1846年，"《海盗报》事件"闹得沸沸扬扬，克尔凯郭尔的闲游者生涯就此转折。受其影响，克尔凯郭尔因外貌和走路风格而被各阶层的民众所群嘲——从屠夫小子到大学教授[88]——再也无法通过"独处于人群"而从艰巨的智力劳动中得以小憩，转移注

---

① 引自《克尔凯郭尔传》，第298页。
② 引自《克尔凯郭尔传》，第140页。
③ 引自《克尔凯郭尔传》，第122页。

意。[89]从此，这曾为波德莱尔所颂扬的本领，便再无用武之地。

"一发不可牵，牵之动全身。"整个事件的起因，还要从克尔凯郭尔为回应 P. L. 穆勒对《人生道路诸阶段》的一篇负面评论，而在《祖国报》上发表的一篇文章说起——《一位居无定所的美学家，他的活动以及他如何还是为宴会付了钱》。在这篇文章中，克尔凯郭尔用"无言兄弟"的笔名"揭露"穆勒为声名狼藉（但读者众多）的讽刺周刊《海盗报》的编辑之一。古言："圣灵所在即教堂"（*ubi spiritus, ibi ecclesia*）；克尔凯郭尔则说："P. L. 穆勒所在即《海盗报》"（*ubi* P. L. Møller, *ibi The Corsair*）。这篇文章不经意地打破了穆勒在哥本哈根大学评美学教授的希望，同时还侮辱了《海盗报》真正的负责人——迈厄·哥尔德施密特。[90]对此，《海盗报》毫不留情地进行了反击。

他们成功激怒了克尔凯郭尔。穆勒在评论文章——《于索湖的访问》中，将克尔凯郭尔极强的文学生产力贬为了人类正常性行为的偏常表现："他不像普通人那样每年繁育一个胎儿；从本性上来讲，他更像是条鱼，产出着鱼卵①。"[91]穆勒的影射正击中了克尔凯郭尔的要害：1841年，克尔凯郭尔与雷吉娜·奥尔森解除了13个月的婚约，这件事传得全城皆知。克尔凯郭尔以牙还牙，便也在情理之中。他辛辣地写道，自己是唯一没有被《海盗报》骂过的丹麦作家。[92]这次，《海盗报》的回应上升到了对克尔凯郭尔的人格攻击，不仅指责克尔凯郭尔为一个小气鬼、伪君子，还大

---

① 鱼卵，译自英文 spawn，亦可表示"不想要的孩子、孽种"。

肆嘲笑了他的外貌。后者对克尔凯郭尔造成了长期的影响。

在《逍遥哲学家是怎样发现了逍遥中的〈海盗船〉真实编辑》（《海盗报》，第276期，1846年1月2日）一文中，哥尔德施密特虚构了一段克里斯蒂安·F. R. 奥拉夫森（一位现实当中的哥本哈根大学天文学教授）与克尔凯郭尔之间的对话：

> **奥拉夫森**：你是一颗彗星……那么，什么是彗星？
>
> **克尔凯郭尔**：彗星是一种奇异的发光体，不定时地向我等凡人展现。
>
> **奥拉夫森**：你不能否认你是奇异的……谁是你的裁缝？
>
> **基尔克加德**：法尔纳。
>
> **奥拉夫森**：那家店不再是法尔纳的了；易卜生已经将其接管过来了。你是不是在告诉我，易卜生量自己的脑袋给你缝的裤子？
>
> **克尔凯郭尔**：不，量的是我的腿。
>
> **奥拉夫森**：不对……我也在易卜生那里做衣服，但是两条裤腿总是一样长，除非我特别要求像天才的样子。[93]

随后，《海盗报》还刊登了一系列克尔凯郭尔的讽刺漫画。[94] 但最致命的，是那些关于裤子的笑话。例如，2月27日，《海盗报》刊登了一则启事：

> 《或此或彼》的作者维克多·埃雷米塔先生［克尔凯郭尔

发表该书时所用的假名〕因一篇关于服装制造的论文而获了奖……论文中的警句：经验表明，在丹麦，布制裤子的裤腿是等长的，或其中的一条比另一条长，"非此即彼"①。[95]

这段嘲讽直切要害。对此，克尔凯郭尔在1847年的一篇札记中如是谈道：

> 一场关于某位男士裤子的争论持续了一年多，争论的内容是，他的裤子从严格意义上讲是否过短了一英寸（约2.5厘米）。这场辩论没完没了，因为尚不清楚，公众是会允许他继续穿着原有的裤子出来走动，还是要采取些激烈的反应。[96]

而在1849年的一篇文章中，克尔凯郭尔写道，媒体"报道了我的裤子，说它们现在变得太长了"。[97]无论是太长还是太短，克尔凯郭尔裤子的长短总归是——不合适。和朋友们在一起时，他可以拿自己的细腿开玩笑，但面对"那些乌合之众，那些绝对粗野的人类，那些吵吵嚷嚷的无赖，那些愚蠢的妇女、小学生和学徒工"，他做不到。[98]在1848年的日记中，克尔凯郭尔倾吐道："如果玩笑在永恒之中还有生存之地，那么我那两条细腿和被嘲笑的裤腿，肯定会为我带来有益的欢乐。"[99]

---

① 原文为拉丁文 *Tertium non datur*，字面意思为"没有第三种可能性"。

但克尔凯郭尔笑不出来。在大街上，"小学生、粗鲁的大学生、商铺的店员和所有被低俗新闻煽动起来的人渣"都来侮辱他；甚至在教堂里，也会有无赖坐到他身边，盯着他的裤子辱骂他，声音大得所有人都听得到。[100]让克尔凯郭尔尤其难过的是，甚至"更高层次的人"——文人、教授、上流资产阶级的舆论制造者，要么加入了嘲弄他的队列，要么也默契地与之勾结一道。[101]克尔凯郭尔甚至担心，人们会因为害怕被连带着嘲弄而不愿再跟他同行于街头。[102]就连在乡下，当他独自在树林里散步，陷入沉思之时，都会遇到流氓前来搭讪，然后被大肆侮辱一番。[103]他唯一的避风港，便是"那内在的空间"——在那里，他得以与上帝进行灵魂交流。[104]

如加尔夫对于《海盗报》事件所作的总结："原来是城中图景一个自然部分的克尔凯郭尔，瞬间变成了一幅活动漫画"[①]；公众将他"从思想大师降级成了乡村白痴"[105]。尽管克尔凯郭尔长期"死于嘲笑"——他将其比作"被鹅踩死"[106]——甚至一度沦为"每个人聊天的主题和关注的对象"[107]；即使那能让他闲逛街头、观察他人进而冥想的"人群之中的孤独"一次又一次被好奇心掠夺而走，[108]——克尔凯郭尔仍不愿退居乡下。他决心要在哥本哈根站稳脚跟。[109]

如果克尔凯郭尔1849年的鞋匠发票还不够作为证据的话，他在《两个时代：革命时代与当今时代》（1846年）[110]、《致死的疾病》

---

① 引自《克尔凯郭尔传》，第302页。

（1849年）[111]和《吾书之观点》（写于1848年）中对公众和现代城市生活所进行的敏锐反思，也足以说明：在1846年之后很长的时间内，他仍保持着闲游者与心理观察者的身份。[112]与《海盗报》发生冲突后，他便不再是那个在哥本哈根的咖啡馆和皇家剧院外游荡的美学家了，不再因其幽默、辛辣的言论而受到其他美学家的欢迎了。但克尔凯郭尔仍是一名闲游者、一个哥本哈根人——直至他生命的最后一刻。

4 ｜ 追随克尔凯郭尔

我的第一站，不是克尔凯郭尔在哥本哈根最常去的地方，而是北西兰岛吉勒莱厄的沿海渔村。那里距哥本哈根北部约有一个小时的车程。1834年至1851年间，克尔凯郭尔常坐马车去那里休憩，漫步重重树林中，安行滨海小路上，独自沉思冥想。[113]1835年，他第二次来到吉勒莱厄，以此逃离哥本哈根的喧嚣，集中精力写他的文科硕士学位论文（相当于现在的PhD）。当地人都称他为"疯狂的学生"。[114]为了活跃自己的思维，克尔凯郭尔常沿着海岸线，一路跋涉至西兰岛的最北端——吉尔比约角，安坐树下，凝视着厄勒海峡对面的瑞典。克尔凯郭尔虽是一名哥本哈根的"闲游者"，但常要为了缓解城市社交生活的压力而去崖顶小路散步。在吉尔比约角的静谧之中，他得以找拾当下之呈现；在这种感觉之中，自我亦完全呈现于其本身。[115]

5月底的一天，阳光明媚，温度宜人。我与妻子黛安来到了这里。空中云朵万变，海湾微风习习，路旁树植丛生。没走多远，我们就发现了克尔凯郭尔石（the Kierkegaard Stone）。石前略生杂草，但难遮这块两米之高的粗石纪念碑。这里，曾是克尔凯郭尔久坐沉思之地。碑上刻着一段克尔凯郭尔的文字，节选自他1835年8月1日的日记："为一个理想而活；除此之外，还有什么是真理？"这篇日记主要讨论了"找到我愿为之生、为之死的观念"之必要性，标志着克尔凯郭尔生命中的一个转折点：

> 我真正需要清楚的，是**我应要做什么**，而非我须知晓什么，除非行动须建立于知识的前提之上。这个问题，是理解我的命运，是看到上帝真正想要**我**做什么。这个问题，是找到**对我来说**的真理，是找到我愿为之生、为之死的观念。我当然不会否认，我仍信奉对人有着影响的**绝对知识；但它，必须成为我活生生的一部分**；现在，我将它理解为最核心的问题。[116]

之后，克尔凯郭尔谈到，他逐渐意识到，他已经在呈现于社会之中的无数人类的可能性中失去了自我，将其他人的角色好似"我自己生活的替代品"般承担了起来。十多年后，他在《致死的疾病》中，将这种自我之丧失等同于绝望：

> 让"别人们"骗走了它的自我。通过"看齐自己周围的人众"、通过"忙碌于各式各样的世俗事务"、通过"去变

得精通于混世之道"，一个这样的人忘记了他自己、忘记了他——神圣地理解——自己的名字是什么、不敢信赖自己、觉得"是自己"太冒险而"是如同他人"则远远地更容易和更保险，成为一种模仿，成为数字而混进人群之中……最大的危险，亦即"失去自己"，能够非常宁静地在这个世界里发生，仿佛它什么也不是。没有什么失落能够如此宁静地发生；每一种其他的失落，失去手臂、失去腿、失去五块钱、失去一个妻子等，都还是会被感觉到的。①[117]

在北西兰岛待了6个星期后，这个一直在同审美嬉戏、在咖啡馆里磨蹭，不愿错过任一场皇家剧院的莫扎特《唐·乔万尼》（1829年至1839年间共演了28场）的学生，[118]准备认真起来了。克尔凯郭尔回到哥本哈根，重新开启了闲游者的生活。但这次，他不仅仅是在社会舞台上扮演着滑稽而反讽的角色——虽然，他的同时代人仍这样看待他；他成了上帝的间谍，利用他在社会上的表象人格而与他人对话，引出他们内心深处的想法，从而深入探究人类的心理特征，更好地于作品当中描述人类个体之存在的复杂问题。

行走于吉勒莱厄的悬崖之上，克尔凯郭尔所获的洞悉引他踏上了通往真实的独立存在之道路。但是，问题的核心，以及克尔凯郭尔生活的核心，仍在于哥本哈根。

---

① 引自《克尔凯郭尔文集6：畏惧与颤栗 恐惧的概念 致死的疾病》，第444、445页。

终于，我和妻子黛安到达了哥本哈根中央车站。这座老车站建于19世纪，就在蒂沃利游乐公园对面。1843年，蒂沃利公园刚刚开放，里面各类文娱设施一应俱全：东方集市、全景画、立体模型、蒸汽旋转木马、美食、戏剧表演、音乐会、银版照相馆，还有最令克尔凯郭尔感兴趣的——一家上演着耶稣故事的机械动画蜡像馆。[119]克尔凯郭尔曾批评道，如果上帝以"这一人类个体的形象出现——看起来与其他任何人别无二致——那么，会被他欺骗的，也只是那些觉得去见上帝就像是去蒂沃利旅行的人"。他在写这句话时，似乎正想到了那家蜡像馆的表演。[120]外在的视角会掩盖内在的真相——无论是对于耶稣，还是对于克尔凯郭尔来说，都是如此。

我们的第一站，是最明显能找到克尔凯郭尔的地方：位于索伦·克尔凯郭尔广场的皇家图书馆。现今的丹麦皇家图书馆倚立港口，有着"黑钻石"之称。图书馆的咖啡吧名叫"时刻"（øieblikket）——名字取自克尔凯郭尔于1855年发表的一篇引起广泛争议的反教会文章。我们选了个户外的位置坐下，沐浴在温暖的阳光之中，放眼港口对面的克里斯蒂安港。街上人来人往，有的走着，有的骑着车。我们逐渐感觉到了克尔凯郭尔的那个哥本哈根——一个有着无尽街头生活魅力的地方。皇家图书馆的后花园就在不远处。那是一座安静的四方院子，里面立着一尊著名的1918年克尔凯郭尔铜像。我们在它旁边徘徊良久。克尔凯郭尔著书数册，藏书更甚——将他的纪念碑设于图书馆的后花园内，真是再合适不过了。

古老的证券交易所就在离图书馆不远的地方。它建于17世纪，有着一个独特的细尖顶，活像是独角鲸的獠牙。在《序言集》（1844年）中，克尔凯郭尔用假名写道，他真的是"一个轻浮的无用之人……对，一个不道德的人，因为他去证券交易所不是为了赚钱，而只是漫步穿过"。[①][121]克尔凯郭尔来这里，还另有原因。在证券交易所旁边，曾有三座双斜顶房，被称作"六姐妹"（the Six Sisters），就在其中的证券交易所路66号，住着一名对于克尔凯郭尔的生命与作品而言都至关重要的年轻女子——雷吉娜·奥尔森。[122]这些建筑早已被拆除。从克尔凯郭尔与雷吉娜订婚，再到（1841年10月11日）同她永远地解除了婚约，这期间的种种戏剧性场面，未能在此留下任何痕迹。[123]那时，她十八九岁，他二十七八岁。但他们的爱情故事，直到14年后克尔凯郭尔去世，才真正结束。在哥本哈根，处处可循其踪影。

现在，我得计划一番后面的行程了——该怎样以一种最能在我与克尔凯郭尔的生活和思想之间构建联系的方式，探索哥本哈根？要去的目的地有很多：圣母教堂，埋葬着克尔凯郭尔的阿西斯滕斯公墓，克尔凯郭尔离世的皇家弗雷德里克医院——如今的丹麦设计博物馆。但是，循一个既定的行程而行，似乎有悖于闲游者的精神。于是，我决定以这些主要的地点为定向点，再按照情境主义者在20世纪60年代发明的心理地理学意义上的"漂移"（dérive），让不同街道与社区之氛围通过麦肯锡·沃克所说的"主

---

① 引自《克尔凯郭尔传》，第214—215页。

体间①空间的线性构造"来引导自己。[124]我希望，这种主观、随意的方法，能引我邂逅一个更类似于其居民所熟悉的那个更加颗粒化、更加细致入微的哥本哈根。

心理地理学意义上的漂移，强调情绪与情感的重要性，或不失为一个探索这个城市的心理地形的好方法，而正是这个城市养育了曾说出著名的"真理即主体性"[125]的哲学家。伊万·契柯格罗夫在其1953年的文章《新城市主义公式集》中写道，心理地理学，是通过走路穿行城市，研究建筑与城市空间如何"被赋予召唤性的力量"，或研究一种氛围——这种氛围是一种"对于漂移的刺激"，是一番穿越由情绪定义的区域（比如快乐的区域、高尚的区域和悲惨的区域等等）的"航行之邀"（invitation to the voyage）。[126]其中的"航行之邀"，是在向波德莱尔的同名诗作致敬，[127]同时也是在向心理地理学家的前辈——闲游者致敬。

居伊·德波很快就把契柯格罗夫的心灵游戏（jeu d'esprit）变成了一项全面的研究计划："心理地理学研究的是地理环境（无论有意还是无意）对个人情感和行为的精确规范和具体影响。"[128]它研究的是

在几米的范围内，一条街道环境突然的变化；一个城市

---

① 如果某物的存在既非独立于人类心灵（纯客观的），也非取决于单个心灵或主体（纯主观的），而是有赖于不同心灵的共同特征，那么它就是主体间的（intersubjective）。

中，不同心理氛围区域之明显的划分；在无目的的漫步之中，会被自动选择（且与地形的物理轮廓无关）的阻力最小的行进路径：特定地方（非由它们的富裕或贫穷而决定）的吸引性或排斥性。[129]

"漂移"便是通过鼓励步行者为寻求有趣的创造力而带着充沛的情感"穿过一系列快速变化的环境"，以此挑战死气沉沉的习惯。[130]

这种方法，非常适合于克尔凯郭尔这个创造了大量有趣假名的人——胜利的隐士、沉默者约翰内斯、坚定者康斯坦丁、哥本哈根守望者、警觉者尼古拉斯、无言兄弟、约翰内斯·克里马库斯（同名于著写《通向天堂的梯子》的公元7世纪的修道士）。[131]和心理地理学家们一样，克尔凯郭尔也对情绪十分敏感。他的《序言集》专门探讨了序言如何"为一种情绪"，以及写序言如何"像为一把吉他调弦"或"用手杖向风发动攻击"。[132]在《恐惧的概念》这部对于存在主义情绪——在其中，自由得以自行显现——的研究之作中，克尔凯郭尔谈到，每一主题都有其相应的情绪，只有通过这一情绪，人们才能正确理解这一主题。[133]心理地理学让步行者跟着其情绪（而非旅游指南）行走，以自己的方式探索街道和建筑在感情上的特征。这是步行者的具身主体性与该地点的主体性之结合。而克尔凯郭尔的名片，便是个体性、主体性和感情——畏惧（fear）、恐惧①、绝望、喜悦、爱。因此，心理地理学的特异性"方法"，似乎正适合于理解克尔凯郭尔。那么，摆脱掉固定行程指南的束缚，我便能以克尔凯郭尔生命中的主要地标为定向点，任情绪、偶然性和内在性指导自己，自由自在地进行一场克尔凯郭尔式的"漂移"了。

克尔凯郭尔曾言，虽然生活必须从后向前理解，但我们必须从前向后生活。[134]我和黛安选择"违背"这一格言，从终点——克尔凯郭尔的坟墓，正式开始我们的旅程。生前，克尔凯郭尔就常去阿西斯滕斯公墓给他的父亲扫墓。他尤其喜欢墓地对于人类之无谓虚荣那般"奥兹曼迪亚斯式"②的展示：破旧的柱子、杂草丛生的土地、刻着破旧铭文的墓碑。[135]克尔凯郭尔的墓前立着一块普通的石碑，上面刻着几行名字：墓主、克尔凯郭尔的父亲——米凯尔·皮特森·克尔凯郭尔，然后是克尔凯郭尔的姐姐——马琳·科尔斯廷·克尔凯郭尔和克尔凯郭尔本人——索伦·奥比·克尔凯郭尔。旁边还有一块类似的碑，上面刻着克尔凯郭尔的父亲和母亲安妮的名字。这两块墓碑靠着一块更高的柱基，那上面，是克尔凯郭尔父亲的第一任妻子——基尔斯廷·尼尔斯黛德·克尔凯郭尔的纪念碑。索伦·克尔凯郭尔的名字下面，

---

① 恐惧，丹麦文angest，英译anxiety，京不特在《恐惧的概念》中将其译为"恐惧"，周一云在《克尔凯郭尔传》中将其译为"忧惧"。

② 奥兹曼迪亚斯（Ozymandias），古埃及第十九王朝第三位法老拉美西斯二世（Ramesses II）；英国诗人雪莱曾作同名十四行诗，感叹往日辉煌于后世的无尽落寞。

有一首他儿时唱过的18世纪的赞美诗：

> 没过多久
> 我便取得了胜利；
> 整场纷争
> 将在一瞬间结束。
> 然后我便要安息
> 在那玫瑰盛开的花圃里
> 并与我主
> 交谈不停。[136]

晚年的克尔凯郭尔强烈谴责丹麦教会，但最后却被安排了一场教堂葬礼。他的外甥亨利克·隆德因此在葬礼现场表示抗议，引起了不小的骚乱。[137]此时此刻，墓地一片寂静。四周灌木丛生，绿树成荫，安然和谐。阿西斯滕斯公墓不愧为哥本哈根最迷人的绿地之一。

纵然阿西斯滕斯公墓魅力无穷，但克尔凯郭尔的心理地理学引力，还是将我们引回了他在市中心的主要活动场所。我们乘着一辆公交车，来到了哥本哈根大学附近。1830年至1841年间，克尔凯郭尔曾在此就读——其在校时间之久，可谓全世界延毕生的希望之光了。[138]克尔凯郭尔的文科硕士学位论文《论反讽概念：以苏格拉底为主线》[139]，是他唯一一部署上了实名的哲学作品。圣母堂广场上静立着哥本哈根大学优雅的老教学主楼。整栋楼于

1836年才开放使用，所以很难判断克尔凯郭尔是否在这大厅里走过。几尊半身纪念像伫立一旁，其中并无丹麦最伟大的哲学家，但有他的老师——神学家亨利克·N. 克劳森、汉斯·莱森·马滕森。马滕森是一位黑格尔主义者，曾是克尔凯郭尔的导师，后为其对手。他套着丹麦教士式的花边褶领，看上去有些好笑。旁边还有雅各布·彼得·明斯特主教的半身像。克尔凯郭尔曾努力追求明斯特主教的赞赏与认可；在与雷吉娜相恋时，还跟她一起读过他的布道。在这里，我们身处克尔凯郭尔的学术生活与知识生活的核心。这些学者的教导，曾塑造了克尔凯郭尔，后在他追寻自己的哲学之时，又为他所抵制。

但克尔凯郭尔是内在性之哲学家，是激情之哲学家。很快，我们就被引向了真正的重点——旁边的圣母教堂，即克尔凯郭尔的教区教堂。在这里，克尔凯郭尔领受了圣餐，聆听了明斯特主教的布道。[140]克尔凯郭尔本人亦在此发表过一些"演讲"——类似于布道，但"并不具授权"，因为他并没有被丹麦路德教会任命为牧师。[141]克尔凯郭尔于1851年至1852年在郊外的东桥区待过18个月，除此之外，他总是住在离圣母教堂不远的地方。[142]从心理地理学的角度讲，圣母教堂是他的重心，是他生活的中心——无论于身体还是于精神。

圣母教堂那新古典主义的外墙、多利斯柱式的门廊、高高的分层尖塔，还有内部的白色拱门、柱式走廊，均保留着克尔凯郭尔那时的风貌。大理石的圣徒像分列正厅两侧，祭坛之上伫立着栩栩如生的基督像——耶稣并未被钉在十字架上，亦非如圣母怜子像般奄奄一息地被母亲抱在怀中，而是一脚落于另一脚前方，好像正在阔步前行，两只手臂也大张开着，向前倾斜，示意欢迎。基座上刻着"来我这里吧"（KOMMER TIL MIG）（Matthew 11:28）。[143]这些雕像，均出自丹麦最著名的雕塑家贝特尔·托瓦尔森之手。克尔凯郭尔以托瓦尔森的基督像为《基督教讲演》和《基督教的训练》的主题，借其强调了基督如何向每一位寻求上帝之人"张开双臂"。[144]彼时，一束光线穿过穹顶的天窗，洒落在雕像身上。

考虑到圣母教堂在克尔凯郭尔生命中的重要性，我并不完全是"漂移"（drift）到这里的，而更像是块铁片，被自然而然地吸向了（drift）①磁铁。这座教堂，不仅仅是克尔凯郭尔的宗教之家；它在克尔凯郭尔生命中最核心而具决定意义的戏剧性事件之中，亦扮演着重要的角色。这一场"戏"，即他与此生挚爱雷吉娜·奥尔森的关系。当然，我们也可以称她为雷吉娜·施莱格尔——1847年，她与受人尊敬但沉闷无趣的弗利茨·施莱格尔结了婚。[145]1843年的复活节（在克尔凯郭尔与雷吉娜解除婚约之后，她与施莱格尔的婚约公布于众之前），雷吉娜向克尔凯郭尔点了点头——"带着哀求，又似宽恕，但无论如何，充满着深情"，克尔凯郭尔如是回忆。这是什么意思？克尔凯郭尔担心，《或此或彼》中的《勾引家日记》———一名男子通过心理手段勾引一位年轻女子并随后将她抛弃的故事[146]——未能说服雷吉娜他是个"负

---

① 在英语中，drift除了有"漂移"之意，亦有"顺其自然地发生"之意。

心汉"。这下点头，似乎意味着某种和解。于是，克尔凯郭尔点头回礼，意在表达他仍爱着雷吉娜；殊不知，在雷吉娜看来，他这下点头传达了他对她与施莱格尔婚事的认可——当时，克尔凯郭尔对此毫不知情。那天，他们的"点头之交"，正如他们的整场婚约，建立在对于彼此的误解之上。[147]

或许，他们其中的一方，对另一方的误解要更深些。克尔凯郭尔在思考人类的自我欺骗能力时，正想到了他那自欺欺人地解读雷吉娜之点头的个人经验。他在1843年的日记中写到"被自己欺骗是最糟糕的事情：当欺骗者从未消失——哪怕只是在一瞬间，这怎能不可怕？"[148]这句话，不仅来自对他人的心理学观察，还有一个来之不易的人生教训。

再来看看他对于与雷吉娜在圣母教堂的另一次相遇的"辩证的"——甚至可以说是错综复杂的——解读：1852年圣诞节，在雷吉娜与施莱格尔结婚5年后的一天，当克尔凯郭尔走进教堂的时候，

> 她站在那里，并没有走动，她站着，显然是在等人……我看着她。她随即朝着我要经过的边门走去。这次见面有些奇怪，那么轻率。她从我身边走过，拐进门里，我挪动了一下身子，这可以仅是让路，但也可以算是半个问候。她转身很快地移动了一下。但是她如果想说话已经没有机会了，因为我已经站在教堂里。我找到常坐的那个位子坐下，但是她坐在远处不时用目光搜寻我，并没有逃过我的眼睛。也许她在走廊里等的完全是另外一个人，也许是我……也许她希望

我会和她说话，也许，也许。[①]149

也许，也许，这只是一个不幸福的困于爱河者一厢情愿的想法，他根本无法接受他所爱之人已经移情别恋的事实。但无论如何，对于克尔凯郭尔来说，这些意义含糊的点头与问候都具有非同寻常的意义。他在《或此或彼》中写道，"勾引家"所欲求的，"完全是些随意的事物，例如招呼致意，无论如何也不接受别的，因为那是有关他人的最美的东西"。[②]150

在克尔凯郭尔之死的那场"戏"中，圣母教堂亦扮演着重要的角色。1855年11月18日，星期日，在克尔凯郭尔的葬礼上，教堂人满为患。[151]年轻时，克尔凯郭尔历经了《海盗报》事件后公众的嘲笑；在生命的最终阶段，由于对教会的激烈抨击，他又一次成了名人：他是一些人的眼中钉，而又为另一些人精神上的赫拉克勒斯[③]。在密密麻麻的人群之中，大学生们钻来挤去，争着为克尔凯郭尔抬棺；而在街对面的主教府里，克尔凯郭尔在《瞬间报》上的抨击对象——汉斯·莱森·马滕森主教，正气得牙痒痒：克尔凯郭尔的葬礼定于星期日的两场礼拜之间举行，而且还是在丹麦最重要的教堂里。[152]甚至在死后，克尔凯郭尔也能造成此般戏剧性的事件；而圣母教堂，则又一次成为他的戏剧舞台。

---

① 引自《克尔凯郭尔传》，第500—501页。
② 引自《或此或彼》，北京：华夏出版社，2007年1月，阎嘉译，第335页。
③ 赫拉克勒斯，古希腊神话中的大力神。

哲学家邦雅曼·枫丹曾说，克尔凯郭尔的生活是一场上演于街头的戏剧，而我们无法在这场戏面前保持中立的旁观者身份：我们只得亲身参与其中，用自己的思想与激情丰富其中的角色，让这场戏活起来。[153]其中，克尔凯郭尔对雷吉娜的爱推动了剧情的发展，而圣母教堂则是其主要的舞台背景。我站在圣母教堂的排排座位之间，想象着索伦和雷吉娜之间的点头与微笑，顿然感到自己被吸引到了这情节之中——这种吸引，源自内在的东西，完全不同于在蒂沃利看着耶稣的蜡像晃来晃去。在《畏惧与颤栗》里，克尔凯郭尔如是描述了亚伯拉罕和以撒的故事：亚伯拉罕准备把以撒献给上帝，但希望"依据于'那荒谬的'"，再重新得回以撒。对这一故事，枫丹注解道："我们每个人都有着自己的以撒。"[154]克尔凯郭尔认为，理解亚伯拉罕行为的唯一方法，便是将其激情地内在化：激情只能通过激情来理解。[155]同样，这种方法亦适用于理解克尔凯郭尔对他与雷吉娜之关系的"牺牲"。只有牺牲之经验，以及一种信仰——相信我所牺牲的东西会回到我身边，即使这与一切逻辑和人类经验背道而驰——才能够帮助我理解克尔凯郭尔生命中最关键的戏剧性事件。圣母教堂的外部环境为这出戏增添了更加生动的色彩，但最终，我还是需要从自己的内心出发，才能让这场戏活起来。

　　我自身内部戏剧的具体细节并不重要。你大概也拥有你自己的内部戏剧，它们才是更重要的。一言以蔽之，我和克尔凯郭尔以及许许多多其他人一样，都曾徒劳地爱过；我曾误解别人，亦曾被别人误解；我曾无奈地结束一段关系，却又秘密地希望，我失去的东西会以某种方式重归于我——我甚至都不敢对自己承认这希望。在这希望之中，在这超越了理性的信仰之中，有着不小的自欺欺人的成分。据说，伊丽莎白女王在观看沙士比亚的《理查二世》时，曾面带惊恐地喊道："理查德就是我！"站在圣母教堂里，我又怎么能不同样感叹一句："克尔凯郭尔就是我！"克尔凯郭尔的这出戏，促使我们审视自己，找寻出我们自己的思想、情感和动机；而如克尔凯郭尔所言，要做到这一点，便要确保自己不是在自欺欺人。[156]在克尔凯郭尔疯狂而自欺的希望之中，在他对于模糊信号那自顾自的解读之中，我仿佛看到了我自己。在圣母教堂，我几乎都可以感觉到克尔凯郭尔灵魂的运动：从想到《或此或彼》未能让雷吉娜憎恶他时而感到的痛苦，很快又转到对于她仍爱着他的希望，最后到对于他所牺牲的爱会复归于他的信仰。在这一舞台背景下，这出克尔凯郭尔之戏，似乎必然引向自我质疑；从外在的背景向内在的辩证运动之过渡，几乎无可抗拒。

圣母教堂，标志着一个高潮；除此之外，再没有任何东西能够达到这种激情之高度了。但是，这出克尔凯郭尔对雷吉娜的激情之戏，一次又一次地出现在了我的哥本哈根之旅沿途。

现在，我们已经参观完了一些对于克尔凯郭尔的生活和思想而言最重要的地点。之后的几天，我便允许自己更多地受可能性与心理地理的力量引导而行。就这样，在一个阳光明媚的清晨，我和黛安从国王花园公园顺着走到了克拉拉档街。我们路过了一家在橱窗里陈列着玲珑陶瓷的店铺，随即被吸引了进去。店主十分友好，跟我们聊起了天。黛安随口提到我对克尔凯郭尔很感兴趣。"克尔凯郭尔！"她惊呼，"他就是在街对面的楼里上学的。"

我曾仔细研究，列了一大串与克尔凯郭尔有关的目的地，但那栋楼并不在我的清单上。这是真正的心理地理学意义上的发现：一次机缘巧合，助我实现了一个愿望。

来到街上，我们并没有看到纪念克尔凯郭尔或是公民美德学校的牌匾。公民美德学校早已不再办学了，那块地现在是出版商索伦·吉尔丹达尔的办公楼。1849年，克尔凯郭尔的《伦理——宗教短论两篇》就是吉尔丹达尔出版的。[157]楼里的前台接待员为我们指了一条室外的过道。那里立着一块牌子，上面写着，克尔凯郭尔于8岁至17岁期间（1821年至1830年）在这所学校上过学。[158]克尔凯郭尔的父亲是个袜商。上学的时候，其他男孩都穿着小皮靴，而他总穿着厚厚的羊毛袜和鞋子。因此，大家给他起了个绰号——"袜子索伦"。[159]但这个性格内向、身材矮小的男孩，总能通过机智的方法与那些大块头的男孩们平起平坐，他在很小的年龄就证明了：外在的身体力量无从相比于内在的"肥大"。

走着，游着，我们来到了煤市街。1839年至1840年间，克尔凯郭尔在煤市街132号（现在的煤市街11号）住过几个月。我们还路过了肉市街——C.A.瑞策尔①的书店和其出版社的原址。克尔凯郭尔常去那里买书，消费过不少钱；而瑞策尔，几乎出版了克尔凯郭尔的所有重要作品。[160]瑞策尔最早的办公楼早已不见了，但在20世纪初，另一栋瑞策尔的办公楼兴建于北街33号。现在，那里是一家男装店。商店的橱窗上方标示着："C. A. Reitzel MCCMXIX"；在店内的中层，还有另一块瑞策尔的标志——它们代表着这里现在

---

① C. A. 瑞策尔（1789—1853年），丹麦书商、出版人。

的店主对于瑞策尔重要历史地位的认可。克尔凯郭尔以书为生，为书而活；瑞策尔是他人生道路上的一个重要阶段。

沿肉市街再往前走一点，便是三一教堂。1829年，克尔凯郭尔在这里"接受了"路德教派的坚信礼①。圆塔就在教堂旁边，高35米，顶层是个露天观测台。圆塔外观砖瓦朴素，内部则结合了优雅的白色与巴洛克式的金色；拱形的通道结构中，分散着朴素的原木座椅。这是一种内外分离的建筑表现。我沿圆塔螺旋式的坡道上行，登上了塔顶的观景台——在这里，我得以俯瞰整个哥本哈根。许多教堂尖顶点缀着天际线，它们曾是克尔凯郭尔那身体与精神之漫游的指南针。纵览整座城市之辽阔，我对克尔凯郭尔的哥本哈根有了更广泛的认识：它的大小、它的边界、它的形状。无论过去还是现在，这座城市在许多方面都是克尔凯郭尔的生活之形状与神韵的客观对应物。在亲自踏行哥本哈根的街道之前，我曾逐行逐句地阅读克尔凯郭尔的生活；而现在，整本书正于我之下摊开。但要想真正地阅读这本书的每一页，我仍需重新走到街面上，回到克尔凯郭尔曾行走、思考的地方。

就这样，我们告别了圆塔，走上了皮匠街。1852年至1855年间，克尔凯郭尔曾住在此地的5-6号（现在的38号）。那时，这里还叫克拉拉档街。沿着皮匠街，我们一路溜达到了美丽的老市场广场和旁边的国王新广场。在克尔凯郭尔那时候，这里便已是繁华的集市地段，时至今日，依旧如此。[161]克尔凯郭尔在24岁之前

---

① 坚信礼（Confirmation）是一种基督教仪式。据基督教教义，孩子在一个月时受洗礼，13岁时受坚信礼，之后才能成为教会的正式教徒。

一直住在国王新广场2号，1844年至1848年间，又再次回到了这里。他曾居住的四层楼房已于1908年被拆除。现在的国王新广场2号有着两块纪念牌，一块挂在第一道门的上方，镌刻着金色的哥特式文字；另一块立在街上，上面刻着普通的罗马式文字。在以前很长的一段时间里，国王新广场2号都是丹斯克银行的所在地。现在，这里变成了一家服装店，高高的窗户上张贴着巨大的耐克鞋广告。克尔凯郭尔故居旁边的新古典主义风格市政厅和法院大楼，仍待在原地，尽着其初始的职责。

克尔凯郭尔的家虽已不见，但那是他的人生大戏开幕之地：物质条件丰沃的资产阶级生活、压抑家庭内的狂澜暗涌、时常到访的悲剧打击（克尔凯郭尔在31岁之前就已失去了5个兄弟姐妹）、父亲狂躁的脾气与过度的忧郁、克尔凯郭尔与父亲和兄弟彼得·克里斯蒂安·克尔凯郭尔之间的诸多矛盾以及一次又一次的和解。[162]论对于克尔凯郭尔的情感价值，国王新广场2号可与圣母教堂平起平坐。这里，一定曾有让克尔凯郭尔感到快乐的时刻。但在他的日记中，这里却总承载着忧郁与痛苦。人生既始于此处，克尔凯郭尔怎会不成长为恐惧、绝望、畏惧与颤栗之哲学家？

我们在国王新广场和摇钻路附近闲逛着，来到了一块对克尔凯郭尔来说快乐的地方——位于尼尔斯·赫明森街5号的圣灵教堂。克尔凯郭尔就是在这里接受了洗礼。[163]后来，他的好友彼得·约翰尼斯·斯潘又成为这里的教区牧师。[164]在这座有着低矮圆拱形天花板的罗马式圣灵之家①、历史可追溯至1298年的修道院中，正举办着一场当代艺术作品展览。圣灵教堂和阿西斯滕斯公墓一样，是一片安宁的绿洲。

相较之下，旁边的阿玛厄广场则显得格外热闹。普莱士时尚茶室曾坐落于此。普莱士有着大大的玻璃窗，从外面能将里面的顾客一览无余。这里曾为学生和知识分子的聚集地，克尔凯郭尔就是此地的常客。[165]现在的阿玛厄广场开满了商铺，其中还有一家大型的H&M折扣店。游客们摩肩接踵，拥向斯楚格街——当时，那里被称作"道上"②。在克尔凯郭尔生活的时代，人们去那里是为了"看，与被看"。[166]可以想象，克尔凯郭尔手持步杖，头戴礼帽，穿着两只裤腿不一样长的裤子，漫步于此的情形。只可惜，当年那些优雅的痕迹，未能留存下一丝。

我们沿路前行，经过高桥广场的喷泉和新艺术风格的北咖啡馆，来到了老海滩。这里曾是个海鲜市场。克尔凯郭尔喜欢听虾鱼女贩的叫卖声。加尔夫写道，克尔凯郭尔喜欢城市的喧嚣，喜欢聆听各种商贩的声音：老海滩上的鱼贩、高桥广场上卖水田芥的妇女，还有老市场广场上卖鸡蛋和家禽的瓦尔比③妇女。[167]拉鲁斯在"*flâneur*"（闲游者）一词的词条上指出：城市"外部的焦虑不安"搅动着闲游者的思想，"正如风暴搅动着大海的波涛"。[168]时至今日，曾搅动克尔凯郭尔思想的那般噪音依旧存在，但主要

---

① 圣灵之家（*Helligaandshuset*），中世纪的教会机构，旨在为穷人提供医疗和疗养服务，照顾走失的儿童、孤儿、病人和老人。

② "道上"（the Route），名字来源参阅《克尔凯郭尔传》，第74页。

③ 瓦尔比，哥本哈根市西南部的一个区。

来自过往的车辆。我并没有感觉到自己的思想被搅动，亦没有观察到任何新鲜而"扭动着"的东西。曾对克尔凯郭尔产生心理地理吸引力的近海氛围，已经同那些鱼商虾贩一起消失了。

这时，我们渐感腿脚疲惫，于是便"曲折地"（当然了，辩证地）继续向东走去，回到了国王新广场。广场一侧，伫立着英国大酒店，克尔凯郭尔有时会来这里的棕榈阁饮茶。19世纪30年代，这里还是克尼尔施酒店。当时，常有克尔凯郭尔这样的男士在晚上光临此处，抽烟，打台球。旁边波尔塔咖啡馆的所在之地，曾是当年哥本哈根最好的咖啡馆——米尼咖啡。克尔凯郭尔也是那里的常客。[169]

现在的英国大酒店，有着美好年代①风格的正面外墙——这要追溯至1875年这里的一场大翻修；内部则尽显21世纪的时尚与优雅。棕榈阁还在老位置，但已不再是一间茶室。于是，我们在朝向国王新广场的现代酒厅里点了茶水。棕榈阁，得名自当时环绕于前台的棕榈树——那些树现已不见了踪影。克尔凯郭尔那时的波斯风格地毯变成了一个拼花地板。高敞的天花板由彩色玻璃拼接而成，与当时别无二致。侧面，拱形大窗和大理石柱亦保持着原样。我不禁开始想象，克尔凯郭尔坐在这大厅里，以他那充满反讽的智慧与人对话，妙语连珠，熠熠生辉。克尔凯郭尔在美食茶饮上的开销巨大；若他来到现在的英国大酒店，肯定会感到自在快活。

---

① 美好年代（Belle Époque），自19世纪末开始，至第一次世界大战爆发而结束。资本主义及工业革命日益发展，科学技术日新月异，欧洲的文化、艺术及生活方式均于这一时期日臻成熟。

茶毕，我们离开这家奢华的酒店，漫步到了位于国王新广场南端的皇家剧院。克尔凯郭尔以前常去皇家剧院——那里曾是哥本哈根文化生活的中心。时过境迁，当时那座剧院已于1870年被拆毁。[170]现在的皇家剧院于那之后在此兴建。这座美好年代风格的建筑富丽堂皇、气宇轩昂，身处周围交通的喧嚣之中，一位闲游者可以在此走上大几个小时而毫不引起其他路人的注意。哥本哈根文化生活的中心，早已迁移到了别的地方。

　　次日，我们又以克尔凯郭尔生命的终点为我们旅途的起点，先去了曾经的皇家弗雷德里克医院——现在的丹麦设计博物馆。皇家弗雷德里克医院建于1752年至1757年，正处弗雷德里克五世执政时期。整栋楼四四方方，紧邻一片花园，园中绿草遍地，点缀着几棵法国梧桐。曾经病人们出来透气的地方，现在摆着几张遮阳的野餐桌，博物馆咖啡厅的食客们正在此聊天休憩。丹麦设计博物馆的展品种类之多，令人惊奇：家居用品、纺织品、瓷器、时装、广告海报、政治宣传海报、书籍封面——当然，还有家具，其中包括各种各样现代风格的桌、椅、灯。

　　1855年，克尔凯郭尔在街头晕倒，之后来到医院，留治了41天。在此期间，他的身体状况逐渐恶化，但显然，他的智慧与宗教信念一直伴他走到了最后。他的病房位于医院二楼，有着高大宽敞的法式窗户，光照十足，能看得到前面的院子；家具也是一应俱全：柔软的地毯、床、衣柜、梳妆台、椅子，还有一个摆在墙角的柜子，里面有一套细瓷茶具和餐具——这些普通病房没有的东西，都是克尔凯郭尔自费升级的。他的朋友埃米尔·波厄森前来探望他时，曾建议他去花园散散步。但克尔凯郭尔不得不跟他说，他去不了了。他那自如行走的日子，已经结束了。[171]

虽然，这里曾是克尔凯郭尔人生之旅中最不快乐的地方，但眼前，设计博物馆外一片生机勃勃，让人难生一丝阴郁之情。时间过得很快，我们不知不觉已在此徘徊了好几个钟头。黛安和我决定分头行动，约定在皇家图书馆会合。我们与克尔凯郭尔还"没完"，或者说，他跟我们还"没完"。

在去往图书馆的路上，我绕了段路，途经了通向克里斯蒂安港的科尼博尔桥。我站在桥上，想象着克尔凯郭尔从桥的另一边望向雷吉娜在证券交易所路的房子时可能看到的风景。这又是一次心理地理学意义上的幸运大抽奖：我那意识觉知所不及的东西，又一次将我引向了正确的方向。皇家图书馆正在举办玛丽娜·阿布拉莫维奇的展览——"珍宝之道"（"Method for Treasures"），其中展出了许多皇家图书馆馆藏的书籍和文件，包括克尔凯郭尔曾写给雷吉娜的信，以及《勾引家日记》的几页手稿。[172]我戴着导览耳机，聆听了其中一封信件的英译本。克尔凯郭尔的语言俏皮、诙谐，不失温柔。信中的那个克尔凯郭尔，完全不同于我们所熟知的他。这封亲笔信中还有一幅克尔凯郭尔的自画像。画中，一个小小的男人正站在我刚刚站过的地方——科尼博尔桥，举着一副巨大的望远镜望向雷吉娜。寥寥几笔，尽显深情。信的日期是1840年9月23日——克尔凯郭尔与雷吉娜订婚后不久。当时，克尔凯郭尔对雷吉娜的爱，还有雷吉娜对他的爱，正将他高高托向天际。然后，他就像是伊卡洛斯①一样，又跌回了地球。[173]有学者认为，对于肉体亲密关系的设想，让克尔凯郭尔感到了恐惧。据他自己的定义，恐惧是**"一种同情着的反感和反感着的同情"**，既是一种吸引，又为一种排斥。在恐惧之时，人们意欲得到自己所畏惧的东西，亦畏惧得到自己所意欲的。[174]当雷吉娜那过于明显而热切的欲望让克尔凯郭尔意识到自己身体上的冲动时，他恍若是从诗性想象的幻空中一落而下，然后，便同她解除了婚约。

1847年11月3日，他跌得更惨。那天，雷吉娜在克里斯蒂安港的救世主教堂与弗雷德里克·施莱格尔（"弗利茨"）完婚。教堂的尖塔，仿佛一个螺旋上升的楼梯。这便是我们的下一站。不用说，虽然克尔凯郭尔有时会去这个教堂做礼拜，[175]但他没有出席雷吉娜的婚礼。近黄昏时，我们来到了救世主教堂。教堂之中一片昏暗，几乎是空无一人。一位次高音萨克斯手，正独自即兴演奏着。乐音悠扬婉转，令人神往。但在知觉上感到恐惧的克尔凯郭尔，并不能在此找到解脱。这里，是另一个会让他想起雷吉娜和他那失去的爱情的地方。

在哥本哈根的最后一天，我们终于来到了克尔凯郭尔第一次为他对雷吉娜之爱致以文学纪念的地方：哥本哈根市中心三大湖泊之一的神父湖。湖的一侧，便是"情人小路"（丹麦文曾用名：

---

① 伊卡洛斯（希腊文：Ἴκαρος；英文：Icarus），希腊神话人物，代达罗斯（Daedalus）之子，在与父亲使用蜡和羽毛所造之翼逃离克里特岛时，因飞得过高而致双翼上的蜡遭太阳熔化，跌落水中丧生。

Kærlighedsstien，现用名：Nørre Søgade）。在克尔凯郭尔生活的年代，这里是一片告白胜地。加尔夫认为，在《勾引家日记》的开篇，勾引家约翰内斯正是在这条街道上开始偷偷地观察年轻女子考尔德丽娅；《纽约时报》一篇关于克尔凯郭尔的文章亦延续了这一说法。但对此，我未能找到任何明确的文本依据。[176]

时逢初夏，阳光正好。湖上，许多人正乘着白天鹅形状的脚踏船游水。岸上，人们正在码头的玻璃棚里享用茶点。如果此时有哪位勾引家想要实行勾引，必然会暴露于无数陌生人的注视之中——当然，也不排除可能有像克尔凯郭尔笔下的约翰内斯那样有着敏锐心灵的勾引家，可以隐藏于众目睽睽之下勾引某个目标。湖的一端有一座白亭子，建于19世纪，左右的尖顶像是两个洋葱头，似乎已经有段时间没人进去过了。在湖的一侧，我意外发现了一家艳俗的酒吧，里面布满了花哨的霓虹灯。现在的哥本哈根，以这种地方而驰名天下——或是说，"臭"名天下。情人小路，路如其名。如果克尔凯郭尔要在今天写一部《勾引家日记》，那么他可能会把一部分场景设在这里。

克尔凯郭尔本人对于雷吉娜的"勾引"，遍布哥本哈根全城，直至1855年雷吉娜与她的丈夫远航丹属西印度群岛才告一段落。在此之前，他们时不时地会在街头或在不同的教堂里看到对方。比如那次在城堡教堂，雷吉娜就坐在离克尔凯郭尔常坐的位置很近的地方，又不时"热诚地"看他一眼。[177]在1843年的几个月里，克尔凯郭尔总能"意外地"在每个星期一早上9点到10点的散步途中遇到雷吉娜。[178]据克尔凯郭尔的日记记录，1850年，"几乎在每一神佑的日子里"，他都能在沿着城墙日常散步时遇到雷吉娜。[179]甚至在克尔凯郭尔于1851年搬到了城郊的东桥区以后，仍能在**每天**回家的路上都遇到她。1852年元旦，他换了条路走。但这并不足以阻止二人进一步的邂逅。一段时间后，雷吉娜便又出现在了克尔凯郭尔回家时会走的"湖畔小路"上。之后，他再次改变路线，结果在一大早进城时，又在东门附近碰到了她。1852年5月5日，克尔凯郭尔过生日。他一从公寓里出来，就看到了站在门外的雷吉娜至此，所有的"巧合之遇"达到了顶峰。当一个事件几乎不停地重复发生，在不同的情形下，总能取得相同的结果，那么它就很难被称作一种"巧合"了。相较于某种奇迹，它更像是一条自然规律。

在这每一次邂逅之中，他们都未曾与对方交谈一字——直至1855年3月17日，二人最后一次相遇。[180]远航西印度群岛前夕，雷吉娜在城中散步时又遇到了克尔凯郭尔。她停下来，对他说："上帝保佑你。希望你一切都好。"[181]此后不到8个月，克尔凯郭尔便离开了这个世界。

5 | 克尔凯郭尔之化身

当然了，要想充分了解克尔凯郭尔作为闲游者的活动，只在哥本哈根这么逛几天肯定是不够的。我必须得住在这个城市，连续数年，每天都于不同时间段走上街头，不仅要观察人们，还要与他们交谈，以此深入了解他们的思想和感情，才能像克尔凯郭尔那样了解哥本哈根。且不用说，现在的城市已经与以前大不相同了：在中心城区，不见了猪、牛、羊、鸡的踪影；水沟里，不再有污水流淌；空气中，不会有皮革厂的恶臭弥漫；[182]马车已为汽车和卡车所取代；照明能源亦从煤气变成了电力。居住在哥本哈根的人，不再是清一色的丹麦族裔，而来自五湖四海。

虽然今天的哥本哈根已与当时不再相同，但克尔凯郭尔"人生道路"上的街道与地标依旧存在。当时，克尔凯郭尔在皇家剧院附近逛来逛去，希望有人能够注意到他；那样，他便可以向公众隐瞒他心中的真实想法了。而现在，大量的游客和早已实现了机动化的交通工具，为这些街道蒙上了一种不一样的感觉。但只要哥本哈根的基本要素仍未改变，我似乎就可以漫步其中并进行内在的辩证运动——单调的徒步之中那卓越升华的东西。[183]

一看便知，若我只循克尔凯郭尔的足迹而行，那么所做的无外乎一种外部的、"审美的"重复。单处在克尔凯郭尔的生活环境里面，是无法进入到他的主体性之中。要想成为克尔凯郭尔的"同时代者"（克尔凯郭尔意义上的同时代者），我须将他生活的外在部分内在化，将它们与我自己的存在之可能性联系起来，使之成为我自己的。这无法一蹴而就，需要分阶段进行。

游走于哥本哈根的街道上，我愈发感觉到，我和克尔凯郭尔之间已经足够熟悉，可以不再使用尊称了。克尔凯郭尔的一些同时代者，因每天都能在街头看到他而自以为了解他。事实上，他们并不能因此而看透他的内心。我与克尔凯郭尔之间的这份熟悉，充其量也只能让我与他们处于同一水平线上——那些人，至少还亲自看到了他。我又怎会比他们更有优势？

但或许，我的确优势在握。克尔凯郭尔真人——那个弯腰驼背、裤腿长短不一、走起路来不成直线的怪人，不免会让他人分心。克尔凯郭尔曾言，几乎所有亲眼看到过耶稣的人，都无法忽略他的外表之平凡。而我，并不会受到克尔凯郭尔那外貌体态的影响。因此，我恰可能要比他那些哥本哈根的同时代者们更易接触到他的思想。

但这么说来，我又何须亲身行走于克尔凯郭尔的足迹之上？按理说，进入克尔凯郭尔思想内部的最好方法，应是去阅读他的著作。这点毋庸置疑。但哥本哈根的街道与建筑，正好似克尔凯郭尔内心生活的外骨骼。当我在曾塑造克尔凯郭尔思想的那些有着不同氛围的外部环境之中寻找克尔凯郭尔时，我首先找到的，是我自己：我越是追溯克尔凯郭尔生活之中的外在形态，就越会被迫深入到我自己的内在之中。

其实，我们每个人身上都充斥着矛盾：在我们的意图与行动之间、在我们之于他人的身份和之于自己的身份之间、在我们真正的身份——在克尔凯郭尔看来即我们之于那能看透我们内心深处的上帝的身份[184]——和我们在使用所有自欺的诡计时所想象出的自己的身份之间。克尔凯郭尔曾言，若没有对于上帝的信仰，就没有真正的自我，而只有绝望和各种各样不想做自己的方式。我同许多不信教的克尔凯郭尔读者一样，在自己身上发现了他诊断出的所有存在主义弊病，却无法接受他开出的药方。我由是陷入了自我怀疑和自我质疑之中；在每一个对于克尔凯郭尔的情感而言重要的地方——那些教堂、湖畔的公园、他童年时代的家，我都感觉到，克尔凯郭尔的生活正对我进行着审判：在没有上帝之裁决的情况下，正如《人生道路诸阶段》中的一章所言——我是"有辜的"，还是"无辜的"？[①]

当克尔凯郭尔漫步于哥本哈根，处处遇见雷吉娜，或看到能让自己想起她的东西时，他便轮番陷入对于事实的清醒认识（雷吉娜嫁给了另一个男人而永远地离开了他）与欺骗性的、疯狂的希望之中（希望某一天，**"依据于'那荒谬的'"**，雷吉娜会重回他的身边）。如果我们之中很少有人淋漓尽致地活出这一戏剧，那么更多的人，便都是在精神之中上演着这一戏剧——无论我们所失的"雷吉娜"是一个人、一番政治事业、一种道德理想，还是一份职业机遇。我相信，一个能够带着激情于内在去理解这场大戏的人，同时便也能够理解克尔凯郭尔的生活与思想之中的所有基本范畴：信仰、绝望、外在与内在之悖论（contradiction）、一切被克尔凯郭尔称为精神性之化身的矛盾（paradox）。

无限的、永恒的上帝，作为一个终将死亡、有肉身之人而被写入了历史[185]——克尔凯郭尔所称的主要悖论，从某种意义上来说，恰是他本人的悖论。这个饱受折磨的内在性大师，竟具身于一个像螃蟹一样走路不协调的驼背男人身上；他喜欢和别人一起行走、交谈，喜欢让人看到自己这么做——这一切，都是为了将自己隐藏在一个闲游者的外表之下，秘密地效忠于上帝和自己。[186]克尔凯郭尔不只是简单地"在人行道上进行着植物学研究"，并尝试从别人的外在行为当中推断他们的性格；亦不仅仅是像苏格拉

[①] 参阅《人生道路诸阶段》京不特译本。

底那样，通过质疑其同胞而唤醒他们对自己的无知之知。他是信仰的骑士，表达着"单调的徒步之中那卓越升华的东西"；他是一个具身的精神，游走于哥本哈根，与社会各阶层的人们交谈，而同时在内心深处秘密地做着一切信仰的运动。正是为了追寻这些内在的运动，为了像他那样思考，我才会去像他那样行走，希望能使外在的地点成为跃向内在的跳板。由于内在与外在无从比较，这便是一次信仰的飞跃。我做到了吗？还是只是自欺我做到了？

　　克尔凯郭尔在他的日记中承认，他若拥有了信仰，便不会失去雷吉娜了。[187]或许，我若拥有了信仰，也就能在哥本哈根的街头找到克尔凯郭尔了。不过，或许，这正是我找到他的方式：通过失去他，正如同他失去了雷吉娜。一如克尔凯郭尔，"输者为赢"。[188]成功者，被卷入历史的辩证法中，成为客观的、普遍的；而失败者，得以保留住个人那生存经验之活力。

　　这才是真正的重复：通过我自己，找到克尔凯郭尔的失败；通过我自己，找到他的自欺；通过我自己，找到他的激情；更重要的是，在哥本哈根的街道和教堂之中，于可触碰的、存于当今且让人想起它的事物之中，找到他所失去的。通过追寻克尔凯郭尔的脚步，我得以深入到他的伤心事中，进行一场看似不可能的从外在到内在、从化身到精神的旅程。通过行走于他曾走之地，进入他的激情之场景、他的失败之场景和他与哥本哈根公众那些跌宕起伏之遇的场景之中，我得以模仿克尔凯郭尔化身于他人生当中的精神与具身之矛盾。我试图，用这种具身但不完美的方式，去理解这个将自己伪装成闲游者的精神性大师之悖论。

第七章

卢梭与尼采：孤独和间距之激昂

1 │ 步行与思考

有这样两位哲学家，对他们来说，步行是绝对的必需品：让-雅克·卢梭和弗里德里希·尼采。这两人，都需要行走以思考，都是边走着边写着。研究行走与哲学，绕不开这两位行走着的思想家。

他们对于行走的需求从何而来？就尼采而言，其根本在于生理因素：当他突发剧烈头痛或感到恶心（一种在陆地上的晕船感）时，去到户外，尤其是到瑞士的山脉中行走，便是唯一的解脱。而至于卢梭，我们可以把他"对于步行的狂热"归结于他那躁动不安、激情四溢的性格。[1]步行带给他的平静，让他得以清晰地思考：

我的思想在头脑中经常乱成一团，很难整理出头绪来，这些思想在脑袋里盘旋不已，嗡嗡打转，像发酵似的，使我激动，使我发狂，使我的心怦怦直跳；在这种激动的情况下，我什么都看不清楚，一个字也写不出来，我只得等待着……我手里拿着笔，面对着桌子和纸张，是从来也写不出东西的。我总是在散步的时候，在山石之间，在树林里，或是在夜间躺在床上难以成眠的时候，我才在脑袋里进行拟稿。[1]

（*C1* 194–195/113）

后来，卢梭发现，他没办法记录自己失眠时的思想，于是便将步行作为自己主要的写作方法。在创作《新爱洛伊丝》（1761年）、《爱弥儿》（1762年）和《社会契约论》（1762年）这些重要作品期间，他将每天下午的时间专门用来去蒙莫朗西的森林中漫步——带着笔记本和铅笔："我从来只有在露天时才能自由自在地写作和思考，所以……我打算从此把那片几乎就在我门口的蒙莫朗西森林当作我的书房。"[2]（*C2* 186–187/376–377）卢梭以森林与山脉为研究对象，为华兹华斯、尼采及许许多多后人树立了先例。

于卢梭而言，步行不仅为写作的好帮手，它还是获得幸福的必要手段。他曾如是回忆自己十几二十来岁时的徒步旅行经历：

---

[1] 引自《忏悔录》，北京：人民文学出版社，2004年1月重印，黎星、范希衡译，第107页。

[2] 引自《忏悔录》，第380页。

我任何时候也没有像我独自徒步旅行时想得那样多，生活得那样有意义，那样感到过自己的存在，如果可以这样说的话，那样充分地表现出我就是我。步行时有一种启发和激励我的思想的东西。而我在静静坐着的时候，却差不多不能思考，为了使我的精神活跃起来，就必须使我的身体处于活动状态。田野的风光，接连不断的秀丽景色，清新的空气，由于步行而带来的良好食欲和饱满精神，在小酒馆吃饭时的自由自在，远离使我感到依赖之苦的事物：这一切解放了我的心灵，给我以大胆思考的勇气，可以说将我投身在一片汪洋般的事物之中，让我随心所欲地大胆地组织它们，选择它们，占有它们。我以主人的身份支配着整个大自然。我的心从这一事物漫游到那一事物，遇到合我心意的东西便与之物我交融、浑然成为一体，种种动人的形象环绕在我心灵的周围，使之陶醉在甘美舒畅的感情之中。①

（C2 259–260/157–158）

　　幸福的秘密，对尼采和卢梭来说，不仅在于自然风景的刺激，还在于步行为其思维带来的独立性。

　　孤独的步行者是能够自给自足的。他可以去自己喜欢的地方，自己决定速度，自由地沉思、想象、感知，即自由地陷入**遐想**（reverie）。毫不意外，这位在《论人类不平等的起源和基础》（1755年）[2]中揭示了"自然人"（the natural human）之核心的哲

---

① 　引自《忏悔录》，第152—153页。

学家，所留下的最后一本书，是自传体之作——《一个孤独漫步者的遐想》[3]。在卢梭看来，行走之遐想，能够揭示尚未被人类社会常规所败坏的自然真相。

在当时，这是一种全新的观念。列奥·达姆罗施在为卢梭作传时写道，"以前，'遐想'在最具褒义的情况下指闲暇地做白日梦，在最具贬义的情况下指妄想"，是一种不健康的、让某一个体脱离现实的虚构形式。[4]卢梭颠覆了这种观念；在他看来，遐想莫过于对自然世界最具活力的思维形式，能为一个人带来最清晰的自我洞见。卢梭这一观点的影响力得到了证实。康德的朋友，哲学家卡尔·谢尔勒在他1802年的《步行论》中写道："真正的自然、个体真正的思想，只有在独行于大自然中，远离其他思想而自己与自己私密交谈时，才得以绽放。"[5]法文版《一个孤独漫步者的遐想》的编辑米歇尔·克罗吉兹曾写道，遐想虽然不遵循古典哲学推理的严密逻辑顺序，[6]但实际上构成了"一种新型的观察、一种……具有不同韵味的思考"，因为步行者能够切身接受到大自然给予他的东西。[7]步行遐想那自由而和谐的身心合作，让人得以更加活跃地觉知世界和自己。[8]

最重要的是，卢梭的这些自然漫步，是一种全新感性（sensibility）的来源。当卢梭"被绿色植物、花草小鸟包围"之时，当他"用感官实际觉知到的所有物体来丰富［想象］"之时，便是在"无法言喻的极致欢乐之中"，将他的意识融入"整个大自然"（*RSW* 115, 139/90–91, 111）。"我此刻心花怒放地快乐得不知道如何是好，以致，除有时候大声喊叫：'啊！伟大的神，伟大的神呀！'，就再也没有什么话可说，再也没有什么事情可思考了。"①这种与大自然的超凡结合，便是卢梭那行走遐想的伟大发现。难怪，有关卢梭的许多画作都描绘了他手持步杖的样子。他的自然人、与自然合一的浪漫主义哲学，与他那一场场步行关系甚密。

与自然合一，需要独立——不受社会常规的影响，不受他人的影响。对于一名独立的思想家来说，步行因其独立性而为最佳旅行方式：

> 我要走就走，要停就停，爱走多少路就走多少路。我可以观察各地的风土人情，我爱向左走就向左走，爱向右走就向右走；我觉得什么东西有趣味就去看什么东西，凡是风景优美的地方我就停下来欣赏欣赏。遇到小溪，我就沿着它的岸边漫步，遇到茂密的森林，我就到树荫下去乘凉；遇到岩洞，我就进去看一看；遇到矿场，我就去研究它含的是什么矿物。我觉得哪个地方好，我就在哪个地方歇息。歇息够了，我就继续前进。我既不依靠马匹，也不依靠马夫。我用不着非走大道不可，也用不着硬要选平坦的小路；只要一个人能够走过去，我就可以从那里走；凡是一个人能够看的东西，我就可以去看，我可以随心所欲地享受完全的自由……要徒步旅行，就必须仿照塞利斯、柏拉图和毕达哥拉斯那样去旅行。我很难想象一个哲学家会采取另外一种旅行的方式，不

---

① 引自《卢梭全集 第3卷：一个孤独的散步者的梦及其他》，北京：商务印书馆，2012年6月，李平沤译，第235页。

去研究摆在他脚下和眼前的琳琅满目的东西。[①10]

卢梭说，步行时，你就是你自己的主人；因此，你的思想便是你自己的。为他人思考、写作——无论是为资助人还是为读者，都是一番令人压抑疲惫的强迫性脑力劳动；而属于孤独步行者的遐想，能让无拘无束的心灵"插上想象的翅膀，在无边宇宙里游荡翱翔，那种心醉神迷的感觉，真是超过了世间所有的享受"[②]（*RSW* 133–134/107）。

在以前，步行曾是穷人的出行方式：农民、流动商贩和手艺人因为没钱而选择步行。卢梭，使步行成为诗人和思想家的首选；用柯尔律治的话说，他们不屑于"惹人生厌的贵族那咔嗒咔嗒响的车轮"。[11]

要想自由地思考，便需要一种只有行走才能带来的独立性；而只有通过自由地思考，人们才有希望触及真理。卢梭可能不是第一个热爱行走的哲学家，但却是将行走颂为哲思方法的第一人。[12]

一个世纪以后，尼采也发现了类似的行走与独立思考之联系。他的另一自我——查拉图斯特拉，如是说道："步行显露了一个人是否行走于**自己的**轨道：且看我的行走！"[③13]查拉图斯特拉

---

① 引自《爱弥儿：论教育（下）》，北京：商务印书馆，2017年3月，李平沤译，第682—683页。

② 引自《一个孤独漫步者的遐想》，桂林：漓江出版社，1997年10月，袁筱一译，第114页。

③ 引自《扎拉图斯特拉如是说》，上海：华东师范大学出版社，2021年1月，娄林译，第568页。

告诉他的门徒，他是沿着"无人涉足的千条蹊径"行走的"独行之友"（*TSZ* Part One, "Of the Bestowing Virtue," sections 1 and 2; 99–100, 102）。很多学者都注意到了，在这方面，尼采可谓卢梭的继承者。[14]

尼采曾作的关于行走对于思考之重要性的言论，已是众人皆知：

> "除了坐着，人们既无法思考也无法写作。"（福楼拜）——由此我逮住了你，虚无主义者！久坐恰恰是违背圣灵的罪孽。只有走路得来的思想才有价值。[①][15]

> 尽可能少坐；别相信任何不是在野外、在自由运动中产生的思想，——在这种思想中连肌肉也欢庆不起来……坐功乃是违逆圣灵的真正罪恶。[②][16]

> 我们不是埋首书本并由书本产生思想的人。我们的习惯是在户外思考、散步、跳跃、攀登、舞蹈，最好在阒寂无人的山间，要么就在海滨。在这些地方，连小径也显出若有所思的情状。至于书籍、人和音乐的价值，我们首先要问："它

---

① 引自《偶像的黄昏》，上海：华东师范大学出版社，2007年8月，卫茂平译，第37页。
② 引自《瞧，这个人：人如何成其所是》，北京：商务印书馆，2016年4月，孙周兴译，第33页。

会走路吗？它会舞蹈吗？"①17

　　同卢梭一样，尼采也喜欢在户外（尤其是在山上）进行哲学思考。他在《爱弥儿：论教育》中写道，自己"宁肯叫［孩子］去呼吸乡村的好空气，而不愿意他呼吸城里的坏空气"。②18尼采亦曾将"新的思想、新的感觉和更强烈的情绪"与"山中更轻巧的空气"联系起来。"那山中更轻巧的空气"，也有助于减轻（虽不能消除）他剧烈的头痛。19如尼采在一封信中所述：

　　　　人们畅享着阿尔卑斯山脉的清新空气，逃离了城市和日常的琐碎；在这里，人会想到一些在低处、在城市那闷夏中想不到的东西。20

　　"我们的大城市所缺少的，"他写道，"是玄思静观与另辟蹊径之崇高"所需的"安静、开朗而广阔的反思之地"。21在尼采于瑞士上恩加丁的锡尔斯－玛丽亚高山上所作下的那部分《查拉图斯特拉如是说》中，查拉图斯特拉如是说道："我是一位漫游者，一位登山客……我不喜平地，似乎也不能长久安坐。"③（*TSZ*, Part Three, "The Wanderer," 173）对尼采和卢梭而言，行于山间，且最

---

① 引自《快乐的科学》，上海：华东师范大学出版社，2007年1月，黄明嘉译，第369页。

② 引自《爱弥儿：论教育（上）》，北京：商务印书馆，2017年3月，李平沤译，第47—48页。

③ 引自《扎拉图斯特拉如是说》，第295页。

好是独自行于山间之时，所呼吸到的那清透的空气，是清晰哲思之必需。

在致友人的信中，尼采常提到独行山中的必要性。"在瑞士，我活得更**自己**……在阿尔卑斯的群山中，我无懈可击，尤其是一人独处之时……我的健康状况正在改善；我散起步来不知疲倦，孤独的沉思难以叫停。"[22] 在圣莫里茨附近的高海拔地区行走，能让尼采逃离"痛苦的袭击"，有足够的时间去构思、创作《人性的，太人性的》（1878—1880 年）："除了个别几句话之外，那里面所有的东西都是我在步行之时想出来，并用铅笔在小本子上速记下的；几乎每当我着手处理誊清稿的时候，都会感到恶心。"他不得不省略几个"长长的思想序列"，因为他"还没来得及把它们从我可怕的铅笔字迹中提取出来"，病痛就又会发作；"我须偷取那几分钟、一刻钟的'脑能量'"。[23] 尼采称自己在步行时写下的简短箴言，有着"被诅咒的电报风格"。它们之所以如此，并非由于某种随意的偏好，而是因为他的身体不允许他以任何其他的方式写作。[24]

卢梭和尼采并非真正的登山运动员，相较于那些需要绳索、登山杖和其他专业装备才能登顶的山峰，他们更喜欢位于较低海拔地区的步行小径。[25] 尼采的散文造诣驰骋于阿尔卑斯山脉之上，但他本人却因视力差劲而无法徒步攀上如此险峻的高峰。[26] 而至于卢梭，他虽从未登顶过阿尔卑斯，却是欧洲首位颂赞阿尔卑斯之壮美的作家。弗吉尼亚·伍尔夫的父亲莱斯利·斯蒂芬甚至将卢梭称为"阿尔卑斯之哥伦布、山脉崇拜新教之路德"。[27] 在卢梭之前，阿尔卑斯山脉被知识阶级当作一块野蛮原始之地、无业游民与白痴患者之家。那时，光是这些山峰本身，就足以引起人们的恐惧和反感；乘马车穿行山间的旅行者们，甚至会戴上眼罩，以免望入可怕的深渊。[28]

浪漫主义作家对山脉之高尚与美丽的崇拜，始于卢梭的书信体小说《新爱洛伊丝》[29]。这是18世纪最畅销的一本书，直至1800年，至少有70个版本问世。[30]男主人公圣普乐曾给他的情人朱莉写信，讲述他攀游瑞士上瓦勒地区的经历：

> 我在崎岖不平的小路上慢慢前进……我想聚精会神地沉思，但经常被一些突然出现的景物分散了我的心。有时候是高高悬挂在我头上的重重叠叠的岩石。有时候是在我周围喷吐漫天迷雾的咆哮的大瀑布。有时候是一条奔腾不息的激流，它在我们身边冲进一个深渊，水深莫测，我连看也不敢看。我有几次在浓密的树林深处走迷了路。有时候在走出一个深谷时，看到一片美丽的草原，顿时感到心旷神怡。天然的风光和人工培育的景物配合得十分巧妙，在人迹罕至的地方，却处处可以看到人的手劳动的痕迹……这一天，我翻越了一些不算太高的山，游览了它们或高或低的峰峦，并且登上了我能攀登的最高的山峰。在走完了云雾笼罩的山路之后，我到了一个较为明亮的处所，突然间，我看见山下风云骤起，雷电交加，一阵暴雨……在这个地方，在我周围的清新空气中，我找到了我心情变化的真正原因，而且明白了为什么我又恢复了久已失去的内心的宁静。的确，尽管任何人到了这里都有这种感觉，但并不是每个人都能觉察其原因；高山上

的空气清新，使人的呼吸更加畅快，身体轻松，头脑非常清醒，心情愉快而不激动，情欲也得到了克制。在这样的地方，心中思考的问题，都是有意义的大问题，而且随着所见到的景物的大小而增减其重大的程度，感官也得到一种既不令人过于兴奋、也不令人产生肉欲的美的享受。看来，站在比人居住之地高的地方，就会抛弃所有一切卑下的尘世感情；当我们愈来愈接近穹苍时，人的心灵就会濡染穹苍的永恒的纯洁。[①]31

群峰之间，空气纯净，圣普乐的感官和想象力都活跃了起来，引他沉思，直至灵感的崇高山峰。

读这段话时，我便想起，尼采亦曾赞美山中的空气，赞美它们激发了他那最至高无上的思想。正是在锡尔斯-玛丽亚附近徒步时，尼采历经了"相同事物的永恒复返"（the eternal return of the same）之幻相（vision），即一切发生的事情都已经且仍会无限次地复返：

这本著作［《查拉图斯特拉如是说》］的基本观念，即永恒轮回的思想，也就是我们所能获得的最高的肯定公式，是在1881年8月间形成的。我匆匆地把它写在一张纸上，并且还附带了一句话："高出于人类和时间6000英尺（约1829

---

① 引自《新爱洛伊丝》，南京：译林出版社，1994年5月，李平沤、何三雅译，第54—55页。

米）。"那一天，我正在席尔瓦普拉纳湖边的林中漫步；在离苏尔莱不远一块高高尖尖的巨岩旁边，我停住了。就在这当儿，这个思想在我心中油然而生。①

(*EH* "Thus Spoke Zarathustra," section 1; 295)

这不仅仅是一个观念；这是一种启示（revelation）：

"启示"概念，如若意思是指某物以无以言表的可靠和精致突然变成**可见的**、可闻的了，是指某物让人深深地震惊和折服，那么，这个概念所描写的就是实情了。人们闻其声，却并不寻求之；人们接受之，却不问谁是给予者；一种思想有如一道闪电，带着必然性，以毫不迟疑的形式闪现，——我从未做过一次选择……一切都是极度无意地发生的，但却犹如在一种自由感、无条件性、权力、神性的风暴中发生。②

(*EH* "Thus Spoke Zarathustra," section 3, 300–301)[32]

历经这番痴狂幻相后的第二天，尼采给一位朋友写信道，他的终生使命，将是以某种方式传达他对于永恒轮回的洞见。[33]

行于群山间，是尼采哲思的基本前提。[34]只有在高处，空气才足够清晰透亮，本质上的区别才得以鲜明地显现出来；这样，在尼采看来真正的哲学家标志——生来不同的事物之间的"距离感"，

---

① 引自《瞧，这个人：人如何成其所是》，第109—110页。此处略有改动。
② 引自《瞧，这个人：人如何成其所是》，第114—115页。

才得以成为可能（*EH* "Why I Write Such Good Books: The Case of Wagner," section 4; 323）。尼采是高度与深度之哲学家，是"间距之激昂"①和"自我超越"（self-overcoming）之哲学家；他自称为一名"天生的登山者"，沿着他人生道路的不同阶段向上攀登。[35]他的查拉图斯特拉如是描述他最艰难而孤独的道路——自我超越之路：

> "现在你走上了你的伟大之途！山峰和深渊——现在被包含于一之中。"
>
> "身后那条……道路，你的脚已将其踏灭。"
>
> "从现在开始，倘若你缺乏所有的阶梯，你就必须知道，如何从自己的头向上攀登。"
>
> "于是你就必须超越自己而攀登——向上，上升，直至你的星辰也在你之下！是啊，俯瞰我自己吧，俯视我的星辰，对于我，这便是我的**山峰**，这为我而备，我的**最后**的山峰！"
>
> "我们曾共学超越自我，以攀越我们自己……当强逼、目标和罪，在我们下方如雨水蒸发时，我们就从迢遥之处向下而笑，目光明亮。"
>
> "这却是我的祝福：立于每一事物之上，为其天空，为其穹顶，为其蔚蓝的钟和永恒的依靠！"②
>
> （*TSZ*, "The Wanderer," 173–174, "Before Sunrise," 184–186）[36]

---

① "间距之激昂"（pathos of distance），后文根据所借引的不同中译本，亦可见"距离之激昂""距离的激情"的叫法，其所指相同。

② 分别引自《扎拉图斯特拉如是说》，第296、297、298、321、323页。

卢梭志凌于云层之上；尼采欲将星空当作脚凳。当然，对于尼采而言，永不会有最后一步，亦不会有休憩之地——每一步，都须在无休止的上升当中攀越而过（*TI* "Maxims and Arrows" #42; 37）。

崇高与宁静：对尼采和卢梭来说，通向高处的山路，蕴含着灵感与思想的自由。他们对于行走的需求，还伴随着对于克服那"人性的，太人性的"自我及其弱点的需求——对于这些弱点，卢梭和尼采有着几乎无可比拟的觉知。二人都生性腼腆，在社交场合感到不安，只有独处时才真正自在，做回了自己；二人都热切地渴望真正理解自己的朋友，却未能如愿以偿。暮年时，卢梭曾言："我就这样在这世上落得孤单一人，再也没有兄弟、邻人、朋友，没有任何人可以往来。"①（*RSW* 43/27）1887年，尼采给一位老友写道："我现在已经43岁了，仍和小时候一样孤独。"[37]他们便是加斯东·巴什拉所称的"伟大的羞怯者"（*grands timides*）。而"伟大的羞怯者是伟大的行走者；每跨一步，他们就赢得象征性的胜利；每一下手杖触地，就是对他们的羞怯的回报"。②[38]

为了克服自我，成为自己，又为了摆脱偏见，实现独立，实现运动与思想的自由——尼采和卢梭需要行走，最好是在山中行走，在一幅不断变化的、同时具有高度和深度的全景之中行走，从一片景色步入下一片景色。

---

① 引自《一个孤独漫步者的遐想》，第3页。这句是全书第一章《漫步之一》的第一句话。

② 引自《水与梦——论物质的想象》，长沙：岳麓书社，2005年10月，顾嘉琛译，第179页。

为了去了解他们的行走与他们如何生活、如何思考之间的联系，为了去了解不断变化的山间景色和自我超越之间的联系，我决定亲自踏循其行。就卢梭而言，这便意味着循行不同的"漫步"[①]，这些"漫步"标志着他生命中的各个重要时期：始于日内瓦——在那里，他第一次下地行走；再到安纳西——在那里，他邂逅了一生挚爱华伦夫人。我的重点目的地是卢梭在《一个孤独漫步者的遐想》中所歌颂的地方：瑞士塔威山谷的莫蒂埃和圣皮埃尔岛——他于1762年至1765年间的居住地；还有离巴黎不远的爱尔梅农维尔——他在生命中最后几天的散步之地。而同尼采一道，我漫步于锡尔斯–玛丽亚和其周围的山区之中——在那里，他历经了永恒轮回的幻相。我所住的旅馆，是尼采在其一生中最高产的那几年的消夏居所。我探索的地方，是尼采生前最喜欢的地方。这些，让我对尼采的思维路径有了更深入的了解。

　　复制他们**所有的**步旅是不可能的，那将耗费数年之久。但追随他们的一部分足迹，足以帮我进一步理解高山步旅、视角之颠转与幸福之间的联系。

2 ｜卢梭：步行机

　　早在青年时代，卢梭便逐渐发现，徒步远行与他的自由和幸

①　卢梭的《一个孤独漫步者的遐想》（法文原名：*Les Reveries du Promeneur Solitaire*），每章的标题都有promenade（漫步）：Première promenade（漫步之一）、Deuxième promenade（漫步之二）……

福密不可分：

> 飘泊（walking）的生活正是我需要的生活。在天朗气清的日子里，不慌不忙地在景色宜人的地方信步而行，最后以一件称心的事情结束我的路程，这是各种生活方式中最合我口味的生活方式。另外，大家也知道什么样的地方才是我所说的景色宜人的地方。一个平原，不管那儿多么美丽，在我看来绝不是美丽的地方。我所需要的是激流、峻岩、苍翠的松杉、幽暗的树林、高山、崎岖的山路以及在我两侧使我感到胆战心惊的深谷。①

（*C1* 273–274/167）

漫步山岳森林间——卢梭这一对后世作家影响深远的爱好，就这样慢慢养成了。日内瓦，是他那步行生活开始的地方，也是我于2019年6月踏上的第一站。

我的酒店位于风景如画的老城，距离大街40号不远。1712年6月28日，卢梭出生于大街40号——那栋楼现在已经成了一栋卢梭博物馆。附近，屹立着一座雄伟的哥特式教堂——圣皮埃尔大教堂。圣皮埃尔大教堂是加尔文新教的基地，卢梭曾于其中受洗。整座老城好似一个宜人的大公园，鹅卵石街道蜿蜒前伸，两旁尽是餐馆和小店。在卢梭生活的年代，日内瓦市只有2万居民；而现在，日内瓦仅市区人口就有20多万，若再算上其周边地区，便

---

① 引自《忏悔录》，第162页。

接近50万了。内城的气氛平静如故。我有些惊奇，卢梭——欧洲最具革命性的思想家之一，竟出生于这样一座平静的城市。

我打算以卢梭小时候常去的地方为起点，重溯他的一生，比如，老城墙外的堡垒公园。与公园相隔一个广场的，便是日内瓦大剧院（建于1879年），其前身为罗西蒙德剧院（1766—1788年）。卢梭认为剧院会败坏日内瓦民众的道德，在《致达朗贝尔的信：论剧院》（1758年）中反对兴建剧院。堡垒公园的树荫，是卢梭同他的姑姑苏宗一起走过的。他的母亲苏珊娜因患产褥热去世，之后母亲一职便由他的姑姑接过。我跟随苏宗姑姑①和让-雅克，来到了附近的特雷耶公园。特雷耶公园坐落在城门内侧一座堤岸上，里面绿树成荫。漫步其中，得以俯瞰下方城市的壮丽美景。这些高位而葱郁的环境，很早就为卢梭的情感指针定明了方向。

沿老城下行，我来到了被餐厅环绕的莫拉尔广场。14岁的卢梭，曾在这里摆摊卖芦笋。新莫拉尔街窄窄的，环境舒适。接着往前走，我路过了新莫拉尔街22号。眼前这座住宅，有着一扇漂亮的绿色金属大门，曾为卢梭14岁至15岁时的住所。当时，他正在给雕刻大师阿贝尔·迪科曼当学徒。我们接下来也会看到，对于脾气不定、性格叛逆的小让-雅克来说，这段经历并不顺利。

卢梭5岁时，他的父亲卖掉了他们位于大街的房产，携家人下迁到了罗纳河对岸的圣热尔韦工匠平民区。[39]在去往圣热尔韦的路上，我经过了贝尔格桥，从桥中拐进了卢梭岛。这片小岛曾

---

① 卢梭的姑姑原名"苏珊娜"（Suzanne），卢梭喜欢称她为"苏宗姑姑"（aunt Suzon）。

为一座防御堡垒，后被改造成了一个船厂，现在则是一片四面环树的小公园。岛上有一家靠河的露天咖啡馆，还立着一尊1838年的卢梭像。过了罗纳河，我便沿着宽阔而繁忙的贝尔格码头直奔圣热尔韦广场——在卢梭生活的年代，那里是一片大型的户外集市。我又漫步至库唐斯街28号——卢梭5岁到10岁（1718—1722年）时的住所，现已成为马诺商场。外墙上刻着卢梭的父亲曾对他说的话："让-雅克，要爱你的国家！"当时，二人正在库唐斯广场观看一队日内瓦民兵跳舞。我沿安静的埃图瓦街走了约有一半，在拐角处看到了一块牌匾。1725年5月至1726年11月，卢梭曾在这里做学徒。埃图瓦街汇入了卢梭街——"让-雅克·卢梭，1712—1778年，日内瓦哲学家、作家"。曾有很多年，卢梭都会自豪地在他的作品上签下"让-雅克·卢梭，日内瓦公民"。直到1762年，日内瓦当局以异端邪说之名通缉了卢梭，并烧毁了他的书籍。此后，卢梭放弃了他的日内瓦公民身份，再也没有回到过他的家乡（C2 459/563）。[40]

15岁时，卢梭亦离开过一次日内瓦。那次离去很突然，充满了戏剧性。据卢梭自己回忆，做学徒的时候，他喜欢和伙伴们一起到日内瓦的城墙外散步。有两次，他在城门关闭前没赶回来，第二天早上就在师傅家挨了打。第三次，城门提前半小时关闭了：

> 那天，我跟两个伙伴一同回城。离城还有半里格（约2.5公里），我听见预备关城的号声响了。我两步并作一步走。我听见鼓声咚咚地响了起来。我拼命往前跑，跑得通身大汗，连气都喘不上来。我的心怦怦直跳。我远远看见那些兵士还

在站岗。我赶紧跑上前去，上气不接下气地呼喊。可是已经迟了。①

（ C1 97–98/49 ）

　　卢梭当即决定，不再回去挨打了，于1728年3月15日星期一离开了日内瓦。

　　卢梭并没有因自己的贫穷和不幸而感到绝望，反倒为获得了全新的独立而振奋万分："[现在我] 可以自由地支配我自己，做自己的主人了，于是我便以为什么都能做……我可以安全稳妥地进入广阔的天地。"②（ C1 101/52 ）他漫游到了当时位于萨瓦境内的龚非浓村。萨瓦是撒丁国王统治的天主教公国。在那里，他将以皈依罗马教会的承诺为交换，寻求一位天主教牧师的帮助。这场步旅，标志着卢梭人生的一个转折点。这是卢梭第一次走上一条完全由自己所选择的道路。我非常期待踏循他第一场伟大的冒险。

　　从卢梭的叙述中，我们无法确定他具体是被关在哪个城门外的。不过，堡垒公园旁边的新广场似乎可能性很大，所以我决定从那里开始。据谷歌的数据，从那里去往龚非浓的距离约为7公里；据卢梭的叙述，则是"2里格"，约6英里（10公里）。我估计要走上很长时间。那天碧空如洗，时值傍午，艳阳高照，已是相当炎热。一路上，我都尽可能地乘着荫凉走。

　　我从堡垒公园出发，沿着圣莱热街走到哲人广场，之后进入

---

① 引自《忏悔录》，第38页。此处略有改动。
② 引自《忏悔录》，第41页。

了普兰帕拉斯区。这里有很多家律师事务所和各种类型的专业服务机构。我继续走着，穿过了一片又一片工业园区、汽车修理厂和加油站。道路愈发宽敞，来往的车辆逐渐增多，荫凉的地方越来越少。最后，我进入了兰西大道。越往郊区走，路就越窄，树木灌丛也愈发浓密。空气一下子凉爽了起来，我也终于可以乘着繁茂的绿荫前行了。沿途，我一直在寻找尚西路，但它就是不出现。

我不是很确定自己的方向，所以当我在右手边的坡上看到一片像是公园的地方时，立刻拐了上去。原来，那里是所学校。操场管理员让我继续往山上走。就这样，我终于找到了尚西路，并沿着这条有着多条车道的高速公路来到了奥奈郊区。在这里，我看到了指向龚非浓的路标，重回正轨。

现在的龚非浓已经成了日内瓦的一个城郊，但我还是希望它多少留住些乡村的特色。一条小路蜿蜒向左，途经一片葡萄园。渐渐地，满园葡萄又为参天大树和蔓生于石墙的玫瑰所取代。我的左手边，是鲁道夫·施泰纳[1]学校。施泰纳是一位奥地利神秘主义哲学家，在20世纪20年代创办了华德福学校，秉持以儿童为中心的教育方法，其根源可追溯至卢梭的《爱弥儿：论教育》。没走几步，我又在右手边发现了一块旧式水槽，静掩于木板之下。之后，前方出现了一架楼梯，我沿梯上行，来到了村里的广场。天主教堂正位于广场较低的一侧。稍远处，种着几棵小梧桐树，树

---

[1] 鲁道夫·施泰纳（1861—1925年），奥地利哲学家、社会改革家，人智学的首创者。

下立着一家咖啡馆的遮阳篷伞。我决定先去坐坐。当时，卢梭在当地神父德·彭维尔先生的家中享用了一杯弗朗基葡萄酒（C1 103/53），而我则在咖啡馆里品味了一杯冰镇啤酒。

休憩片刻，我穿过广场，来到了那座简洁的白色教堂。一块牌子上刻着卢梭《忏悔录》中的一句话："我到处漫游，到处乱跑，一直来到了距离日内瓦二里格的萨瓦境内的龚非浓。"①（C1 102/52–53）为了寻觅更多关于卢梭龚非浓之旅的信息，我一路找到了小山坡下面的村务厅。这是一座优美的19世纪建筑，大门正敞着。冷清的接待区旁，还有一扇敞着的门。我径直走了进去，把里面一位正在办公的女士吓了一跳。我跟她解释，我是来搜集与卢梭相关的信息的，她这才缓和了下来。可惜她手头并没有什么相关的资料。

我决定乘有轨电车回日内瓦。这段路没什么亮点，没必要再走一回了。卢梭并不是直接去往龚非浓的。他先在日内瓦附近徘徊了几天，并受到了当地农人的热情接待（C1 102/52）。这些农民早已不在了。事实上，大部分的农庄也都不见了踪影。卢梭来的时候，这里还没有这些工业园区、车库、宽阔平整的公路，城郊亦没有住宅开发区和公立学校。这段步旅唯一让我了解到的关于卢梭的东西——除了对于他那年轻的双腿可真是有劲儿的感叹之外，便是他离开日内瓦时的那份兴奋之情了。在一眼望不到头的沥青"沙漠"之中，很难实现与自然的超凡统一；但那步行所伴随的纯粹体力消耗，却能引人进入一番心醉神迷之境。

---

① 引自《忏悔录》，第42页。此处略有改动。

龚非浓的神父很快就将卢梭引向了他的下一目的地——安纳西。安纳西现为法国的一部分，但当时还隶属于萨瓦公国。在那里，卢梭受华伦夫人规劝，从新教皈依了天主教。1728年3月21日，正逢圣枝主日①，卢梭在安纳西第一次遇到了他的一生挚爱——华伦夫人。他在自己最后的作品——《一个孤独漫步者的遐想》的《漫步之十》②[41]中，深情地回顾了50年前他们的第一次相遇：这个"机智优雅、风韵十足的女人"如何唤起了那为他的余生敲下定锤的爱情。1731年，卢梭与华伦夫人再度重逢，结为恋人。在尚贝里附近的沙尔梅特乡间别墅，卢梭尽享了四五年"纯粹而完满的快乐"：

　　　　每天我都满怀喜悦、满怀感动地忆起生命中这段绝无仅有的短暂时光，此时我才是真正完整的我，纯正、无阻，才是在真正享受生活。③

　　卢梭说，若没有那种只服从自己内心的自由的经历，若没有那份孤独与玄思静观的经历，若没有那些只去做自己想做之事的经历，便也不会有后来的那个自己（*RSW* 181–183/153–155）。

---

① 圣枝主日（Palm Sunday），即复活节前的一个星期日，信徒会在那一天于教堂拿着树枝举行游堂礼。圣枝主日并非罗马教会的传统礼仪，而起源于东方的耶路撒冷，后经法国而逐渐于中世纪时传入罗马。
② 《漫步之十》为全书最后一章。还请参阅袁筱一的译者注："卢梭的这篇漫步写于1778年4月12日，距离他在1728年与华伦夫人初次见面恰好整整五十周年。5月12日，作者离开巴黎迁居他处，7月份猝然去世，这篇漫步因而也就未能完成。"——引自《一个孤独漫步者的遐想》，第175页。
③ 引自《一个孤独漫步者的遐想》，第176、178页。

卢梭生前有个心愿：在他第一次见到华伦夫人的地方，立一圈栏杆作纪念（*C1* 106/55）。1928年，值二人相遇200周年之际，这一心愿终得实现：在让-雅克·卢梭街10号的安纳西市警察局旁边，有一座院子，里面插着镀金栏杆，环绕着一个喷泉，最前方设有卢梭的半身像。当时，卢梭不足16岁；而被他亲切地称为"妈妈"的华伦夫人，正值28岁。卢梭被她深深迷住了："我现在所见到的……是一个风韵十足的面庞，一双柔情美丽的大蓝眼睛，光彩闪耀的肤色，动人心魄的胸部的轮廓。"[①]（*C1* 106/55）华伦夫人并没有真实的画像留存至今，但据卢梭说："要找比她那样更美的头、更美的胸部、更美的手和更美的胳膊，那是办不到的事。"[②]（*C1* 108/56）[42]

但在龚非浓，卢梭还不知道有何等大事正等着他，一路磨磨蹭蹭地走到了安纳西。正常需要8个小时的路程［约23英里（37公里）］，他愣是花了3天的时间（*C1* 105/54）。我乘着火车，经转艾克斯-莱班去往安纳西。途中，我经过了一片崎岖的山野，同我后来在塔威山谷遇到的很像：峭壁旁岩石遍布，山坡上落叶树与针叶树丛生。我在中午前到达安纳西，开始寻找卢梭。

没过多久，我就找到了他。德·华伦夫人故居，即现在的让-雅克·卢梭街10号，有一块破旧的石头纪念牌——立于1912年，为纪念卢梭诞辰200周年。圣皮埃尔大教堂[③]就在这条街上。

---

① 引自《忏悔录》，第46页。
② 引自《忏悔录》，第47页。
③ 与前文日内瓦的圣皮埃尔大教堂同名。

这是一座白色的石砌建筑，有着非常简朴的文艺复兴风格，外部装饰极少，甚至像是一座新教建筑。这是卢梭当时做礼拜的地方。街对面的让–雅克·卢梭街13号曾是个音乐学校，校门口的壁龛里有一尊金色的圣彼得像。在这里，卢梭接触到了音乐的基础知识——在以作家的身份成名前，他早就在音乐界有了名声。1752年，卢梭创作的歌剧《乡村占卜师》一经首演，反响热烈，甚至为他赢得了觐见路易十五[①]的机会（但卢梭不愿进宫作臣，遂拒绝了这一邀请）。

卢梭仅在安纳西住了几个月，就动身前往都灵[②]了。我没有再跟着他去那里。那段旅程约有210公里。德·华伦夫人把他送到了一个专门训练新入教者的教养院。[③]卢梭连人带钱包一起，被托付给了同要前往都灵的沙勃朗夫妇（一对中年夫妇）（C1 113–120/59–64）。这行人安全地穿过了陡峭的莫里耶讷山谷，又翻越了塞尼山（海拔约2100米）覆满白雪的山口——1876年，尼采在前往索伦托的途中，亦曾乘坐火车从塞尼山口的隧道中穿行而过。[43]事实上，卢梭那趟旅程一共花了三个星期（3月24日至4月12日），并非他所记录的一个星期（C1 120/64）；[44]而尼采所乘的列车，在几小时之内就通过了那条隧道。[45]

---

① 路易十五（1710—1774年），法兰西波旁王朝第四位国王，于1715—1774年间在位。

② 都灵，当时是撒丁王国的首都。

③ 这并非华伦夫人本人之意，参阅："当华伦夫人不放心我去旅行而要向主教谈这件事的时候，她发现事情已成定局，主教当时就把给我的一小笔旅费交给了她。她没敢坚持叫我留下，因为拿我已届的年龄来说，像她那样年龄的女人要把我这样一个青年人留在身边是不合适的。"——引自《忏悔录》，第50—51页。

都灵之行，标志着卢梭"对于步行之狂热"的真正开始（C1 114/60）。"所有和这一次旅行有关的事物的回忆，特别是那些高山和徒步旅行，都给我留下了极其强烈的兴趣。我只是在这些美好的日子里这样徒步旅行过，而且总是十分愉快。"①（C1 119–120/63–64）卢梭辗转于都灵的一些贵族家庭，工作了一段时间，之后设法让雇主开除了自己——这样，他就能同他在日内瓦做学徒时认识的一位好友一道，再度踏上旅程了：

> 除了作这样一次旅行以外，我再也看不出有什么别的乐趣、别的命运和别的幸福了。我一想到这件事，就觉得有说不尽的旅行的快乐……况且这次旅行，除了逍遥自在的魅力以外，还有另一种魅力。有一个年纪相仿、趣味相同的好脾气的朋友作旅伴，而且没有牵挂，没有任务，无拘无束，或留或去全听自便，这将是多么美妙啊！②

（C1 174–175/100）

卢梭不满足于为人仆役的种种限制。19岁那年，他抛弃了一切可能的职业前途，选择了"真正的流浪者的生活"，决定去享受"走动着的快乐"（C1 177/102）。

在洛桑，我续上了卢梭的足迹。卢梭回到安纳西后，失望地得知华伦夫人已经前往巴黎。之后，他动身去了洛桑。在洛

---

① 引自《忏悔录》，第55页。
② 引自《忏悔录》，第92页。

桑，他尝试靠着教授音乐和作曲来谋生，却发现自己完全不具备这样的能力（C1 235–243/141–146）。他漫游了周边的乡野，用两三天的时间走了12英里（约20公里），来到了华伦夫人的出生地——沃韦。沃韦位于日内瓦湖北岸的沃州。在日内瓦湖附近的美景之中，卢梭陷入了无尽的想象，热切地向往着"我生来就该享受、却又老得不到的那种幸福安适的生活"① （C1 245–246/148）。

洛桑是一座魅力无穷的城市。城中有许多中世纪风格的广场，还有大幅斜向日内瓦湖的草木茂盛的公园。可我并没有找寻到卢梭的踪迹，甚至在皮埃尔–维雷特街5号都没有。当时，律师弗朗索瓦–弗雷德里克·德特雷托伦就住在皮埃尔–维雷特街5号，卢梭在里面指挥过一场灾难性的音乐会，曲目是他自己以"福索尔"②之名创作的（C1 240–243/144–146）。现在，这栋楼已为莫扎特协会和普罗慕斯卡管弦乐队所用。附近的老城里，有一座宏伟的哥特式大教堂。我登上旁边主教府的塔楼，向湖对面的埃维昂放眼远眺，将卢梭后来在《新爱洛伊丝》中描绘的景致一览无余。46在洛桑，卢梭虽可能为痛苦和混乱所困；但当他回首过往，却将笔下的主人公安放在了这里：生活在这般瑞士田园风

---

① 引自《忏悔录》，第143页。

② 参阅："我总是在尽一切可能使自己和所模仿的那个人物相似。他叫汪杜尔·德·维尔诺夫，于是我便把卢梭这名字改拼为福索尔，全名为福索尔·德·维尔诺夫。汪杜尔虽然会作曲，却从不夸耀这个；我本不会作曲，却向人人吹嘘自己会作曲。"——引自《忏悔录》，第140页。

光之中的朱莉（*C1* 245–246/148–149）。①47

1762年，巴黎高等法院下令焚烧卢梭"反宗教的"《爱弥儿：论教育》（该书将自然——而非教会，论为上帝之善良与智慧的真正显示）。卢梭本着对瑞士山区的热爱，搬到了塔威山谷的莫蒂埃（*C2* 453 n3/523–542, 559）。他从伊韦尔东出发，沿着一条蜿蜒陡峭的小路走了有20英里（约30公里）（*C2* 434–435/547）。48我没有选择徒步，而是先坐了火车，又换乘了大巴，终于来到了莫蒂埃。

1764年12月，为塞缪尔·约翰逊作传的詹姆斯·鲍斯韦尔，曾前往莫蒂埃拜访卢梭。鲍斯韦尔描绘道，塔威山谷是"一个美丽的野山谷，四面高山此起彼伏，或千岩竞秀，或松树成群，或银装素裹"。49我去塔威山谷时，正值6月底。除了没有雪，眼前的景象与鲍斯韦尔所描绘的几乎毫无二致。

卢梭在莫蒂埃的故居现在已被改造成一座卢梭博物馆，位置很好找，就在小镇的主要街道——主街上，市政广场的旁边。1762年7月至1765年9月，卢梭同他的伴侣戴莱丝·勒瓦瑟住在这里。房子的环境布局，基本保留了当时的样子，包括一个外廊——卢梭喜欢于此观山。故居的二楼是个展厅，里面收藏着卢梭住在这里时所作的作品原稿（一些是完整版，一些是节选）:《音乐词典》（1767年）、为《爱弥儿》里面的宗教学说作

---

① 朱莉是《新爱洛伊丝》的女主人公。还请参阅："我对这座城市发生了感情，我每次旅行时都不禁心向往之，终于使我把自己小说中的主人公安排在这里……大自然创造这个优美的地方，是不是为某个朱丽叶（Julie）、某个克莱尔和某个圣普乐创造的？"——引自《忏悔录》，第144页。

辩护的《致博蒙书》(1763年)、攻击日内瓦寡头政党的《山中来信》(1764年)。卢梭在《山中来信》中发表了尤为激进的民主理论，致其贵族保护者们不再能够——或者说不再愿意——保护他免受被当地新教牧师煽动起来的暴民（*canaille*）之攻击了（*C2* 476–477/575）。[50] 展品中，还有巴黎高等法院于1762年6月9日对卢梭下达的逮捕令、几张纸牌——上面记着卢梭散步时为作品打下的初步草稿，还有各种18世纪的小玩意：以卢梭为主题的扑克牌、版画、印刷品、小雕塑、瓷盘——这一切，无不提醒着人们，卢梭位列最早一批的文学明星。在当时，莫蒂埃已算偏远，但仍有崇拜者不断涌入卢梭的生活。那些人，更多的是被卢梭的名气所吸引，而非他的思想（*C2* 460–461/564）。[51]

卢梭说，他喜欢莫蒂埃，尽管那里的生活成本很高，而且他当时也并没有收入来源（*C2* 454–457, 475–476/560–562, 574）。但卢梭完全不担心他的经济问题。当地居民觉得他是个怪人：他那未婚同居的伴侣、他那作家职业，还有那"亚美尼亚式着装"——长袍、皮圆帽、宽腰带，而非绅士们常穿的及膝裤和夹克（*C2* 446, 482–483/554, 579–580）。[52] 这种反感是相互的。卢梭曾在1758年的《致达朗贝尔的信：论剧院》和1761的《新爱洛伊丝》中，颂赞瑞士农民有着独立而自给自足的品性，但莫蒂埃的瑞士农民却只让他感到无知和狭隘。[53] 在当地教会的牧师煽动民众反对卢梭之时，他发现少有"正直的人"（*honnêtes gens*）愿意站出来为他辩护（*C2* 483/580）。

事实上，卢梭在莫蒂埃的日子远比他在信中描述的要好。当时，莫蒂埃所在的纳沙泰尔由普鲁士统治。卢梭的挚友——第十代苏格兰马歇尔伯爵乔治·吉斯为卢梭争取到了12路易①的津贴，足以缓解他的经济困境（C2 442/550–551）。[54]更重要的是，在莫蒂埃，卢梭在让-安托万·德伊韦尔努瓦的指导下，第一次对植物学产生了热情。德伊韦尔努瓦是纳沙泰尔的一名医生，出版过两卷植物学相关的图书。卢梭同德伊韦尔努瓦的侄女伊莎贝尔一起进行过多次植物学考察。[55]如让-路易·于所述，植物学为卢梭那"冷静、专注的漫游"提供了一种韵律和方向，让他的思想得以充分参与其中而将烦恼抛诸脑后。[56]也正是在莫蒂埃，卢梭与皮埃尔-亚历山大·杜佩鲁和阿布拉姆·皮里上校结为了好友。杜佩鲁是纳沙泰尔当地的有钱人，后来出版了卢梭的作品集。而皮里上校住在山里，卢梭时不时会徒步进山拜访他（C2 449, 475–476/556, 574）。在莫蒂埃的日子里，卢梭常徒步远行，或独自一人，或与友结伴，时而登上沙瑟龙山，时而步入马蹄谷，亦或就在莫蒂埃近郊散步。此时的卢梭，离他那和平生活、远离暴民之愿望，已是近在咫尺（C2 447, 487/555, 582）。

　　莫蒂埃城外的一片瀑布，是卢梭最喜爱的徒步目的地之一。通往瀑布的小路覆满了古铜金色的"铺路石"（galettes）。每块石上，都刻有卢梭在莫蒂埃所写书信的一句话。[57]我穿过一片林立着落叶树与针叶树的森林，又沿着一支水流湍急的小溪前行，来到了一条堆满落叶的泥泞小路上。斜坡上方便是瀑布。水流从高崖顶端夺缝而出，腾冲直下，在半空中勾勒出一道扇形。岸旁的一块岩石上，嵌着一张卢梭的金属纪念牌。这曾让卢梭心醉神迷的

---

① 路易（louis），亦称金路易（louis d'or），法国古金币名。

景象，亦令我深陷其中。可惜，美妙的时光仅持续了几分钟，黄昏就降临了，我便与此道别。

卢梭是在胁迫之下离开莫蒂埃的。刚开始，卢梭与当地牧师弗雷德里克–纪尧姆·德·蒙莫朗先生相交甚好（蒙莫朗先生还一度容许卢梭去莫蒂埃的教堂领受圣餐）（*C2* 452/558）。但到了1765年3月，瑞士新教教会的神职人员协会"可敬的阶层"（*Vénérable Classe*）要求卢梭出席一个由莫蒂埃的老教友和神职人员组成的特别会议，公开宣布他对耶稣基督——人类罪行的救赎者——的信仰（*C2* 479–480/577）。这对卢梭来说是个相当大的考验，因为原罪是他所否认的教义之一。但卢梭还是接受了这一挑战，并被允许提交一封信件，而不必亲自出席会议。最终，教务会议的多数成员（违背了蒙莫朗的意愿）投票反对将他逐出教会（*C2* 481–482/577–579）。

但蒙莫朗并没有就此罢休。1765年9月，他在布道时宣扬反对"恶人的牺牲"——暗指卢梭在莫蒂埃领受圣餐之事（*C2* 482–483/579–580）。[58]此后不久，一度有人夜袭卢梭的住宅，向他投掷石块，甚至还有人将街上的长椅卸走，搬去堵在他家大门口（*C2* 492–493/580–581）。9月6日，暴徒们再度向卢梭的房子投掷石块，直砸向窗户和门。其中的一块大石头，甚至穿过厨房的窗户，撞开了卧室的门。任何参观过莫蒂埃卢梭博物馆的人，想必都能想象卢梭和戴莱丝靠着墙沿，被窗外的大石块步步逼向屋内时的恐惧。地方当局并没有介入保护他们。事发后，领主雅克–弗雷德里克·马蒂内看着卢梭家阳台上成堆的石头，陷入了震惊（*C2* 493/586）。第二天，卢梭和戴莱丝就离开了莫蒂埃，先是去了纳沙泰尔，后来又去了位于比埃纳湖中心的圣皮埃尔岛。我也即刻动身，紧随他们的行程。

1765年，卢梭第二次在纳沙泰尔落脚。1730年，他从洛桑出发，走了约42英里（68公里）来到了纳沙泰尔。他"通过教音乐而学音乐"，在这里取得的音乐成就远高于洛桑时期。他喜欢在城市周围的树林与乡野之间"漫步，恍若置身仙境"："听凭我的感官和心灵尽情享受……沉浸在甜蜜的梦幻中，一直走到深夜也不知疲倦。"[①]（C1 248/149）似乎，在这段无论是他的未来还是他的生活都充满着不确定性的日子里，一场场乡间漫步，为他带来了恰如所需的心理平衡。

我乘着火车，从洛桑去往纳沙泰尔，途中还经停了伊韦尔东。1762年卢梭被赶出法国后，先来这里投奔了老朋友达尼埃·罗甘。在罗甘家中，卢梭感到宾至如归，若不是当地民众正"酝酿着一场反对［他］的风暴"，他还想在那儿多待上些日子（C2 429, 434–435/542, 546–547）。我去探索了伊韦尔东迷人的老城区，想在那里找寻卢梭的踪迹。我发现了一家有意思的书店，里面全都是"严肃"的图书。我买了一册卢梭的《道德书信》，薄薄的一本，记录了卢梭写给乌德托夫人的文字。当时乌德托夫人已婚，卢梭写《新爱洛伊丝》时正与她热恋。我是被这册书的标题《完美之路向你敞开》吸引过去的。[59]可惜，无论是在书店，还是在旅游局，都没有人了解卢梭在伊韦尔东的经历。我有些失落，直到遇见了一栋白色的老建筑，上面有块朴素的牌子，写着："罗甘居所，

---

① 引自《忏悔录》，第159页。

让-雅克·卢梭于1762年下榻此处。"罗甘故居位于老城区的一条主干道——普莱纳大街14号，外观上并没有任何醒目的特征。

卢梭在纳沙泰尔的日子，戛然而止于1731年的一场阴谋。当时，卢梭认识了一个骗子。那人自称是一名希腊正教的主教，想把他带到索勒尔（又名索洛图恩）行骗。结果在索勒尔，法国大使把卢梭拉到了一边，告诉他，像他这样有才华的年轻人应该去巴黎，并给了他100法郎作为旅费（*C1* 254/153–154）。卢梭说，那为期两周的300英里（约500公里）之旅，是他"一生中最快活的日子"：

> 我当时年轻力壮，而且满怀希望，手边钱又充足，又是独自一人徒步旅行……我那些甜蜜的幻想始终伴随着我，我那火热的想象力从来也没有产生过这么辉煌的幻想。如果有人请我坐上他车子里面的一个空座，或者有人在途中和我交谈，从而打乱了我在步行中所筑起的空中楼阁，我是会感到气愤的。①

（*C1* 254/154）

在那一场场漫步之遐想中，卢梭的思想一次次地自由蔓入幻想之境（*C1* 261/158–159）。于他而言，这比乘坐马车——"被囚禁在一个沉闷紧闭的牢笼里"⁶⁰——要快活多了。但我无意沿着今天的铺面公路和高速路复制他去往巴黎的旅程。

---

① 引自《忏悔录》，第149页。

我的计划是，以纳沙泰尔为基地，探索卢梭在1762年至1765年间流亡瑞士期间所走过的地方：比埃纳湖上的圣皮埃尔岛，以及朱拉山脉的沙瑟龙山和马蹄谷。我订的旅馆位于老城区中心，对面是个广场，广场上有许多喷泉——事实上，整个纳沙泰尔到处都是喷泉。纳沙泰尔人会自豪地告诉你，这里的所有喷泉水都可以直接饮用，而且的确很好喝。尼采就喜欢处处都有直饮水的城市，并常带着一个小杯子用来舀水（*EH* "Why I Am So Clever," section 1; 239）。他一定会喜欢纳沙泰尔的。我住的地方临近一座小山丘。城堡街蜿蜒上山，通向圣母教堂。这是一座罗马式砂岩教堂，但有着哥特式的线条，建于1190年至1280年间。半山腰的城堡街23号立着一块牌子：皇冠旅店曾在之处。18世纪时，卢梭和法国革命家米拉波伯爵都曾下榻于此。

　　对于闻卢梭之名而来的人，纳沙泰尔主要有两个景点。最重要的，当属尼马–德罗兹广场3号公共图书馆里的卢梭空间，其中珍存着《一个孤独漫步者的遐想》的原始手稿（包括写在扑克牌上的部分）。在一段介绍视频中，馆长马蒂娜·努尔让·德塞尤宁讲解道，卢梭在散步时，会先用铅笔在纸片或扑克牌上记下一些想法，回去检查一遍，用墨水笔修改；然后，以几乎难以辨认的字迹将内容誊到笔记本上，同时编辑润色；最后，费尽心思地将其以更工整的字迹抄写到另外一个笔记本上，以此作为印刷范本。馆中还展有卢梭的植物学收藏：400多件植物标本，每一件都被精心地装裱在彩色的大书页上，并配有卢梭精心书写的注释和标签。此外，馆中还有卢梭一些作品的初印版，如《爱弥儿》。介绍视频中，文物保管员与大学教授们讨论着卢梭的政治哲学，他的植物学研究、个人生活和作曲生涯。

另一"卢梭景点"是杜佩鲁宫。皮埃尔-亚历山大·杜佩鲁常与卢梭一起在莫蒂埃外出徒步，研究植物。杜佩鲁很有钱，[61] 为了帮卢梭维持生计和声誉，还提议帮他出版作品全集（*C2* 475–476/574–575）。这一版本直到卢梭去世10年后——1788年，才最终问世。但卢梭还是给杜佩鲁留下了一些作品（*C2* 515/602）。生前，杜佩鲁希望能将它们送到一所图书馆——1794年，杜佩鲁离世后不久，纳沙泰尔图书馆便建成了。1765年，为了吸引卢梭来纳沙泰尔，杜佩鲁开始打造一座大型私人宅邸，其中一侧的房子专为卢梭和戴莱丝所准备。非常可惜的是，同年，卢梭便不得不离开纳沙泰尔了。

这栋建成于1771年的豪宅，现已被改造成了一座豪华的会议中心。整个建筑采用了洛可可的装修风格，精美动人，三面均有着大面积的窗户，外围的花园修剪得整整齐齐——在杜佩鲁那时候，这座花园要比现在更为繁茂，还是果园、葡萄庄园。二楼的宴会厅很有18世纪的特色，许多家具设施都保持着当年的风貌，包括彩绘加热炉。但在一楼的酒台和餐厅中，并无一丝历史痕迹留存。

要找到卢梭这位漫步者，我须从纳沙泰尔更进一步，深入到朱拉山脉与圣皮埃尔岛的森林之中。离开莫蒂埃后，卢梭曾期望圣皮埃尔岛能成为他余生的安居之所（*C2* 495–497, 506/588–589, 595–596）。虽然，他最终仅在那里待了不到两个月——从1765年9月9日到10月26日，但如他在《漫步之五》中所述：

> 在我所有的居处中……当属比埃纳湖中心的圣皮埃尔岛最能让我感受到一种真正的幸福，并始终怀有这样一种绵绵眷意……

即便我在这里待上两年、两世纪、哪怕是永生永世，我也不会感到有片刻的厌烦……我把这两个月看作一生中最幸福的时光。①

（*RSW* 101–106/81–83）

圣皮埃尔岛不大：宽仅半英里（约800米），周长约一英里半（约2公里）。但卢梭说，"在这个狭小的空间里，它提供了生活必需的一切主要产品。岛上有田地、草场、果园、树林、葡萄园"②，以及"最引人入胜的丰茂美景"，所以比较显大（*C2* 496/588; *RSW* 105/82）。在卢梭眼中，"比埃纳湖畔比起日内瓦湖畔来，似乎要原始一些，也要浪漫一些，因为湖滨附近就只有岩石和树木，但它决不因此输一点姿色。"③小岛上没有马车道，也正因如此，对于

一个喜欢满心沉醉在自然美色之中的孤独遐想者来说，还真不失为一个好地方，在这样的静谧中冥想，除了鹰唳鸟啭，山间落泉，就再没有任何别的烦人的声响了！④

（*RSW* 103–104/81–82）

卢梭热切地谈到，这座小岛，完全符合他对安宁的向往，还有他那"孤独而懒惰的性情"（*C2* 496–497/589）。

我坐着清晨的列车，从纳沙泰尔来到了莱热兹，于那里搭船

---

① 引自《一个孤独漫步者的遐想》，第78、80、81页。
② 引自《忏悔录》，第597页。
③ 引自《一个孤独漫步者的遐想》，第79页。
④ 同上。

登岛。我直奔卢梭和戴莱丝曾住的地方——克洛斯特，曾经的医院和修道院。彼时，阳光清透，微风和煦，周围一片安宁，就连林中的鸟儿都沉默寡言。穿过一片小树林，又经过一片开阔的田野——几头安格斯黑牛正在通电围栅里面吃着草，我来到了一座大型建筑面前。白色的水泥墙体上，嵌着淡黄色的石砖。在卢梭那时候，这里还属于伯尔尼医院的一部分，现在，摇身变为了一家高级酒店——对于曾容纳朴素之徒栖身的地方来说，这有些讽刺。卢梭的低层单间公寓，现在是个小博物馆，里面藏有一些印于18世纪的卢梭的作品、他的一些植物标本、一部分提及了圣皮埃尔岛的著书与信件。墙上挂着几幅以卢梭为题的画作。自卢梭于1778年去世后不久，这里便成了他的纪念堂。

其中一张画上，卢梭正藏在一张活板门后躲避不速之客。这张门至今仍在这里，靠近墙角，旁边有个小瓷炉。地板、天花板采用的是宽木板。白色的水泥墙上，装有一个石制水槽。壁炉通着一个大烟囱，此外还有一个烤箱。整间房子散发着极致的朴素与简单。剩下的一个木制衣柜、一张带篷的床、一个梳妆台、一张小沙发和两把带藤条椅座的木椅，都是文物保管员后加进来的，亦全部采用了18世纪60年代的风格。窗户深嵌在厚厚的外墙上，采光很好，外面即是麦田和果园。我大概明白这间屋子为何吸引卢梭了。

但最吸引他的，还是岛上的独行漫步。1762年，卢梭在致好友马尔泽尔布①的信中谈到，他一生当中最美好的时光，当属在蒙

---

① 马尔泽尔布，全名克雷蒂安-纪尧姆·德·拉穆瓦尼翁·德·马尔泽尔布（1721—1794年），法国政治家，曾在法王路易十五时代任官内大臣和图书总监。

莫朗西周边林中的一场场午后独行：

> 我放慢脚步，在林中找一块野草丛生之地，或者找一块
> 从未被人使用过或占有过的荒凉的地方，或者找一个僻静幽
> 深之处，而且此处的地形地貌必须使我能自信是第一个置身
> 其中的人，不会有冒失的第三者跑来插足在大自然和我之间。
> 只有在这样的地方，大自然才能向我展现它永远清新美妙的
> 景色……那么多美好的事物使我目不暇接，看了这个又看那
> 个，真是心醉神迷，好像进入了梦幻之乡……我缓缓回家，
> 尽管有点儿累，但心里是很高兴的。我一到家就舒舒服服地
> 休息，回味所看到的情景，但我不用心去思考，也不进一步
> 去想象，除尽情享受我心灵的宁静和幸福以外，其他一切全
> 不考虑。①62

　　圣皮埃尔岛完美地契合了卢梭的向往。他得以尽情闲步田野
森林，而不必担心有人打断这唯他与自然之间的交流。

　　现在的圣皮埃尔岛同卢梭那时候一样，居民很少，房屋也很
少（*RSW* 104/82）。小路从克洛斯特那边的酒店延伸向前，经过几
片葡萄园地与盈点着红罂粟的麦田，又穿过一片树影婆娑的暗林。
山坡上，几只山羊正在一棵根深叶茂的古橡树荫下吃草。沿途，
仅有几段路暴露于阳光下，大多都穿梭林中，两旁灌丛密布，蕨
植繁茂，上方树冠遮天，一片幻绿纱影。在一座山顶上，我发现

---

① 　引自《卢梭全集 第3卷：一个孤独的散步者的梦及其他》，第233、235页。

了一个八角形的小亭子——卢梭曾提到，每至葡萄酒的丰收时节，农民和乡亲们便欢庆于此（C2 496/589）。一名男子正坐在亭外的椅凳上看书。但我没凑近去看那本书是不是卢梭的作品。

在岛上，卢梭的一大要事便是研究植物。他想要编撰一本《圣皮埃尔岛植物志》，"写尽岛上所有植物"①。每天用完早餐，卢梭便带着他的放大镜和林耐乌斯②的《自然分类法》出发，观察植物，收集标本，盯着它们的结构与组织陷入沉思（RSW 107–108/84）。卢梭虽不是一名植物科学家，但他说，自己是为了"不停地找出新的理由来保持自己对大自然的钟爱"，才"开始对大自然进行研究"③的（RSW 138–139/111）。在卢梭看来，植物学是一门理想的闲人学问，"适于填满我的闲暇时间的全部空隙，既不让想象力有发狂的余地，也不让绝对无所事事的苦闷有产生的可能"④。植物那"恒常的类似"与"繁多的种类"，令他心驰神往（C2 500–501/592）。

而让他更快乐的，是盯着比埃纳湖水"不尽变幻，不相间断的波动"，陷入遐思。水面上的光影，在他看来是"一种完满、完美之趣"，好像时间的流逝都变得虚无了，而他的存在完全集中于当下（RSW 110–113/85–89）。早在《爱弥儿》中，卢梭就将这种当下的完全"存在感"提为一番理想：他想象他的学生爱弥儿是

---

① 引自《一个孤独漫步者的遐想》，第78、82页。
② 林耐乌斯，全名卡尔·林耐乌斯（Carl Linnaeus，1707—1778年），受封贵族后改名卡尔·冯林耐（Carl von Linné），瑞典自然学者，现代生物学分类命名的奠基人，著有《植物种志》《自然分类法》等。
③ 引自《一个孤独漫步者的遐想》，第124—125页。
④ 引自《忏悔录》，第601页。

一个"蹦蹦跳跳、活活泼泼的，没有什么劳心的焦虑，没有什么痛苦的远忧，实实在在地过着现实的生活，充分地享受着那似将溢出他身体的生命"①的孩子。[63]圣皮埃尔岛是卢梭的人间天堂——在这里，卢梭是"最幸福的人"（*RSW* 162/133）。

我虽只在这小岛上漫步了一天，却也分享了卢梭的幸福。我尽情探索着森林和田野，醉心沉浸于孤独与宁静之中。待我走上通往湖岸埃拉赫镇的宽阔路面之时，已全然步入了一种韵律。一首首音乐不由自主地跳进我的脑海，周围一个人都没有，我一边走着，一边哼着小曲。我感到自由自在；我已经接近了活在当下的最大可能性。我并没有想到卢梭，但却有着与他行走时相像的感觉：我的双腿和胳膊自由摆动，我的脚步和脑海充满韵律；我忘却了自身，与温暖明媚的阳光和沿路延伸的田野湿沼融为一体。木与水，引我进入到卢梭所描绘的那般"千百种朦胧、甜美的遐想之中"②。

不过，这种悠闲的小岛漫步，与卢梭在《新爱洛伊丝》里描绘的山间狂欢相去甚远。我遂决定去往马蹄谷——沿着山谷小径，进行一场真正意义上的徒步旅行。马蹄谷是一个海拔1400米的马蹄形石灰岩峡谷，登上其峰，便可纵览壮阔美景。但伴着宏伟景致而来的，还有骇人的狂风与险崖。曾有多位登山者葬身崖下。悬崖周围，随处可见"请勿靠近"的警示标。[64]马蹄谷，是卢梭在莫蒂埃最喜欢的远足目的地之一。

---

① 引自《爱弥儿：论教育（上）》，第225页。
② 引自《一个孤独漫步者的遐想》，第84页。

我急于避开2019年夏天破纪录的高温天气，一大早就搭上了开往诺亥格的火车。去往马蹄谷的路有着明显的标志。小路起于镇子外面，一路攀升，延向树林，将我领入了浓荫当中。林中的路段约能走个半小时。在一处坡度趋缓的地方，我发现一眼冷水喷泉不断流进一块石槽。彼时，我已经热得满头大汗，赶紧给面部、脖颈、手腕和手臂上都泼了水，还尝了尝这沁人心脾的冷泉水。我的心脏怦怦直跳，脑中翻来覆去地想着同一个问题：我真的能坚持到山顶吗？

又走了20分钟，我路过了一个农场——乐泽泷农场。一个女人正弯着腰，用一把特殊的钳子修剪马蹄。一个男人刚从农舍里走出来，拉开了外面小饮品吧的门帘。空气中仍弥漫着几分清晨的味道。我在一张露天小桌旁坐下，啜饮了一杯清凉的矿泉水。过了这里，山路就变得十分泥泞，而且越来越窄，需要多注意脚下突出的岩石和树根。这段路上共有14道急转弯，每至弯道口，树上便有一块黄色菱形，里面标着序号。这段路比最开始的那段要好走些，至少没有那么陡峭了。我不再专注于如何上山，得以自由地漫游遐想。在过第13道弯的时候，几位刚下来的瑞士人用法语为我鼓了鼓气："不远了！再坚持一下就到了！一切都值得！"他们说得没错。一分钟后，我发现自己已经登顶，享受着脚下峡谷与远处村庄的壮美图案。

曾有人告诉我，到了海拔1200米以上的地方，就不用再担心酷暑了。可是我已经爬了780米，身边的气温却没有明显下降。山顶一片荫凉都没有。但高处的景观的确是无与伦比。山路沿着高大的石灰岩悬崖，从马蹄形圆谷（cirque）的一端伸向另一端。

我很快就找到了一块稍凉快些的平地。一些人正坐在野餐垫上午餐休憩。一幅壮丽的全景画于我眼前摊开。我深吸着纯净的山间空气，饱览万丈无垠的云海——我可以和《新爱洛伊丝》中的圣普乐一样，在这里待上好几个小时。我沉浸于感官知觉的陶醉当中——美景、松香味的新鲜空气、双腿与心肺在方才艰巨的攀岩后尽然的舒缓，我难以进行任何深度、抽象的思考。但或许，这才是重点：遐想，是自行其路，不受任何安排所约束的；此刻的我，沉浸于当下的充实而感到心满意足——这正是卢梭所说的幸福。在满足的同时，我亦感到振奋。我究竟为何情绪高涨？因为高海拔地区的新鲜空气、磅礴的景观，还是爬山过程中身体所历经的艰辛？无论其原因何在，此刻的我，正如身处瑞士、"在山林间漫不经心地游荡"的卢梭一样，任由"感官沉醉在周围这些虽然微小却不乏甜美的东西里"。我也喜欢上了"这种眼睛的重构……能让我的精神得到休息、娱乐和缓冲，让我不再那样为痛苦所折磨"[1]（*RSW* 135/108–109）。

带着这份安全感与平静，下山变成了一种愉快的享受。我换了另一条路线，途经一片小树林，和上来时的那片一样宜人，但要稀疏明亮得多。我又路过了一家农场，名叫"勒格兰维"（le Grand Vy）。之后，我来到了一片彩色的花草地——黄的、白的、蓝的，繁花似锦，点缀着如茵绿草。我穿过一片又一片树林，在不知不觉中，到达了诺亥格的火车站。

这段12公里的路，旅行指南上预估要走4个小时。[65]我多用

---

[1]　引自《一个孤独漫步者的遐想》，第116页。

了一个小时，全程都不紧不慢的。在火车站，我要了一杯冰镇棕啤，然后去站台上找了个有阴凉的桌子。我很累，但很满足，就像刚从蒙莫朗西徒步回来的卢梭一样。当然，不加掩瞒地说，我看上去非常狼狈，衣服被汗水浸透了，全粘在身上。但这并无大碍。回到纳沙泰尔的酒店后，我洗了个冷水澡，换了身新衣服，去雄鹿酒馆点了一杯福佳白白啤。就这样，我从一个孤独的徒步者切换成了一名城市闲游者，看着来往的人们，沉浸在他们的社交游戏之中。

我的下一目的地是沙瑟龙山。卢梭曾和朋友们一起去那里探险，还带了一头骡子背东西——烤鸡、面包、被褥、做咖啡的设备（咖啡是卢梭的最爱之一），以及生火和照明的材料与工具。[66]蒂莫泰·莱绍指出，卢梭虽喜欢自称为一名孤独的漫步者，但事实上，他常跟朋友们一道远足探险，一去就是好几天，不仅研究植物，还一起吃饭、打牌，进行其他娱乐活动。[67]在沙瑟龙山顶，他们住在一户奶酪匠人的家中，于谷仓中赏夜，在草堆上入梦。网上的信息显示，这趟远足全长17公里，海拔990米，预计需要5个小时20分钟。[68]我将同卢梭一样，从莫蒂埃出发。

在莫蒂埃，我又一次途经了卢梭故居。在路的尽头，我没有左拐去看瀑布，而是朝右走，进入了一片树林。林中有条还算平坦的小路，挨着一条小溪：开始几乎没水，慢慢地，水越来越多，到了最后，水声一度盖过了我前面两名徒步者聊天的声音。一块警示牌上写着"徒步者风险自甘"（à vos risques et périls）。正值上午9点30分，空气中还弥漫着晨时的清新。

山路越来越陡。在波艾塔赖斯峡，瀑布倾泻而下，落入湍急的溪流。在岩石上凿出的阶梯越来越窄，越来越险。好在，挨着峡谷的左侧设有金属栏杆和链条，右侧也装有扶手。岩块落差很大，但足够稳固。我爬得很累，好在林荫浓密，落水不断溅起阵阵薄雾，沁人心脾。越往前走，水流越湍，在林荫的绿映下闪闪发光。每处弯道的视角各不相同。这是个遐想幽思的好地方。我停下来，深深地吸了一口气，尽然陶醉于这将我包裹的山涧之美。说实话，走到这里，我便已经知足了。但我还是想跟随卢梭登顶。

过了峡谷，小路便将我引入了一片开阔的田野。几个黄色箭头指向不同的目的地，上面还标着到达这些地方的预估时长。这一海拔高度（约1150米）上盛开着许多黄罂粟，与圣皮埃尔岛上麦田和葡萄园中的红罂粟各有千秋。越往前，路面越开阔，阴凉越稀少。万里晴空，烈日当头，空气愈发闷热。

尽管沿途一直都有路标，但有时候，一条路乍看上去像是正确的，实则不然。在一片开阔的田野上，我在左手边约100米处一头牛吃草的地方发现了一块黄色的小路标，但同时，我的右手边也有一个牧场围栏门。走哪条路？突然之间，我右侧另一条小路约100米外的地方，有名中年女子不知从哪儿冒了出来，正要往树林的反方向走。她问我要去哪里。我大喊着回应她。她连喊带比画地告诉我，左边或右边的路都可以到达沙瑟龙山。我选择了左边的路，就这样进入了一片寂静的田野。一棵棵橡树叶阔根深，荫下，几头牛正安然休憩。我很快就看到了一块路标，显示我已经到达了海拔1427米的高度，距离沙瑟龙还有40分钟的路程。野生玫瑰漫山野，无名娇花缀绿茵。我又一次置身天堂。我有点渴，但水已经快没了。我希望能找到一处泉水，或者赶快到山顶的餐厅里解解渴。

我翻越了一座又一座小山丘，终于，在前方瞧到了一个应该标志着山顶的黑色倒三脚架。两旁都没有树荫，而且，我的水已经彻底喝光了。这时，一名自行车手突然从我身旁飞快地冲了上去。他的体力一定很好！当离山顶越来越近时，我看到悬崖边上有座双层小木屋。这是一家餐厅，但好像并没有什么人气。我口渴难耐，走近一看，失望地发现它已经关门了。在山顶上，我遇到了刚才那名自行车手。他为我指了通往阿韦特的路，并告诉我，那里有一家餐馆一定会开门。

　　继续出发之前，我像卢梭那样，停下脚步，静赏眼前这幅全景画。卢梭当时看到了七片湖泊、下方的山谷，以及环绕四周的阿尔卑斯山脉。[69]卢梭在山顶去到的那栋奶酪匠人小屋已无处可寻，我也没有在溪中找到让-路易·于所说的当地人为徒步旅行者准备的苦艾酒，[70]但四周的景致亦如前人所述——虽然此时滚滚热浪当空。在沙瑟龙山，卢梭切身体验到了他在《新爱洛伊丝》中所想象的景象。"这一个接一个的景致，"他写道，

　　　　不断地吸引着我的注意力；在我看来，宛如剧场的布景；山峰的景色从上到下，可以一览无余，比平原的景色更为醒目；平原的景色呈倾斜状，愈远愈模糊，一个景物挡着另一个景物，使你看不清楚，看不真切。[①71]

　　这些高低起伏的纵向视角，对于卢梭和尼采而言意义尤重。

---

① 引自《新爱洛伊丝》，第54页。

我沿着山脊走了约40分钟，身旁湖光山色绵延不断。之后，我顺着一小段斜坡穿过树林，到达了阿韦特。在一辆滑雪缆车的上方，的确有家小木屋餐厅正在营业。我心满意足地坐在露天的木地板上，啜饮一杯冰凉的矿泉水，赏着四周壮丽的风景。我第一次觉得，白水竟是这样可口！我又买了一小瓶矿泉水，准备下山去圣克鲁瓦，然后坐火车回纳沙泰尔。沿途有许多路标，小路宽敞好走，穿过一片片混杂着针叶树和落叶树的阴凉树林，我回到了山下。

整整一天，我都精神抖擞。虽然海拔的爬升和登顶的过程消耗了我极大的体力，有几次我还因为不知道选哪条路而感到焦虑不安，但我一次次战胜了疲劳及各种不确定因素，得以饱览这整全的自然——赏心悦目的荫凉树林、沁人心脾的迷雾峡谷、宛若画卷的山川湖泊。我和卢梭一样，"觉得自己是进了人间天堂……品味着浓烈的欣悦之情，就好像是芸芸众生里最幸福的一个"[1]（*RSW* 162/133）。我便是通过高强度的登山徒步，进入了与自然融为一体的狂喜之中。在这一过程中，我感觉自己正同卢梭交流着，并和他一样，心醉神迷于当下之充实。

现在，就剩下爱尔梅农维尔了——1778年，卢梭在生命中最后几个星期里的漫步之地。那时的卢梭已经年老体弱，相较于阿尔卑斯山脉的陡坡，更喜欢皮卡第的平原。平原自有它的崇拜者，比如卢梭的同胞古斯塔夫·胡。对他们来说，登山——爬坡、"赏5分钟景"、下山，同步行者在平原的开阔视野中会遇到的惊喜相

---

[1]　引自《一个孤独漫步者的遐想》，第148页。

比，都太过常规而可预测了。[72] 但对卢梭来说，"山峰的景色从上到下，可以一览无余，比平原的景色更为醒目；平原的景色呈倾斜状，愈远愈模糊，一个景物挡着另一个景物，使你看不清楚，看不真切。"[①][73] 正是山脉之间的这种纵向视角，才将卢梭带入到了尼采亦于瑞士阿尔卑斯山脉中所获的崇高与宁静之境。至于爱尔梅农维尔……暂且搁置一下咯。

3 | 尼采与视角

尼采和卢梭一样，更喜欢站在山顶看风景，观察周边的群山峰峦，俯视下方的山谷低沼。在他的著作中，有着很多高度与高地、深度与深渊的隐喻。尼采尤其重视从一个视角转向另一视角的能力——正如徒步者在山路上所做的。尼采说，当各个视角相互斗争，我们便得以从将任何特定视角当作真实视角的错觉之中解脱。

尼采认为，帮助我们摆脱任何单一观点支配的视角，要优于那些不去干扰我们熟悉的偏见的视角。只有视角之颠转——比如我们在爬山和下山的过程当中所经历的那种，才能让我们超越自我。对于尼采来说，自我超越，便是一条从"人性的，太人性的"到能够意欲一切事物"永恒复返"的超人（德文：*Übermensch*；英文：over-human）之道路——而这一观念，是尼采在锡尔斯－玛丽亚附近的一次远足中首次得来的。

---

① 引自《新爱洛伊丝》，第54页。

虽然视角之颠转是自我超越的基本要素，但尼采几乎总是偏向于从高处看去，尤其是在讨论"间距之激昂"①这个重要概念时——如《善恶的彼岸》（1886年）中这一著名段落：

> 迄今为止，"人"这个类型的每一次提高都是某个贵族社会的作品——而且永远都将如此：该社会信仰人和人之间有一条等级顺序和价值差距的长长阶梯，并且在无论何种意义上都以奴隶制为必需。倘若没有**间距之激昂**，没有在融入血肉的等级差别中，经过统治种姓向臣仆和工具的长久眺望和俯瞰，经过对服从与命令、压制与隔离的持久练习而生长起来的那种激昂，那么，也将根本不可能生长出那另外一种更隐秘的激昂，不可能有那种期望，期望灵魂本身内部不断有新的间距之扩张，不可能开成那种越来越高超、稀有、遥远、舒展、广博的状态，简而言之，就不可能有"人"这个类型的提升，不可能有——说句超道德意义上的道德套话——持续推进的"人类的自身克服"。②74

正如尼采在《论道德的谱系》（1887年）中所明释的，首先，间距之激昂标志着在尼采看来更高的人与更低的人之间的区别，

① 参见赵千帆的译者注："'间距之激昂'原文为Pathos der Distanz。Pathos［激昂］源于希腊语，本义是'疼痛、痛切、激动'，在古语所谓'憎恨'与'慷慨'之间；在德语中指面对苦难（Leiden）时庄严激昂的情感状态。'间距'（Distanz）则指'礼主别异'意义上的身份距离。"——引自《尼采著作全集 第5卷》，北京：商务印书馆，2015年11月，赵千帆译，孙周兴校，第261页。
② 引自《尼采著作全集 第5卷》，第260—261页。

即高尚和低等之区别：

> 是那些高尚者、有权势者、站得更高者、识见高远者，是他们自己把自身和自身之所作所为感受和设定为善的，亦即第一等的，以对立于一切低等者、见识低陋者、平庸者和群氓之辈。从这样一种**距离之激昂**出发，他们才占有创设价值、铸造价值之名称的权利……高尚与距离生出的激昂，如前所述，一个统治性的高等品种在一个低等品种、一类"下人"的相衬托之下所产生那种持续性和主宰性的总体感觉和基本感觉——**这才是"好"与"坏"对立的起源**。[1]75

尼采在《偶像的黄昏》（1888年）中写道，真正的个人，拥有"保持和突出自我的意志——这就是我所说的**距离的激情**"，"分化能力、挖掘鸿沟能力、从属和指挥能力"[2]（*TI* "Expeditions of an Untimely Man," section 37; 102–103）。在他的最后一部巨作——自传体《瞧，这个人》（1888年）中，尼采重申，只有那些有勇气站出来的人——就如同平原上一座孤独的山峰，才能从适当的视角（即从高处）来评价事物，其"身上

---

① 引自《尼采著作全集 第5卷》，第328—329页。

② 引自《尼采著作全集 第6卷》，北京：商务印书馆，2015年11月，孙周兴、李超杰、余明锋译，第174页。引用时将"支配"改为了"从属"，该词的德语原文为unterordnen，英译为subordinate（Duncan Large译本）或ranking below（R. J. Hollingdale译本）。

才有距离感"①而得以作出细致、敏锐的区分（*EH* "The Case of Wagner," section 4; 323）。

而同样明确的是，尼采所说的间距之激昂，指向的是自我**内部**的鸿沟，并非一个人与另一人之间的区别。[76]在《论道德的谱系》中，尼采指出："在今日，'**更高等的天性**'、更精神性的天性的最具决定性的标志也许就是，它在那样一种意义上是分裂的，它对那样一种对立来说其实就是一个战场。"②（*OGM* I, section 16; 35）当人类努力掌控其动物性的本能时，

> 这种隐秘的自身强暴，这种艺术家式的残忍，这种自己把自己当作一个沉重的、抵抗着的、承受着苦难的材料而赋予某种形式，烙上某种意志、批判、矛盾、蔑视、否定的做法，这项出自一个甘愿自己与自身相分裂的灵魂——它出于对制造苦难的兴趣而让自己罹受苦难……达到其最可怕和最精巧的极致。③
>
> （*OGM* II, section 16–19; 65–66; 68）

自我超越"这种隐秘的自身强暴"，源于尼采的自身经历。在经历了爱情上的心碎（向露·莎乐美求婚而被一口回绝）与背叛

---

① 参阅《瞧，这个人：人如何成其所是》："我据以'考察'一个人的首要一点，是看他身上是否有距离感，是看他是否处处都看到人与人之间的档次、等级和秩序，是看他是否卓越高贵。"——引自《瞧，这个人：人如何成其所是》，第148页。

② 引自《尼采著作全集 第5卷》，第363页。

③ 引自《尼采著作全集 第5卷》，第407、408页。

（好友保罗·雷也想追求莎乐美）后，尼采于1882年12月给他的朋友海因里希·冯施泰因写信道："我最渴望一个高点，从那里俯视在我之下的悲剧问题。我想从人的存在那令人心碎而残酷的特性中**抽出**点东西来。"[77]简言之，尼采意欲于**他自身**实现"间距之激昂"：俯视他自己的苦难，并让他过去的苦难成为推他上升至更高的智慧与情感高度（参见 *EH* "The Untimely Ones," section 3; 281）。

俯视自身，让更低的东西服从属于更高的东西，立足于更低的东西而让自我能够攀登于自身之上——这一切，均需要对自己态度强硬（*TSZ* III, "The Wanderer," 174）。归根到底，更高与更低类人的间距之激昂，决定了这两者的差异：那些孤独的个体，他们对自己和他人都很强硬，因为他们正在努力超越自我；还有那些"随和"的个体，对自己和他人都不够严格（*AC* section 57; 190）。自我超越者，便相当于人类之伟大的山峰；其余的人，则构成了平原——那些山峰破土而出，与其拉开了巨大的差距。[78]

尼采正是作为一名这样的自我超越者，认为自己尤其能够胜任"重估一切价值"之使命的人——推翻近2000年来盛行的基督教精神：

> 对于**价值之重估**的使命来说，也许需要更多的能力，甚于向来在某个个体身上集中起来的，尤其是，甚至需要那些对立的、而非相互干扰和相互破坏的能力。能力的等级；距离感；分离而非相互为敌的艺术；不把任何东西混淆起来，

不把任何东西"调和"起来；一种巨大的**繁多**但又不是混沌不堪。^①

（*EH* "Why I Am So Clever," section 9; 254）

对立的能力（contrary capacity），让人能够以一种观点来对抗另一种观点。坚定地颠转"习以为常的视角和评价"而拥有"自制地进行赞成和反对、**收放自如的**能力：好让人们知道使诸种视角和诸种情绪性阐释的差异性恰恰为认识所用"^②（*OGM* III, section 12; 98）。

正是因为尼采相信"**只有**一种透视式的观看"^③（*OGM* III, section 12; 98），正是因为，每个视角都与植根于我们的行动和感知能力的"具有感情色彩的阐释"（affective interpretation）有关（*BGE* "Preface," 14；参 *BGE* "The Free Spirit," section 34, 47；*TI* "Morality as Anti-Nature," section 5; 55），"如果我们在某件事情上让**更多**情绪诉诸言表，如果我们知道让**更多**眼睛、有差异的眼睛向这件事情打开，那么，我们对这件事情的'概念'、我们的'客观性'就会变得更加完善"^④（*OGM* III, section 12; 98）。在尼采看来，这些不同的、对立着的视角，**即是**世界；在它们的"背后"，没有恒久不变的真实（*TI* "How the 'Real' World At last Became a Myth: History of an Error," 50–51）。只有那些具有对立的能力与感情的人，

---

① 引自《瞧，这个人：人如何成其所是》，第51页。
② 引自《尼采著作全集 第5卷》，第450页。
③ 引自《尼采著作全集 第5卷》，第451页。
④ 同上。

于自我内部有着间距之激昂的人，才能够审视整幅图景：真理，在其各番色调、明暗与色度之中的真理。

山顶或峰尖，貌似是观看全景的最佳位置——毕竟，尼采常这么写。尼采的查拉图斯特拉曾就越堆越高的山峰说，越来越少的人——最珍稀而高贵之人，能够攀登上去。在这些崇高的山峰之上，他们将享受到一个于所有意义上都具**卓越性的**视角（*TSZ* III, "Of the Old and New Tables," 225）。尼采甚至说，只有鸟或超凡入圣之眼才能看见最高、最陡峭之处的风景（*HAH* Book II, Part Two, section 138; 343）。倘若是在那种情况下，爬山，便只能是飞行的可怜替代品了（*TSZ* III, "Before Sunrise," 185）。

但在更明视之时，尼采发现，意欲翱翔而与大地失去联系，只会引向谬误。被**任何**——即使是"最崇高的"——单一的视角、特定的确信或观点所束缚，都是一种奴役；人须能够多生（multiply）视角，并颠转视角，让它们之间的分歧变得更有张力，方才可以摆脱被任何单一观点所支配的局面（参见*AC* section 54; 184）。因为世界可以从无数个视角被解释，所以若是去假定某一个视角——某人自己的视角是正确的，那便太愚蠢了（*GS* Book Five, section 374; 336）。任何视角都只是暂时的、试验性的，是一种从**这里**去审视世界的尝试。[79]

既然如此，尼采亦应承认，与一个人所谓"更低等""更普通"的能力相关联的"更低"的视角，同更高的视角一样具有价值；"间距之激昂"可以产生自从低处的平原上至入云的高山之时，亦可产生自从高山下到平原之时。我们从山谷上到山顶、再从山顶回到下面的这一过程，会比从任何——无论多么高耸入云——

的静止角度观看，都拥有更多多样的、颠转的视角。知识是通过不断变化的视角之累积而逐渐建立起来的；这些视角应相互作用，而不是被一下子全部抓住，如同从上帝视角直接看过去那样。为了看得更广、更充分，我们需要脚"踏"实地——行走。[80]

尼采自己说，他的视角论是从他的生活经历中成长而来的。[81]对其视角论产生影响的，除了他在阿尔卑斯山区的徒步，还有他一次次患病又康复的苦难经历：

> 从病人的透镜出发去看**比较健康**的概念和价值，又反过来根据**丰富生命**的充盈和自信来探视颓废本能的隐秘工作……那我在这方面就是大师了。我现在……有能力**转换视角**。①

（EH "Why I Am So Wise," section 1; 223）

在后文当中，尼采接着谈道："这样一种**双重**的经验，这样一种向表面上分离的世界的接近，重复出现在我天性的每个方面，我有极其相似的两副面孔（*Doppelgänger*）。"②（*EH* "Why I Am So Wise," section 3; 225）查拉图斯特拉如是说："最高的东西必定产生于最深沉之物。"③（*TSZ* Part Three, "The Wanderer;" 175）对尼采来说，从下面——从深处，从疾病与绝望的深渊，向上看去，和

---

① 引自《瞧，这个人：人如何成其所是》，第12页。
② 引自《尼采著作全集 第6卷》，第332页。
③ 引自《扎拉图斯特拉如是说》，第299页。

从顶峰往下看去，是同样必要的。相对的视角和向上与向下的对立运动，各自以自己的方式或明或暗，显示着不同的色度①——画家所说的那种色调、色度与明暗②（*BGE* "The Free Spirit," section 34; 47）。

我们要知道，尼采所谓"身体的思考方式"[82]是一种实际的身理行为，它充分运用了身体——那"富有创造力的身体"——的伟大智慧，以其多样的力量为自己创造着精神（*TSZ* Part One, "On the Despisers of the Body," 61–63）；这"高升"的身体，"以其幸福而令精神欣喜，于是精神成为创造者、评价者"③（*TSZ* Part One, "Of the Bestowing Virtue," section 1; 101）。脚以上的**整个身体**都会思考，尤其是在行走之时：

> 当创造力极其丰富地涌流而出时，我的肌肉的敏捷度也总是最大。**身体充满了激情**：我们就不管什么"灵魂"了……人们经常能看到我手舞足蹈；那时候［创作《查拉图斯特拉如是说》的那几年］，我全然不知疲劳，能在山上奔走七八个小时。④
>
> （*EH* "Thus Spoke Zarathustra," section 4; 302–303）

---

① 参见赵千帆的译者注："'色度'，原文为valeurs，法语词，本义是'价值'，此处则指'色度的明暗变化'。"——引自《尼采著作全集 第5卷》，第62页。

② 参见《善恶的彼岸》。"假设显像状态有不同程度，仿佛显像有阴影和色调上的或明或暗——用画家的语言说就是不同的色度，这样就不就够了吗？"——出处同上。

③ 引自《扎拉图斯特拉如是说》，第144页。

④ 引自《瞧，这个人：人如何成其所是》，第117页。

当尼采在山脉谷壑中步履不停，一连走上好几个小时，其身体便会激发他最崇高的思想。他在锡尔斯-玛丽亚周边徒步的经历，最能印证这一点。

4 | 锡尔斯-玛丽亚与永恒复返

1881年，在游历了瑞士与意大利之后，尼采最终选择在锡尔斯-玛丽亚落脚。每逢夏天（1882年除外），尼采便会住到那里，直至1888年——他精神正常的最后一年。在锡尔斯①的第一个夏天，尼采曾致信妹妹伊丽莎白：

> 在整个地球上，我在恩加丁待着感觉最好……在这里，我源源不断地感到平静，没有在任何地方都有的压力……我从未享受过这般安宁。小路、树林、湖泊、草地，都像是为我而生。[83]

在写这封信的两周前，他还曾致信好友海因里希·科泽利茨：

> 嗯，兜兜转转还是恩加丁。我在瑞士去了那么多地方（可能得有二三十个），恩加丁是唯一一个勉强通过的地方。于高于低，我很难找到合适的位置，这是我天性使然。[84]

---

① 恩加丁的锡尔斯（Sils im Engadin）包括：两处村落——锡尔斯-玛丽亚和锡尔斯-巴塞尔贾（Sils Baselgia），费克斯山谷，以及三片高山牧场。

尼采在自传中写道，他想为锡尔斯–玛丽亚留下不朽之名（*EH* "Twilight of the Idols," section 3; 315）。他做到了。

他在锡尔斯–玛丽亚周边地区的远足，成就了其思想成熟期的大部分伟作：《快乐的科学》的关键部分、《查拉图斯特拉如是说》的大部分，以及《善恶的彼岸》《论道德的谱系》《偶像的黄昏》和《敌基督者》的几乎全部。正如尼采在《漫游者和他的影子》（1879年）中所讲的，上恩加丁，便是他的酷似者（*Doppelgänger*）：

> 在自然中的某个地方，我们愉快而惊愕地重新发现了自己；这是最美的酷似……能够说出下列话的人……非常幸福："自然中肯定有伟大得多、漂亮得多的东西，可是**这感觉对于我来说是真挚的、熟悉的、有着血亲关系的，甚至意味着更多的东西。**"①

（ HAH Book II, Part Two, Section 338; 392 ）

如尼采在一封信中所述，向上恩加丁的群山而行，即是走向他"**自己**……最高的孤独"。[85]

2014年7月，我有幸住进了尼采故居。我的房间位于走廊最里面，与尼采本人曾住的房间在同一层。窗外，即是锡尔斯–玛丽亚如明信片风景照一般迷人的小木屋、旅舍与尖顶教堂。整个

---

① 引自《人性的，太人性的：一本献给自由精灵的书》，北京，中国人民大学出版社，2005年8月，杨恒达译，第581页。

村庄坐落山谷之中，绵延的山脉将其环绕，两侧傍湖——席尔瓦普拉纳湖和锡尔斯湖。尼采常带着笔记本，穿过芳草如茵的平原，翻过树木茂盛的山坡，捕捉飞扬着的思想，在剧烈头痛的折磨当中得以短暂休憩。他的一本本哲学之峰逐渐成形：这是山中的狄奥尼索斯；"间距之激昂"——对于深渊与顶峰的思考，击穿了悲剧性的自我肯定。

尼采的房间十分简朴，内层搭着松木板。我在尼采故居住的那几天，这间屋子敞着门，门口拦着一根绳子，仅供从外观赏。松木板并没有铺满，屋子正中间盖着一块小地毯。窗户对侧的角落里，有一张铺着羽绒被的床，旁边放着一个床头柜和一把环箍藤椅。靠近床脚的地方有一张桌子，上面盖着一层油布，桌前还有一把环箍木椅，正朝向一扇小窗。向外望去，可以看到一条穿入树林的小路。桌子对面，房间的另一侧，摆着一张双人椅，上面盖着暗色的印花织物。窗旁的桌子正中，立着一盏煤油灯。窗的另一侧，有个盥洗桌，上面摆着脸盆、大口水壶。再旁边的地上，立着一个木制的毛巾架。床与工作桌之间的墙上，挂着一面镜子。显然，屋子里的布局保留了尼采住在这里时的原貌。唯一缺少的，是尼采到处都拖着的一箱书——他那双104公斤重的"畸形足"。[86]尼采以每天1瑞士法郎的价格租下了这个没有暖气的房间（当时，一名技术熟练的瑞士工匠约有着2.45法郎的日收入）。他与房东吉安·杜里什相处得很融洽。杜里什是一名杂货商，同时也是锡尔斯–玛丽亚的镇长。[87]他很喜欢去杜里什位于这栋房子一楼的杂货店购买生活用品：饼干、咸牛肉、英国茶叶、肥皂。[88]这里除了房间天花板低（这让尼采觉得有些压抑），其他的都很合他的心意。[89]

尼采刚到锡尔斯的时候，曾致信海因里希·科泽利茨："我在地球上最优美的地方落了脚。我从未感到此般平静，好像我贫瘠生活的全部50个条件在此都得以满足。"[90]这"50个条件"，尼采写道，包括"最好的步行小路与最慷慨的天空"——晴天和"全欧洲最棒的空气"。[91]就在前一天，尼采还给他忠诚的好友弗朗茨·奥弗贝克写信说，为了在工作上取得点进展，他需要"连续数月的晴朗天空"。[92]虽然，"晴朗的天空"这个愿望并没怎么实现——尼采在锡尔斯的那几年，那里常常是多云天气，有时甚至冷得出奇；但锡尔斯的空气、山脉、步道与湖泊，都启发尼采创作出了他最精彩的作品。

尼采的高产，还要得益于他严格的自律。尼采天亮前起床，然后用房间里的大口水壶和小脸盆接冷水净洗全身，喝热牛奶，并在房间里工作到上午11点。之后，尼采便出门找一处湖泊，绕其散步两小时，接着一个人去杜鹃旅店用午餐，点一份牛排加通心粉、一杯啤酒或葡萄酒。饭后，尼采会走上更久的时间，或绕某片湖泊而行，或从费克斯山谷一直走入冰川。一般来说，他都是一个人徒步，但有时也会和某个同伴一起。他总是带着一个笔记本、一支铅笔和一把灰绿色的太阳伞（为眼睛挡光）。下午4点或5点，尼采回到自己的房间，随即开始工作。傍晚时分，他会吃饼干、农家面包、蜂蜜、香肠、火腿和水果，还有他在楼上的小厨房里给自己泡的英国茶。晚上11点，尼采准时上床；床头放着笔记本和铅笔，供他随时记录夜间的想法。[93]到了1887年，杜鹃旅店推出的定食套餐异常火爆，尼采为了避开用餐高峰，开始提前一小时去餐厅。尼采总是点同样的套餐：牛排加菠菜，甜点是大煎蛋卷配苹果酱；晚餐则是几片火腿，佐以蛋黄和两个面包卷。尼采这军人般严苛不变的日程安排，贯穿了他在锡尔斯-玛丽亚的每个夏天。

我采取了一种更随和的方式，但与尼采一样享受着锡尔斯。现在，旅游业已经取代农业，成为锡尔斯的支柱产业：冬天，人们来这里滑雪；夏天，又来徒步、骑车、划船、驾滑翔伞。但这里的自然景色依旧壮美如故。科尔瓦奇峰高达3451米，直入云霄；从村里步行到离它最近的缆车站，只需10分钟的时间。锡尔斯-玛丽亚两旁的席尔瓦普拉纳湖和锡尔斯湖湖畔都有着步行小路，很好走。缤纷野花一片生机盎然，漫遍了草地、森林与山坡。尽管正值旅游旺季，这片村落及周边地区既不拥挤，也不繁忙。我去的那几天，天气十分理想。村子里面足够暖和，可以不穿外套；高海拔地区相对凉一些，带上一件外套即可。只有一天下了小雨，但一点都不冷，十分宜人。这片村落位于海拔1800米处——我在此的步行起点，比我在朱拉山区徒步的最高点还要高。更重要的是，这里没有丝毫热浪，可谓完美的步行胜地。

我到达尼采故居时，值班的管理员——和蔼可亲的彼得·维尔沃克，刚要坐下吃晚饭，但仍十分友好地先带我在里面走了一遍：楼下供客人使用的公共厨房、令人惊艳的图书馆——里面全都是尼采写的书和写尼采的书，其中包括一些尼采著作的初印版，除了德语版之外还有许多其他语种的；楼上则是公共卫浴、尼采的房间、我的房间。墙上挂着格哈德·里希特的抽象风景画。进屋后，我打开房间里的窗户，山中的新鲜空气迎面扑来，水声哗哗地流进了耳朵（那年山中多水，溪与河的水位线都接近岸边了）。我的房间和尼采的装修得一样，松木墙、木地板，书桌靠窗，洗漱池和小床靠墙（床上也铺着羽绒被），此外还有个额外的"小奢侈"———一把带软垫的扶手椅。这里，有着我需要的一切。

第一晚，我去了旁边的雪绒花旅店。尼采常来这里用餐。"我有时去雪绒花旅店吃饭，这家店很不错，"1883年6月，他在给卡尔·冯格尔斯多夫的信中写道，"我当然是一个人来的，而且，这里的价格并不完全超出我那点消费能力。"[94]门厅的墙上有一幅尼采像，旁边还裱着他亲笔签名的一页留言簿。尼采靠着每年3000瑞士法郎的退休金生活，在当时并不宽裕。今天的雪绒花旅店，虽然与电影《锡尔斯-玛丽亚的云》（2014年）中豪华的森林大酒店完全不同，但环境优雅、布置得当。整座餐厅长长的，天花板很高，由美好年代风格的白柱子支撑着。窗户又高又窄，外围饰着玫瑰色的窗帘。桌面上铺着白色的亚麻布。人很多，需要等位，但我也因此收获了意外之喜。坐在吧台等位时，我听到了旁边沙龙里优美的弦乐四重奏。餐后，我发现乐手们正在喝餐后咖啡，便过去向他们致以赞美。乐手们随之邀请我去听他们的最后几支选曲。在那样一个优雅的环境中，在那样一个特别的地方，乐音悠扬婉转，深深触动着我的心。我和尼采一样，对这番邂逅感到幸运。

第二天，阳光明媚，天气温暖，来自山间的微风清新和畅。我沿着尼采常走的路线，从席尔瓦普拉纳湖南岸走到了苏尔莱，又沿主路旁的一条土路而上，来到了瀑布脚下。[95]尼采在谈到锡尔斯-玛丽亚的缤纷色彩时，并没有夸大其词（*EH* "The Twilight of the Idols," section 3; 315）。田野里、树林中、山坡上——到处都有野花盛开；松树、落叶松、冷杉、杜松、落叶树、灌木、蕨植、野草，呈现出各式各样的绿色，或明或暗；还有那湖水和天空的蓝色，正随着骄阳从东到西的缓行与白云的疾行而同光影嬉戏着，为野生飞燕草的蓝紫色点缀着，由或白或金的山菊花装饰着，调出了一系列让人眼花缭乱的色彩。

我四处寻找着"查拉图斯特拉石"（Zarathustra stone）。尼采说，"这是一块巨大的锥形石"，"高于人类和时间6000英尺（约1829米）"。便是在这块石旁，尼采灵光闪现，产生了"永恒复返"（ewige Wiederkunft）[96]的洞见。他将其称为"可达到的最高肯定公式"（EH "Thus Spoke Zarathustra," section 1; 295）。[97]在首版《快乐的科学》（1882年）当中，尼采首次公开表达了这种思想：

最重的分量。——假如恶魔在某一天或某个夜晚闯入你最难耐的孤寂中，并对你说："你现在和过去的生活，就是你今后的生活。它将周而复始，不断重复，绝无新意，你生活中的每种痛苦、欢乐、思想、叹息，以及一切大大小小、无可言说的事情皆会在你身上重现，会以同样的顺序降临，同样会出现此刻树丛中的蜘蛛和月光，同样会出现现在这样的时刻和我这样的恶魔。存在的永恒沙漏将不停地转动，你在沙漏中，只不过是一粒尘土罢了！"

你听了这恶魔的话，是否会瘫倒在地呢？你是否会咬牙切齿，诅咒这个口出狂言的恶魔呢？你在以前或许经历过这样的时刻，那时你回答恶魔说："你是神明，我从未听见过比这更神圣的话呢！"倘若这想法压倒了你，恶魔就会改变你，说不定会把你辗得粉碎。"你是否还要这样回答，并且，一直这样回答呢？"这是人人必须回答的问题，也是你行为的着重点！或者，你无论对自己还是对人生，均宁愿安于现状、放弃一切追求？①

（ *GS* section 341 ）

正如吕迪格尔·萨弗兰斯基所述，尼采的观点与他从古代斯多葛派那里熟知的思想结构并不一样。后者认为，时间成一个巨大的圆环运动，因此一切发生过的都将随着宇宙的时间之轮循环周天而复返或重现——对于这一观念，尼采已在《不合时宜的沉思》的《历史学对于生活的利与弊》一章中有过探讨。[98] "那存在的、有实用主义效果的信念：即使是个体的生命，因为它重复自身，也获得一个巨大的重量，"萨弗兰斯基写道，永恒复返"赋予最隐私的和最个人的生命感觉以永恒的尊严"。②[99]这番洞见从身理上捕获了尼采。他因这感觉之强烈而浑身颤抖，落下了喜悦的泪水。[100]

尼采那最高和"最深不可测"的思想（ *TSZ* Part Three, "Of the Vision and the Riddle," section 2; 178: *EH* "Thus Spoke Zarathustra," section 6; 306 ）确切来说是什么，已为马丁·海德格尔和吉尔·德

---

① 引自《快乐的科学》，第317页。
② 引自《尼采思想传记》，上海：华东师范大学出版社，2007年1月，卫茂平译，第274—275页。

勒兹等哲学家所讨论不止；我也在其他地方论述过我的个人看法。[101]但在这样一个特殊的时刻，我的当务之急是要在席尔瓦普拉纳湖畔找到这块"巨大的锥形岩石"。湖的南岸有一条宽阔平整的小路；尼采一次又一次地走过这条小路，常常一走就是完整的一圈——12公里，而且总在"查拉图斯特拉石"旁驻足停留。[102]我细致地寻找着那块著名的岩石，几乎全程都为那诱人的美景与丰饶的野花所吸引。可是，我找不到任何与书中的介绍文字或照片相符的东西。

虽然没有找到那块著名的岩石，但我并没有白走一遭。瀑布位于高处，得从一条小路上去。小路宁静，狭窄，在松树林的斑驳光影中蜿蜒上行。瀑布飞流直下，汹涌不息，冲走了我所有的顾虑，以其浩大声势将我催眠，引我进入遐思。身旁，天竺葵和野草莓盛开正旺。空气中盈满着水雾的温柔与松针的清香。一处孤独之境——为卢梭和尼采所视若珍宝的那种，从村子出发，走半小时就能到。我注视着瀑布千变万化的流水中那无尽的赫拉克利特之"生成的流变"（flux of becoming），联想到了尼采所说的"生成的无辜"（innocence of becoming）（*TI* "The Four Great Errors," section 4; 65）。我尽然沉浸于当下的声音、气味和颜色之中，又一次体验到了卢梭式的当下之充实。

我以为，自己没找到查拉图斯特拉石是因为走得还不够远。结果，回到尼采故居后，住在那里的另外一名研究人员——丹尼斯，拿出一张地图，准确地指出了那块"尼采石"（Nietzsche Stein）的位置。原来，我早就走过了，而且还走过了两次。我既尴尬，又困惑：怎么会没看到它呢？我必须得再去一趟，好好研究一下。但这先不着急。次日，在蒙蒙细雨之中，我向相反的方向出发，去了尼采的另一处偏爱之地——突入锡尔斯湖的沙斯特半岛。

在1883年6月的一封信中，尼采盛赞了沙斯特半岛坐拥的壮丽景观：锡尔斯湖、绵延的群山、数十种野花与野草。[103]于他而言，沙斯特半岛"在瑞士乃至整个欧洲都是独一无二的"。[104]在岛上还没修建任何步行道的时候，他就来这里散步了，一边走，一边记录哲思，时而躺在苔藓或灌木上沐浴阳光。[105]有时，他还会和梅塔·冯扎利斯等朋友一起在周围的锡尔斯湖中划船。[106]大卫·法雷尔·克雷尔和唐纳德·L.贝茨曾研究尼采生活的地方与其思想之关系，并推测，"也许某种写作和思考的秘密"，正是沙斯特那弥漫着松树与落叶松针清香的空气。[107]据尼采和梅塔·冯扎利斯的记录，尼采正是在1883年6月28日至7月8日于沙斯特的"艰苦跋涉"期间，以"绝对的确定性"，构思出了《查拉图斯特拉如是说》第二卷的全部内容——"仿佛每一想法都在召唤"他。[108]

从尼采的住处到沙斯特半岛的最远端，大概要走45分钟。那里有另一块"尼采石"，镶嵌在一块大型花岗岩上，由人们于他去世那年（1900年）设以纪念。上面刻着《查拉图斯特拉如是说》第四卷中的《醉歌》：

> 哦，人类！留意！
> 深沉的午夜在说什么？
> "我睡了，我睡了——
> 我从深沉的梦中醒来：——

世界深沉，

深沉于白昼之所以为，

它的痛苦深沉——，

快乐——仍比心的痛苦深沉：

痛苦说：离开！

一切快乐还意欲永恒——，

意欲深沉的、深沉的永恒！" ①

(*TSZ*, Part Four, "The Intoxicated Song," 353)

一条红土小路引向纪念石。小路蜿蜒狭窄，散落着松针与野花，光秃秃的岩石随处隆起，不时还有树根横过路面。棵棵松树间，可见锡尔斯湖的靓影，其视角如同从高高的教堂窗户向外眺望。彼时虽有云雾缭绕，但纪念石旁视野开阔。我临湖而站，一览锡尔斯湖与环绕四周的山脉。在沙斯特半岛上，走上多久都不为过，太多有趣的东西，时刻吸引着步行者的注意力。我四处探索了两个半小时还多，直到天气转凉，并变得有些潮湿。我来到锡尔斯的格朗德咖啡馆，喝了一杯热巧，品尝了一块当地特色的锡尔斯蛋糕（由层层薄榛子松糕与巧克力奶油叠制而成），很快便暖和了过来。那一刻，我感到轻松愉悦，能量满满。我完完全全赞同尼采所说的：一切快乐都意欲深沉的、深沉的永恒！

坐在咖啡馆里，我逐渐意识到，寻找沙斯特半岛上的尼采石好像已经成了一种负担。前一天，我两次与查拉图斯特拉石擦肩

---

① 引自《扎拉图斯特拉如是说》，第621页。

而过，于是担心今天也会错过这块石头。当我找到它的时候，感到如释重负，终于可以在岛上自由地漫步，而不必特意去寻找什么。也正是在这之后，我才能真正望见云雾迷蒙的山峰、湖泊与深深的森林，还有茂密的灌木丛中野生的迷迭香、粉红的杜鹃花。

　　岛上，有一些明显的捷径可以走，但我并没有选择它们。我完全不着急。捷径是为赶时间的人或是孩子们准备的——孩子们不喜欢走大路。在我们当中，很少会有人乐于在灌木丛中开路而行；尼采，就是一位开路者。但我不是。当我不用再考虑走哪条路，不用再到处寻找尼采的纪念石时，便能够敏锐地观察野花、飞鸟与风景。我的思绪，得以自由地徜徉于遐想之中——遐想这沿尼采的足迹而行走的快乐，遐想风景之美，遐想跟尼采有关的一切。并没有灵感天雷滚滚般击向我，但有几株思想的小苗时不时地冒出来。

　　第四天，我决定步行前往马洛亚村，路程约有5英里（约8公里）。我沿着一条宽阔平坦的小路，走了约一个半小时。山峰高处聚集着厚厚的云层，但天气已经整体转晴。我沿着尼采常走的路线，绕锡尔斯湖南岸向伊索拉村走去。[109]伊索拉村的小山丘上，蓝羽扇豆花开正旺，一片生机盎然。小瀑布下，一条小溪奔腾而过。路旁有许多传统的瑞士农家小木屋。在尼采那时候，伊索拉的奶酪就已经很出名了。我偶然发现了一座装修风格较现代的木屋，走近一看，原来是家卖奶酪的乳品店。这些奶酪均由山羊奶制成，有柔软细腻的马斯卡品山羊奶酪，也有口感较硬的老奶酪。我两种都买了点，把它们塞进背包，继续前进。空气清新可人，身旁不时有蓝山雀飞过。我无法形容自己的快乐，那种卢梭和尼采健步走向山峰高处时所感受到的快乐——无论是独自成行，还是结伴而行。

我意外地迎来了同行者。过了伊索拉村没多久，我遇到了两位同住在尼采故居的研究人员：马尔科·布鲁索蒂，一位研究尼采和维特根斯坦的专家；还有扎比内·迈恩贝格，一位比较文学教授。他们原本计划徒步前往圣莫里茨，但眼看云层过低，只能临时改路。我们一拍即合，决定一起去马洛亚。在马尔科的建议下，我们先绕道去了海拔2150米的莱拉山。这是一条真正的野山路，狭窄、泥泞、陡峭。

我们穿过青松翠柏，越过高山草甸，翻过页岩沙砾，终于到达了山顶。在这里，可以看到不断变化着的锡尔斯湖、锡尔斯-玛丽亚村、席尔瓦普拉纳湖，还有周边山脉谷壑的壮丽景象。每一个点位都有着不同的视角：或是其他山峰，或是下方山谷。从不同的角度看去，总有着新的收获。这便是尼采的"视角论"所指的：互相对立着，却共同构成一个统一体的观点之多样性。从某一点，我们能看到费克斯山谷尽头的巨型冰川；从另一点，我们又能鸟瞰马洛亚的库尔萨大酒店[①]。尼采在锡尔斯的那几年，这座宫殿般的建筑刚刚建起。他在与雷扎·冯申霍弗一起沿着锡尔斯湖南岸行走时，便看到过库尔萨大酒店。冯申霍弗是一位渊

---

① 库尔萨大酒店，动工于1882年，开业于1884年，初名"马洛亚库尔萨大酒店"（Hôtel Kursaal de la Maloja），后来更名为"马洛亚宫"（Maloja Palace），成了当时首个以"宫"自名的大酒店。

博多才的学者，也是在尼采看来能够理解他思想的极少数人之一。[110]我们时不时地得绕到其他路上，因为有的地方实在太过泥泞，或者干脆被牛粪堵死了。途中，我们还踩着湿滑的石头，穿过了几条小溪。这次漫游虽说足够艰苦，但并不困难。

下山时，我们选了另一条更近的路去马洛亚。到了马洛亚，我们在"瑞士居"用了餐。这是一家传统的瑞士餐厅，位于一家木屋式的老酒店里。酒店的木板雕刻得十分精致，活像一座巨大的布谷鸟钟。接待我们的侍者乔凡娜穿着传统的瑞士服装：过膝皮裙、白色上衣、鸽灰色马甲。酒店接待台的年轻女子贝蒂娜则穿着不同的服装：百褶皮裙、白色上衣、吊带围裙。在尼采那时候，女性的装束应该是统一的。我们坐在外面的露台区，享受着阳光下温暖而清新的空气，饭后，沿着湖畔小路，悠闲地逛回了锡尔斯。

那天晚上，我们三人一起在尼采故居的厨房里用餐时，马尔科和我聊到了1929年马丁·海德格尔和恩斯特·卡西尔在达沃斯的著名哲学交锋。当时，二人就康德哲学展开了论辩。[111]马尔科说，鲁道夫·卡尔纳普当时也在那里，并且支持海德格尔。我很惊讶，因为在1931年，卡尔纳普发表了一篇强烈反海德格尔的文章《通过语言的逻辑分析清除形而上学》[112]，直接地反驳了海德格尔于1929年发表的文章《什么是形而上学？》。在这篇文章中，海德格尔说，在焦虑之中，**虚无本身虚无着**（*das Nichts selbst nichtet*）——至于这句名言是闻名遐迩，还是臭名昭著，则取决于你的哲学信仰。[113]后来，我便在思考：是什么让卡尔纳普彻底颠转了视角？1931年，没有人会料到海德格尔将于1934年上任弗赖堡大学校长后不久，发表那篇臭名昭著的演讲——《德国大学的自我主张》，摒弃"备受推崇的学术自由理念"，并将弗赖堡大学供于纳粹服务。[114]但我和马尔科并没有展开这一话题。

早上，为了寻觅更多的景观与视角，我们三个人从科尔瓦奇站乘坐缆车，来到了科尔瓦奇山海拔2312米处的弗舍拉斯拉丘德拉。我们计划，沿着风景如画的步行栈道往东走，直到下一个缆车站——位于海拔2702米处的科尔瓦奇中间站。很快，绵绵细雨化作了蒙蒙薄雾。眼前的景致令人叹为观止——上面是堡垒般的岩层石块、锯齿状的雪山峭壁；下面又是那绵延湖泊；还有五彩斑斓的野花——紫的、白的、蓝的、黄的。我们从牛群中间穿过，它们的铃铛叮当作响。尼采另一位学识渊博的女性友人、有时会来锡尔斯拜访他的梅塔·冯扎利斯回忆道，1886年，她与尼采绕其中一片湖泊散步时，尼采对着一群牛发表了慷慨激昂的演讲。[115]我们静静地走过此处。

我们一次次走错路，又折返回来，一次次步入死角，再重回山中，也因此收获了比原本期望的多得多的视角之颠转。当然，走错路并不能完全怪我们；通过与其他徒步者交流，我们才得知，有些路标被恶意调转了。这一趟趟来来回回的奔波已让我们精疲力尽。我们不得不改变计划，朝距离更近的阿尔卑斯苏莱尔山脉进发。

小路穿过重重岩石，引我们进入了一片野杜鹃遍布的高山草甸。我们很快就看到一群牛正在一家餐馆旁边的田野上吃草。餐馆的老板娘就站在门口，好像是在等着我们。她招呼我们去她的农家餐厅，带我们进去的时候，还赶走了一头横卧门口的大牛。

我们在屋子一角的桌旁落座。我喝了一碗大麦汤，浑身都暖和了起来。饭后，我们一起去了苏尔莱村，从这里过去的路很好走。然后马尔科和扎比内坐车回了锡尔斯-玛丽亚，我则决定继续走到席尔瓦普拉纳湖，一睹查拉图斯特拉石之容。

嗯，它就在那里，静立岸边。——查拉图斯特拉石，尼采便是在这里产生了"相同事物的永恒复返"之洞见。无怪乎我当时没看到这块岩石：它并没有多大，也没那么气势雄伟，最多也就10英尺（约3米）高；但它确实是锥形的。我爬到石体的裂口上，从那里审视了一番周边的山脉湖泊。梅塔·冯扎利斯说，在绕着席尔瓦普拉纳湖走了12公里后，尼采累坏了，躺在查拉图斯特拉石的褶皱上，"直到他觉得自己缓过来了，才穿过树林，回到锡尔斯"。[116]

对尼采而言，这一地点意义非凡。[117]1884年8月，雷扎·冯申霍弗和尼采途经这里时，尼采在"情绪与智力高度紧绷"的状态下，倾吐了"酒神赞歌式的思考和画面"。但过了这里之后，他的言谈举止便又恢复了正常。[118]我可以理解尼采对其洞见之激情，但不明白，这块不起眼的岩石何以激起这般热望。1881年8月6日的天气如何？尼采是在一天当中的哪一时辰产生幻相的？是当满月升起，驾于山中繁星之时吗？——这似乎不大可能。总体来说，尼采更喜欢在白天步行外出。那么，为什么尼采在这一地方，而非锡尔斯附近许多景色更为壮丽之地，不仅看到，且还**感觉**到了永恒复返，并体验到那一刻已经发生了无数次，并还会无限次地发生？我曾天真地希望，站在确切的同一位置上，能够帮助我理解这一切。但事实并非如此，或者说，至少目前并非如此。

归根到底，上下行于山路之中，比站在任何固定地点都更能让我更深刻地洞察永恒复返。正如格霍所述，在山中行走时，当你绕过一个弯道或爬上下一座山头，对随后显露的景色之期待，构成了第一次重复（repetition），接着，便是下山途中对于上山所见之景的重复。这些重复共同创造了一系列和谐，"存在之共振的循环变形"（the circular transfiguration of the vibration of presences）于步行者身体之中被感受到并"重复"，在步行者与景观之间创造了"一种无限期的循环性交流"，这种循环性交流，会在当下被体验为一种复返。记忆中的预想与实际的经验交会并重叠：这就好比，一个人在事情发生的当下瞬间便记住了那一刻。[119]通过这些重复和交流，"当下"作为过去与未来的交会之处而叠返于自身（doubles back on itself）（参见 *TSZ* Part Three, "The Vision and the Riddle;" section 2; 178–179）：这种重叠（doubling），不仅仅由心智所玄思静观，且还是在身体当中被感受并体验到的。在锡尔斯附近的山区行走，我经历了每一饱和瞬间的叠返——一种复返。

我花了些功夫，才完全掌握了山路上变换着的视角与尼采对于永恒复返的洞见之关联。我需要做的，是找到所有这些观点与瞬间之间的联系，找到某种必然性，将它们作为整体的某一部分而联系到一起。尼采这一洞见是匆匆而来的，如"一股自由之狂风"；我若想将其理解，则需要时间来酝酿。我逐渐意识到，变换着的视角，不仅局限于我们在山路徒步时所体验到的那层字面含义。

5 | 孤独与受遗弃

回顾我在锡尔斯－玛丽亚的那些天，我发现，自己反复斗争于寻求孤独（solitude）的冲动和与同伴相处的乐趣之间。我本打算独自度过在锡尔斯的旅行时光；然而，最快乐的时光，反倒是我与他人一起外出徒步之时。尼采也有过类似的经历。一方面，他认为自己生而孤独，并常常告诉别人，孤独于他而言是一种必需。而另一方面，他在锡尔斯－玛丽亚的大部分时间里，都与来访的友人为伴（其中大部分是女性），并享受其中。尼采也曾在独处①的愿望与同样强烈的逃避孤独之痛苦的冲动间纠结过。[120]

尼采对孤独的偏爱长达一生。他曾回忆青少年岁月："从童年开始，我便寻求着孤独。每当我可以不受干扰地将自己交予自己时，便感觉最好……通常是在大自然的露天殿堂之中。"[121]在他写作生涯最后的《瞧，这个人》中，他同样写道："我需要**孤独**，也就是说，我需要康复、回归自我，需要呼吸一种自由而轻松活泼的空气。"②（*EH* "Preface," section 8; 233–234）他在信中强调，他工作的"主要条件和基本条件"，是"孤独、深沉的不被打扰状态、孤僻"。[122]他甚至说："我是作为人类的**孤独**。"（*Ich bin die Einsamkeit als Mensch*）（*EH* Appendix, 343）

但事实上，尼采常有着截然不同的感受。1880年，尼采在波希米亚的马林巴德（在今捷克共和国境内）期间，喜欢每天外出走上10个小时。[123]他因无法理解别人的谈话而总是形单影

———————

① "独处"与"孤独"均译自solitude。
② 引自《瞧，这个人：人如何成其所是》，第25页。

只，被当地人称作"几乎不和任何人说话的来自瑞士的阴郁教授"。[124]1882年，尼采在与露·莎乐美（短暂、失败而浪漫的）交往期间，写道："我想不再孤独，而去重新学习做个人类。"[125]尼采以为，他终于找到了理解他和他的思想之人，到头来却被莎乐美抛弃，美梦幻灭。尼采曾跟马尔维达·冯梅森布克（其早期的资助人）写信道，这段恋爱所致的心碎，摧毁了"这种壮丽的孤独之本性，并亲手把它变成了地狱"。[126]

在《查拉图斯特拉如是说》中，尼采如是解释了这种对于孤独的明显矛盾的心理：当查拉图斯特拉唤孤独为他的家乡时——"哦，孤独，我的家乡［*Heimat*］！"——化身为人的孤独答曰，"受遗弃（德文：*Verlassenheit*；英译：loneliness）是一回事，孤独（德文：*Einsamkeit*；英译：solitude）是另一回事……你在多数人之间，比在我这里更觉遗弃！"[①]（*TSZ* Part Three, "The Homecoming;" 202）[127]无论是独自一人还是与他人在一起，造成孤独的，都是不被理解。1884年，尼采致信马尔维达·冯梅森布克道："我不相信有谁能让我摆脱这种根深蒂固的一个人的感觉。我从来没有找到任何一人，能像我自言自语般同我交谈。"[128]在他精神崩溃前夕，1887年，尼采曾给老友埃尔文·罗德写信道："我已经活了43年，仍和小时候完完全全一样地形单影只。"[129]孤独并不排斥拥有同伴的状态——若这同伴是一位尼采可以与之自言自语般交谈的人。1887年8月，当梅塔·冯扎利斯（尼采觉得极少数能理解他思想

---

① 引自《扎拉图斯特拉如是说》，第360页。引译时按本书作者的处理方式而调换了两句的顺序。

的人之一）离开锡尔斯后，尼采感觉自己成了一名孤儿。[130]

我和尼采一样，渴望拥有独处的时间：独自散步、反思，然后于傍晚时分，或是一天结束之际，在屋中写作。但我同样喜欢与同伴共处。有时，独处或共处之反差会带来对于同一经历的不同视角。他人会注意到我错过的东西，让我注意到它们；他们还会以不同的方式看待相同的事情，时而增补我的视角，时而挑战我的视角。

但最强烈的视角之对立，还要数对于渴望孤独与渴望陪伴之间的内部的视角颠转。我惊讶地发现，相较于独处，我在锡尔斯-玛丽亚与人的共处为我带来了更具多样性的视角，还有一种比任何浅层意义上的视野之变化都更为重要的视角之颠转。若没有同行者的陪伴，我便永远不会享受到在莱拉山和科尔瓦奇峰上行走时的所有变换着的视角。与人共行的经历，让我不得不去重新评估刚来到锡尔斯时我那份对于独行的偏爱。我才发现，自己对于孤独的偏爱实为一种偏见；在超越偏见的同时，我亦是在超越自己。

6 | 疾病与大气：作为必需的行走

从1879年辞去巴塞尔大学的教授职位，到1889年精神崩溃，尼采一直秉持着一个传统：夏天去锡尔斯-玛丽亚，冬天去地中海沿岸——热那亚、拉帕洛、尼斯、埃泽。[131]正如他在一封信中所述："我夏天在上恩加丁，冬天在里维耶拉，这并非出于选择，而是出于必需。"[132]尼采这么做，不是为了寻找写作的自由或汲取某种灵感，而是为了重获表层的健康；而在他看来，健康的首要条件便是适宜的海拔与气候条件。斯蒂芬·茨威格便曾这样写尼采：

> 也许还从来没有哪个思想性的人物对天气如此敏感，对气象变化的每次紧张和波动都如此惊人地了解，简直成了一个气压表、水银柱，简直是过敏：在他的脉搏和大气压力之间，在他的神经和空中的湿气含量之间似乎隐秘地存在着电力的联系。他的神经对每一米高度差，对天气中的每次压力都立刻用器官的疼痛作出报道，对大自然的每次变化都以反抗的节拍作出反应。[①][133]

尼采去到锡尔斯–玛丽亚和尼斯等地，首先就是为了缓解自童年以来就困扰着他的各种严重的身体疾病：有了适宜的海拔、适宜的空气，或许，他的症状便能得到缓解。

1879年，尼采在致奥托·艾泽博士（一位曾尝试查明尼采眼疾病因但未果的医生）的信中，[134]如是描述他的"苦难"（martyrdom）："每天持续数小时的疼痛，好似半瘫痪，很像是晕船，当这感觉来袭，我连说话都困难"，有时还会呕吐。[135]他给自己制定了一套"独处、独行、山间空气、蛋奶饮食"的方案，并声称，"在高山那稀薄的空气中"，他更易容忍这些症状了，虽然它们并没有完全消失。[136]1879年，他的头痛和呕吐再次发作，其

---

① 引自《与魔鬼作斗争：荷尔德林、克莱斯特、尼采》，北京：西苑出版社，1998年1月，徐畅译，第202—203页。

中一次持续了9天；他的眼睛几乎丧失了用处。[137]用朱利安·杨的话说，尼采的健康状况"简直是糟透了"——"持续118天的急性、致残性的疾病"。到了1880年1月，他的健康状况已经跌至谷底。[138]尼采自我超越的价码已经超标，急需采取些行动。

在这之前，尼采曾去一些阿尔卑斯的度假胜地——库尔[139]、罗森劳伊巴德［海拔4000英尺（约1219米）］[140]和圣莫里茨[141]附近徒步远足，并觉得状况有所缓解。他希望，上恩加丁的高海拔地区能够满足他维持健康所需的"50个条件"中的一些。最重要的是，他希望能够躲避他认为导致他发病的气象干扰（参见 *EH* "Why I Am So Clever," section 2）。[142]当雷雨把尼采淋出了加尔达湖附近的雷科阿罗镇，[143]他怀揣希望，来到了锡尔斯-玛丽亚。[144]

在锡尔斯，尼采虽然每天要走上8个小时，但刚开始的时候，却并没有看到他所期望的身体改善。[145]频繁的雷雨让他时常呕吐，同时还伴有剧烈的头痛。[146]7月30日，他写信给奥弗贝克："这里的天气不同寻常。大气条件变幻多端——这让我想离开欧洲。我须有连续数月的**晴朗**天空，否则就永远也取得不了什么进展了。"[147]从他8月14日写给科泽利茨的信来看，在他于苏尔莱获得了永恒复返的"启示"一周后，天气条件一定是暂时有了好转——"我得去俯瞰太平洋的墨西哥高原才能找到跟这儿相像的东西。"[148]但随后，锡尔斯的温度持续下降，尼采得了冻疮，还给母亲写信要厚实的手套和"袜子！很多的袜子！"在锡尔斯，他的健康状况还是和以前一样糟糕。[149]到了9月，他跟奥弗贝克坦白说：

> 痛苦正在征服我的生命和意志……我肉体上的痛苦，一

如我在空中所见的变化一样繁多，一样纷杂。每片云，都带着某种形式的电荷，将我一把抓住，扔进彻底的苦痛之中。我曾五次呐喊死亡医生，就在昨日，我真希望这一切能够终结——确是徒劳！那片属于我的永远宁静的天空，究竟在何处？[150]

在精神崩溃之前，尼采几乎会在每封信中都作些关于天气和他健康状况的简报——除了大气条件良好，尼采也感觉良好，并且灵感充沛之时。比如1887年8月，他在锡尔斯写《论道德的谱系》时，说自己正"处于一种几乎不间断地产生着灵感的状态中"。[151]但直到1888年，他才真正如释重负。

1888年5月，他在都灵写信给评论家乔治·布兰德斯（那年，布兰德斯在哥本哈根大学首次开设了关于尼采哲学的系列讲座）[152]，说他的健康状况和他的哲学发展从未如此出色：

几乎每天，我都有一两个小时有足够的能量从头到**脚**地看清我的总体构想：各式各样的问题在下方平摊开来，犹如细节清晰的浮雕作品。[153]

视角即一切——尤其是那些"对于文化进展和文化价值而言**伟大的视角**"（*EH* "The Case of Wagner," section 2; 319），尼采将其归功于他在瑞士和意大利生活的经历；而健康，则是高瞻远瞩，并将各种视角联结成为一个联通整体的前提条件。在都灵的那个春天，尼采吃得好，睡得也好，他的头痛和恶心消失了，他以极强的节奏（*tempo fortissimo*）工作，他如是告诉布兰德斯。

接下来的那个夏天，尼采在锡尔斯-玛丽亚完成了《偶像的黄昏》《瓦格纳案》和《敌基督者》的大部分内容；时至10月，他在都灵起草了《瞧，这个人》，编定了《尼采反瓦格纳》（其中收录了尼采关于瓦格纳的各类文章）和诗集《狄奥尼索斯颂歌》。[154]尼采正在全力冲刺。那年8月，梅塔·冯扎利斯前往锡尔斯拜访尼采。在那三个星期里，二人时常一起到马洛亚和席尔瓦普拉纳附近的村子里散步，一走就是5个小时。[155]有了好天气、好伙伴，再加之高强度的徒步，尼采思如泉涌，按朱利安·杨的话说，以"不费吹灰之力的创作强度"[156]写下了他被引述最多的作品——《偶像的黄昏》。1888年，是尼采写作生涯中最高产的一年。

可惜，这只是昙花一现。10月，尼采从都灵致信奥弗贝克："[我]正处于最佳意义上的秋绪之中。这是我伟大的收获季节。一切都是那么轻松称意。"[157]从病痛对于身体那"如野兽般残暴的折磨"中解脱之后，[158]他吃得香，睡得安，有时去都灵优雅的咖啡馆里享用一份意式冰激凌，有时沿着波河散步，或穿行于美好年代风格的苏巴尔碧纳商业长廊——"我所知的同类型地段中最讨人喜欢的一个"。告别了头痛与呕吐，他便不再于信中记录他的健康状况。[159]

但他仍在写信。事实上，从1888年12月1日到1889年1月6日，尼采写的信比1884年或1885年全年都要多——他与马尔维达·冯梅森布克等老友断绝了关系，还给与他并没有私交的名流权贵写信，如德意志帝国的宰相奥托·冯·俾斯麦。[160]虽然尼采感觉身体状况越变越好——"一种巨大的康乐感"，但他却迟迟不去关注自己最后几部作品（《瞧，这个人》《尼采反瓦格纳》）的付梓，而是在都灵的广场、咖啡馆和商店里当一名闲游者。[161]尼采已经放下了昔日那个阿尔卑斯步行者军人般的作息。他已经放飞自我了。

当尼采给他在巴塞尔大学的前同事、历史学家雅各布·布克哈特写信，称自己"宁愿做巴塞尔的教授，也不愿做上帝"，但不会让"私下的个人主义"阻碍他完成创造世界的任务时，[162]布克哈特意识到，一定出了什么事。1889年1月6日，布克哈特拜托他与尼采的共同好友弗朗茨·奥弗贝克去都灵一探究竟。[163]奥弗贝克次日就赶了过去。他发现尼采正奇怪地盯着《尼采反瓦格纳》的校样本。一位医生给他注射了溴化物。当尼采平静下来后，又开始大谈他如何计划在当晚为意大利国王与王后举办招待会。[164]两天后，奥弗贝克在一位人称"对精神失常者有一套"的牙医贝特曼博士的帮助下，把尼采送上了前往巴塞尔的火车。途中，他们一直在使用水合氯醛（一种尼采于19世纪80年代为缓解失眠而使用的药物）让他保持镇静。一到巴塞尔，尼采就被带到了疗养院。据奥弗贝克回忆，在接下来的一个星期里，尼采"完全生活在他那疯狂的世界里，从那以后，我就再也没有见过他了"。[165]尼采的思想家、作家生涯，已经结束了。

于苏尔莱收获那番热望不久后，尼采曾给科泽利茨写信道："我是那可以爆炸的机器之一。"[166]无论多少剧烈的行走，无论多么优良的空气，都无法阻止他的爆炸——其中的原因，还有他以前得那些病的原因，再无人知晓。但只要尼采还在思考，还在写作，他便**边**走着**边**写着——一天8小时，最好呢，是在高山的强冷空气中（*EH* Preface, sections 3–4; 218–219）。

尼采曾将他的幸福"公式"总结为："一个'是'，一个'否'，一条直线，一个**目标**。"[①]（*TI* "Maxims and Arrows," #44; 37）但若有人想要用一条线描绘尼采的行走或思考过程，那么它大概就会像是劳伦斯·斯特恩《项狄传：绅士特里斯舛·项狄的生平与见解》第六卷第四十章中，特里斯舛·项狄用来描绘他和脱庇叔叔的故事那"可忍受的直线"，或第九卷第四章中，下士特灵的自由绘图一般——根本就不是一条直线，而是一条充斥着蓬勃、曲折、高峰、低谷、回旋与弯曲的线。[167]

最后，尼采自己也承认，通往他人生之旅目的地的路线，是弯曲的：

> 人成其所是，前提是人压根儿就不知道人是**什么**。基于这个观点，即使是生命中的**失误**也有其本身的意义和价值，诸如暂时的歧途和邪路、迟疑不决、"谦逊"、在远离那唯一使命的各种任务上面挥霍掉的严肃认真……此间，那种组织化的、能胜任统治的"理念"在深处不断生长起来，——它开始发号施令，它慢慢地把我们从歧途和邪路上**引回来**……我根本没想要某物改变自己；我本人也不想自己变得不一样。[②]
>
> （*EH* "Why I Am So Clever," section 9; 254–255）[168]

---

① 引自《尼采著作全集 第6卷》，第80页。
② 引自《瞧，这个人：人如何成其所是》，第50—51页。

弯绕、歧途、邪路：若意欲成为自己，便须意欲其旅途之整体。

> ［人］生存的厄运不能脱离古往今来的一切事物的厄运……人是必然的，人是命运的一部分，人从属于整体，人**在整体之中……而在整体之外别无他物！** [1]
>
> （ *TI* "The Four Great Errors," section 8; 65 ）

一个人生命当中的每一件事，都由一条必然性之铁链所联结，这铁链是一个人自身本性的法则。意欲任何事物非其所是，实际上就是意欲过一种不同的生活；这是一种希望成为他人的意志，一种不做自己的意志。

这，便是那在苏尔莱的大石旁牢牢抓住尼采的启示之核心（"让我们将灵魂抛诸其外"）：不仅仅是一切都在永恒复返——"查拉图斯特拉的这个学说，可能终究也早已经为赫拉克利特传授过了" [2]（ *EH* "The Birth of Tragedy," section 3; 273–274 ）——还有，要意欲自我，便须欣然接受生活中大大小小的意外与事件，将其作为构成整体的**必要条件**，即**热爱命运**。尼采所理想的"命运之爱"（ *amor fati* ）意味着："人们别无所愿，不愿前行，不愿后退，永远不。不要一味忍受必然性，更不要隐瞒之……而是要**热爱**之。" [3]

---

① 引自《偶像的黄昏：或怎样用锤子从事哲学》，北京：商务印书馆，2009年12月，李超杰译，第50页。
② 引自《瞧，这个人：人如何成其所是》，第79页。
③ 引自《瞧，这个人：人如何成其所是》，第55页。

（*EH* "Why I Am So Clever," section 10; 258）正是由于这种"命运之爱"，永恒轮回的观念才得以成为"可达到的最高的肯定公式"（*EH* "Thus Spoke Zarathustra," section 1; 295）：

> 一种毫无保留的肯定，对痛苦本身的肯定，对罪责本身的肯定，对人生此在本身当中一切可疑之物和疏异之物的肯定……后面这种最后的、最快乐的、最热情洋溢的对于生命的肯定，不光是最高的见识，而且也是最深刻的见识……存在之物中没有什么是要扣除掉的，没有什么是多余的。[①]
>
> （*EH* "The Birth of Tragedy", section 2; 272;
> 参见 *TI* "What I Owe the Ancients", section 5; 121）

每一道弯绕，每一段歧途，每一条邪路，每一个阻碍，每一处深渊、平原和山谷，都是必要的，不可与一个人所成为的那个人而分割开来，就好比峰峦叠嶂不可分割。正如1888年，尼采致信乔治·布兰德斯时曾言："人即必须，却对此不知情：人须**看见**这一切才能相信……"[169]——这是尼采于1881年8月在席尔瓦普拉纳湖南岸行走时亲眼所**看见**的。在这里，崇高与深沉的视角、顶峰与深渊的视角、向上与向下之路的视角，结合于一个整体视野之中，将尼采从头到脚彻然吸引。

离开锡尔斯-玛丽亚时，我终于理解，或者说是**感觉**到了，这一切于我亦然：那上上下下的起伏、一段又一段走错的邪路、

---

① 引自《瞧，这个人：人如何成其所是》，第77—78页。

与查拉图斯特拉石的"错过"和最终找到它时内心闪过的失望、独处与共处的不同视角、高处与深处的不同视角，对于我在锡尔斯的行走经历这个联通的整体来说，都是同样必要的。没有什么是多余的。理解永恒复返的最好——或许也是唯一的方法，即是去肯定它，**意欲**它。若在某个夜晚，一个魔鬼潜入我最难耐的孤寂中，告诉我，我将在锡尔斯-玛丽亚再活无数次，全以同样的顺序更迭；那么，现在的我一定会回答说："你是神明，我从未听见过比这更神圣的话呢！"①

7 │ 卢梭于爱尔梅农维尔：一次园中漫步

尼采那台"机器"，是瞬间爆炸的；而卢梭的"机器"，则是逐渐磨坏的。1778年，卢梭来到了爱尔梅农维尔。那时他年岁已高，对未来不再野心勃勃，不再满怀希望，不再需要成为"某个人"；那一切，皆已成为过往。[170] 为了回归这般简单与平静，他付出了沉重的代价。

1765年10月，卢梭和戴莱丝被迫离开圣皮埃尔岛，应苏格兰哲学家大卫·休谟之邀请前往英国，下榻位于伯明翰北部郊区的伍顿庄园，直至1767年4月。[171] 卢梭和戴莱丝都不会说英语，虽然那里亦有着山丘树林可供漫步，但卢梭仍历经了一种前所未有的严重的孤立感。他感觉自己被与外界隔绝，变得越来越偏执，甚至开始怀疑休谟和其他人正在密谋害他，遂与休谟绝交；随之

① 引自《快乐的科学》，第317页。

而来的，便是他与休谟的同乡好友、自己曾经的保护者——吉斯伯爵不可挽回的决裂。[172]后来，尼采说道，孤独是一回事，受遗弃是另一回事。卢梭——另一位伟大的孤独者，在那段时间里，却比以往任何时候都更受遗弃。和尼采一样，他缺少的是一个能如他理解自己一样理解他的人（戴莱丝不是这个人）。为了更好地理解自己，也为了让他人了解自己，卢梭投身到了《忏悔录》的创作之中。这幅自画像，为后人丰满起了他的形象。

1767年5月，在伍顿度过了受遗弃的18个月后，卢梭回到了法国。当时，对他的逮捕令仍在生效期间。他频繁辗转于不同城市：位于巴黎西北方向60公里外的特里堡、里昂、格勒诺布尔、莫贝克村（天晴时，他能从那里看到勃朗峰），一路兜兜转转，最终，于1770年6月回到了他熟悉的巴黎，与戴莱丝住进了普拉蒂埃街（现在的让－雅克·卢梭街①）上一栋公寓的六层。卢梭又拾起了他年轻时的老本行——音乐抄写员，一份在他看来踏实、正当的手艺工作。[173]他和戴莱丝在巴黎住了8年，过着基本平静的生活。当局对他们并无过多干涉。他继续写着自传体的作品，包括他的最后一部著作——于1776年动笔的《一个孤独漫步者的遐想》。

一次巴黎的路途事故，出乎意料地为卢梭带来了与自然合一的极致体验。1776年10月24日，卢梭漫步于梅尼蒙丹附近"一片片秀丽的乡村景色"中观察植物，回来时，被一只猛冲过来的大丹犬撞翻在地。卢梭的脑袋重重地磕在了石子路上，暂时性地失

---

① 本书中，作者先后提及了位于日内瓦、安纳西、巴黎的三条同名的卢梭街。

去了意识（*RSW* 56–57/36–39），进入到一种奇异的状态当中：

> 这最初的感受真是妙不可言的一刻。我也只是从这一刻
> 才觉出自己的存在。在这一刻我开始体味到生命了，仿佛觉
> 得在所看见的一切里都充盈着自身那微弱的存在。我就全身
> 心地浸淫在那一刻的美妙感觉里，什么也想不起来，对我个
> 人状况一无所知，也完全没意识到刚才所遭遇到的事情；我
> 不晓得自己是谁，又是在哪里；既没感到疼痛，也没感到害
> 怕不安……我整个儿沉醉在一种心旷神怡的宁静感觉里，日
> 后我每每忆起那一刻，却还觉得那是一种闻所未闻、从未经
> 历过的欢乐。①

（RSW 57/39）

便是这样，卢梭终于实现了他的理想——完全存在于当下，
没有回忆与忧虑分散他的注意力；通过个体自我之湮灭，与世界
完全融为了一体（*RSW* 68/50）。但不幸的是，这次与大丹犬的相
撞事故所造成的头部伤害，很可能间接导致了卢梭在不到两年后
中风离世。[174]

1778 年，卢梭应吉拉尔丹侯爵之邀，搬到了爱尔梅农维尔。
这也是他最后一次搬家。吉拉尔丹侯爵敬仰卢梭已久，以其《新
爱洛伊丝》的女主角朱莉所设计的爱丽舍公园为蓝本，打造了一
座公园。[175]这座公园由"自由"（free）的大自然组成，没有古典

---

① 引自《一个孤独漫步者的遐想》，第21—22页。

法式花园的围篱或对称性，而是营造了开放的空间——田野、湖泊、沼泽；一条条蜿蜒幽暗的林间小路，穿梭于"应接不暇的美景、风光与见地之中，有如一场视觉盛宴，吸引着浑身上下所有的感官"，又在愉悦感官的同时，通过卢梭关联于自由的多样性与不可预见性，引发着游园者思考。[176]初入园中，卢梭便对吉拉尔丹侯爵感叹：

> 唉，这古老的裂缝，怪异的树干，甚为妙哉！换作在别处，它们早被清理走咯！且听，它们如何向心灵倾吐细言——我们却不得知其所以然！唉，在我的灵魂深处，我看到了，也感受到了：这里，就是我那朱莉的花园！[177]

公园里石凳散布，随处可见小石桥、小木桥，它们横跨溪水、涧流，供人寻色游景。杨树岛位于一片人工小湖的中央，是卢梭墓的原址。罗马风格的石棺上刻着："献给热爱自然和真理的人。"1794年，法国的革命者将卢梭的遗体转移到了巴黎的先贤祠，但这并不妨碍他的坟墓为马克西米连·罗伯斯庇尔、拿破仑·波拿巴等革命家，以及斯达尔夫人、维克多·雨果、乔治·桑、杰拉尔·德·奈瓦尔等文学家所参拜。到了19世纪，商贩们挤在公园门口，兜售以卢梭为主题的纪念品：扑克牌、瓷盘……[178]

湖畔一旁的山丘上，坐落着现代哲学神庙。这是一座仿古罗马神庙而建的"残垣断壁"。过梁外侧刻着一些哲学箴言，如"探寻万物之由"（*Rerum cognoscere causas*），柱子上刻着几位"哲学家"（当时这个词的含义要比现在更为广泛）的名字：艾萨克·牛顿、勒内·笛卡尔、威廉·佩恩、孟德斯鸠、伏尔泰，还有卢梭。临湖有块大圆石，仿着罗马祭坛的样式，立在一块小墩子上，上面写着卢梭的箴言："致遐想。"

园中的所有东西都为营造出一种自然的自发性（natural spontaneity）之错觉而经由专门设计。为了点明公园的设计主旨，吉拉尔丹在一块巨石上刻下了卢梭的话："在孤独的山峰上，敏感之人玄思静观这大自然。在与自然的私语中，他汲取强大的灵感，其灵魂超越了谬误与偏见。"[179] 园中虽然没有山，但其稍有起伏的地势、开阔的田野与隐蔽的林路之对照、人工植被与"野生"自然之反差，都是为了达到同样的效果。即使在地平面上，亦有着不同的视角与观点。

在吉拉尔丹侯爵府邸附近的公园与乡野，卢梭一边散步，一边继续在扑克牌背面给他的《一个孤独漫步者的遐想》打着草稿。他说，自己的灵魂已经达到了完全平静的状态，不再为不停煽动着激情的希望所激动，无需再去证明什么（*RSW* 46/29）。年轻时，他为了寻获那份心醉神迷而漫步自然之中，而现在，则是为了更深入地了解自己和自己的过去，拾回消逝的时光（*à la recherche du temps perdu*），愿通过记下他的遐想，而"旧梦重温，时光重现"，以这种方式"将［他］的生命延长了一倍"[①]（*RSW* 53, 50–51/35, 34）。未来——连带着所有随希望、恐惧和抱负而来的不安，都已成为过往云烟。

一道化为过往的，还有他青年时代的那些远足之旅，以及成

---

① 引自《一个孤独漫步者的遐想》，第13页。

年后在山林中的一场场徒步："是的，森林、湖泊、灌木、岩石，还有山峦，我再也看不到这动人心弦的旖旎风光了，我再也不会——游历这些美妙的地方了。"①（RSW 148–149/120）如格霍言，卢梭不再为追寻崇高而在山坡上挥汗如雨，他的漫步，已经成了"一种均匀而适度的运动，没有颠簸，没有停顿"；其目标，只是为了去感受时间的流逝，将一切作为一种存在之馈赠而体验。[180]亦如大卫·勒布勒东所述，有些漫步，除了时间本身，再无其他目的地或目标，而只是为了勾勒出时间缓行至死的脉络——死亡，一切步旅的终点。[181]

2018年5月，我和妻子黛安来到了爱尔梅农维尔。整个小镇给我们的第一印象很迷人。镇中心有条狭窄的街道——拉齐维尔王子街，盘山下行，两边尽是18世纪和19世纪的建筑。我们在镇上逛了逛，参观了建于19世纪的市政厅和建于中世纪的圣马丁教堂。在靠近山脚的街道正中，立着一尊高大的卢梭像。他穿着夹克和马裤，身后盘旋着一位灵感天使，坐杖手杖，似乎正要起身散步。我做好了计划，准备次日与他同行。

一大早，我就踏上了作家小路。这条路长3.4公里，通向沙利皇家修道院，是卢梭常走的路线。我沿着城外狭窄的土路，途经一片开阔的绿田，穿过了一片繁茂的树林。在林中某处空地，四条小路交会一齐，其交会点上立着一块十字架石碑。路标指向明确，一路走来很是顺利。走出空地，我沿一条小路，深入到了一片白桦树、橡树与梧桐树的树林。叶片上，还挂着前夜的雨水，

---

① 引自《一个孤独漫步者的遐想》，第132页。

闪烁着绿色光芒。在一条宽阔笔直的小路上，我忽地听到了一种我以前只在钟表旁才听到过的声音——布谷鸟的叫声。鸟儿叫着，像是在模仿时钟，又似与自己重音。那极富规律的、往而复来的叫声，陪伴了我十多分钟。

小路旁有条小溪，岸边长满了葱翠的青草、莎草，还有野生的黄鸢尾。笔直而纤细的桦树散落沼泽地中，如同根根吸管插在水中。一座旧石桥横跨溪流，此处溪水正汇入低处，形成了一片小瀑布。我在旁边找到了一块指向修道院的路标。可惜，一扇高大的金属门堵在路中间。门锁上有块键盘，但我不知道密码。回到爱尔梅农维尔后，我因为那里横着一扇门而感到低落无比，很后悔当时没去试着解一解那个密码。但话说回来，那场乡野漫步，为我唤来了许多柔和、自由的遐想。

整个下午，黛安和我都在让-雅克·卢梭公园中漫步。现在的卢梭公园占地60公顷，长长的，但其实只有最初的一半大小。我们途经了很多景点——卢梭墓、现代哲学神庙、遐思祭坛、人造洞穴（入口被铁链封住了）、一块让人联想起法国远古的人工墓石牌坊、一座哥特风格的石水塔。我们沿小路穿过一片荫凉的树林，身旁开满了艳紫的杜鹃花。这里既有着平坦而开阔的田野沼泽，亦有着丘陵森林。条条小路被茂密植被包裹着，通向一片片空地。站在空地上，游园者得以观瞻湖泊，眺望远处的田野和建筑物。侯爵做到了：我们在小路上连走了几个小时，从湖畔，到树林，再到草地；我们注意到了植被的变化、建筑结构同自然景观之对比，时而又为突然出现在面前的美景所"惊喜"。即使是在这种较低的地带，亦有许多变化着的视角。我们明白卢梭为何喜欢这里了。

可惜，他没能喜欢多久。1778年5月20日，卢梭抵达爱尔梅农维尔；5月26日，戴莱丝带着他们的家具、厨具和其他物品前来会合。7月2日，在庆祝完66岁生日的四天后，卢梭和往常一样，清晨去公园散步，回来后与戴莱丝一起慢品一杯欧蕾咖啡。但那天，他开始抱怨身体的各种不适：脚底的刺痛感、脊柱中好似有股冷流淌下、胃痛，还有剧烈的头痛。他让戴莱丝打开窗户，喃喃自语说，天堂是纯净的，上帝在等候他，然后便倒下了。卢梭死于大面积脑出血，很可能是那次被大丹犬撞翻所致的后遗症。7月4日午夜时分，安放着卢梭尸体的密封棺材被抬送至他在杨树岛的坟墓中。农民们举着火把，围在湖畔，为他送行。一位孤独行者的遐想就此落幕；但传奇才刚刚开始。[182]

有的人，生而孤独；有的人，选择了孤独；有的人，被强加了孤独。对于尼采和卢梭来说，孤独既是一种选择，也是一种必然。前文中，我们已经谈过尼采在这个问题上的矛盾心理。卢梭亦曾在他的《一个孤独漫步者的遐想》中写道，他的孤独，"如此彻底、如此持久、如此自怜自艾"，是由那"总是对我怀有一种强烈敏锐的仇恨"的"整整一代人"所强加给他的；但同时，他又觉得自己"在孤寂中讨生活……要幸福百倍"，那"满是障碍、义务、责任的世俗社会"[①]，有悖于他那"自然之独立"（*RSW* 80, 46–47, 129/52, 30, 103）。但在极大程度上，主流大众忽视了他对于孤独的矛盾心理。

事实上，卢梭不仅为步行哲学家之先例，更开创了孤独行者

---

① 　分别引自《一个孤独漫步者的遐想》，第50页、第9页、第118页。

之先河。后来，哈兹利特、梭罗、罗伯特·路易斯·史蒂文森、尼采、帕特里克·利·弗莫尔都继承了卢梭这一主张——只有不间断的孤独，才能让独立思考成为可能。如哈兹利特言：

> 在户外，自然于我便已足矣。我一人成行，却从不孤独……出游的灵魂属自由——无拘无束的自由，可以畅然思考，尽情感受，做所爱之事……为了摆脱一切障碍、一切不便；为了摆脱自我，更是为了摆脱他人。[183]

史蒂文森亦曾写道：

> 步行出游，最好独自成行。因为，其精髓在于自由；因为，你应能走走停停，随心而行；还因为，你须拥有自己的步幅节奏。[184]

而帕特里克·利·弗莫尔，18岁时便从荷兰踏上了去往伊斯坦布尔的旅程："我知道这桩事业一定是孤独的……我想以自己的速度思考、写作、停留、前进，无牵无挂，并以变化着的目光看待事物。"[185]其精髓，在于自由，亦即独立、孤独：这是卢梭的伟大遗产。

孤独之行，能够激发伟大思想——这是卢梭在创作他最伟大的几部著作（《爱弥儿》《社会契约论》《新爱洛伊丝》）时所发现的。那时，他或漫步于蒙莫朗西附近的林中，或徒步于巴黎郊外的圣热尔曼——便是在那圣热尔曼的"森林深处"，他揭开了"自然人"

的面纱："我的灵魂被这些崇高的沉思默想激扬起来了，直升腾至神明的境界；从那里我看到我的同类正盲目地循着他们充满成见、谬误、不幸和罪恶的路途前进。"[1]（C2 164/362）即使是在平原和山谷中行走，孤独而独立的步行者，亦能达到崇高的高度——超越社会、过往、习惯、成见之约束，从而收获更高的视野。自由，抛开社交与社会性的自我，自我超越：这便是由卢梭所开创、为尼采所完善的哲学性行走之本质。

十几岁时，我曾在北温哥华的峡谷与山脉中连走上数小时，就为寻找不受社会期望所影响的"自然的"自我。从那时起，我便爱上了孤独的行走。然而，在锡尔斯-玛丽亚和爱尔梅农维尔的步行经历告诉我，孤独之独立性，不仅来自独自一人的行走，亦可来自与伙伴的同行。他人对风景有着不同的视角，从而能够丰富我的视角。这不仅仅局限于物理意义上的视野范畴；谈话与辩论，会让不同的想法于行走之时和行走之后相互作用，时而颠转我的观点，变革我的评估。这样说来，真正的同伴，远不是独立思考之阻碍；相反，像你了解自己一样了解你的人，能帮助你从自己的成见与习惯之中解放出来，让你收获比全然一人更加自由的状态。事实上，在莫蒂埃附近的山区，卢梭常和同伴一起爬山；在锡尔斯-玛丽亚，尼采亦会同友人一起徒步；甚至连颂赞独行的哈兹利特，也为他的朋友柯尔律治破了例。孤独是一回事，受遗弃是另一回事；当别人帮助我们丰富视角、超越自我之时，他们亦是在丰富我们的孤独，增进我们的独立。

---

[1] 引自《忏悔录》，第366页。

循行卢梭和尼采的足迹，让我更深刻地理解了独立行走之趣——无论是一人成行，还是结伴同行。我一次次迷失方向，不知所以；又一次次重回正轨，收获精神性的提升——他们教会了我一些颠转视角之技艺、超越自我之技艺。在那壮美秀丽的景色之中，在那清透新鲜的空气之中，在我双腿充满活力的步幅之中，我陶然沉醉，为自由所欢欣鼓舞。最重要的是，这一段段步旅，为我营造了狂喜而宁静之时刻，忘却自我而融入自然之时刻——它们，将是我永恒的追求。

第八章

弗吉尼亚·伍尔夫：伦敦的乡村漫步者

1 | 闲游者与自然神秘主义者

到目前为止，我所谈及的步行思想家，要么是城市的闲游者，闲荡街头，观察他人，陶醉于城市生活之景象（巴尔扎克、克尔凯郭尔、波德莱尔、瓦尔特·本雅明、安德烈·布勒东、萨特、居伊·德波）；要么是乡野的漫步者，在大自然，尤其是山川森林之中，与孤独为伴（卢梭、柯尔律治、尼采、波伏瓦）。其中的一些人（波伏瓦、克尔凯郭尔），既热爱城市，又心向野外。当然，这种选择，不仅是为满足兴趣，还事关一个人在哪里才能找到属于自己的幸福，才感到最轻松自在。

从严格意义上讲，弗吉尼亚·伍尔夫并不完全属于这两类中的任何一类。她作为城市闲游者的地位已是无可撼动：瑞秋·鲍尔比、黛博拉·帕森斯、丽贝卡·索尔尼特、劳伦·埃尔金、马修·博蒙特等人，都颂其为顶级闲游者。[1]在某种程度上，这源自对于伍尔夫同她所创造的文学形象——克拉丽莎·达洛维的身份认同（identification）。伍尔夫学者瑞秋·鲍尔比曾言，达洛维"大概是21世纪文学中最伟大的闲游者"了。这一称号，主要归功于克拉丽莎从大本钟塔楼到邦德街那场著名的漫步，亦即伍尔夫的成名作《达洛维太太》的主线。[2]许多文学爱好者合上《达洛维太太》之后，都会来到伦敦的布鲁姆斯伯里地区朝圣。伍尔夫有不少的时间，都住在布鲁姆斯伯里——戈登广场、菲茨罗伊广场、布伦斯维克广场、塔维斯托克广场、梅克伦堡广场。她曾住的房屋，均有牌子特别标识，每年还有专门的步行导览活动，吸引着数以百计的游客来访。[3]

达洛维太太曾说："我喜欢在伦敦散步……真的，这比在乡下要好得多。"（*MD* 6）伍尔夫本人亦曾言：

> 一个美妙的春日。我沿牛津街走着。公共汽车络绎不绝。人们吵着，闹着，在人行道上互相斗着。几位光头老人；一场机动车事故；诸如此类。一人走上伦敦街头，是最好的休憩。[4]

她的散文《漫步街头：伦敦奇缘》[5]和《牛津街之潮》[6]，亦都热诚地颂扬了在20世纪大都市中的漫步之趣。

但是，仅将伍尔夫看作一名彻底的城市闲游者，似乎有些以偏概全。事实上，伍尔夫热爱在乡村漫步，尤其是在萨塞克斯的南唐斯。1912年，她和伦纳德·伍尔夫便住进了那里。在成年后的大部分时间里，伍尔夫要么是在伦敦，要么是在乡村。每个地方都各有利弊。[7]但正是乡村，为伍尔夫提供了"一处避难所……一个虔诚的隐居地"。在那里，她得以不断深化其关乎生命与小说①的见解。这种形而上学，深深植入到了她最伟大的小说作品之中——《达洛维太太》《到灯塔去》《海浪》(参见 *D3* 196)。

将这种形而上学称为泛神论、神秘主义，就像卢梭和柯尔律治那样，并不为过。但伍尔夫的哲学至少还是采取了一元论立场。伍尔夫思维方式的形成可以追溯至她的少女时期。她认为，事物与人无法在任何深层意义上分开或区别。虽然伍尔夫以其对个体主体性(individual subjectivity)的描述而闻名，但在她看来，一切人与事物，都只是一个潜在现实(underlying reality)的个体化表达。这个现实将它们联系在一起，就好比，每道波浪虽有着自己的特点与个性，但都作为海洋的特殊表达而与其他波浪紧密相连；它们共同构成了海洋的一部分，且绝不可能与海洋分离。从表面看去，有许多东西；而根本上，只有一个现实。

在伍尔夫1903年的日记里，就已经有了这种形而上的苗头。当时，她21岁。"你若躺在地球上的某个地方，便会听到一种巨大的呼吸声——好似是地球她本身，及她身上所有生物的呼吸。"过了段日子(同年)，她又写道：

> 我蓦然看到，我们的思想如何被贯穿一线——任何在世

---

① 在英语中，fiction既可指"小说"，亦可指"虚构"。

者的思想，如何与柏拉图的思想所同根共存。正是这种共通的思想，将整个世界联系到了一起；这全世界亦即思想。[8]

随着伍尔夫年龄的增长，她的这种一元论哲学也逐渐成形。1939年至1940年，成年后的伍尔夫曾在童年回忆录《往事札记》中写道：

> 我当时正站在［圣艾夫斯的德兰小屋］①前门观赏花坛里的花，"浑然一体的美啊"，我感叹道。当时我看到花坛里一株植物正舒展着嫩绿的叶子，突然感觉一切都豁然开朗，花朵本身就是世界的一部分；一圈黄土围住的才是花，是真正的花；既是花朵，又是世界。我将这些想法藏在心底，也许日后的某个时候能派上用场……这个经验使我总结出一条哲理，或者说这条哲理一直存在我的脑海中：在生活的棉絮背后隐藏着一条真理，我们——我是说所有人类——都与它紧密相连；整个世界就是一件艺术品；我们都是这艺术品的组成部分。《哈姆雷特》和贝多芬的四重奏都是真理，因为它们都与我们称为世界的这个巨大球体有关。而莎士比亚并不存在，贝多芬并不存在，同样的道理，上帝也绝不存在。我们

---

① 参阅《存在的瞬间》英文版编者前言："伍尔芙幼年时曾与全家人一起在康沃尔郡的德兰小屋避暑，这段经历对伍尔芙的幻想和作品起了重要作用。"——引自《存在的瞬间》，广州：花城出版社，2016年10月，刘春芳、倪爱霞译，第27页。

就是语言，我们就是艺术，我们就是事物本身。①9

那"事物本身"，即伍尔夫叫作"生命"或"现实"（reality）的东西，是一种将一切事物联结成为一体的潜在模式。这种模式，就像是构成小说、画作或乐曲世界的模式一样，在看似不协调的事物、事件与人之间建立起了重要的关联。[10]在这瞬息万变的观点与知觉之世界以外，甚至是在坚实的真相之世界以外，还存在着整全的真理，存在着一个包含"更富饶的统一性"之多重的真理——那是由心灵所认识的东西，并非根植于任何个体化自我的个人记忆，而是通过挖掘一个更高的、先验的记忆，将我们与永恒的真理联系起来。[11]这种观点类似于柏拉图的学说，即灵魂在具身感官经验的提示下，能够回忆起它在进入身体之前就已得知的永恒的理想的真理（《美诺》《斐多》）。但正与柏拉图相反，伍尔夫同柯尔律治和一些浪漫主义者一样，认为"全面而整全地"给予了我们"整个物体"的，是想象力，而非理智。[12]我们需经由艺术想象力，去领悟理想的模式。

而对伍尔夫来说，更加重要的是：只要我们**是**我们在世界中所找到的理想模式（"我们就是语言，我们就是艺术，我们就是事物本身"），我们便共享了这种模式的不朽性；在我们之中，持存着某些东西——即使当肉身死去，它们依旧存在。这种理念，不断给予伍尔夫慰藉与灵感，贯穿着她的一部部作品，如同通奏低音贯穿整首乐曲一般。

---

① 引自《存在的瞬间》，第83、85页。

仅举一例，在《到灯塔去》（1927年）[13]中，画家莉莉·布里斯科失去了"对于外界事物的意识"和自己作为一个独特个体的意识（"她的名字、她的个性、她的外貌"），并进入了一种幻象——"仿佛整个世界都融化为一个思想的渊潭，一个现实的幽深水湾"[①]（*TTL* 181, 203）。在莉莉看来，"在一片混乱中存在着固定的形状"，定格着"这永恒的漂逝和流动"[②]（*TTL* 182–183）。形状、秩序、构成的统一性——一种康德和柯尔律治意义上的**观念**，即使当构成项消失逝去，它仍将持存。

　　类似的观点，还见于《海浪》（1931年）。在这部小说中，六名人物的主观意识，分别映射了伍尔夫个性当中的不同方面。[14]其中的伯纳德——同伍尔夫一样，一位作家、讲故事的人——曾泛神地讲道："我现在可以随意地深深沉浸到这种被人们认为无所不在的日常生活中去了……［我］明知道我们这些人朝生暮死的短暂一生的"，但在"随波逐流"之中，却"无法否认自己感觉到生命对我来说是神秘莫测地拖长了"[③]（*W* 92–94）。更明显的是，苏珊——代表着伍尔夫对于罗德梅尔乡村生活之热爱的人物——曾陷入一番遐想，并于其中实现了与乡村的超凡合一：

　　　　现在还是大清早。沼地上还蒙着一层雾……在这个时刻，

---

① 引自《吴尔夫文集：到灯塔去》，北京：人民文学出版社，2003年4月，马爱农译，第159页。

② 引自《吴尔夫文集：到灯塔去》，第143页。

③ 引自《吴尔夫文集：海浪》，北京：人民文学出版社，2003年4月1日，吴钧燮译，第84、86页。

这个大清早里，我感到自己就是这片田野，这个谷库，就是
这些树木；这一群群的鸟儿是我的，还有直到我几乎就要踩
到它身上时才跳开的这只小野兔……那只懒洋洋地伸伸两只
大翅膀的苍鹭是我的；还有那头一边一步步往前挨着、一边
喀嚓喀嚓大声咀嚼着的牛；那只猛然向地上掠下来的燕子；
那天上隐约的一抹红晕和接着当红晕消退时又隐约出现的一
抹蓝晕；那四周的宁静和［教堂］钟声；那正在从田野里召
唤马匹去套车的男人发出的叫喊声，——这一切全都是属于
我的。[①]

(W 79)

苏珊对于整体的认同，充满着占有欲和自我主义："我拥有了
一切我能见到的东西。"[②]（W 158）而对伯纳德来说，与现实的结
合，则会导致"我"（I）、"自己"（me）、"我的"（mine）之消解：
我们不是作为多个独立的声音而存在，而是作为一个合唱团而存
在（W 205–206）。

我不是一个人；我同时是好几个……因为生命并不是单
一的；我甚至并不总是知道自己究竟是男是女，是伯纳德，
还是奈维尔、路易、苏珊、珍妮或者罗达……我和他们是分
不开的……我们看得那么重的所谓彼此的区别，我那么热心

---

① 引自《吴尔夫文集：海浪》，第72页。
② 引自《吴尔夫文集：海浪》，第146页。

维护的所谓个人人格，如今都抛开了。[①]

（*W* 230, 234, 240–241）

伍尔夫本人认为，"我"是对整全现实的一种障碍，男性作家的"我"则更是如此，她在《一间自己的房间》中写道，男性作家那充满着自我意识的自我中心主义，束缚了心灵，将现实降为了"没有形状的雾"。[15]伍尔夫在她的写作生涯中，愈发远离孤独的"我"，而走向了一种集体的、跨越个人的意识形式，实现了心灵与彼此、心灵与现实作为一个整体的融合。[16]

伍尔夫克服孤独自我之局限性的动力，以及她对于超越瞬间现在之永恒模式的探索，都烙印着她青少年时期的痕迹。在她读书的年代，英国的大学里正风靡着黑格尔主义。而十几岁时，她便开始阅读柏拉图。她的父亲——哲学家莱斯利·斯蒂芬，藏书无数，整个（用伍尔夫的话说）"未受删减"的藏书馆，都供伍尔夫使用。她可能就是在那里，找到了讨论这些思想的书籍。[17]但除此之外，她的文字亦浓浓散发着另一位作家的气息；纵观伍尔夫的一生，她曾一次又一次地回归这位作家的思想——柯尔律治。她在1903年的日记中所提到的"好似是地球她本身，及她身上所有生物"的"巨大的呼吸声"，正与柯尔律治1795年的诗作《风瑟》相呼应：

我们身内、身外的同一生命，

---

① 引自《吴尔夫文集：海浪》，第215、219、225页。

是寓于一切活动之中的灵魂，

是声中之光，光中的如声之力，

是全部思维的节奏，是随处的欢愉——

……

又何妨把生意盎然的自然界万类

都看作种种有生命的风瑟，颤动着

吐露心思，得力于飒然而来的

心智之风——慈和而广远，既是

各自的灵魂，又是共同的上帝？ ①18

　　同柯尔律治一样，伍尔夫的活力论和一元论、她对于"心智之风"的确信，贯穿并超越了一切个体化的东西。正如柯尔律治在萨默塞特郡的乡野中漫步获启了观点，伍尔夫亦通过在罗德梅尔附近的唐斯丘陵、田野沼泽上的一趟趟行走，步入了她的愿景之中。

　　在1928年9月10日的日记中，伍尔夫曾如是描绘她如何渐入一种来之不易的"现实"之境：

　　　　我常常从这儿往下走，走进一座教堂，一座修道院，逃避至一度感到非常痛苦的宗教之中。我一直对宗教心怀敬畏。因为人是如此地害怕孤独，害怕看到人生航船的严酷底蕴。

<hr>

① 引自《华兹华斯、柯尔律治诗选》，第281、282页。

这种逃避在每年8月份是常有的事。随后渐渐地有了一种我称之为"现实"的感觉，一种我曾经看到过的东西，它是某种抽象的东西，同时却又寄身于山丘或天空之中，除此以外，万物皆空。我正在这种现实里归于恬淡并得于延息。①

她在后文写道，在写作中要把"'现实'变成这个或那个"太过困难——毕竟"只有一个现实"（*D3* 196）。

四年后，依旧是在罗德梅尔，她又提到了这种感觉：

但在我散步的时候……我觉得我的脑袋几乎像是热铁一样容光焕发——古老而惯常的英式之美，如此完整，如此圣洁：银色的羊儿集聚一群；山丘似鸟儿的翅膀，腾空而起……我可以紧紧抓住这样美丽的一天，就像只蜜蜂缠着太阳花一般。它喂我饱腹，安我休憩，让我心满意足，简直是无可匹敌……在这里，神圣性油然而生，并将于我死后持存。[19]

而在那"将于我死后持存"的"神圣性"中，"我得以休憩，并继续存在"。这神圣性揭示了如热铁一般容光焕发的心灵，如此炽热（incandescent），甚能够穿透日常习惯的"棉絮"，到达一个

---

① 引自《伍尔芙日记选》，天津：百花文艺出版社，1997年8月，戴红珍、宋炳辉译，第110页。

更真实的现实：这与柯尔律治的口吻十分相像。

当然，在很大程度上，如此炽热的语言仍是伍尔夫自己的，见于她最著名的长散文《一间自己的房间》（1929年）：

> 要想将内心的东西全部和完整地释放出来，艺术家的头脑必须是明净的，像莎士比亚一样……不能有障碍，不能有未燃尽的杂质……他的诗章喷薄而出，淋漓酣畅。①
>
> （ *R* 43 ）

同样地，在《海浪》中，诗歌消除了罗达"生命之流"当中的某些阻扰："我挣脱了，我浑身发热（incandescent）了。现在那［生命］潜流汹涌如潮，冲开闸门，迫退阻力，任情地奔腾着"，穿过她那"温暖、松软的躯体"②（ *W* 44 ）。这带领我们回到了柯尔律治：在《一间自己的房间》中，伍尔夫引用了柯尔律治关于雌雄同体的观念，即男性和女性"当然应该和睦相处"，并写道，这样的头脑有着"更多孔隙，易于引发共鸣"③（ *R* 74 ）。²⁰

伍尔夫说，只有炽热的心灵，才能让生命的"深流"自由流淌，不受习惯（habit）、常规（convention）的阻碍，抛开社会强加的限制——特别是那些限制女性想象力的常规，²¹从而触及现

---

① 引自《吴尔夫文集：一间自己的房间及其他》，北京：人民文学出版社，2003年4月，贾辉丰译，第49页。

② 引自《吴尔夫文集：海浪》，第40页。

③ 引自《吴尔夫文集：一间自己的房间及其他》，第85、86页。

实本身：一个一体的现实，"一个活生生的东西"，如柯尔律治言，"一颗心灵，一颗无所不在的心灵，创造了万物"，"一个奇妙的整体"。[22]

而伍尔夫的特殊天赋，便是将这种自然泛神论应用于都市生活，尤见于《达洛维太太》和《海浪》之中。她对"多合一"的看法，即那将人类与事物结合成为一个更大的整体的"我们身内、身外的同一生命"[①]，时而欣喜若狂，时而惊恐不安；但在这两种状态下，伍尔夫均是以艺术的眼光看待着伦敦的场景，从自然景观的不同特征之中，创造着一体化的艺术作品。

但这都还只是我的直观感受。要验证这一假设，我需到罗德梅尔和伦敦附近走走。我想要亲自调查，罗德梅尔是如何启发伍尔夫的一元论哲学，以及她是如何将她与自然之神秘合一的愿景，同伦敦的繁华街道结合起来的。2018年夏天，我和妻子黛安（一位伍尔夫多年的拥趸）一道漫步了罗德梅尔和伦敦。那趟旅程让我清楚地认识到，伍尔夫作为一个伦敦闲游者的经历，在很大程度上受其乡村漫步的影响。最重要的是，伍尔夫在罗德梅尔所进入的同一生命之愿景，深深浸润在了她笔下的那个诗意伦敦之中。

2 │ 都市生活的诗意

丽贝卡·索尔尼特已经敏锐地观察到，正如卢梭的遐想形成

---

① 引自《华兹华斯、柯尔律治诗选》，第281页。

于在自然之中的漫步一样，"［克拉丽莎·达洛维］的想法和回忆在步行时展现得最成功"。[1]23 她还指出："华兹华斯协助发展，德·昆西和狄更斯提炼的内省语言是她的语言，而小事件……让［伍尔夫］的想象力漫步得比脚更远。"[2]24 索尔尼特抓住了一点：伍尔夫具有浪漫主义者的感性，其思想流荡于遐想之中，并在都市生活当中找到了一种整全的模式，就类似于浪漫主义者在乡村之景中找寻到的美与崇高。伍尔夫的伦敦，是一个如脉搏般跳动着的舞台，而舞台上的所有人与物，都为其内部和外部的同一生命之流所携卷。她是在罗德梅尔村附近的一次散步中，首次发现这"同一生命"的。

亦是在罗德梅尔，伍尔夫于1922年至1924年间，构思并写下了她最著名的对于都市漫步的颂歌——《达洛维太太》的大部分内容："总之，［罗德梅尔的］自然慷慨地支持着我，让我产生了一种我快要写出些好东西的错觉：一些丰富的、深刻的、流畅的东西，像钉子一样坚硬，又像钻石一样明亮。"25 小说一开篇，就巧妙地勾勒出了这种愿景。伍尔夫同柯尔律治一样，认为这是一种凝聚万物的基本力量；只不过，伍尔夫将其从乡野移植到了都市：

在人们的目光里，在疾走、漂泊和跋涉中，在轰鸣声和

---

① 引自《浪游之歌：走路的历史》，第26页。
② 引自《浪游之歌：走路的历史》，第202页。

喧嚣声中——那些马车、汽车、公共汽车、小货车、身负两块晃动的牌子蹒跚前行的广告夫、铜管乐队、转筒风琴，在欢庆声、铃儿叮当声和天上飞机的奇特呼啸声中都有她之所爱：生活、伦敦、这六月的良辰……繁忙的阿灵顿街和皮卡迪利街好像温暖了公园里的空气并使树叶发热发亮，使它们升腾于神圣活力的气浪之上，这活力是克拉丽莎所热爱的。[1]

（*MD* 4, 7）

那"神圣活力的气浪"，穿过行人与车辆，穿过人们与他们的活动，穿过电信与广播，穿过树木、花草、植被、空气和气候，一同构成了"生活、伦敦、这六月的良辰"：一个活生生的东西，作为一体，不可分割。人类、动物、草木、街道、风景、天气、季节、时间，共同构成了克拉丽莎居住和生活的环境——"在世事沉浮之中，在这里，在那里"[2]（*MD* 9），与其说是独立的个体，不如说是个体化的焦点；整体便是通过这些焦点得以展现。

然而，克拉丽莎与整体的交融，是不完整而模糊的。一方面，她

在外部观望。每当她观看那些过往的出租车时，总有只

---

[1] 引自《吴尔夫文集：达洛维太太》，北京：人民文学出版社，2003年4月，谷启楠译，第2、4、5页。

[2] 引自《吴尔夫文集：达洛维太太》，第2、7页。

身在外、漂泊海上的感觉；她总觉得日子难挨，危机四伏。①

（MD 8–9）

作为整体的某一特殊观点，克拉丽莎是孤独而脆弱的，且与整体分离。另一方面，通过逃离身份的牢笼——"现在她不愿意说世上的任何人就是谁谁谁……她不愿说彼得就是谁，她不愿说她自己就是这样一人，或是那样一人"（MD 8–9）；她与这整体合一，并悠然自得于其中。

伍尔夫在《论生病》中写道，我们每个人都有着许多"胚胎生命，它们在我们年轻时伴随着我们，直到'我'将其压制"。[26]同样，在《奥兰多》中，伍尔夫笔下的叙述者曾讲道，有意识的自我"处于最上层"，"合成并控制着"无数其他的自我。[27]只有当克拉丽莎超越了那个在她与她生活的其他部分之间设置障碍的有意识的自我以后，她才能进入那消除人与物之界限的更大的进程当中（"生活、伦敦、这六月的良辰"）。当克拉丽莎达到这种与整体融合的境界之时，她体验到了一种永恒与普遍存在（ubiquity）——这一瞬间，似乎正是受伍尔夫在罗德梅尔那包罗万象的现实之幻象（在其中，她"得以休憩，并继续存在"）（D3 196）所启发：

但是坐在车上沿着沙夫特斯伯里街驶去的时候，她说她觉得自己无处不在；不是"在这里、在这里、在这里"，她用

---

① 引自《吴尔夫文集：达洛维太太》，第6页。

手敲着座椅的靠背说，而是在所有的地方。汽车经过沙夫特斯伯里街的一路上她都在挥手。她就是这样。所以要想了解她或是任何人，必须找出那些成就了他们的人，甚至是成就了他们的地方……最后她得出一个超验的理论；由于她惧怕死亡，这个理论使她相信，或者说她自己相信（尽管她有怀疑心理）：由于我们的外表，即我们显露在外的部分，和我们广为存在的其他部分，即我们不可见的部分，相比而言是那么短暂，这不可见的部分在我们死后可能依然存在，它会以某种方式附着在这个人或那个人身上，甚至出没于某些地方。也许——也许是吧。[1]

（MD 167）

我们那"广为存在的""不可见的部分"，可以附着于其他人身上，或出没于某些地方，从而在我们死后继续存在——这种观念，正与伍尔夫在其自传体的《往事札记》中所表达的思想相吻合。她如是写道："那我们念念不忘的往事是不是独立于我们的头脑而存在呢？"[2][28]伍尔夫认为，与强烈的情感相关的时刻或经历，可以实现一种不朽——不仅仅是作为个人的记忆，而是作为某种被编织到存在当中的东西。这种针织结构有着一种整全的模式，永恒地保留着其组成部分的基本要素。

对伍尔夫来说，这种模式即一切。若没了它所提供的连贯性

---

[1]　引自《吴尔夫文集：达洛维太太》，第145页。
[2]　引自《存在的瞬间》，第77页。

与联系，便会如罗达在《海浪》中痛苦地观察到的那样，"你们所说的生活……［那］不可分割的整个一团"，实则"恶狠狠的，都是彼此分开的"[①]（*W* 107）。但伍尔夫与罗达不同："我已经达到了我所追求的无人之境；我已可以从外在穿进内在，并栖息永恒之中。"（*D4* 353–355; 13 and 27 November 1935）伍尔夫相信，在短暂的表象之外，存在着一种模式，它联系着每一流逝的瞬间和一种永恒的美与秩序。正如奈维尔在《海浪》中所说的那样，"对什么都不该满心害怕地加以排斥"[②]（*W* 163–165）。一切事物，无论多么不协调，都可以作为一个连贯一致的模式而被汇集起来——如同一首诗歌。

伍尔夫最擅长将伦敦的喧嚣作成诗歌。正如她在1928年5月31日的一篇日记中所述："伦敦本身永远散发着魅力，吸引我，激发我毫不费事地写出一出剧，一则故事或一首诗。唯一的不快是，得拖着沉重的步伐，行走在大街小巷中。"[③]（*D3* 186）一直以来都是这样。在搬进塔维斯托克广场后不久，伍尔夫在日记中写道：

> 伦敦是如此迷人。我……无需抬头，便进入了美景。入夜后，那暗白色的柱廊、宽阔寂静的林荫路更添姿色。人们进进出出，轻来轻去，像兔子一样，十分有趣；我向南安普顿街望去，街道像海豹的背部一样湿漉漉的，在阳光的映射下散发着

---

① 引自《吴尔夫文集：海浪》，第98页。
② 引自《吴尔夫文集：海浪》，第153页。
③ 引自《伍尔芙日记选》，第107—108页。

红与黄的光晕。我看着来来往往的公共汽车，听着古老深韵的
［教堂］风琴。总有一天，我要好好写写伦敦，写写它是怎样
占据了私人生活，又是怎样轻轻松松就把它拿捏的。

（*D2* 301–302; 24 May 1924）

无怪乎伍尔夫喜爱"初夏的伦敦生活，街头闲逛，广场漫步"
（*D3* 11; 20 April 1925）。"在伦敦到处走走；看看过往行人，想象
他们的生活"，能够弥补她内心的疲惫与忧虑（*D4* 253; 17 October
1934）。和卢梭一样，伍尔夫需要让她的双腿动起来，才能让她
的思想活起来；只不过，她是从城市里的人人物物，而非自然界
的山川花草中汲取灵感。她在伦敦街头的漫步生活，构成了一个
"巨大的不透明块"；而她，又将其变为了诗歌。[29]

我们可以在伍尔夫的散文《漫步街头：伦敦奇缘》中读到这
种诗化的过程。伍尔夫写道，漫步伦敦街头时，伦敦如何成为一
个舞台，并将闲游者从她个人身份的约束当中释放了出来。在冬
日里行走，在街灯下行走，"在下午茶与晚餐之间"（下午4点到6
点之间）行走，"我们不再是我们自己……摆脱了朋友们熟悉的那
个自我，成为由匿名步行者所组成的庞大共和军团中的一员；长
期的独居之后，与他们进行交往真是令人惬意"[①]（*DM* 23）；"为了
隐藏自己，为了让自己显得与众不同，我们的灵魂曾分泌出一层

---

① 引自《飞蛾之死》，北京：光明日报出版社，2012年9月，李迎春译，第15—
16页。

保护壳；而如今这层保护壳碎裂了"①（*DM* 24）。曾为伍尔夫作传的赫米奥娜·李写道，伍尔夫"想要避开一切类别"与"身份"。[30]而步行，让她得以与街道上来往的人群融为一体，成为一个匿名的"不被察觉的观察者"[31]，或者用伍尔夫的话说，"一只带有知觉的中央车站的牡蛎，一只巨大的眼睛"②（*DM* 24）。只有作为一个去个人化的主体，闲游者才能够觉察到"事物本身"。[32]

但无我（I-less）的目光，并不是非实体的。伍尔夫说，将一个纯粹的知觉主体与其他主体区分开来的，不是为朋友们所认识的我们的外在特征，而是一种感性，一种知觉与纯粹感觉的形态（modality）或质量（参见 *D2* 193; 22 August 1922）。感性是记录"感觉冲击"的一种方式，根据身体对于自身和环境的适应而赋予它们一种形状。在《论生病》中，伍尔夫如是写道：

> 身体无时无刻地干预着一切；时而粗钝，时而敏锐；时而鲜艳，时而暗淡；在六月的温暖中化作软蜡，又在二月的朦胧中冻成硬脂。而在躯壳之内的生物，只得透过那窗玻璃——那肮脏的、蔷薇色的窗玻璃，向外望去。[33]

当她摆脱掉个人身份，成为纯粹的具身感性时，步行者，便能与生命融为一体，如伍尔夫在《现代小说》中言，"这是一具明

---

① 引自《飞蛾之死》，第16页。
② 同上。

亮的光环，一个从意识的开端到结束都围绕着我们的半透明的信封"。[34]在这一点上，正如吉尔·德勒兹和菲力克斯·迦塔利所述，"我们并非存在于世界**当中**，而是**跟**它**一道**渐变"①，像那景观上的强光一样，与我们的社会环境密不可分。[35]

在这种不动感情的（dispassionate）去个人化的状态下，伍尔夫的目光顺利地抚过伦敦各式各样的街景（*DM* 24）：

> 此时的伦敦是多么美丽啊！光的岛屿、黑暗的丛林，街道的一边或许还散落着几棵树和几片草地；夜晚收起了羽翼，安然睡去；人们经过铁栏杆时，听到树叶和枝条摇曳，轻声作响，似乎在提醒着人们四周田野的寂静。一只猫头鹰号叫着，远处山谷里的火车轰隆作响。但我们突然想起，这里是伦敦；光秃秃的树梢上挂着椭圆形的浓黄色的光圈——那是窗子；耀眼的光芒一动也不动，仿佛低空的星光一般——那是街灯；这片将乡村和它的寂静都揽入怀中的空地只是伦敦的一个广场，周围全是写字楼和公寓。②

（*DM* 25）

"我们突然想起，这里是伦敦"——她好似已经忘记，伦敦可

---

① 引自《什么是哲学？》，长沙：湖南文艺出版社，2007年4月，张祖建译，第444页。
② 引自《飞蛾之死》，第17页。

不是英国的乡村！但随后，她的目光便转向了更具都市特征的景观："公共汽车光彩照人；屠宰店中黄色的肋排和紫色的牛排散发出性感的光芒；透过花店的平板玻璃窗，蓝色和红色的花束正勇敢地怒放着。"①她还指出，眼睛"具有这种奇怪的特质：它只停留在美的身上；它像蝴蝶一样追寻着色彩，寻找着温暖"②（ DM 25 ）。

伍尔夫笔下的鲜花和蝴蝶，将我们带回了乡村，或者说，把乡村带进了城市。无论伍尔夫所想的是那些带着明显人工痕迹的城市景象，还是类似于自然景观的绿色空间，那"纯粹、未经合成的美"③（DM26）——秩序、均衡、颜色，都占着主导地位。

走在回家的路上，伍尔夫反思道，在城市中行走的最大乐趣，便是摆脱自己的身份：

> 我们离开了个性的大路，踏上了通向森林深处的小径，从荆棘和浓密的树干下穿过，森林中生活着许多野兽——我们的同类，还有什么能比这更加让人欣喜和惊奇的呢？没错，逃离是我们最大的乐趣；冬日里的街头漫步是最大的冒险。④
>
> （ DM 36 ）

最大的乐趣：逃离自我的限制，在街头找寻诗意，在混乱中捕捉美与秩序。在散文《牛津街之潮》里，伍尔夫也同样将现实进行

---

① 引自《飞蛾之死》。第17页。
② 引自《飞蛾之死》，第18页。
③ 同上。
④ 引自《飞蛾之死》，第27页。

了神奇的升华。她将牛津街比作为一条"由不断变化的景象、声音和运动构成的缎带",其上的车流"奔驰、拐弯、忙乱,永远是参赛飞奔的架势",永远没有稳定的模式,总是偶然的、短暂的,"绚丽、繁华……极其普通"①,但其色彩如此引人入胜,其声光如此扣人心弦,可谓一轮奇观。³⁶街景不断变化,不断移动,不断焕发着生机,如路易在《海浪》(*W* 111)中所说的,"消融于车轮滚动之中"。在这一体当中,有一种模式或秩序能被找寻得到,或被制造出来。

但伍尔夫也并非总能将伦敦变为诗歌;城市生活既有令人赞美的一面,亦有引起恐怖的一面。《海浪》中的罗达,就对人类之不可避免的存在而感到厌恶、焦虑:

> 现在我要沿着牛津街走去……我在这充满敌意的世界里孑然一人。人类的面孔是丑恶可怕的……一张一张的面孔,就像厨子端上来的一只一只汤盘;粗蠢,贪婪,轻浮;手拎着大包小包望着商店橱街;使着媚眼,泛着红晕,把什么都给糟蹋了,连我们的爱经脏手一触,也显得不纯洁了……唉,人类啊,我多么憎恨你们!……在牛津街上,你们是那么推推搡搡,碍手碍脚,令人讨厌,你们面对面坐在那儿,两眼盯着地下铁道,样子又显得多么猥琐!……我也曾受了你们

---

① 引自《伦敦风景》,南京:译林出版社,2010年2月,宋德利译,第20、26页。

的沾染而弄脏了身体。①

（ W 131–132, 169 ）

伍尔夫并不是一直都爱着伦敦。她曾直言坦白道："昨天，我真讨厌伦敦。"（ D2 57: 17 August 1920 ）她厌倦了伦敦文坛的"评论、版集、午餐和茶余饭后的闲谈"，渴望去"认识一群细腻的、富有想象力的、没有自我意识的、一本书都没读过的非文人"（ D2 66: 15 September 1920 ）。有时，伦敦让她感到压抑，喘不过气：

> 天呐，我是多么地痛苦！我那强烈的感受力，是多么地可怖——自从我们回到了［伦敦］，我就被拧作成一团；无法进入状态；无法让事物起舞……想想吧，人们却仍在过活；我无法想象，那张张脸孔背后，究竟发生着什么。一切都只是在表面上坚硬；我自己便像是个器官，承受着一次又一次的打击；昨天，［切尔西］花展上一张张冷酷的涂满胭脂的面容的惊悚；这一切生存都毫无意义、空洞无味。

（ D4 102: 25 May 1932 ）

无法想象这些脸孔背后的生活，一定是某种由衷的痛苦：没有机会把它们变作一首诗，写成一出戏了。甚至为了防止别人怀疑自己不是克拉丽莎·达洛维，伍尔夫还补充道："我是多么讨厌邦德街，多么讨厌花钱买衣服！"（ D4 103 ）

---

① 引自《吴尔夫文集：海浪》，第 122、157 页。此处略有改动。

罗达对牛津街繁多脸孔的恐惧，深深根植于伍尔夫自己的感觉；而这也从侧面反映出了伍尔夫本人深厚的英国文学功底。比如，托马斯·德·昆西的《瘾君子自白》就是一部她熟悉的作品。[37]德·昆西曾写道，为了摸清"令人困惑不解的胡同，不可思议的入口，谜一般的此路不通的街道"，他"付出了重大的代价"[①]：

　　在那些岁月，那些人的面孔经常出现于我的梦中，我在伦敦迈出的那些困惑不解的步伐也来侵扰我的睡眠……在这以前，许多人的面孔虽在我的梦里出现过，但并不凶恶，也不具有令人痛苦的任何特殊的力量。而现在我称之为脸孔的暴虐的东西却开始显露出来。[②][38]

在德·昆西的幻觉中，"有哀求的面孔，有发怒的面孔，有绝望的面孔，各种各样，不一而足"[③]；它们，逐渐与伦敦迷宫般的街道融为一体。无论是对德·昆西，还是对罗达来说，那如洋潮般涌动的张张人脸，冷酷无情，却又无以躲避，作为一种多合一之多重性，意味着恐怖，而绝非狂喜。或许，这并非伍尔夫一元泛神论生命观的反面，而恰是它的正面，在这种生命观中，所有事物、所有人，都由一种"整全"的生命所联系。作为一个活生生的东西，伦敦可以是一个怪物——用伍尔夫的话说，"拥挤、枯

---

① 引自《瘾君子自白》，南京：江苏人民出版社，2005年8月，刘重德译，第66、67页。
② 引自《瘾君子自白》，第67、104页。
③ 引自《瘾君子自白》，第105页。

燥、不洁、毫无人性"。[39]

当伦敦在伍尔夫眼前暴露得过多，她便开始向往"罗德梅尔、和平、自由，再度唤醒［她的］心灵"（*D4* 205: 19 March 1934）。她开始渴望一个人的远途漫步，一路自言自语，诵诗读文。[40]在罗德梅尔，她写下了《雅各的房间》《达洛维太太》《海浪》和《岁月》四部巨著的绝大部分（*D2* 69, 205, 262–263, 312; *D3* 301, 312, 316, 343; *D4* 4, 7, 10, 246, 341）。我需要去到罗德梅尔，亲自调研一番，她在那里的漫步如何襄助启发她产生了那包罗万象的现实之同一性愿景，并将其写入了伦敦。

3 ｜ 伍尔夫在乡村

伍尔夫对于萨塞克斯南唐斯的热望，由来已久。1911年夏天，她在距离罗德梅尔约6英里（9.7公里）的菲尔勒租了一间小屋。走在那里，她感到"满心欢喜"。[41]如赫米奥娜·李所述：

> 漫步唐斯丘陵之中，周遭美景令她心醉神迷：山顶上的浩瀚海景，四周的壮丽山谷、俊秀海湾，零星散落的小村庄，风景之空旷，天际之变换——"乡景之美，使我叹为观止，不得不经常停下脚步，感叹一句：'我的上帝啊！'"[42]

约莫就是在那时候，弗吉尼亚正在和伦纳德·伍尔夫相互了解。弗吉尼亚发现，伦纳德和她一样喜欢萨塞克斯的乡村。随着关系逐步升温，二人有时会一起去南唐斯漫步。在1912年的一次漫步途中，弗吉尼亚与阿什罕小屋一见钟情。这栋小别墅离刘易斯约有5英里（8.1公里），位于通往纽黑文的路上。没过多久，弗吉尼亚就和她的姐姐瓦妮莎把那栋小屋租了下来。[43]同年，伦纳德和弗吉尼亚在那里度过了他们婚后的第一夜。阿什罕小屋成了一湾宝贵的避风港。在那里，伍尔夫第一次在萨塞克斯的乡村扎下了根。[44]

萨塞克斯之于伍尔夫意义特殊，还另有原因。1916年，伍尔夫夫妇还住在阿什罕小屋的时候，有一天伦纳德去散步，相中了查尔斯顿农舍。回来后，他和弗吉尼亚一起劝瓦妮莎把它租下来。于是瓦妮莎就把查尔斯顿农舍租了下来，并于同年和她的情人邓肯·格兰特以及格兰特的情人大卫·加内特（人称"小兔"）搬了进来。查尔斯顿农舍很快就成了瓦妮莎的固定居所，并为伍尔夫夫妇在萨塞克斯的生活提供了另一锚地。伍尔夫夫妇和瓦妮莎常相串门走动，查尔斯顿和阿什罕之间仅有约4英里（6.4公里）的距离；[45]而后来的罗德梅尔，也只离查尔斯顿6英里（9.7公里）远，相隔一座陡峭的小山丘。[46]

伍尔夫十分享受她的乡村漫步，并发掘了很多路线：从罗德梅尔到刘易斯（附近的主要城镇和集市中心）、附近的各个教堂、农场、村庄（D2 134: 10 September 1921）。1919年，阿什罕小屋的租期届满，但她和伦纳德还想继续留在附近，于是很快在刘易斯买下了一处房产：圆屋——一栋砖瓦房，曾是座小磨坊（D1 278–279: 9 June 1919），现在仍然矗立在烟袋小路的一头。[47]他们几乎还没搬进去，就看到了罗德梅尔一栋房产的出售通知；早在之前散步的时候，他们就知道罗德梅尔村了。[48]就这样，这栋名为"僧舍"的小别墅，成了他们接下来22年的"市"外桃源；每逢夏季、圣诞节和复活节，他们便会住进这片安宁之所。[49]买卖手续办完后，弗吉尼亚曾给朋友写信道："僧舍将是我们永远的居所。我都已经在铺满青草的院子里为我们的坟墓留了地方。"[50]的确：在两棵枝叶交错的大榆树下，埋葬着伍尔夫夫妇的骨灰。而那两棵树，则被分别命名为"伦纳德"和"弗吉尼亚"。[51]

即使是在伍尔夫生活的年代，罗德梅尔也正历经着变化。早先的罗德梅尔，曾为周边农场居民的生活中心；到了20世纪20年代，这里已经变成了伦敦富人的周末旅行胜地。中产阶级的商人们来到村子里，买下房产，还在唐斯丘陵和沼泽地附近开发新的住房。这让伍尔夫十分苦恼。[52]虽然自伍尔夫夫妇搬来的19世纪80年代以来，村里的人口减少了一半，但罗德梅尔仍是五脏俱全：一家酒吧、一间小作坊、一间铁匠铺、一个小商店、一栋邮局、一家面包店、一块板球场。[53]当时，这里还没有下水道、自来水、电、巴士。

2018年5月，黛安和我来到罗德梅尔时，这里已经大变模样了。曾经的铁匠铺成了一间机械车库。村里的许多房屋显然是近年来才建起来的。面包店、乡村商店、邮局和小作坊，已经不见了踪影。但酒吧还在——阿贝加文尼酒吧，就在车库对面，通往刘易斯的主干道旁边。罗德梅尔仍然是一座迷人的村庄。这里的房子和花园都打理得很好；鸢尾花、杜鹃花、毛地黄、山梅花、铁线莲、飞燕草、罂粟花，百花齐放；一些花园的墙壁上，还有玫瑰蔓爬而出。僧舍现已成为一座博物馆，由国家信托基金管理。罗德梅尔村的主要活动场地只有僧舍和酒吧——几乎都不能用"安静"来形容这里了。

刚一搬进来，弗吉尼亚和伦纳德就约定，每周一起去散步两次；但更多时候，还是伍尔夫独自一个人外出散步，一般是在下午2点到4点之间（*D1* 298: 14 September 1919; *D5* 111: 26 September 1937; *D5* 178; 22 September 1938）。[54]我们的民宿离僧舍很近。僧舍的后花园背后，坐落着建于12世纪的圣彼得教堂。当弗吉尼亚写作需要安静时，教堂的钟声总是让她十分恼火（"钟声叮叮当当……叮叮当当——我们究竟为什么要定居到一个村子里？"；*D5* 163–164: 28 August 1938）。教堂外的草地常年浸着水，"在那里，5分钟即可拥有一切大自然"，她曾给友人写道。[55]草地与唐斯丘陵，是伍尔夫在罗德梅尔的主要灵感来源。

那天，微风习习，温度稍凉，空中，日光与云彩变幻不停。我踏上绿草地。农田中，谷子长势正旺。待我一靠近，几只山鹬忽地从里面飞了出来。眼前一片繁花似锦，五彩缤纷：红罂粟，白雏菊，黄雏菊，蓝紫色的琉璃苣。银白色的绵羊正嚼着青草。毛茛丛中，黑白相间的荷斯坦牛也享受着美餐。现在的罗德梅尔虽与以前大不相同，但这里的乡村仍有着伍尔夫所钟爱的英式精髓。明丽的红与黄，映衬着柔和的蓝、绿、粉：浓郁的乡田气息扑面而来，沁人心脾。我沿罗德梅尔短而窄的主街闲逛着，路过锻造厂，穿过别墅区，登上了南唐斯山顶，将乌斯河谷的美景尽收眼底：宜人的绿田与树林，缓缓起伏的山丘土坡，除此之外，再无他物。伍尔夫深爱着这些景致与色彩，曾在日记中一次又一次地提及它们。

第二天，阳光正好。我沿着一条开放的小农路，穿过连绵起伏的农田，来到了位于乌斯河畔下游的南伊斯村。伍尔夫常去那里散步，有时一个人，有时和伦纳德一起。一次，她发现"两艘挂着棕色船帆的小船正在河上缓缓漂动"（D4 344: 26 September 1935）；还有一次，她观察一只翠鸟"几乎是贴着水面"飞翔而入了迷（D4 345: 29 September 1935）。南伊斯村除了一座带圆塔的石砌教堂、几栋建于17世纪的农舍之外，就没什么东西了。通往火车站的路接上了一座桥，横跨乌斯河。现在的乌斯河岸又高又陡，布满了岩石块——20世纪60年代，人们为了预防洪涝，在这里挖泥清淤，拓宽了河床。而在伍尔夫那时候，乌斯河的这一段还弯弯窄窄的，岸边都是浅浅的碎石。[56] 在那悲剧的一天，1941年3月28日，伍尔夫将一块沉石塞进大衣口袋，踏入了乌斯河。[57] 今天，没有人能再这样"踏"入河中了，你得往下跳才行。乌斯河 [发音是ooze（有"泥浆"之意）] 是一条感潮河，有涨有落。我去的时候，正值退潮。咸水面上浮着一簇簇海藻，淤泥四布，或许，"泥浆河"倒不失为一个恰当的名字。不管它曾对伍尔夫有着怎样的魅力，在我这里都消失殆尽了。不过，去往南伊斯的小路，仍保留着曾在罗德梅尔为伍尔夫带来无尽慰藉与灵感的魅力。

在一个灰蒙蒙的早晨，我从罗德梅尔出发，沿着米尔山丘来到了南唐斯路。在山脊上，常能眺望到很远很远的景色，有时甚至可以看见英吉利海峡。可惜这一天不行。四面山雾密布，无论在哪里，能见度都只有约60英尺（18米），前方物体的颜色、形状，都难以看清。于是，我又回到了山村最下面。我本想去找伍尔夫那最后一场悲壮之行的路线，但低海拔地区的雾气虽然薄了许多，能见度也还是有限。我朝着南伊斯的方向，走过一条又一条小路，穿过一片又一片放养着牛羊的草地与田野，一直都没有找到去乌斯河的路。我有些小失望，但很高兴能踏上伍尔夫曾走来放松心绪、汲取灵感的田野与沼泽。

伍尔夫夫妇刚买下僧舍的时候，整栋房子都有待修缮：

> 我们永远都拥有僧舍（这几乎是我第一次写下一个名字而希望能在与它缘尽之前再把它写上成千上万次）……里面的房间很小；而且你确实得要低估那块老烟囱和圣水壁龛的价值。僧舍里的一切都平平无奇。厨房实在是不能用，只有一个油炉，但没有炉架。没有热水，也没有浴室，至于厕所，我更是压根没找到。

事实上，僧舍里并没有住过任何僧侣，[58]但伍尔夫觉得，假定他们在这里存在过，能为这栋房子添上一种浪漫的色彩。在僧舍的巨大魅力面前，那些设施上的缺陷简直不值一提。她

> 发自内心地喜欢这花园的大小与形状、土地之肥沃与未开化度。这里似有无数棵果树；李子挤得满满当当的，都要把树枝给压弯了；一颗颗卷心菜旁边，意外地冒出了野花；豆角、洋蓟、土豆一排排列起；覆盆子丛中，结出了一粒粒

苍白的小果实。我仿佛都能想象，我在果园的苹果树下散着步，教堂尖塔的灰色消防栓为我指路，一切都是那样沁人心脾。

（*D1* 286–287: 3 July 1919）

随着一笔笔书稿费纷至沓来，伍尔夫推倒了一面面墙，延展了房间的空间，又翻修了设施。她为僧舍引入了热水，在楼上安装了一个爪足浴缸、一个水槽和一个盥洗室；[59]伍尔夫不再需要于严严冬日"穿过结满粗霜的草地，走过硬如砖块的土地，去往浪漫的私室［室外厕所］"了（*D2* 3: 7 January 1920）。

对于厨房的修缮尤让伍尔夫感到心满意足。1920年，一个固体燃料烤箱正式上任，伍尔夫很喜欢用它烤各种蛋糕、面包和小圆饼（*D2* 54: 2 August 1920; *D2* 260: 6 August 1923）。1929年，厨房里又多了一个油炉，[60]给伍尔夫带来了一种温馨的幸福：

此时此刻，［新炉子］正在玻璃盘子里完美地（我希望如此）烹饪着我的晚餐，没有煳味，没有浪费，也没有混乱：转一下手柄，就能看到温度计。如此一来，我感觉自己更加自由、更加独立——人的一生都是为了自由而斗争；我可以拎一袋肉排过来，自己生活。让我重温一遍我要做的：什锦炖菜、风味酱汁。掺了许多酒的创新怪菜……我得到厨房去看看我炉子里的焗火腿了。

（*D3* 257–258; 25 September 1929）

到了1931年，屋里又多了一台弗雷吉戴尔牌（Frigidaire）冰箱，并装备了电灯；每间卧室都配上电热取暖器。"如此温馨舒适，我们夫复何求？……我处处享受着这番奢侈，并坚信，它们对我愿称之为灵魂的东西大有裨益。"（*D4* 27–28: 28 May 1931）1934年，僧舍接通了自来水，让伍尔夫每天早上都能尽享热水澡的温暖。[61]

这便是幸福的秘诀。伍尔夫在她1931年的日记中如是写道：

> 过去的几天简直就是身在天堂……我很平静；哦，还有散步……但是，哦——再提一次——我是多么地幸福，多么地平静：有L［伦纳德］在这里［罗德梅尔］，有着规律与秩序，有着花园与夜晚的［卧］室，有着音乐，有着漫步，有着下笔如流、妙趣横生的清晨——此刻的生活是多么地甜蜜！
>
> （*D4* 44: 19 September 1931）

现在的僧舍，基本保留了伍尔夫在这里生活时的样貌。这是一座简朴的双层小别墅，外墙贴着木板，正面有着高高的推拉窗，二楼背面则是法式双窗。现在的厨房墙壁呈乳白色，而不是伍尔夫在1937年所刷的嫩绿色（*D5* 103: 19 July 1937）；赤土色的瓷砖，取代了20世纪20年代深浅不一的菱形瓷砖。[62]隔壁的屋子，是弗吉尼亚和伦纳德把原来的墙壁推倒后得到的一个开放式起居室和餐厅，橡木横梁的天花板由粗凿的橡木柱子支起，墙壁则采用了明亮的紫罗兰色。弗吉尼亚喜欢把墙壁涂成鲜艳的颜色（石榴色、黄色、蓝色、绿色）。[63] 房间里，还摆着伦纳德的写字台，以及由瓦妮莎·贝尔与邓肯·格兰特装潢的桌椅。伍尔夫常坐在壁炉旁边那把软垫椅上，靠着炉火读书。[64] 在伍尔夫看来，这番装修是"一次完美的胜利，尤其是我们打通了的餐厅，十分宽敞，有着五扇窗户，横梁直立正中，周边的花朵枝叶都在向我们点头致意"（*D3* 89: 9 June 1920）。还有一台收音唱片机，用来收听BBC新闻，播放巴赫、莫扎特、海顿和贝多芬的78转弦乐四重奏黑胶。桌子上，书架上，随处可见书籍，当然，其数量和摆放的顺序肯定和原先不一样了。[65] 墙壁上，挂着瓦妮莎·贝尔、邓肯·格兰特和罗杰·弗莱的画作，包括贝尔为伍尔夫所绘的两幅肖像。桌子上精心"随意"摆放的书籍、伦纳德摊开的书信，还有修剪好的花草和盆栽，都让人觉得，伍尔夫夫妇好像只是出门散个步。

　　另一个向公众开放的房间，是弗吉尼亚在搬到楼上的新卧室之前所住的旧卧室。壁炉上的瓷砖，是瓦妮莎·贝尔和邓肯·格兰特为他们亲手绘制的。[66] 床就靠着窗户，窗外即是花园；夏日清晨，充沛的阳光洒向屋内。[67] 一层薄薄的书架上，放着阿登版莎士比亚的作品集，其封皮由伍尔夫于1936年亲手制作（这在当时为一种心理疗法）。[68] 伍尔夫夫妇的6000余本藏书，均已卖给了华盛顿州立大学，但这间卧室保留了其名录。[69] 我在条目中找到了三卷本的《S. T. 柯尔律治诗集》[伦敦：皮克林（Pickering），1835年]，旁边还有伍尔夫的手写说明："购于1940年。"她父亲的藏书中亦有柯尔律治的《友记：三卷文集》（1818年）的第三卷。

出门便是园地：果园、菜园、芳草园、花圃、池塘和一片平坦的草坪（"梯田"，弗吉尼亚和伦纳德有时会去那打滚球）。在无花果园的远端，原本有一座小外屋——弗吉尼亚的写作小屋；1934年，伍尔夫把它拆除，又在靠着圣彼得教堂院墙的地方新建了一座。[70]后者至今仍在老位置。双窗外，阿什罕的田野一望无际。伍尔夫常在日记中记录这段风景：

> 一个寒冷而明亮的复活节清晨；忽然照射进来的阳光，山丘上早早飘落的雪花；顷刻间出现的暴风雨，墨黑一片，如章鱼般倾泻而下；在榆树上浮躁着啄食的秃鼻乌鸦。而至于美，正如我吃完早餐后去梯田时常说的那样，对一双眼睛来说太多了，足以让全体居民飘飘欲仙——只要他们愿意看。在阿什罕山丘的衬托下，花园、教堂、教堂黑色的十字架，形成了一种奇怪的组合。所有的英式元素阴差阳错地汇集到了一起。
>
> （*D5* 72: 27 March 1937）

书桌后面，高高的三道窗引进了充足的光线。红木书桌呈原生色彩，没有涂漆，面积很大，还带几个抽屉；伍尔夫曾写道，

> 这可不是一张普通的书桌，不是你在伦敦或爱丁堡能买到的那种，也不是你中午去朋友家做客时看到的那种；这是一张讨人喜欢的书桌，充满个性，值得信赖，小巧低调，矜

持内敛。[71]

书桌上，巧妙地摆着文件夹和老版的《泰晤士报文学副刊》。书桌后面还有一张桌子，上面放着伍尔夫的打字机。我们读到的一部部小说和散文，都是由她先在桌上，或在腿上垫着木板，手写下来，之后再敲出来的。亲临伍尔夫创作过诸多作品的现场，我感到振奋而动容。

无论是从外屋或卧室的窗户向外看去，还是在骑车或者远足途中，弗吉尼亚总能在萨塞克斯的乡村找到慰藉与灵感：

> 对于冬日绒毛与草地的描绘……总能让人屏住呼吸。例如，在这一片，太阳和树枝端末都像是没入了烈火；树干如宝石般翠绿；甚至树皮都着了色，像蜥蜴的皮肤一样多变。在那一片，阿什罕山云烟弥漫；长长的火车窗户上，反射着太阳的斑点；车厢上浮着烟雾，像是兔子的耳朵。白垩岩映出粉红色的光芒；我的浸水草甸有如六月般茂盛，走近一看，草并没有多高，像是狗鲨一样粗糙……每一天，或者说几乎每一天，我都朝着不同的地方走去——总有一串这样的搭配与奇观等着我。从家里出来，五分钟，即可到达空旷之地，这比在阿什罕小屋有着很大的［优势］；而且，正如我经常说的，无论哪个方向，都不会让人失望……我们穿过田野和教堂的院子，发现焦炭已经烧得通红。我们烤上了面包。然后，夜幕降临了。
>
> （*D2* 3–4: 7 January 1920）

那晚从查尔斯顿回来，那惊人的美景令我所有的神经都兴奋起来，仿佛受到电击一般……美得惊人，简直令我目不暇接。为此别人几乎悠悠不平了，因为他们无法捕捉全部的美并在那一刻拥有它。①

（*D2* 311: 15 August 1924）

今天是 8 月的最后一天，和［在罗德梅尔］的几乎每一天一样，非常美丽。天气一如既往地润朗，暖和到可以坐在外面；朵朵云彩正四处漫游；山坡上，光影的轮换令我心醉神往：我总将其比作雪花石膏碗下的光线，等等。排排谷子分列成了三、四、五块坚实的黄饼，似乎富含蛋黄与香料，很好吃的样子。

（*D3* 192–193: 31 August 1928）

罗德梅尔的美盈润着伍尔夫，如同水流漫过植物，浸透着她的神经，直到它们颤动起来（*D2* 301: 5 May 1924）。

如赫米奥娜·李所述，伍尔夫在乡下的漫步，对她的写作产生了深刻的影响："行走的节奏浸润于［伍尔夫］作品的字里行间。她把那些在饱览美景与行走时想到的措辞存下来，又写了出来"；像是一名画家，一边走，一边"做研究"[72]——一如在匡托克群山之中的柯尔律治。伍尔夫也发现，乡野漫步既能刺激她的想象

---

① 引自《伍尔芙日记选》，第 56 页。

力，又能治愈她的精神：

> 在那儿，我过着纯精神的生活——轻易就能从写作的状态切换到阅读状态，中间穿插着散步——走过草甸上高高的草丛，或登上山丘……它是如此完美，好似完美已是某种平常的状态。天气亦是如此；幸福变成了日常，不再难以寻找。
>
> （*D2* 176: 11 June 1922）

> 但［在罗德梅尔，］我是如此全然置身于我的想象之中；如此深深依赖于思想的涌现——无论是当我走着，还是坐着；各种事物翻腾于我脑海之中，开着一场似无休止的盛会，这便是我的幸福。
>
> （*D2* 314: 29 September 1924）

在伦敦，伍尔夫繁忙的社交事务缠身，思想"处于撕裂状态……一团糨糊"（*D5* 249: 8 December 1939）；而罗德梅尔很好地舒缓了她的心绪（*D4* 46: 30 September 1931）。伍尔夫"在山坡散步时心情尤好"，终于有"空间让［她的］思想得以伸张"（*D3* 107: 5 September 1926）："假设健康状况能显示在温度计上，那么我从昨天起便上升了10度……这就是在这里待上24小时，并去低沼溜达上30分钟的效果。"（*D3* 295–296: 3 March 1930）

在罗德梅尔，除了美，伍尔夫还享受着"免于审视的自由"，这使她能够"深潜入"自己的心灵（*D3* 137: 6 June 1927）："乡下比可爱更可爱；更友好，更迷人，更灿烂，还有着广袤的空旷，我想去那里漫步，与我自己的大脑相处。"（D4 85: 24 March 1932）在乡下，她感觉自己的思想变得"柔软、温暖、肥沃……碧绿而多汁"（D4 42: 3 September 1931）。每至烦闷低落之时，她便可以将苦恼"走"掉："有时，我觉得世界很绝望，便去山坡上散步"（D4 39: 15 August 1931）；"今天下午，我要去皮丁霍远足：让自己平静下来"（D5 106–107: 11 August 1937; 参见 D5 250: 9 December 1939）。

在伦敦，伍尔夫唯一能够摆脱自己身份的方式，便是溜进人行道上匿名的人群当中——几分钟，或几小时。而在罗德梅尔，她可以将茫茫人海与她的社交圈子全部抛诸脑后，长达数周，甚至数月，无需接电话，无需履行社交义务，而且，最好连访客都不用接待。当然，伍尔夫在罗德梅尔的确接待过很多客人；但她同时也在日记中直言不讳："这个夏天——我是以一种批评的口吻说，并以此告诫自己——已经被其他人所打碎了……我的确喜欢人们真的过来的时候，但我更爱他们离开的时候。"（D4 179: 23 September 1932）

在罗德梅尔，"过着纯精神的生活"的伍尔夫可以"完完全全集中于某一点上"，成为一个纯粹的感性（D2 193: 22 August 1922）。当摆脱了伦敦社交圈强加给她的身份，她便拥有了纯粹的画家式目光，对颜色、形状、光影十分敏感；她变透明了，却又为其身体接受、储存感觉的能力，为她那记忆与联想、情绪、健康或虚弱的身体状况——她独特的感性，渲染了色彩。她亦是带着这种感性走上了伦敦街头；但在很大程度上，这种浪漫主义的感性由她在萨塞克斯的日子所养育并维系。是的，也正是在罗德梅尔，伍尔夫发表了她的独立宣言："我走上沼泽，告诉自己我就是我；我必须走自己的路，而非拾人牙慧。唯有如此，我的写作与生活才堪称正当。"[①]（*D5* 347: 29 December 1940）作为一种自由的感性，不受社会的约束，她可以融入萨塞克斯的乡村，在美景当中飘然欲仙，一如卢梭和柯尔律治，与其身内、身外的"同一生命"融为一体。

相较于阿尔卑斯山脉或匡托克山区，东萨塞克斯的乡村之美更为温和。但我在罗德梅尔和南伊斯的步旅，同样为我带来了伍尔夫写作所需的平静与玄思静观之情绪。田野上花草庄稼的多彩、漫步的轻松、四周的宁静——这一切，一同编织着慷慨的魔法。

黛安和我一起探寻了伍尔夫步行地图上的其他关键地点：查尔斯顿农舍——伍尔夫经常从那里走着去找瓦妮莎；菲尔勒——瓦妮莎和弗吉尼亚在萨塞克斯住过的第一个地方，弗吉尼亚时常从罗德梅尔去那里散步；还有风景如画的阿尔弗里斯顿村——伍尔夫有时乘车，有时走着去那里。

她最常去的地方，还是这片地区的主要城镇——刘易斯。伍尔夫有时走着去［距离4英里（约6公里）］，有时骑车去，有时开

[①] 引自《思考就是我的抵抗》，北京：中信出版社，2022年9月，齐彦婧译，第239页。

车去（1927年，《到灯塔去》的稿费到账后，伍尔夫夫妇买了一辆汽车）。从罗德梅尔去往刘易斯的小路，在绿林与农田中蜿蜒前行。我们经过了朱格斯角村，伍尔夫很喜欢沿着南唐斯路来这片小村落散步（*D3* 249: 22 August 1929）。一直到1930年，伍尔夫才第一次一路走到刘易斯；她将其看作为一场胜利：

> 我们穿过一片又一片田野，走到了刘易斯——是的，从隧道中出来，［进到了城里，］达到了我们的目标；一条我已经计划了将近20年，但一直没有走成的路线。现在，要回家了；眼前……花花草草，星罗棋布。
>
> （*D3* 324: 18 October 1930）

现在的刘易斯同伍尔夫那时候一样，是个繁华的商业中心，各式各样的商铺琳琅满目，还有一片迷人的老城区，从乌斯河一路盘旋至山上；伦纳德和弗吉尼亚常来这里的老城区买日用品和杂货。

黛安和我半搭车，半走路，感受着伍尔夫的乡村：那些对她来说最重要的地点，那些使她能过上"纯精神的生活"，并启发她创作的美妙景观。可惜，许多伍尔夫走过的路线，这次我都没时间走了：到塔林－内维尔、皮丁霍、伊福德、伊特福德山的路线，去往北伊斯和泰利斯库姆的路线，从罗德梅尔到刘易斯的路线（*D4* 240: 30 August 1934; *D4* 271: 1 January 1935; *D4* 341: 4 September 1935）。但我至少得以一赏乡村的魅力：上至唐斯，下至山谷，乌斯河、绵延起伏的农田与牧场、小果园、小山丘，一同构成了多样的景观，尤适于调动感官与想象力，释放内心的负担。这里的地势相对平坦，很好走。在那一场场漫步之中，伍尔夫发现了将她与盘旋在萨塞克斯乡村之上的生命力所联结起来的美；她摆脱掉了个体特性的负担，全然融入了这种生命力之中。在她关于罗德梅尔的日记里面，"幸福"一词，一次又一次地出现。

但在乡村，伍尔夫也不是一直都那么幸福。除了恼人的教堂钟声，狗叫声和小孩子们玩闹的声音也困扰着她（参见*D2* 170–171: 1 October 1920; *D5* 163–164: 28 August 1938; *D4* 61–62: 1 and 13 January 1932）。[73]她讨厌新建起来的房子和其他建筑，认为它们破坏了风景（*D4* 17: 11 April 1931; *D4* 28: 30 May 1931; *D4* 62: 13 January 1932）。她虽然向往着逃离伦敦，有时却也怀念伦敦的社交漩涡："因为无可否认的是，我天生就善于交际。"（*D3* 42: 14 September 1925）同尼采和卢梭一样，她亦在对于孤独的渴望和对于被遗弃的恐惧之间纠结着："我不想完全一人独处。这日常对于孤独与社交的纠结。"（*D5* 225: 23 June 1939）[74]正如赫米奥娜·李所述，"［在罗德梅尔的］孤独、隐姓埋名、乡村、阅读和创作之诱惑，与在伦敦对于声名、社交、财富、闲聊、聚会和各种活动的渴望，形成了鲜明的对比。"[75]当战争切断了她与伦敦的来往后，伍尔夫愈发觉得，罗德梅尔不再是昔日那湾避风港，反而更像是座监狱了。

到了1940年2月，伦敦弥漫着浓浓的备战气息，整座城市黯然低沉。傍晚时分，"如幽灵般阴郁"的一栋栋房子里，"没有一扇窗户亮着灯"。这本是她喜欢上街闲逛的时候,"伦敦静得出奇,像一头巨大的公牛静卧在地"①(*D5* 267: 16 February 1940)。6月,英国皇家空军与从英格兰南部而来的德国战机相互轰炸正猛。在罗德梅尔附近的一次空袭过后,伍尔夫给僧舍的窗户上糊了纸(*D5* 293: 7 June 1940)。7月初,德军在南伊斯击毁了一架英国皇家空军飞机:"德国人正在蚕食我的午后漫步。"(*D5* 299: 4 July 1940)她觉得自己与文学界隔绝了。在罗德梅尔,她找不到"听众",找不到"共鸣",无法"加厚"她对于自己作为一名作家的身份感(*D5* 293, 299: 7 June 1940; *D5* 304: 24 July 1940; *D5* 357: 26 February 1941)。

1940年9月,伦纳德和弗吉尼亚回到了伦敦。出现在他们眼前的,是一座被炸毁的城市。就在距离伍尔夫夫妇位于梅克伦堡广场37号的住处仅30码(约27米)的地方,一栋房子被炸成了废墟(*D5* 316–317: 10 September 1940)。同月,另一枚炸弹摧毁了他们位于梅克伦堡广场的房子(*D5* 322: 18 September 1940)。随后,"牛津街被炸毁。那里有约翰·刘易斯商店、塞尔福里奇百货以及伯恩与霍林斯沃思大楼,都是我以前爱去的地方"②(*D5* 323: 19 September 1940)。伍尔夫愈发感到沮丧。10月,他们住了17年的塔维斯托克广场52号也被炸毁了(*D5* 329: 17 October 1940)。他们从"[伍尔夫]写了那么多书的地方"的废墟中捡回

---

① 引自《思考就是我的抵抗》,第180页。
② 引自《思考就是我的抵抗》,第218页。

了他们能捡回的东西（*D5* 330: 20 October 1940）。1941年1月，他们最后一次去伦敦时，伍尔夫"徜徉在广场荒无人烟的废墟中，那里曾是［她］居住的地方：它被炸得皮开肉绽，被彻底摧毁"[1]（*D5* 353: 15 January 1941）。她的伦敦，已经不复存在。

起初，伍尔夫泰然自若地接受了这般被迫的罗德梅尔流放：

> 要不是这么说不大合理，我几乎要宣称今天过得真是——不说幸福吧，不过可以说非常顺心。我忍不住要四处张望：十月的花朵，褐色的犁，时而朦胧时而清爽的沼泽。此刻，雾气涌起。愉悦的事一件接着一件：早餐、写作、散步、下午茶、滚球、阅读、甜点、小憩。[2]

> （*D5* 328: 12 October 1940）

乡村之美将她安慰，给了她继续生活下去的理由（*D5* 346: 24 December 1940）。[76]但在罗德梅尔附近的北伊斯和伊福德时而落下的炸弹（*D5* 333: 23 October 1940），严冬时糖和黄油的短缺（*D5* 343: 16 December 1940），伍尔夫的体重和体力惊人的下降，还有德军的持续轰炸，甚至把她散步的慰藉都夺走了（*D5* 357: 26 February 1941）。她太虚弱了，没办法再走到查尔斯顿去找瓦妮莎了。她陷入了"绝望的低谷"（*D5* 354–355: 26 January 1941）。

---

① 引自《思考就是我的抵抗》，第244页。
② 引自《思考就是我的抵抗》，第223页。此处略有改动。

1941年3月20日，当瓦妮莎来僧舍看望伍尔夫夫妇时，她对弗吉尼亚憔悴的外表和低沉的情绪感到震惊，让伦纳德赶快带她去布莱顿看她的医生奥克塔维亚·威尔伯福斯。威尔伯福斯检查发现，弗吉尼亚身体无恙，但非常"焦躁"。她建议伍尔夫采用"休息疗法"。可惜，为时已晚。[77]

1941年3月28日深夜，伍尔夫离开了她的写作小屋，挂着拐杖，走出花园的大门，经过教堂，来到乌斯河畔，朝南伊斯的方向走去。那晚的河水又高又急。当伦纳德发现弗吉尼亚失踪后，立刻报了警，并出门寻找。他在南伊斯桥以北一英里处的河岸上发现了她的手杖。她的尸体漂荡河中，直到4月18日，才被一群学生在离南伊斯不远的河里发现。伍尔夫把一块大石头塞进外套口袋，步入了河流。[78]

罗德梅尔并非伍尔夫死亡的推手；即使是在她生命的最后几个月，她仍热爱着那里的风景（参见 *D5* 335–336: 3 and 5 November 1940; *D5* 351: 9 January 1941）。但"没有奔头"（*D5* 354–355: 26 January 1941）的生活感，加之战争带来的痛苦，即使是最迷人的风景，恐也力有不逮。

东萨塞克斯的风景为伍尔夫的精神健康与文学创作所带来的帮助之大，很难一言以蔽之。正是在罗德梅尔，伍尔夫直觉到了在生命物虚幻之差背后那独一的、包罗万象的生命。伍尔夫的确是在柯尔律治和其他浪漫主义者的作品中读得了一些泛神的一元论思想；但真正教会她这一切的，是风景本身。她将这种浪漫主义的眼光从安静的罗德梅尔带到了繁华的伦敦；而在伦敦，又将柯尔律治那无所不能的"同一生命"移植到了她笔下那伟大都市之沉浮当中。于是，我回到了伦敦。

4｜生活，伦敦，此刻良辰

在伦敦，为了融入"生活、伦敦、这六月的良辰"，我加入伍尔夫爱好者大军，踏上了克拉丽莎·达洛维的足迹。由于伍尔夫的伦敦在二战期间被"炸得面目全非"[79]，我现在所见的伦敦，已与那时大不相同。不一样的不仅仅是建筑。虽然较之于1939年（以前的人口高峰期，约870万人），2018年的伦敦人口（近900万人）并没有增长太多，但其种族多样性已远远超越了伍尔夫生活的年代。尽管政府采取了一些遏制交通量的措施，例如实施由驾车者支付的拥堵税，但在伦敦的各大马路上，汽车、卡车和公交仍堵得一塌糊涂。当大本钟要敲响时，空气中，不再有伍尔夫笔下的"寂静"与"停顿"可循（*MD* 4）。

大本钟的塔楼是我的起点，但由于钟体正在维修，没有"铿锵有力"而又"深沉的音波逐渐消逝在空中"[①]。威斯敏斯特宫前面设置了路障。这个灰色的6月天，似乎有些阴沉。或许，2017年在威斯敏斯特桥和伦敦桥附近发生的针对游客的恐袭事件余波未平。我走过了丘吉尔的雕像，来到威斯敏斯特教堂后方，沿着大学院街和小学院街，来到绿草如茵的院长方园。四周一片清静，安然

---

① 引自《吴尔夫文集：达洛维太太》，第2页。

无虞。外面维多利亚街沉闷的嘈杂声，像是从很远的地方传来似的。书中，克拉丽莎·达洛维的住处应该就在这附近。

走出威斯敏斯特教堂，我被一阵轰鸣的车声赶进了圣詹姆斯公园。这便是克拉丽莎的下一站。公园里人来人往，但非常安静；树木与草坪绿意盎然，为空气注入了宁静。此刻，我的想法和克拉丽莎一样："可是多么奇怪呀，一进圣詹姆斯公园，那么寂静，那薄雾，那嗡嗡声，那缓慢浮游的快乐鸭群，那长着喉囊的水鸟摇摆而行。"[①]（MD 5）一片长长的小湖，一直蔓延至公园的另一端；"那长着喉囊的水鸟"，说的正是在里面游泳的塘鹅。过了湖，我沿着摩尔大街旁边的小路，从水师提督门溜达到了维多利亚女王纪念碑。路边大号的英国国旗陪伴了我一路，为这灰蒙蒙的天气增添了一抹浓艳的色彩。

白金汉宫外面聚集着成群结队的游客。英国王室旗高高飘扬于空中，示意着女王正在宫内。克拉丽莎并没有在此逗留，所以我也没有。我沿着克拉丽莎的行径来到了绿园。园中没什么人，参天梧桐成荫，比圣詹姆斯公园还要安静。但这份静谧尚且短暂。很快，我就被皮卡迪利圆形广场的轰隆声吓了一跳。克拉丽莎绕着皮卡迪利圆形广场，经过了伍尔夫常去购物的福南梅森百货，又经过了丽兹酒店和皇家学院，最后停在了哈查兹书店的橱窗前，并浏览了里面的书目（MD 10）。我走了进去，喜出望外地在哲学区发现了我的一本书。[80]带着这份巧合的鼓舞，我继续跟随克拉

---

① 引自《吴尔夫文集：达洛维太太》，第3页。

丽莎，沿着皮卡迪利大街，回到了她的目的地——邦德街。皮卡迪利大街的每一侧都挂满了各式各样的彩旗，十分喜庆。这里热闹而繁忙，但并没有那种让人不舒服的拥挤感。我也捕捉到了一丝喜悦——当伍尔夫穿行于伦敦，望着商店和咖啡馆的橱窗，看着伦敦人各行其是时，所感受到的那份积极的能量。

老邦德街①仍然有"飘扬的旗帜，各式商店"，但或许比克拉丽莎那时候多了几分奢华与闪耀（*MD* 11）：卡地亚、华伦天奴、劳力士、圣罗兰、古驰、伯爵、博柏利。富裕的克拉丽莎·达洛维在这样的高价商店中如鱼得水；伍尔夫则不然。她讨厌在那里购物。事实上，伍尔夫的朋友们并不觉得他们所认识的这位朴素的知识分子和上流社会的贵妇克拉丽莎之间有任何关联。[81]我觉得自己更像伍尔夫，而不是克拉丽莎，所以并未在此逗留，继续走到了克拉丽莎的最终目的地——马尔伯里花店。当克拉丽莎在那里面为她的晚会挑选花朵时，外面一辆汽车发动机回火的声音在布罗德街和牛津街的人群中引发了一阵短暂的不安（*MD* 13–16）。今天，在历经了20世纪70年代以来所有的恐怖袭击以后，一声可疑的枪响会引发更严重的骚乱。现在的马尔伯里是一家服装店；里面没有任何鲜花的招牌。

循走伍尔夫笔下克拉丽莎的步行路线，大概就是这样了。维多利亚街和皮卡迪利等熙熙攘攘的大道，与绿园和圣詹姆斯公园

---

① 邦德街的南段是老邦德街（Old Bond Street），北段是新邦德街（New Bond Street），但在日常使用中一般不作区分。

等安宁平静的绿色空间，形成了极强的对比，这的确令我入迷。但我并没有像克拉丽莎那样，觉得自己融入了"生活、伦敦、这六月的良辰"，也没有感觉自己"在伦敦的大街上，在世事沉浮之中，在这里，在那里"①。我作为一名文学游客的感觉非常强烈，很清楚自己只是"在外部观望"②。在罗德梅尔，我更能体会到伍尔夫的泛神一元论。在伦敦，于《达洛维太太》的指引下，我可以**思考**伍尔夫的一元论，但无法**感受到**它。我需要更深入到伍尔夫对于街头漫步的迷恋之中。于是，我一头扎进牛津街之潮。

如今的人潮一如伍尔夫那时一样强劲。人们在人行道上相互推挤，碰撞，正如伍尔夫所描绘的那样，好似一出角色众多的戏剧。午后时分，商铺亮灯之前，牛津街给我的印象并非"意外但奇迹般地洒满了美丽"（*DM* 28–29）。这些完全现代化的商店，建于第二次世界大战之后，看上去很普通；你可以在任何大城市里找到类似的商店。眼前，伍尔夫所喜爱的各式商货，从价廉俗丽的，到奢华高档的，应有尽有，只是被裹进了一个平淡无奇的建筑外包装里。

虽说琳琅商铺没能对我施展什么魔法，但万花筒般的人群却独有着魅力。还没走过几个街区，我便好像已经见识到了地球上所有的国籍、种族与个性。今天的伦敦可能是地球上最国际化、最多样化的城市了。但由于牛津街的行人们步步紧逼，寸步

---

① 引自《吴尔夫文集：达洛维太太》，第 7 页。
② 引自《吴尔夫文集：达洛维太太》，第 6 页。

不让，我并没有觉得在那里行走是多好的休憩方式。为了尝试在伍尔夫描绘的那般狂喜之中迷失自己，或成为一个未被观察到的观察者之纯粹的凝视，我费了好大的劲，才在人行道上为自己腾出了一丁点空间。一名伟大的艺术家，或许会就此进行发挥，为这片混乱注入秩序；但在喧闹之中，我缺乏必要的超然，无法辨别潜于混乱当中的模式。即使身处其中，我仍是"在外部观望"，没能找到我所寻找的东西。但我没有放弃。

我沿着新牛津街①走到了布瑞广场，和戴安在伦敦评论书店碰面。我们饮茶，聊天，休憩片刻后，一起前往了位于塔维斯托克广场的大型现代酒店。1924年至1939年间，伍尔夫夫妇的公寓曾坐落于此。广场中央的小公园里，立着一尊斯蒂芬·汤姆林创作的弗吉尼亚·伍尔夫半身像。伍尔夫回忆道，1925年的一个下午，她在塔维斯托克广场散步时，"感受到了一种显然是不由自主的强烈冲动"，完整地构思出了《到灯塔去》的情节（*D3* 132: 14 March 1927）[82]——和"毫无感觉、未费吹灰之力"[83]地想象出了《忽必烈汗》的柯尔律治一样（虽然伍尔夫最终花了好几个月的时间才完成这部作品）。我发现，在塔维斯托克广场上是溜达不了多久的。如果伍尔夫确实历经了如此浪漫主义式的灵光闪现，那么要么是这一瞬来得很快，要么就是她还去公园里走了一会儿，沉浸在绿色与宁静之中，直到她的大脑从充满自我意识的"我"中完全释放了出来，让她的想象力得以自由运作，就像

---

① 新牛津街，建于1847年，连接了牛津街的东端与高霍尔本（High Holborn）。

是在罗德梅尔一样。

　　然后，还没走出塔维斯托克广场，我便豁然开朗："民主就在街头。"匆忙走过的百态行人，从不和谐到和谐又从和谐到不和谐的演变，最千变万化地共同构成了这座城市之生命的无数个体之间无穷无尽的交会：这正是我寻觅已久的、那无所不在的生命。此刻，它正在我眼前上演着重重辉煌，千姿百态，色彩斑斓。伦敦充斥着生命力，瞬息万变，处于一个无始无终的生成过程之中，与罗德梅尔的乡村一样生机盎然。这里有色彩，有运动，有成长，有衰败，有无休止转动着的变化之轮；那无数个体与事件，便像是辐条一样，附于其上。克拉丽莎是对的；是的，在这里漫步，要比在乡村更好。我只需明白，何处找寻，或者说，如何找寻。

　　我错就错在，尝试在伦敦的喧嚣混乱之中寻找罗德梅尔那充满田园风情的一体性。我想当然地以为，自己在乡村所找到的"同一生命"（one life）可以被不加改变地映射到都市之中。伍尔夫不是这么做的。她的确是把浪漫主义的自然一体性移植到了伦敦的生活当中；那"同一生命"本身并未发生变化，只是换成了其独特的都市形式：活跃、持久、富于生机，相较于平和与宁静，更为混乱而不和谐。当伍尔夫漫步于都市街头，她发现了一个潜在的现实，它包罗万象，联结起了生命物与非生命物，联结起了自然的与人工的、人类的和非人类的：双层巴士和流浪汉、社交名流和肉店门窗、缥缈于工厂煤烟之中的日落红晕。但那联结所有事物的生命之同一性，无论是在乡野农田还是伦敦街头，都是一样的，具有同样的能量，只是调协的方式有所不同。构成可变之多重性的同一生命，不必是某串特定的音符、某支固定的曲调；它自始至终，都是熙熙攘攘的现代生活之舞乐。

伍尔夫在乡村与城市中所体验到的那份心醉神迷，让她得以摆脱个人身份而与包罗万象的时刻融为一体——"思想，感觉，海的声音"——那整全的，望向永恒的，使时间静止的，活生生的时刻（*D3* 209–210: 28 November 1928）。罗德梅尔是她最早发现它的地方。在那里，她写道：

> 如果一个人不回眸，不总结，不因眼前这一瞬的美好而叫它停下，那这人得到的是什么，死亡吗？不：留步，你这一瞬。这句话说上多少次都不为过。总是匆匆忙忙的。现在我要回屋了，去见L［伦纳德］，并留住这一瞬。
>
> （*D4* 134–135; 31 December 1932）

"留步，你这一瞬！你是如此明媚！"这，就是伍尔夫——浪漫主义者，泛神论者，乡村漫游者，街头闲游者。

第九章

尾声：我行故我在（重奏）

当伽桑狄对着笛卡尔的"我思故我在"唱反调，提出"我行故我在"的时候，他比自己所以为的要更加言之有道。[1]本书所探讨的一场场步旅便例证了：身理活动与知觉、想象力、感情和思想之间有着密切的联系。或许，笛卡尔会**想象**他可以在没有身体的情况下进行思考，但这不是本书所讨论的作家之经验，也同样不是我的经验。

笛卡尔认为，较之于我身体的存在，我更能确定我思维的存在。在他看来，像做梦这样想象一个不真实的身体在做不真实的动作的经历，会让人怀疑：我是否拥有身体？他的确得承认，获取感官知觉，需要具备身体上的感官器官；但这只会成为他怀疑感官证词的又一理由。纯在心智上清晰明了的观念，不受任何感官内容的牵绊，是最不言而喻、准确可靠的。而至于走路，笛卡尔说：我可能是梦到我在走路，而实际上并非如此。如果我觉知到我在走路，那么这种觉知来自我的心灵，而非身体。如此一来，我便更加确定我心灵那关于行走的**观念**，而非行走这一身理行为本身。若我梦见自己在思考，那么我确实**在**思考，至少，是以这样或那样的形式在思考。[2]

但是，梦时的思考是碎片化而不连贯的，并非某种作为真实经验特征的各种知觉的高度整合之统一；笛卡尔的"我思故我在"，也是如此。没有时间性的持续，"我思"便成了一种孤立的、瞬间的思想，随时随地都会消失，不由任何前提所导致（笛卡尔也正是希望"我思"是没有前提的），但同时也不会导致任何后果。这就和柯尔律治在吸食鸦片后所产生的想法一样缺乏实质性，且转瞬即逝。正如雅克·德里达所述，就其不连贯性而言，一个纯粹瞬间的"我思"与疯癫无异，同梦境无法区分。[3]它是一个纯粹的当下，不包含过去和未来。

相比之下，我们醒时对于世界的体验，需要意识的不同时刻相融为一体，从而形成一个过去、现在和未来之时间上的综合体。康德把这种将经验综合为一个统一体的工作归于想象力，即在感官的被动接受和心智的主动组织之间所架起桥梁的合一之力（*Einbildungskraft*）。[4]正如海德格尔所述，这种综合，必须要通过时间来展开。[5]他论证道，想象力将不同的时间上的时刻联结到一起，构成了经验的先验统一性。这种统一性支撑着空间（作为令不同位置的空间得以被定位的东西的统一性）和时间。对于这一点，我可以接着补充：在现实的、基于经历的经验当中，将不同的空间在时间上结合起来的，正是运动——如伽桑狄言，运动即生命之本质。

我们固然可以想象，想象力对经验的综合，可以无需身体而纯由思维来实现；但这只是一种错觉。要将一个被感知对象的各个方面整合为一个统一体，即康德所说的初级或生产性想象力所做的，需要从不同的角度来把握对象，而每个不同的角度，都需在空间上有一个锚点。这个锚点即是身体。莫里斯·梅洛-庞蒂曾言，若身体不处于空间之中，若它不能从一个地方移动到另一地方，我们便永远也不能将对一个物体的不同视角，融入对位于我们自己所处的同一空间中的这一事物的知觉当中。[6]梅洛-庞蒂说，空间本身是生存论的，其可能性之条件，是我们拥有一个能够运动、行动和知觉的身体。简言之，给予我们经验之"真实"世界和诗意之想象世界的知觉经验与想象经验，需要具身于一个能够在空间当中移动的身体。我们在空间当中移动的最基本的方式，便是行走；而我们如何行走，如我们在本书中所见，与我们如何思考关系甚密。

　　一言以蔽之：我行故我在。走路是一种具身的经验，而具身的经验——请笛卡尔见谅——在本质上是与知觉、想象、思考所相关的。即使是最抽象的概念性思维，也只有在具身的感官体验之基础上才得以成为可能。心灵，便是植此基础进行反思，从而确定观念之间的抽象关系，如同一性与差异性。而这些关系，构建了理性思维之基本原则的基础。[7]无怪乎，走路能够刺激与身体关联更密切的思维形式，如知觉、记忆与想象。

　　一般当我在课上讨论到这里的时候，就会有一名学生提出质疑：那斯蒂芬·霍金呢？他只能坐在轮椅上，但他绝对是能思考的。事实上，他比我们大多数人都更会思考，并且肯定是比我强得多。如果说有什么论据能支持笛卡尔的这一观点，即心灵是独立于身体的，可以不用身体的帮助而移动和行动，那便是霍金了。

对此，我会回答：说得好。斯蒂芬·霍金为何如此善思，对我来说是个谜；但即使霍金能像尤塞恩·博尔特①那样双腿敏捷，他惊人的智力同样会让我感到困惑。

其实，认为霍金不走路是不对的。他亦是在以自己的方式，通过轮椅的帮助而行走。诚然，他并不是像本书所讨论的那些思想家那样，通过将一只脚置于另一只脚前面而行走；但他的身体同样是从一个地方移到了另一地方，占据不同的视角，并将其综合为对位于他所处之地的单一物体的知觉。霍金采取的方式同其他人一样：结合感官输入、身理运动与想象力。他和我们所有人一样，利用大脑的海马体以及通过眼睛、前庭系统、肌肉的协调感官输入而对自己的身体姿势与位置所产生的觉知，熟悉着自己所处的空间。轮椅成为霍金身体的延伸，就如同对于一些人来说，眼镜作为其视觉运作的一部分而存在。无论是坐在轮椅上，拄着拐杖，还是使用腋杖，通过某种方式而辅助的行走，依旧是行走。

我们可以想想俄狄浦斯所解开的斯芬克斯之谜：什么东西在早上用四条腿走路，中午用两条腿走路，晚上用三条腿走路？答案当然是人类（*Anthropos*）。[8]按照事物自然发展的进程，我们幼年时四肢并行，成年时两腿直立行走，到了老年则需依靠拐杖辅

---

① 尤塞恩·博尔特（1986年— ），牙买加运动员，男子100米、200米世界纪录保持者。

助。无论是用两条腿或三条腿，还是用轮椅的四个轮子，人体都是在空间当中自我推进，用其感官探索着环境——被辅助与否，都是在行走。

请不要忘记我们理所当然地接受了多少行走的辅助，就比如说最普通的鞋子和靴子。蒂姆·英戈尔德和哈克贝利·费恩一样，都是赤脚走路的倡导者；[9]但除非天气温暖，或是在柔软的沙滩或草地上，否则，我们大多数人都偏向于给脚套上鞋袜。尤其是在现代城市社会中，缺乏鞋装或穿着劣质的鞋，已经成为贫穷的标志：“鞋跟磨损的”“踩着鞋帮”①及类似的表达方式，都是在隐喻一种衰败或缺乏资源的状态。除此之外，不论穿着鞋还是赤着脚，我们大多都是在铺设好的路面上行走，如人行道或者马路；即使是在未铺设好的小路上，我们也受益于在我们之前踏过此处的匿名人群的帮助，走着已被开踩的道路。[10]在我们当中，少有人开辟道路；大部分人，都走在前人的足迹之上。

这也是我在整本书当中所做的。他们都是极佳的步友——布勒东、萨特、波伏瓦、柯尔律治、克尔凯郭尔、卢梭、尼采、伍尔夫；还有那些书写行走的作家，比如丽贝卡·索尔尼特、大卫·勒布勒东、罗伯特·麦克法兰、让-路易·于、劳伦·埃尔金、蒂姆·英戈尔德、乔·费根斯特、菲尔·史密斯、弗雷德里克·格霍、约瑟夫·阿马托、马修·博蒙特；还有很多很多人。这些步行者和他们的思想，将继续在城市、田野、森林与群山之

---

① 英文down at the heels直译为“鞋跟磨损的”，引申意指寒酸破败的；on his uppers直译为“踩着鞋帮”，引申意指穷困潦倒的。

中伴我同行。

　　弗吉尼亚·伍尔夫曾在日记中写道，她可以在萨塞克斯的南唐斯，或伦敦的街巷之中"走"掉坏心情。论这点，她绝不孤单：克尔凯郭尔、尼采、卢梭及许许多多步行家都说过，他们可以"走"入健康。[11]每当我感到倦怠、低落、无力、沮丧时，便出去走上一圈，然后，常能重回佳境。走多久不重要，有时10分钟足矣。当我的双腿活动起来，肺部深呼深吸，感官开始注意周遭环境，我的情绪亦随之振奋，思维逐渐活跃。步行爱好者们会发现一条悖论：在消耗体力，一阵行走之后——无论是远足还是近行，你都会神清气爽，身心俱健。

　　长思已尽，枯坐无益。是时候穿上靴子，走进世界，——体验行走的丰富感官，任我们的想象自由飞扬。

注 释

第一章 认识邻里

1　参阅 Christophe Lamoure, *Petite philosophie du marcheur* (Paris: Éditions Milan, 2007), 104–05; Frédéric Gros, *Marcher, une philosophie* (Paris: Champs/Flammarion, 2011), 209–216; *A Philosophy of Walking*, trans. John Howe (London and New York: Verso, 2014), 153–158。

2　Jean-Jacques Rousseau, *Confessions*, trans. J. M. Cohen (Harmondsworth: Penguin Books, 1953), 382, 158.

3　Rebecca Solnit, *Wanderlust. A History of Walking* (New York: Penguin Books, 2001), 7, 8.

4　André Breton, *Nadja*, trans. Richard Howard (New York: Grove Press, 1960), 72.

5　参阅 Stephen Addis and Stanley Lombardo, trans. Lao-Tzu, *Tao Te Ching* (Indianapolis, IN: Hackett, 1993), Chapter 64 (no pagination): "A thousand-mile journey begins with a single step"；参阅另一英译本 Wing-Tsit Chan, trans., *The Way of Lao-Tzu (Tao Te Ching)* (Indianapolis, IN: Bobbs-Merrill, 1963), 214: "The journey of a thousand *li* starts from where one stands"。

6　Solnit, *Wanderlust*, 128.

7　参阅 Gros, *Marcher, une philosophie*, 7–9; *A Philosophy of Walking*, 1–2。

8　David Le Breton, *Éloge de la marche* (Paris: Éditions Métailié, 2000), 11, 31, 34.

9　Gilles Deleuze and Félix Guattari, *A Thousand Plateaus*, trans. Brian Massumi

(Minneapolis: University of Minnesota Press, 1987), 409.

10 Will Self, *Psychogeography* (London: Bloomsbury, 2007), 61.

11 David Le Breton, *Marcher. Éloge des Chemins et de la lenteur* (Paris: Éditions Métailié, 2012), 150.

12 Martin Heidegger, *Being and Time*, trans. John Macquarrie and Edward Robinson (New York: Harper and Row, 1962), 172–179.

13 Heidegger, *Being and Time*, 140.

14 Yi-Fu Tuan, *Space and Place. The Perspective of Experience* (Minneapolis: University of Minnesota Press), 46–47.

15 Jean-Paul Sartre, *Sketch for a Theory of the Emotions*, trans. Philip Mairet (London: Methuen, 1971), 41–44.

16 参阅 Virginia Woolf, *Moments of Being*, ed. Jeanne Selkind, 2nd ed. (London and New York: Harcourt, 1985), 78。

17 Guy Debord, "Introduction to a Critique of Urban Geography," in *The Situationist International Anthology*, ed. Ken Knabb (Berkeley, CA: Bureau of Public Secrets, 2006), 8.

18 Jean-Jacques Rousseau, *Reveries of the Solitary Walker*, trans. Peter France (Harmondsworth: Penguin, 1979).参阅本书第七章。

19 Charles Baudelaire, *Les Fleurs du mal* (1861), especially the "Tableaux parisiens," and *Petits poèmes en prose (Le Spleen de Paris)* (1869); in translation, in Charles Baudelaire, *Selected Poems*, trans. Carol Clark (Harmondsworth: Penguin, 1995) and in *Paris Spleen*, trans. Lousie Varèse (New York: New Directions, 1970).还请参阅 Walter Benjamin, "Paris, Capital of the Nineteenth Century," Section 5, "Baudelaire, or the Streets of Paris," in *Reflections*, ed. Peter Demetz, trans. Edmund Jephcott (New York: Schocken Books, 2007) 156–158, and "On Some Motifs in Baudelaire," in *Illuminations*, ed. Hannah Arendt, trans. Harry Zohn (New York: Schocken Books, 2007), 155–200。在本书第三章和第六章，笔者将重提波德莱尔和本雅明。

20 参阅 Breton, *Nadja*; Louis Aragon, *Paris Peasant*, trans. Simon Watson Taylor (Boston, MA: Exact Change, 1994) and Philippe Soupault, *Last Nights in Paris*, trans. William Carlos Williams (Boston, MA: Exact Change, 1992)。这些书目描绘了非常个人化的巴黎之旅，以一种单纯的事实描述方式勾勒出了20世纪20年代这座城市的生活现实。参阅本书第三章。

21 Martin Heidegger, *Holzwege* (Frankfurt: V. Klostermann, 1950); in French, *Chemins qui ne mènent nulle part*, trans. Wolfgang Brokmeier (Paris: Gallimard, 1986), 意为 "paths to nowhere"。有两个英译本: *Woodpaths*, trans. Ian Hamilton Finlay and Solveig Hill (Dunsyre: Wild Hawthorn Press, 1992); *Off the Beaten Track*, ed. and trans. Julian Young and Kenneth Haynes (Cambridge: Cambridge University Press,

2002)。

22　Lauren Elkin, *Flâneuse. Women Walk the City in Paris, New York, Tokyo, Venice and London* (London: Chatto & Windus, 2016)，该书涉及 Jean Rhys, Virginia Woolf, George Sand, Sophie Calle, Mavis Gallant, Agnès Varda, and Martha Gellhorn的故事，并给出了文学界被忽视掉的（女）闲游者的名单(302 n. 27)：Michèle Bernstein, Rachel Lichtenstein, Laura Oldfield, Rebecca Solnit, Joanna Kavenna, Patti Smith, Faïza Guène, Janet Cardiff, Yoko Ono, Laurie Anderson及其他40位。

23　René Descartes, *Meditations on First Philosophy: Objections and Replies*, Fifth Set of Objections and Replies, in *The Philosophical Writings of Descartes*, vol. II, trans. John Cottingham, Robert Stoothoff and Dugald Murdoch (Cambridge: Cambridge University Press, 1984), 179–277；尤其是页180–182。

24　Jean-Paul Sartre, *Situations II: Qu'est-ce que la littérature?* (Paris: Gallimard, 1948), 15, 243, 251–255, 327; Jean-Paul Sartre, "We Write for Our Own Time" [1947], in *The Selected Prose Writings of Jean-Paul Sartre*, ed. Michel Contat and Michel Rybalka, trans. Richard McCleary (Evanston, IL: Northwestern University Press, 1974), 172–178, at 173–175.

25　Solnit, *Wanderlust*, 168, 234.

26　Le Breton, *Marcher. Éloge des chemins et de la lenteur*, 19.

27　Solnit, *Wanderlust*, 68.

28　Solnit, *Wanderlust*, 29, 72, 77, 191.

29　Wade Davis, *The Wayfinders* (Toronto: House of Anansi, 2009), 150.

30　参阅 Gaston Bachelard, *La Poétique de l'espace* (Paris: Presses Universitaires de France, 2012), 33。

31　Deleuze and Guattari, *A Thousand Plateaus*, 12–13, 23.

32　Deleuze and Guattari, *A Thousand Plateaus*, 311–316.

33　参阅 Gabor Maté, *In the Realm of Hungry Ghosts. Close Encounters with Addiction* (Toronto: Vintage Canada, 2009)。

34　Le Breton, *Marcher. Éloge des Chemins et de la lenteur*, 19.

35　Henri Lefebvre, *The Production of Space*, trans. Donald Nicholson-Smith (Oxford and Cambridge, MA: Blackwell, 1991), 86.

36　Daniel Rubinstein, *Born to Walk. The Transformative Power of a Pedestrian Act* (Toronto: ECW Press, 2015), 77.

37　Heidegger, *Being and Time*, 140–141.

38　Gaston Bachelard, *The Poetics of Space*, trans. Maria Jolas (Boston, MA: Beacon Hill Press, 1964), 11.

39　Jean-Paul Sartre, "American Cities," in *Literary and Philosophical Essays*, trans. Annette Michelson (New York: Collier Books, 1962), 124.

40　Self, *Psychogeography*, 15.

41　Self, *Psychogeography*, 69.

42　Le Breton, *Marcher*, 17; 还请参阅 Joseph A. Amato, *On Foot. A History of Walking* (New York and London: New York University Press, 2004), 234–243。

43　Ray Bradbury, "The Pedestrian," in *The Magic of Walking*, ed. Aaron Sussman and Ruth Goode (New York: Fireside Books, 1980), 318–322.

44　Geof Nicholson, *The Lost Art of Walking. The History, Science, Philosophy, and Literature of Pedestrianism* (New York: Riverhead Books, 2009), 33.

45　Martin Heidegger, "Poetically Man Dwells," in *Poetry, Language, Thought*, trans. Albert Hofstadter (New York: Harper and Row, 1971), 213–229; at 228.

46　Heidegger, *Being and Time*, 111, 115–116, 119.

47　Bachelard, *La Poétique de l'espace*, 187.

48　Bachelard, *La Poétique de l'espace*, 17–19, 24, 27, 58.

49　Bachelard, *La Poétique de l'espace*, 17.

50　Heidegger, "The Thing," in *Poetry, Language, Thought*, 165–186; at 186.

51　Le Breton, *Marcher. Éloge des chemins et de la lenteur*, 155.

52　Solnit, *Wanderlust*, 275.

第二章　我行故我在：伽桑狄与笛卡尔的心身问题

1　参阅 Paul Churchland, *Matter and Consciousness* (Cambridge, MA: MIT Press, 1984) and Patricia Churchland, *Neurophilosophy: Toward a Unified Science of the Mind-Brain* (Cambridge, MA: MIT Press, 1986)。

2　Francisco J. Varela, Evan Thompson and Eleonor Rosch, *Embodied Mind. Cognitive Science and Human Experience* (Cambridge, MA: MIT Press, 1991).

3　Maurice Merleau-Ponty, *Phénoménologie de la perception* (Paris: Gallimard, 1945); trans. Donald Landes, *Phenomenology of Perception* (New York and London: Routledge Classics, 2012).

4　René Descartes, *Meditations on First Philosophy*, in *The Philosophical Writings of Descartes*, trans. and ed. John Cottingham, Robert Stoothoff and Dugald Murdoch et al. (Cambridge: Cambridge University Press, 1984), vol. 2, 12–23 (First and Second Meditations).

5　Pierre Gassendi, "Fifth Set of Objections," in René Descartes, *Meditations on First Philosophy, in The Philosophical Writings of Descartes*, vol. 2, 180; *ambulo ergo sum*（我行故我在）并未出现在 Cottingham 等人的译本中，但许多（各种语言

的）Descartes 注疏者都引用过这句话。参阅如 Jaakko Hintakka, "*Cogito, ergo sum*: Inference or Performance?," *Philosophical Review* vol. 71, no. 1 (January 1962): 6; Kuno Fischer, *The History of Modern Philosophy; Descartes and His School*, trans. James Power Gordy (New York: Charles Scribners' Sons, 1887), 461: "'I go a-walking, therefore I am' is, according to Gassendi, just as certain as 'I think, therefore I am' ... [for] 'From every activity which I conceive, it follows, with indubitable certainty, that I am'"。还请参阅 Georg Wilhelm Friedrich Hegel, *Lectures on the History of Philosophy*, vol. 3, *Medieval and Modern Philosophy*, trans. Elizabeth Sanderson Haldane and Frances H. Simson (Lincoln and London: University of Nebraska Press [Bison Book], 1995), 230–231。Descartes 对 Gassendi 的回应还指向 "我行故我在"；Descartes, "Replies to the Fifth Set of Objections," *Philosophical Works*, vol. 2, 244。还请参阅 Pierre Gassendi, *Disquisitio metaphysica, sive Dubitationes et instantiae adversus Renati Cartesii Metaphysicum, & respona* (Amsterdam: Johann Blaev, 1644); French translation by Bernard Rochot (Paris: J. Vrin, 1964)。

6   Descartes, "Replies to the Fifth Set of Objections," *Philosophical Writings*, vol. 2, 244; *Principles of Philosophy*, Part One, Proposition 9, in Descartes, *Philosophical Writings*, vol. 1, 195.

7   herman de vries 为了避免任何可能的等级制度，从未在他的姓名中使用过大写字母。

8   Mel Gooding, *herman de vries: Change and Chance* (London: Thames and Hudson, 2006), 124–126; http://www.hermandevries.org/project_sanctuaries.php.

9   herman de vries, *reConnaître: les choses mêmes* (Paris: Réunion des Musées Nationaux, and Digne-les-Bains: Musée départemental, 2001), 34；还请参阅 page 12, "movement is the essence of life, with change and chance as its corollary"。

10   参阅 Christophe Lamoure, *Petite philosophie du marcheur* (Paris: Éditions Milan, 2007), 100。Coleridge 亦曾写道，希腊语单词 Μεθοδος "is literally *a way or path of transit*;" Samuel Taylor Coleridge, *The Friend*, 2 vols., ed. B. E. Rooke (Princeton, NJ and London: Princeton University Press/ Bollingen Press, 1969), vol. 1, 457。Coleridge 的这一隐喻来自 Immanuel Kant, *Critique of Pure Reason*, trans. Friedrich Max Müller (New York: Anchor Books, 1966), Method of Transcendentalism, chapter III, The Architectonic of Pure Reason, pages 533, 537, 540。但 Kant 认为，那条一旦找到就永远不会引入歧途的唯一的真正的路，已经 "被过度生长的感性遮掩住了"；相反，本书中所展开的行走思想家们，则将感性当作为通向哲学真理之路的重要组成部分。

11 herman de vries, *reConnaître*, 14.

12 引白德弗里斯，见其2008年在迪涅莱班 CAIRN Art Center 展览的报道，p. 1; "Dossier de presse," CAIRN centre d'art, Digne-les-Bains, May-June 2008; CP_hdv_09.pdf

13 www.resgeol04.org/herman.html, page 1.

14 de vries, *reConnaître*, 30: "les vraies choses... la chose elle-même."

15 de vries, *reConnaître*, 48.

16 Gassendi, "Fifth Set of Objections," 181.

17 参 阅 Gassendi, "Fifth Set of Objections," 183: "You [Descartes] will thus have to prove that you think independently of the body in such a way that you can never be hampered or disturbed by it."

18 Bernard Williams, *Descartes: The Project of Pure Inquiry* (London: Pelican, 1978), 54–55.

19 Descartes, "Second Meditation," *Meditations*.

20 Descartes, "Replies to the Fifth Set of Objections," 244.

21 Descartes, *Meditations*, 13.

22 许多作家都关注到了柏拉图在 *Republic* 中对于视觉的重视。比如，Martin Heidegger, "Plato's Doctrine of Truth" (1940), trans. John Barlow, in *Philosophy in the Twentieth Century*, ed. William Barrett and Henry D. Aiken (New York: Random House, 1962), vol. 3, 251–270；首版为 *Platons Lehre von der Wahrheit. Mit einen Brief über den "Humanismus"* (Bern: A. Francke, 1947), 5–52。还可参阅 Heidegger, *The Essence of Truth: On Plato's Cave Allegory and Theaetetus*, trans. Ted Sadler (London and New York: Continuum [Impact], 2004)的相关课程讲稿。虽然柏拉图贬低一切感官，但仍基于视觉辨别差异的能力而将其当作心智的"模仿"（imitation），参阅 *Republic* 368c-d, 527d, 532a-b and Aristotle, *Metaphysics*, Book I, 980a25，还请参阅 Hans Jonas, "The Nobility of Sight," *Journal for Philosophy and Phenomenological Research* vol. 14, no. 4 (1954): 507–519。

23 Gassendi, "Fifth Set of Objections," 181.

24 Locke 和他的伙伴与同时代者 Robert Boyle、Isaac Newton 均可能熟悉 Gassendi 的著作。参阅 the article on "Pierre Gassendi" in the Stanford Encyclopedia of Philosophy: http://plato.stanford.edu/entries/gassendi/。

25 John Locke, *An Essay Concerning Human Understanding*, ed. Peter H. Nidditch (Oxford: Clarendon Press, 1990), 634–635; Book IV, chapter IX, "Of Our Knowledge of the Existence of other Things."

26 Gassendi, "Fifth Set of Objections," 181–183.

27 Michael Bond, *From Here to There* (Cambridge, MA: Harvard University Press/ Belknap Press, 2020), 101.

28 John Grande引自de vries "herman de vries in conversation with John Grande," in *Wegway* Number 7 (Fall 2004): 44。

29 de vries, *reConnaître*, 12.

30 de vries, *reConnaître*, 34: "le mouvement induit de nouvelles expériences."

31 Descartes, *Discourse on the Method*, Part Two, in *Philosophical Writings*, vol. 1, 116; *Early Writings*, in *Philosophical Writings*, vol. 1, 4n.

32 Descartes, *Meditations*, Synopsis, *Philosophical Writings*, vol. 2, 10.

33 Descartes, *Meditations*, First Meditation, *Philosophical Writings*, vol. 2, 13.

34 Descartes, *Meditations*, Second Meditation, *Philosophical Writings*, vol. 2, 21.

35 参阅Chai Youn Kim and Rudolph Blake, "Psychophysical Magic: Rendering the Visible 'Invisible'," *Trends in Cognitive Sciences* vol. 9, no. 8 (n.d.): 381–388；Marvin M. Chun and René Marois, "The Dark Side of Visual Attention," *Current Opinion in Neurobiology* vol. 12, no. 2 (April 2002): 184–190；James S. P. Macdonald and Nilli Lavie, "Load Induced Blindness," *Journal of Experimental Psychology: Human Perception and Performance* vol. 34, no. 5 (October 2008): 1078–1091。这些研究旨在阐明，当知觉者的注意力面临其他需求时，非常小的物体或短暂瞥见的大物体是如何躲过意识觉知的。

36 参阅第五章。

第三章　循安德烈与娜嘉的足迹而行：追忆旧时

1 André Breton, *Nadja*; notes and dossier by Michel Meyer (Paris: Gallimard [Folio], 1998 [1928]); trans. Richard Howard (New York: Grove Press, 1960).后文以缩写字母*N*代指该作品，其后第一个数字表示法文本的页码，第二个数字表示英译本的页码。当只提及一个数字时，即指法文本的页码。

2 Louis Aragaon, *Le Paysan de Paris* (Paris: Gallimard [Folio], 2007 [1926]); *Paris Peasant*, trans. Simon Watson Taylor (Boston, MA: Exact Change, 1994); Philippe Soupault, *Les Dernières nuits de Paris* (Paris: Gallimard [L'Imaginaire], 1997 [1928]); *Last Nights in Paris*, trans. William Carlos Williams (Cambridge, MA: Exact Change, 1992).

3 André Breton, *Les pas perdus* (Paris: Gallimard [L'Imaginaire], 2004 [1924]); *The Lost Steps*, trans. Mark Polizzotti (Lincoln and London: University of Nebraska Press, 1996).后文以缩写字母*PP*代指该作品，其后第一个数字表示法文本的页码，第

二个数字表示英译本的页码。

4　Karen Till 采用了重写本的比喻，见 *The New Berlin: Memory, Politics, Place* (Minneapolis: University of Minnesota Press, 2005), 67–68, as does Andreas Huyssen, *Present Pasts: Urban Palimpsests and the Politics of Memory* (Stanford, CA: Stanford University Press, 2003).

5　参阅 Shakespeare, *Hamlet*, Act I, scene 1: "The extravagant and erring spirit hies to his confine." 在这里，"extravagant"表示"出界"，而"erring"表示"闲游或流浪"，如其在"a knight errant"（游侠骑士）中的含义。参阅 *Hamlet*, ed. George Richard Hibbard (Oxford and New York: Oxford World's Classics; Oxford University Press, 1998), 153, 136 行的注释。"extra"意为"在……之外"，而"vagant"意为"漫游"，所以，莎士比亚在此处涉及的是该词的原始含义。

6　André Breton, "Surrealist Situation of the Object," in *Manifestoes of Surrealism*, trans. Richard Seaver and Helen R. Lane (Ann Arbor: University of Michigan, 1972), 268. 该文章未被收录至法文本 *Manifestes du surréalisme* (Paris: Gallimard [Folio], 2008) 中。之后均以缩写字母 *SM* 代指该作品，其后第一个数字表示英文本的页码，第二个数字表示法文本的页码。

7　André Breton, *Mad Love*, trans. Mary Ann Caws (Lincoln and London: University of Nebraska Press, 1987), 13; *L'amour fou* (Paris: Gallimard [Folio], 2008 [1937]), 18, 21. 引用译文稍有改动。

8　Breton, *Mad Love*, 23; *L'amour fou*, 31.

9　Soupault, *Last Nights of Paris*, 20–21, 22, 33, 99, 122.

10　Karen E. Till, *The New Berlin*, 13.

11　Michel de Certeau, *The Practice of Everyday Life*, trans. Steven Rendall (Berkeley, Los Angeles, and London: University of California Press, 1984), 108.

12　Michel de Certeau, Luce Girard and Pierre Mayal, *The Practice of Everyday Life, Vol. 2: Living and Cooking*, trans. Timothy J. Tomasik (Minneapolis: University of Minnesota Press, 1998), 133–136.

13　关于 haunting 与 place，参阅由 Till 所引用的研究 *The New Berlin*, 231 n. 18。"hauntology"的概念源自 Jacques Derrida, *Specters of Marx: The State of the Debt, the Work of Mourning, and the New International*, trans. Peggy Kamuf (New York and London: Routledge Classics, 2006)。

14　Till, *The New Berlin*, 10.

15　Richard Holmes, *Footsteps. Adventures of a Romantic Biographer* (New York: Vintage, 1996), 66.

16　Derrida, *Specters of Marx*, 10.

17 Derrida, *Specters of Marx*, 11.

18 参阅 Derrida, *Specters of Marx*, xviii–xix, 29。

19 Shakespeare, *Hamlet*, Act One, Scene one; p. 152.

20 参阅 Derrida, *Specters of Marx*, 3。

21 参阅 Salvador Dali on the "double-image" in *L'Âne pourri, in La femme visible* (Paris: Éditions surréalistes, 1930)。双重意象（double image）是指一个物体的表现同时是另一个不同物体的表现，而这两个图像之间并无可察觉的差异。

22 Liedke Plate, "Walking in Virginia Woolf's Footsteps. Performing cultural memory," *European Journal of Cultural Studies* vol. 9, no. 1 (2006): 101–120. 此句引自页 108–109。Liedke Plate 在第 109 页继续讨论，bodily enacted "cultural memory is the intersubjective faculty by which we can learn from and share in the memories of other people from a more or less distant past, whom we may not have known"。还请参阅 Walter Benjamin, *The Arcades Project* (Harvard, MA: Belknap Press, 2002), 416–417，该部分论及，闲游者那为了超越"已死的事实"而"以感官数据为食"的"被感受到的知识"，通过对某地在身理感官上的熟悉而将这些事实"当作某种经历过、活过了的东西"。在本书第六章，笔者将重新回到 Benjamin。

23 Soupault, *Last Nights in Paris*, 29, 91.

24 参阅 Plato, *Meno*, 81a–86c 及 *Phaedo*, 72e–77b 的"回忆说"（学习即是对灵魂在进入肉体以前所知道的东西之回忆）。

25 Søren Kierkegaard, *The Concept of Anxiety*, trans. Reidar Thomte in collaboration with Albert B. Anderson (Princeton, NJ: Princeton University Press, 1980), 17–18 n, 89–91, 227 n 243.

26 参阅 Søren Kierkegaard, *Repetition*, in *Fear and Trembling/Repetition*, ed. and trans. Howard V. Hong and Edna H. Hong (Princeton, NJ: Princeton University Press, 1983), 150–171。

27 Kierkegaard, *Repetition*, 149.

28 Martin Heidegger, *Sein und Zeit*, 15th ed. (Tübingen: Max Niemeyer, 1979 [1927]), 339, 343–344, 385–386.

29 Rebecca Solnit, *Wanderlust. A History of Walking* (New York: Penguin Books, 2001), 29.

30 Solnit, *Wanderlust*, 72.

31 Solnit, *Wanderlust*, 68.

32 David Le Breton, *Marcher. Éloge des chemins et de la lenteur* (Paris: Éditions Métailié, 2012), 37–38.

33 Solnit, *Wanderlust*, 72.

34 Solnit, *Wanderlust*, 191.

35 De Certeau, *The Practice of Everyday Life*, 35, 96–106, 120–122.

36 Johann Gustav Droysen, "History and the Historical Method" and "The Investigation of Origins," in *The Hermeneutics Reader*, ed. Kurt Mueller-Vollmer, (New York: Continuum, 1990), 118–126; 120.

37 De Certeau et al., *The Practice of Everyday Life, Vol. 2*, 141–142.

38 此处，笔者改述了 Winfried Georg Sebald, *Austerlitz*, trans. Anthea Bell (New York: Vintage, 2001), 221。雅克·奥斯特利茨描述了重访皮尔森火车站的情景。在第二次世界大战爆发前，他曾在那里登上一列将犹太儿童送出捷克斯洛伐克的列车：

> I set out on the platform to photograph the capital of a cast-iron column which had touched some chord of recognition in me. What made me uneasy at the sight of it, however, was not the question of whether the complex form of the capital, now covered with a puce-tinged encrustation, had really impressed itself on my mind when I passed through Pilsen with the children's transport in the summer of 1939, but the idea, ridiculous in itself, that this cast-iron column, which with its scaly surface seemed almost to approach the nature of a living being, might remember me and was, if I may so put it [...] a witness to what I could no longer recollect for myself.

39 Le Breton, *Marcher. Éloge des chemins et de la lenteur*, 155, 121.

40 Sigmund Freud, *Civilization and Its Discontents*, trans. James Strachey (New York: Norton, 1962), 16–17.

41 Samuel Taylor Coleridge 在关于其诗作 "The Wanderings of Cain" 的笔记中哀怨道，自己 "试图从记忆的重写本手稿中恢复[丢失的]诗行，却是徒劳"。参阅 Ernest Hartley Coleridge, ed., *The Poems of Coleridge* (Oxford: Oxford University Press, 1927), 287。

42 Thomas De Quincey, "The Palimpsest of the Human Brain," in *Suspiria de profundis* (1845), in Thomas De Quincey, *Confessions of an English Opium Eater and Other Writings*, ed. Grevel Lindop (Oxford: Oxford World's Classics, 1998), 144–145.

43 Rebecca Solnit, *A Field Guide to Getting Lost* (New York: Penguin, 2006), 89.

44 Plato, *Theaetetus*, trans. Robin Waterfield (London: Penguin 1987), 99–100. 更多关于蜡版隐喻的内容，还请参阅页 102–106。

45 Gottfried Wilhelm Leibniz, *Discourse on Metaphysics*, in Leibniz, *Philosophical Essays*, ed. and trans. Roger Ariew and Daniel Garber (Indianapolis, IN: Hackett Books, 1989), 41.

46 Ernst Bloch进一步研究了Leibniz关于未来痕迹的矛盾概念，尤见于*Traces*, trans. Anthony A. Nassar (Stanford, CA: Stanford University Press, 2006)。Bloch将未来的痕迹与革命的希望联系了起来。

47 Tim Ingold, "Footprints in the Weather World," *Journal of the Royal Anthropological Institute (N. S.)*, vol. 16 (2010): S121–139；参阅S128–130。

48 参阅Eric R. Kandel, *In Search of Memory. The Emergence of a New Science of Mind* (New York and London: W. W. Norton & Company, 2006), 79。

49 Sigmund Freud, *Beyond the Pleasure Principle*, trans. James Strachey, revised Angela Richards, in Sigmund Freud, *On Metapsychology and the Theory of Psychoanalysis*, ed. Angela Richards (Harmondsworth: Penguin, 1984), 275–338.

50 Freud, *Beyond the Pleasure Principle*, 297.

51 Freud, *Beyond the Pleasure Principle*, 296–297.

52 Jacques Derrida, "Freud and the Scene of Writing," in *Writing and Difference*, trans. Alan Bass (Chicago, IL: University of Chicago Press, 1978), 196–231; 200.

53 Derrida, "Freud and the Scene of Writing," 214.

54 参阅Derrida, "Freud and the Scene of Writing," 214 and "The Violence of the Letter," in *Of Grammatology*, trans. Gayatri Chakravorty Spivak (Baltimore, MD: Johns Hopkins University Press, 1976), 107–108，关于写作与破路之类比："the *via rupta*, the path that is broken, beaten, *fracta*, [...] the space of reversibility and repetition traced by the opening [*ouverture*]" of a forest path。

55 Sigmund Freud, "A Note Upon the 'Mystic Writing Pad'," in Freud, *On Metapsychology and the Theory of Psychoanalysis*, 429–434; 430, 432–433.

56 Soupault, *Last Nights of Paris*, 156.

57 David Le Breton, *Éloge de la marche* (Paris: Éditions Métailié, 2000), 123.

58 Georg Wilhelm Friedrich Hegel, *The Phenomenology of Spirit*, trans. A. V. Miller (Oxford: Oxford University Press, 1977), 10.

59 Mary Ann Caws, "The Poetics of a Surrealist Passage and Beyond," *Twentieth-Century Literature* vol. 21, no. 1 (February 1975): 24–36; 29.

60 参阅Breton, "Alfred Jarry," *PP*, 40–55/25–39。

61 Alfred Jarry, "Exploits and Opinions of Doctor Faustroll, Pataphysician," in *Selected Works of Alfred Jarry*, ed. Roger Shattuck and Simon Watson Taylor (New York: Grove Press, 1965), 192. Jarry能用英语读与写，因此我们尚可将这个双关语归结为Faustroll这一名字：Faust-roll，但也是*fau*-stroll。可以想象，一个圆胖的Faust，一个Falstaff（*faux-bâton*），在全无根据的漫步中不知去向，纯粹的离题。

62 Mark Frutkin, *Atmospheres Apollinaire* (Erin and Toronto: Porcupine's Quill Press,

1988), 45–47 with elisions. 这是一部基于历史资料而作的虚构作品。关于 Jarry 的放荡不羁和对于左轮手枪的喜爱，参阅 Guillaume Apollinaire, "Feu Alfred Jarry," in Apollinaire, *Le Flâneur des deux rives* (Paris: Gallimard [L'Imaginaire], 2005), 125–136。

63　Soupault 同样也是在被乔治特的微笑吸引后，开始了与她的冒险："她笑得如此不同寻常，以至我无法将目光从她苍白的脸蛋上移开"；*Last Nights in Paris*, 1。

64　Solnit, *Wanderlust*, 208–209.

65　Merlin Coverly, *The Art of Wandering. The Writer as Walker* (Harpden: Oldcastle Books, 2012), 190.

66　Lauren Elkin, *Flâneuse. Women Walk the City in Paris, New York, Tokyo, Venice and London* (London: Chatto & Windus, 2016), 142.

67　Anna Balakian, *André Breton: Magus of Surrealism* (New York: Oxford University Press, 1971), 114；引于 Mark Polizzotti, *Revolution of the Mind. The Life of André Breton*, revised edition (Boston, MA: Black Widow Press, 2009), 235, 603n。

68　Polizzotti, *Revolution of the Mind*, 235n, 参阅其中拍卖目录中公布的 Breton 和 Nadja 的通信。Polizzotti 还提到了 Nadja 未发表的和丢失的画作（240），以及她在与 Breton 的恋情结束后，让他归还的一个找不到的笔记本（253）。

69　Richard Howard 通常来说无懈可击的翻译在这里 "迷路" 了。他将这句话译为 "I am the soul in limbo"（我是悬而不定的灵魂）。而与贯穿 Breton 全书的漫游、痕迹和足迹等主题更相关的，应是该句法语的字面含义。

70　除了 *Nadja* 一书，以及 Michel Meyer 的备注，大部分关于 Nadja 的生平信息参考自 Polizzotti, *Revolution of the Mind*, 235–241, 252–254。

71　这张照片未出现在 Howard 的译本当中。

72　Polizzotti, *Revolution of the Mind*, 237.

73　Pierre Naville, *Le Temps du surréel* (Paris: Éditions Galilée, 1977), 358–359；引于 Polizzotti, *Revolution of the Mind*, 238。

74　参阅 Jean-Jacques Rousseau, *Confessions*, trans. Angela Scholar (Oxford: Oxford World's Classics/Oxford University Press, 2008), 656, note to page 223。

75　Breton, *Surrealist Manifestoes*, 86–88.

76　Polizzotti, *Revolution of the Mind*, 240–241, 252–253; Naville, *Le Temps du surréel*, 359.

77　Polizzotti 引用的是 Breton 的超现实主义同僚 André Thirion 所述："布勒东不喜欢疯人，尤其是疯女人"；*Revolution of the Mind*, 606n。

78　Polizzotti, *Revolution of the Mind*, 254.

79　Polizzotti, *Revolution of the Mind*, 254.

80 Breton, *Mad Love*, 23; *L'amour fou*, 31.

81 Frutkin, *Atmospheres Apollinaire*, 147.

82 Solnit, *Wanderlust*, 213.

83 Soupault, *Last Nights in Paris*, 45.

84 Nicolas Abraham and Maria Torok, *The Shell and the Kernel: Renewals of Psychoanalysis*, trans. Nicholas Rand (Chicago, IL: University of Chicago Press, 1994), 175.

85 Sebald, *Austerlitz*, 185.

86 Holmes, *Footsteps*, 69.

87 Janet Cardiff和George Bures Miller创作的音频漫步和视频漫步的一个迷人之处，便在于它们能够迫使观众或听众同时过上两种生活：参与者得以通过耳机来聆听各类不是他们正在行走之地的环境声音。这创造了一种不和谐的"双重性"，同是一种位移。参阅Rebecca Dimling Cochran, "Fooling Reality: A Conversation with Janet Cardiff and George Bures Miller," in *Sculpture Magazine*, 1 November 2018; https://sculpturemagazine.art/fooling-reality-a-conversation-with-janet-cardiff-and-george-bures-miller/，访问于2020年11月18日。

第四章 走近萨特与波伏瓦：《存在与虚无》中行走的示范性

1 Jean-Paul Sartre, *The Words*, trans. Bernard Frechtman (New York: Vintage, 1981), 40, 60, 194.

2 Simone de Beauvoir, "Strictly Personal," *Harper's Bazaar*, 146, 1945；引于Ronald Hayman, *Writing Against: A Biography of Sartre* (London: Weidenfeld and Nicolson, 1986), 104。在后文当中，波伏瓦将萨特对于乡野的反感与他对于熟食（而非生食）的偏爱联系了起来。关于萨特与波伏瓦在城镇和乡村的散步，以及波伏瓦比萨特更热衷于乡野散步的内容，参阅*Writing against*, 85–86, 90, 103。还请参阅Claude Francis and Fernande Gontier, *Simone de Beauvoir: A Life*, trans. Lisa Nesselson (New York: St. Martin's Press, 1987), 142: "Sartre, who was a fine walker when he wanted to be, likes the countryside only in small doses and provided the hike promised a château, a museum or some other man-made monument as a destination"。此外，参阅Simone de Beauvoir, *La Force de l'âge* (Paris: Gallimard [Folio], 1988 [1960]), 252–253: "Sartre was a good walker when he wanted to be [...] My plans took his tastes into account. Sometimes walking, sometimes by bus, we visited towns and villages, abbeys and châteaux"。后文以缩写字母*FA*代指该作品。

3 David Le Breton, *Marcher. Éloges des chemins et de la lenteur* (Paris: Éditions

Métailié, 2012), 122.

4 Jean-Paul Sartre, *Nausea*, trans. Lloyd Alexander (New York: New Directions, 1964), 156; trans. Robert Baldick (Harmondsworth: Penguin Books, 1965), 221–222; *La Nausée* (Paris: Gallimard [Folio], 1983 [1938]), 217–218.

5 参阅 Sartre, *The Words*, 49:

I later heard anti-Semites reproach Jews any number of times with not knowing the lessons and silence of nature; I would answer, "In that case, I am more Jewish than they." In vain would I seek within me the prickly memories and sweet unreason of a country childhood. I never tilled the soil or hunted for nests. I did not gather herbs or throw stones at birds. But books were my birds and my nests, my household pets, my barn and my countryside.

6 Jean-Paul Sartre, *Being and Nothingness*, trans. Hazel Barnes (New York: Washington Square Press, 1992), 在后文当中以缩写字母*BN*代指；*L'être et le néant*, corrected by Arlette Elkaïm-Sartre (Paris: Gallimard, 1998 [1943]), 在后文当中以缩写字母*EN*代指。

7 Jacques Derrida, *The Truth in Painting*, trans. Geoff Bennington and Ian McLeod (Chicago, IL: University of Chicago Press, 1987), 52–82.

8 Soren Kierkegaard, *The Concept of Anxiety*, trans. Reidar Thomte with the collaboration of Albert B. Anderson (Princeton, NJ: Princeton University Press, 1980), 41–46, 49, 76–77 (论面对"乌有"的恐惧和"可能性之可能性""能够之可能性"的恐惧) and 61 (论凝视着自身可能性之深渊时作为"自由之眩晕"的恐惧，与作为自由之"昏厥"的恐惧)。

9 有关 Martin Heidegger 论焦虑（*Angst*）的部分，参阅 *Sein und Zeit*, 15th ed. (Tübingen: Max Niemeyer, 1979); *Being and Time*, trans. John Macquarrie and Edward Robinson (New York: Harper and Row, 1962); *Was ist Metaphysik?* (Bonn: Friedrich Cohen, 1929); trans. David Farrell Krell, "What Is Metaphysics?," in Martin Heidegger, *Basic Writings*, ed. David Farrell Krell (New York: Harper and Row, 1977), 91–116。通过 Henri Corbin 的翻译，Sartre 得以熟悉"What is metaphysics?"，*Qu'est-ce que la métaphysique?* (Paris: Gallimard, 1938)，以及 *Being and Time* 的部分文本。

10 Jean-Paul Sartre, *The Transcendence of the Ego*, trans. Andrew Brown (London and New York: Routledge, 2004), 47; *La Transcendance de l'ego*, ed. Sylvie Le Bon (Paris: J. Vrin, 1966), 80–81.

11 Simone de Beauvoir 说，她和 Sartre 曾对 20 世纪 30 年代出现的第一批 Kierkegaard 作品的法译本产生了兴趣（*FA* 157）。虽然直到 1935 年，完整版的法译本 *The Concept of Anxiety* 才出现——*Le concept de l'angoisse*, trans. Paul-Henri Tisseau

(Paris: Alcan, 1935)。Jean Wahl 的 重 要 文 章 "Hegel et Kierkegaard" 于 1931 年 就 已 刊 发 在 了 *Revue philosophique de la France et de l'étranger* 111–112 (1931): 321–380。Sartre 在 *BN* 65 和 *BN* 525 引用了 Wahl 的 *Études kierkegaardiennes* (Paris: Aubier-Montaigne, 1938), "Heidegger et Kierkegaard," 并 略 提 了 Wahl 的 著 名 演 讲 "Subjectivité et transcendance", *Bulletin de la Société française de philosopohie* vol. 37, no. 5 (October–December 1937): 161–211。他在他的 *Baudelaire*, trans. Martin Turnell (New York: New Directions, 1950), 30 中 也 对 这 一 演 讲 有 所 提 及。在 *Les carnets de la drôle de guerre* (Paris: Gallimard, 1983) 中，Sartre 明确提到了 *Le Concept de l'angoisse* 和 Wahl 的序言（Tisseau 译本的第 1—38 页）；Carnet V, 18 December 1939, 166–169; *The War Diaries of Jean-Paul Sartre November 1939-March 1940*, trans. Quintin Hoare (New York: Pantheon Books, 1984), 131–134。还请参阅 Jean-Paul Sartre, *Lettres au Castor et à quelques autres* (Paris: Gallimard, 1983), vol. I, *1926–1939*, 491, 494, 496, 500，其 中，Sartre 认为 *Le Concept de l'angoisse* 影 响 了 Heidegger，并且是其关于虚无和自由理论的基础。

12 Sartre, *Carnets de la drôle de guerre*, 166–168; *War Diaries*, 132–133.

13 Simone de Beauvoir, *Adieux: A Farewell to Sartre*, trans. Patrick O'Brian (New York: Pantheon Books, 1984), 333–334.

14 Sartre, *Baudelaire*, 115.

15 Sartre, *Baudelaire*, 105.

16 Sartre, *Baudelaire*, 105.

17 Sartre, *Nausea*, trans. Lloyd Alexander, 156; trans. Robert Baldick, 221–222; *La Nausée*, 217–218. 笔者主要参考的是 Baldick 的译本。还请参阅关于栗子树的著 名段落，*La Nausée*, 178–188，其中描述了树枝那"小小的晃动"因纯粹的缺 乏存在之能力而淹没了所有的枝桠。当 Sartre 描写在赤裸的存在面前的恐怖时， 他主要采用的例子是植物生命。相比之下，矿物是"一切存在物中最不可怕的" （Baldick trans. 222; *La Nausée*, 218），就像 Baudelaire 相较于丰饶、富有生命的 自然，更喜欢"矿物那坚硬、刻板的形状"；*Baudelaire*, 108。波伏瓦指出，"相 比树木，萨特更喜欢岩石"（*FA* 253）。

18 Sartre, *Baudelaire*, 106.

19 Francis and Gontier, *Simone de Beauvoir: A Life*, 111.

20 Sartre, *Baudelaire*, 103.

21 *Being and Nothingness* 确持此观点。反自然的主题在 Sartre 于"二战"后着笔 但于 1948 年中途停笔的 *Cahiers pour une morale* (Paris: Gallimard, 1983) 中更 为明确；*Notebooks for an Ethics*, trans. David Pellauer (Chicago, IL: University of Chicago Press, 1992)。

22　参阅 Jean-Paul Sartre, *Critique de la raison dialectique*. Tome I: *Théorie des ensembles pratiques* (Paris: Gallimard, 1960/1985); *Critique of Dialectical Reason*, vol. 1, *Theory of Practical Ensembles*, trans. Alan Sheridan-Smith, revised by Jonathan Rée (London: Verso, 2004)。

23　Kierkegaard, *The Concept of Anxiety*, 42.

24　Kierkegaard, *The Concept of Anxiety*, 42, 49, 235 n. 47.

25　参阅 Jean-Paul Sartre, *Saint Genet: Actor and Martyr*, trans. Bernard Frechtman (New York: Plume Books [New American Library], 1971), 152–153：

I shall know immediately that an action is evil if the very idea that I might commit it horrifies me. Though it may appear that this horror ought to prevent me from doing evil, such is not the case; it is the horror itself that ought to be my most powerful motive [...] Evil is the action that I have no reason to perform and every reason to avoid. And this is just how [Jean] Genet presents the crimes of his heroes. Erik, alone in the countryside, suddenly notices a child playing [...] The idea first manifests itself in the form of anxiety; it would be *awful* to kill the child [...] He rebels completely against this abominable possibility which is nevertheless *his* possibility. *Precisely because of that*, he will kill.

26　Kierkegaard, *Concept of Anxiety*, 44–45.

27　Sartre 对自我的讨论，是在他对 Heidegger 的"向死而生"（*Sein zum Tode*）的批评这个大语境下进行的。或许值得注意的是，Derrida 在 *Aporias* 中广泛讨论了同一主题，特别是在第二部分"Awaiting (at) the arrival"中。参阅 Jacques Derrida, *Aporias*, trans. Thomas Dutoit (Stanford, CA: Stanford University Press [Meridian], 1993)。尤其是页 66: "With death, *Dasein* is indeed *in front of itself, before* itself (*bevor*) both as before a mirror and as before the future: it awaits itself [*s'attend*], it precedes itself [*se précède*], it has a rendezvous with itself"。

28　关于 Coleridge 的行走与远足的"方法"，参阅 Richard Holmes, *Coleridge: Early Visions* (London: Hodder & Stoughton, 1989), 328–331; Robert Macfarlane, *Mountains of the Mind: Adventures in Reaching the Summit* (London: Granta, 2008), 81–84。关于 Simone de Beauvoir 同样不够谨慎的越野远足风格，参阅 *FA* 109–110，笔者将在后文对此进行讨论。下一章将展开关于 Coleridge 的内容。

29　Julien Gracq, *En lisant en écrivant* (Paris: José Corti, 1980), 187；引于 Le Breton, *Marcher. Éloge des chemins et de la lenteur*, 71; Frédéric Gros, *Marcher, une philosophie* (Paris: Flammarion, Champs, 2011), 80–81; trans. John Howe, *A Philosophy of Walking* (London: Verso, 2014), 55。

30　Claude Lanzmann, *The Patagonian Hare*: *A Memoir*, trans. Frank Wynne (New York:

Farrar, Straus and Giroux, 2012), 247, 249.

31 Lanzmann, *The Patagonian Hare*, 249.

32 Lanzmann, *The Patagonian Hare*, 250–251.

33 Lanzmann, *The Patagonian Hare*, 244.

34 de Beauvoir, *Adieux*, 314.

35 de Beauvoir, *Adieux*, 312, 316.

36 Le Breton, *Marcher. Éloge des chemins et de la lenteur*, 30.

37 Kierkegaard, *The Concept of Anxiety*, 81.

38 Kierkegaard, *The Concept of Anxiety*, 85–93.

39 Derrida, *The Truth in Painting*, 63:

> It may appear that I am taking unfair advantage by persisting with two or three possibly fortuitous examples from a secondary subchapter and that it would be better to go to less marginal places in the work, nearer to the center and *le fond*. To be sure. The objection presupposes that one already knows what is the center or *fond* of the third *Critique* [i.e. Kant's *Critique of the Power of Judgment*], that one has already located its frame and the limit of its field. But nothing seems more difficult to determine [....] I do not know what is essential and what is accessory to a work.

在法语中，*le fond* 指一个主题或事件的实在或质料，与 *la forme* 或 form 相对。Derrida 的观点是，*le fond* 和 *la forme* 无法被区分，基本内容和所谓外围说明性的例子无法被区分。

40 *Being and Nothingness*, Part One, Chapter Two: "Bad Faith."

41 Jean-Paul Sartre, *Existentialism Is a Humanism*, trans. Carol Macomber (New Haven, CT: Yale University Press, 2007); *L'existentialisme est un humanisme*, new edition, ed. Arlette Elkaïm-Sartre (Paris: Gallimard [Folio essais], 1996).

42 de Beauvoir, *Adieux*, 334.

43 Hayman, *Writing against*, 104.

44 参阅 Emily Witt, "A Six-Day Walk through the Alps, Inspired by Simone de Beauvoir," *New York Times Style Magazine*, 13 October 2016; https://www.nytimes.com/2016/10/13/t-magazine/entertainment/simone-de-beauvoir-hiking-alps.html，访问于 2020 年 11 月 13 日。

第五章　柯尔律治，或行走的想象力

1 *The Trip*，由 Michael Winterbottom 指导，Revolution Films, Baby Cow Productions, Arbie

制作，BBC Worldwide发行（2010年）。原本是英国广播公司第二台的电视剧（2010年），然后被编辑成了故事片。笔者所提及的场景在故事片版中被删掉了，但见于DVD的附片当中。

2　Earl Leslie Griggs, ed., *Collected Letters of Samuel Taylor Coleridge* 6 vols (Oxford: Clarendon Press, 1956–1971), vol. 1, 613. 后文以*Letters*简称该作品。参阅 Ivor Armstrong Richards, *Coleridge on the Imagination*, 3rd ed. (Bloomington and London: Indiana University Press, 1960), 22: the essence of Coleridge is not to be found in "the Highgate spellbinder" of his declining years but in "the young man sitting in his room at Greta Hall, looking on those views which he is never tired of describing to his correspondents".

3　Samuel Taylor Coleridge, *Lectures 1808–1819: On Literature*, ed. Reginald A. Foakes, 2 vols. (Princeton, NJ and London: Princeton University Press and Routledge/Bollingen Series, 1987), vol. 2, 217；引于 Matthew Scott, "Coleridge, *Lectures 1808–1819: On Literature*," in *The Oxford Handbook of Samuel Taylor Coleridge*, ed. Frederick Burwick (Oxford: Oxford University Press, 2009), 185–203, at 199。后文以 *Oxford Coleridge* 简称该作品。

4　Immanuel Kant, *Critique of Judgment*, trans. Werner S. Pluhar (Indianapolis, IN: Hackett, 1987), § 11, § 15, § 16, § 49.后文以缩写字母 *CJ* 代指该作品。

5　Richards准确地指出（69），对Coleridge来说，心灵不是感官印象的被动仓库，而是"一个主动的、自我形成着的、自我实现着的系统"，它通过自己的"直接自我意识"来塑造自己。还请参阅 Meyer Howard Abrams, *The Mirror and the Lamp: Romantic Theory and the Critical Tradition* (New York: Norton, 1958), 58: for Coleridge, "the mind in perception [is] active rather than inertly passive" and contributes to shaping the world "in the very process of perceiving the world"。

6　Robin Jarvis, *Romantic Writing and Pedestrian Travel* (London: Macmillan; New York: St. Martin's Press, 1997), 尤见于页126–154。

7　Richard Holmes, *Coleridge: Early Visions* (London: Hodder & Stoughton, 1989), 后文以 *Visions* 简称该作品; *Coleridge: Darker Reflections* (London: Flamingo [HarperCollins], 1999), 后文以 *Reflections* 简称该作品。

8　Richard Holmes, *Footsteps: Adventures of a Romantic Biographer* (London: Penguin, 1986).

9　Rebecca Solnit, *Wanderlust: A History of Walking* (New York: Viking, 2001), "The Legs of William Wordsworth," 104–117. Solnit专用一个段落（116）介绍了Coleridge "狂热行走的十年——1794至1804年"，并引用了Jarvis的说法："当柯勒律治不再漫步，便也不再写无韵诗了"；参阅 Jarvis, *Romantic Writing*, 139。

10 Joseph Amato, *On Foot: A History of Walking* (New York and London: New York University Press, 2004), Chapter Four, "Mind over Foot: Romantic Walking and Rambling," 101–124.

11 Anne D. Wallace, *Walking, Literature, and English Culture: The Origins and Uses of the Peripatetic in the Nineteenth Century* (Oxford: Clarendon Press, 1993). 对于 Wallace 的批评, 参阅 Jarvis, *Romantic Walking and Pedestrian Travel*, 19–21。

12 参阅 Jarvis, *Romantic Writing*, ix, where Jarvis challenges a critical tradition which construes [Romanticism's] highest achievements as those in which the body is laid asleep, and insight accrues to the motionless "living soul;" instead, the creativity of Romantic verbal art is repeatedly referred to the conditions, qualities and rhythms of a body in motion, a travelling self making excited passage over the land, [...] discovering locomotive and representational freedoms that were unavailable to previous generations。

13 Jarvis, *Romantic Writing*, 139.

14 关于 "Rime of the Ancient Mariner" 起源的故事出自 Wordsworth 的记录; 参阅 Samuel Taylor Coleridge and William Wordsworth, *Lyrical Ballads 1798 and 1800*, ed. Michael Gamer and Dahlia Porter (Peterborough: Broadview Press, 2008), 482–483。

15 Samuel Taylor Coleridge, *Biographia Literaria*, ed. George Watson (London: Everyman; J. M. Dent & Sons, London, 1991), 48. 后文以缩写字母 *BL* 代指该作品。

16 Macfarlane, "Introduction" to Nan Shepherd, *The Living Mountain* (London and Edinburgh: Cannongate, 2011), xxix–xxx.

17 Jarvis, *Romantic Writing and Pedestrian Travel*, 67, 69.

18 Tim Ingold, "Culture on the Ground: The World Perceived Through the Feet," *Journal of Material Culture* vol. 9, no. 3 (2004): 315–340; 331. 还请参阅 Tim Ingold, "Footprints Through the Weather-World: Walking, Breathing Knowing," *Journal of the Royal Anthropological Institute (N. S.)* (2010), vol. 16: 121–139。

19 Jarvis, *Romantic Writing*, 4.

20 参阅 Jarvis, *Romantic Writing*, 85: "important prosodic terms such as 'foot,' 'enjambment' and 'dipody' allude to the action or bodily means of walking"。

21 Jarvis, *Romantic Writing*, 68–69.

22 Marily Oppezzo and Daniel L. Schwartz, "Give Your Ideas Some Legs: The Positive Effect of Walking on Creative Thinking," *Journal of Experimental Psychology: Learning, Memory and Cognition* vol. 40, no. 4 (2014): 1142–1152; 参阅页 1143, 1147–1148。

23 Marc G. Berman, John Jonides and Stephen Kaplan, "The Cognitive Benefits of Interacting

with Nature," *Psychological Science* vol. 19 (2008): 1207–1212. 还请参阅 Stephen Kaplan, "The Restorative Benefits of Nature: Toward an Integrative Framework," *Journal of Environmental Psychology* 15 (1995): 169–182，尤见于页 172–176。

24　Karin Laumann, Tommy Gärling and Kjell Morten Stormark, "Selective Attention and Heart Rate Responses to Natural and Urban Environments," *Journal of Environmental Psychology* 23 (2003): 125–134；参阅页 132。

25　Annette Kjellgren and Hanne Buhrkall, "A Comparison of the Restorative Effect of a Natural Environment with That of a Simulated Natural Environment," *Journal of Environmental Psychology* vol. 30 (2010): 464–472; 465, 470.

26　参阅 Dan Rubinstein, *Born to Walk. The Transformative Power of a Pedestrian Act* (Toronto: ECW Press, 2015), 25–26, 56–57, 62。Rubinstein 引用了大量相关研究的文献。

27　Rubinstein, *Born to Walk*, 68; cf. Marc G. Berman et al., "Interacting with Nature Improves Cognition and Affect for Individuals with Depression," *Journal of Affective Disorders* vol. 140 (2012): 300–305.

28　Jarvis, *Romantic Writing*, 55–56, 65–69. Jarvis 引用了艺术家 Richard Long 同 Richard Cork 的访谈，见于 *Richard Long: Walking in Circles* (London: Thames & Hudson, 1991), 249: "having the rhythmic relaxation of walking many hours each day puts me in a state of mind which frees the imagination"。

29　Elizabeth K. Nisbet and John M. Zelenski, "Underestimating Nearby Nature: Forecasting Errors Obscure the Happy Path to Sustainability," *Psychological Science* vol. 22 (2011): 1101–1106.

30　Coleridge, *Lectures 1808–19*, vol. 1, 68, 81；引于 Mahoney, "Coleridge and Shakespeare," *Oxford Coleridge*, 505。

31　Coleridge, Notebook entry, 1810；引于 John Livingstone Lowes, *The Road to Xanadu: A Study in the Ways of the Imagination* (Boston, MA: Houghton & Mifflin Company, 1955), 285–286.

32　Lowes, *The Road to Xanadu*, 220.

33　Tilar J. Mazzeo, "Coleridge's Travels," *Oxford Coleridge*, 89–106; 91.

34　Coleridge 对于万民同权政体之失败的解释，见于 1795 年 11 月 13 日寄给 Southey 的一篇愤怒的长信: *Letters* I, 163–173。

35　John Thelwall, *The Peripatetic; or, Sketches of the Heart, of Nature and Society*, 3 vols. (London, 1793).

36　参阅 Rosemary Ashton, *The Life of Samuel Taylor Coleridge* (Oxford: Blackwells, 1996), 109: "The little cottage [at Nether Stowey], for all its dampness and crampedness and popularity with mice, seemed to be the center of a personal, poetic, and philosophical idyll during that summer of 1797"。

37　William Wordsworth, *The Major Works*, ed. Stephen Gill (Oxford: Oxford University Press/Oxford World's Classics, 2000), 588.

38　引自 *The Early Letters of William and Dorothy Wordsworth (1787–1805)*, ed. Ernest de Selincourt, revised ed. (Oxford: Clarendon Press, 1970 [1935]), vol. I, 168。

39　参阅 Neil Vickers, "Coleridge's Marriage and Family," *Oxford Coleridge*, 68–88; 68, 75–76。关于阿尔福克斯登期间缺少的日记，还请参阅 Dorothy Wordsworth, *The Grasmere and Alfoxden Journals*, ed. Pamela Woof (Oxford: Oxford World's Classics [Oxford University Press], 2008), xx–xxi 的编者前言。其中阿尔福克斯登日记的部分被撕掉了许多页（274）。

40　参阅 Wordsworth, *The Grasmere and Alfoxden Journals*, 144–153 and Woof's explanatory notes, 278–279, 284, 291, 293, 298。

41　Solnit, *Wanderlust*, 119; Jarvis, *Romantic Writers*, 14.

42　William Hazlitt, "On Going a Journey," in William Hazlitt, *Selected Writings*, ed. Ronald Blythe (Harmondsworth: Penguin, 1982), 136–147; 138–139.

43　Hazlitt, "On Going a Journey," 139.

44　Hazlitt, "On Going a Journey," 143; the Coleridge poem is "Ode to the Departing Year" (1796), in *The Poems of Samuel Taylor Coleridge*, ed. Ernest Hartley Coleridge (London: Humphrey Milford; Oxford University Press, 1927); 160–168. 后文以 *Poems* 简称该作品。所引用的诗行位于页 166。

45　Hazlitt, "My First Acquaintance with Poets," in Hazlitt, *Selected Writings*, 55.

46　Hazlitt, "My First Acquaintance with Poets," 51, 53, 54.

47　Hazlitt, "My First Acquaintance with Poets," 60.

48　Thomas De Quincey 认为，Coleridge 那容易离题的谈话方式并不能证明他的思维有所迷失：

　　He seemed to wander the most when, in fact, his resistance to the wandering instinct was greatest—viz., when the compass and huge circuit by which his illustrations moved traveled furthest into remote regions before they began to resolve. Long before this coming round commenced most people had lost him, and naturally enough supposed that he had lost himself.

　　Thomas De Quincey, "Samuel Taylor Coleridge," in *Collected Writings*, vol. 2, ed. David Masson (London: A & C Black, 1896) 152–153. Coleridge 的走路方式与说话方式可谓如出一辙。

49　引于 Jeffrey Hipolito, "Coleridge's *Lectures 1818–1819: On the History of Philosophy*," *Oxford Coleridge*, 254–270; 258；参阅 Coleridge, *The Friend*, 2 vols., ed. Barbara Elizabeth Rooke (Princeton, NJ and London: Princeton University Press and Routledge/Bollingen Series, 1969), vol. 1, 457。

50　Robert Macfarlane, *The Old Ways: A Journey on Foot* (London: Penguin, 2013), 22；

参阅 Robert Macfarlane, Stanley Donwood and Dan Richards, *Holloway* (London: Faber & Faber, 2013), 3:

> Holloway [...] a sunken path, a deep & shady lane. A route that centuries of footfall, hoof-hit, wheel-roll & rain-run have harrowed into the land. A track worn down *by the traffic of ages & the fretting of water*, and in places *reduced sixteen to eighteen feet beneath the level of the fields.*

51 Thomas De Quincey, *Confessions of an English Opium-Eater*, in *Confessions of an English Opium-Eater and Other Writings*, ed. Robert Morrison (Oxford: Oxford University Press/Oxford World's Classics, 2013), 68:

> [Under the influence of opium the] sense of space, and in the end, the sense of time, were both powerfully affected. Buildings, landscapes, &c. were exhibited in proportions so vast as the bodily eye is not fitted to receive. Space swelled, and was amplified to an extent of unutterable infinity.

还请参阅页 74–75。

52 Jarvis, *Romantic Writing*, 131.

53 Coleridge, *The Friend*, vol. 1, 471；引于 Matthew Scott, "Coleridge's *Lectures 1808–1819: On Literature*," in *Oxford Coleridge*, 193。

54 Coleridge, *Collected Notebooks*, vol. 2, 2546；引于 Douglas Hedley, "Coleridge as Theologian," *Oxford Coleridge*, 473–497; 477。Coleridge 写过一首十四行诗，影射 Plato 的主张——感官会促使灵魂回忆起前世的经历："Oft of some *Unknown Past* such fancies roll/Swift o'er my brain, as make the Present seem,/For a brief moment, like a most strange Dream [...] and Some have said/We liv'd ere yet this *fleshly robe we wore*"，对此，Coleridge 注释道："Alluding to Plato's doc[trine] of Pre-existence" (*Letters* I, 260–261)。

55 参阅 Coleridge, *Collected Notebooks*, ed. Kathleen Coburn, vol. 1, 1794–1804 (Princeton, NJ and London: Princeton University Press and Routledge/Bollingen, Series, 1957), 1597；引于 Paul Cheshire, "Coleridge's *Notebooks*," *Oxford Coleridge*, 288–306; 300。

56 Immanuel Kant, *Critique of Pure Reason*, trans. Friedrich Max Müller (New York: Anchor Books, 1966). 引用 Kant 的 *Critique of Pure Reason* 时，笔者采用了通行方法，以缩写字母 CPR 代指，其后第一个数字代表第一版的页码（如 A: 76），其后第二个数字代表第二版的页码（如 B: 102），此外的数字即指 Müller 译本的页码。

57 笔者对于 Kant 的阐释由 Martin Heidegger, *Kant and the Problem of Metaphysics*, trans. Richard Taft (Bloomington: Indiana University Press, 1990) 所引导。后文以缩写字母 KPM 代指该作品。

58　参阅 Samuel Taylor Coleridge, *Lay Sermons*, ed. Reginald James White (Princeton, NJ and London: Princeton University Press and Routledge/Bollingen Series, 1972), 29；引于 Nicholas Halmi, "Coleridge on Allegory and Symbol," *Oxford Coleridge*, 354。

59　Friedrich Wilhelm Joseph Schelling, *System of Transcendental Idealism*, trans. Peter Heath (Charlottesville: University of Virginia Press, 1978), 228；后文以缩写字母 *STI* 代指该作品。

60　Friedrich Wilhelm Joseph Schelling, *Ideas for a Philosophy of Nature*, trans. Errol E. Harris and Peter Heath (Cambridge: Cambridge University Press, 1988), 31. 后文以缩写字母 *IPN* 代指该作品。

61　Coleridge, *The Table Talk of Samuel Taylor Coleridge*, 2 vols., ed. Carl R. Woodring (Princeton, NJ and London: Princeton University Press and Routledge/Bollingen Series, 1990), vol. 1, 258–259；引 于 David Vallins, "Coleridge as Talker: Sage of Highgate, *Table Talk*," *Oxford Coleridge*, 307–322; 312, 317。

62　关于 Coleridge 对于 Kant 和 Schelling 思想之关联的最新详解，参阅 Monika Class, *Coleridge and Kantian Ideas in England, 1796–1817: Coleridge's Responses to German Philosophy* (London: Bloomsbury, 2012) and Paul Hamilton, *Coleridge and German Philosophy: The Poet in the Land of Logic* (London and New York: Continuum, 2007)。

63　Ingold, "Footprints Through the Weather-World," S125；参阅 S136。

64　David Le Breton, *Éloge de la marche* (Paris: Éditions Métailié, 2000), 32, 34.

65　Macfarlane, *The Old Ways*, 77, 340–341.

66　Thomas Hardy, *Return of the Native*, 被引 于 Linda Crackwell, *Doubling Back. Ten Paths Trodden in Memory* (Glasgow: Freight Books, 2014), 27.

67　Ingold, "Culture on the Ground," 333. 近似观点详见于 Rebecca Solnit 的论文 "Five Miles," in Lars Nittve, ed., *NowHere* Exhibition Catalogue (Humlebaek: Louisiana Museum of Modern Art, 1996), vol. II, 40–41: "The rhythm of the body moves the mind, clarifies ideas and opens up sequences; walking is a means of thinking, or is thinking [...] the surface of the road the feet read with their own intelligence."

68　Jarvis, *Romantic Writing*, 66. Jarvis 参考了 William Gilpin, *Three Essays: on Picturesque Beauty; on Picturesque Travel; and on Sketching Landscape* (London: R. Blamire, 1792), 54（论步行者的想象力如何改进感官知觉，并"将其转换、组合、变换成千百种形式"）。

69　Jarvis, *Romantic Writing*, 87–88; Macfarlane, *The Old Ways*, 201 and "Introduction" to *The Living Mountain*, xxxiii.

70 Coleridge, *Lectures 1808–1819: On Literature*, vol. 1, 218; 引于 Matthew Scott, "Coleridge's *Lectures 1808–1819: On Literature*," in *Oxford Coleridge*, 185–203; 192。

71 关于作为精神化、内化为思想的回忆，参阅 Georg Wilhelm Friedrich Hegel, *The Phenomenology of Spirit*, trans. Arnold Vincent Miller (Oxford: Oxford University Press, 1977), 17, 27–28, 492–493; 关于精神性的回忆（recollection）与经验性的"记起"（remembering），参阅 Søren Kierkegaard, *Stages on Life's Way*, trans. Howard V. Hong and Edna H. Hong (Princeton, NJ: Princeton University Press, 1988), 518–520。

72 Coleridge, *The Friend*, vol. 1, 471; 引于 Scott, "Coleridge's *Lectures 1808–1819*," *Oxford Coleridge*, 192。

73 参阅 Coleridge, *Lectures 1808–1819*, vol. 2, 351; 引于 Scott, "Coleridge's *Lectures 1808–1819*," *Oxford Coleridge*, 195。还请参阅 Macfarlane, "Introduction" to Shepherd, *The Living Mountain*, xv, xix, xxv: "The 'general,' for Aristotle, was the broad, the vague and the undiscerned. The 'universal,' by contrast, consisted of fine-tuned principles induced from an intense concentration on the particular.... Intense empiricism is the first step to immanence" when related to "a holistic vision of [the] world as one and indivisible"。

74 Coleridge, *Anima Poetae*, ed. Ernest Hartley Coleridge (Boston, MA and New York, 1895), 206; in Lowes, *Road to Xanadu*, 52, 85, 368.

75 Trine Plambech and Cecil C. Konijnendijk van den Bosch, "The Impact of Nature on Creativity—A Study among Danish Creative Professionals," *Urban Forestry & Urban Greening* vol. 14 (2015): 255–263.

76 Hazlitt, "My First Acquaintance with Poets," 54.

77 "Letter to—[Sara Hutchison]," *Samuel Taylor Coleridge*, ed. James Fenton (London: Faber and Faber, 2006), 47–56.

78 Robert Macfarlane, *Mountains of the Mind. Adventures in Reaching the Summit* (New York: Random House/Vintage, 2004), 81–82.

79 引于 Macfarlane, *Mountains of the Mind*, 82。

80 Macfarlane, *Mountains of the Mind*, 82.

81 Macfarlane, *Mountains of the Mind*, 83.

82 Shepherd, *The Living Mountain*, 14.

83 Macfarlane, *Mountains of the Mind*, 84.

84 Virginia Woolf, "The Man at the Gate," in *The Death of the Moth and Other Essays* (Harmondsworth: Penguin, 1961), 92.

85 John Keats, *The Letters of John Keats*, ed. Robert Gittings (Oxford: Oxford

University Press, 1970), 237.

86　Hazlitt, "My First Acquaintance with Poets," *Selected Writings*, 46.

87　Hazlitt, "Mr. Coleridge," 233, 239.

88　Hazlitt, *Lectures on the English Poets. Delivered to the Surrey Institution*, no. 8; "On the Living Poets," 165–168.

第六章　克尔凯郭尔：哥本哈根的闲游者

1　参阅Jonathan Conlin, "Vauxhall on the Boulevard: Pleasure Gardens in London and Paris, 1764–1784," *Urban History* vol. 35, no. 1 (2008): 24–47; Joseph A. Amato, *On Foot: A History of Walking* (New York and London: New York University Press, 2004), 82–83; Rebecca Solnit, *Wanderlust: A History of Walking* (New York and London: Penguin, 2001), 87–93; Jean-Louis Hue, *L'apprentissage de la marche* (Paris: Grasset, 2010), 57–67; Frédéric Gros, *Marcher, une philosophie*, 2nd ed. (Paris: Flammarion/Champs essais, 2011), 238; *A Philosophy of Walking*, trans. John Howe (London and New York: Verso, 2014), 178。

2　Lauren Elkin, *Flâneuse. Women Walk the City in Paris, New York, Tokyo, Venice and London* (London: Chatto & Windus, 2016), 10; Walter Benjamin, "On Some Motifs in Baudelaire," in *Illuminations*, ed. Hannah Arendt, trans. Harry Zohn (New York: Schocken Books, 2007), 172.

3　Hue, *L'apprentissage de la marche*, 102.

4　Hue, *L'apprentissage de la marche*, 103; Conlin, "Vauxhall on the boulevard," 30, 31, 42.

5　参阅Walter Benjamin, "Paris, Capital of the Nineteenth Century," in *Reflections*, ed. Peter Demetz, trans. Edmund Jephcott (New York: Schocken Books, 2007), 146–162, 尤见于页146–147。

6　Hue, *L'apprentissage de la marche*, 103–104.

7　"*flâneur*"（闲游者）这一词条，见于Larousse, *Grand Dictionnaire universel* (Paris: 1872), vol. 8, 436; 引于Walter Benjamin, *The Arcades Project*, trans. Howard Eiland and Kevin McLaughlin (Cambridge, MA and London: Belknap Press/Harvard University Press, 2002), 453。

8　Benjamin, *The Arcades Project*, 372.

9　Hue, *L'apprentissage de la marche*, 104–105; Benjamin, "Paris, Capital of the Nineteenth Century. Exposé <of 1939>," *The Arcades Project*, 21. 还请参阅Honoré de Balzac, *Théorie de la démarche* (Paris: Albin Michel, 1990); originally published in 1833。

10 Plato, *Apology* 21a–26b, 32c–34c, 36d–37a.

11 Søren Kierkegaard, *The Point of View*, ed. and trans. Howard V. Hong and Edna H. Hong (Princeton, NJ: Princeton University Press, 1998), 61, 60, 59, 316 n. 35; *The Point of View for My Work as an Author: A Report to History*, ed. Benjamin Nelson, trans. Walter Lowrie (New York: Harper Torchbooks, 1962), 49–50, 47.笔者同时参考了这两个译本。

12 引于Joakim Garff, *Søren Kierkegaard. A Biography*, trans. Bruce Kirmmse (Princeton, NJ and Oxford: Princeton University Press, 2007), 591–592 and in Clare Carlisle, *Philosopher of the Heart. The Restless Life of Søren Kierkegaard* (London: Allen Lane/Penguin Books, 2019), 213–214。

13 Andrew Hamilton, *Sixteen Months in the Danish Isles*, vol. 2 (London: Richard Bentley, 1852), 269; 被引于Carlisle, *Philosopher of the Heart*, 307–308。

14 Garff, *Søren Kierkegaard*, 311–312, 引自Kierkegaar的好友Vilhelm Birkedal。

15 Carlisle, *Philosopher of the Heart*, 205 and 305，引自H. C. Rosted and Tycho Spang。

16 Christian Zahle, 引于Garff, *Søren Kierkegaard*, 310。

17 Garff, *Søren Kierkegaard*, 312.

18 Garff, *Søren Kierkegaard*, 310.

19 Garff, *Søren Kierkegaard*, 309.

20 Garff, *Søren Kierkegaard*, 318, 311; Kierkegaard, *The Point of View*, 54–55.

21 Garff, *Søren Kierkegaard*, 91.

22 Kierkegaard, *The Corsair Affair*, ed. and trans. Howard V. Hong and Edna H. Hong (Princeton, NJ: Princeton University Press, 1992), 217.

23 参阅Benjamin, *The Arcades Project*, 420, on this "dialectic of *flânerie*"。

24 Kierkegaard, *The Point of View*, 58–59.

25 参阅Garff, *Søren Kierkegaard*, 302。

26 Kierkegaard, *The Point of View*, 62.

27 Kierkegaard, *The Point of View*, 63.

28 Garff, *Søren Kierkegaard*, 317.

29 参阅Kierkegaard, *Practice in Christianity* (1850), trans. and ed. Howard V. Hong and Edna H. Hong (Princeton, NJ: Princeton University Press, 1991); *The Moment and Late Writings*, ed. and trans. Howard V. Hong and Edna H. Hong (Princeton, NJ: Princeton University Press, 1998)。

30 Carlisle, *Philosopher of the Heart*, 69.

31 Edgar Allan Poe, "The Purloined Letter," in *The Fall of the House of Usher and*

Other Writings, ed. David Galloway (London: Penguin Books, 1986), 330–349.

32 Charles Baudelaire, *The Painter of Modern Life*, trans. P. E. Charvet (London: Penguin Books/Great Ideas, n.d.), 12.笔者在引用时稍作改动，参见https://fr.wikisource.org/wiki/Le_Peintre_de_la_vie_moderne/III，访问于2020年7月9日。

33 Baudelaire, "Les Foules," in *Selected Poems*, ed. and trans. Carol Clark (London: Penguin Books, 1995), 201–203；笔者的译本。参阅Baudelaire, *Paris Spleen*, trans. Louise Varèse (New York: New Directions, 1970), 20。

34 Gros, *Marcher, une philosophie*, 239; *A Philosophy of Walking*, 178; Benjamin, "Paris, Capital of the Nineteenth Century," in *Reflections*, 156; *The Arcades Project*, 442; "On Some Motifs in Baudelaire," *Illuminations*, 165.

35 Benjamin, *The Arcades Project*, 417–418.

36 Benjamin, *The Arcades Project*, 442.

37 Poe, "The Man of the Crowd," *The Fall of the House of Usher and Other Writings*, 179–188.

38 参阅Garff, *Søren Kierkegaard*, 414, 428。

39 Garff, *Søren Kierkegaard*, 301.

40 Garff, *Søren Kierkegaard*, 216; Carlisle, *Philosopher of the Heart*, 144.

41 Garff, *Søren Kierkegaard*, 310, 584–585.

42 Søren Kierkegaard, *Either/Or*, Part I; ed. and trans. Howard V. Hong and Edna H. Hong (Princeton, NJ: Princeton University Press, 1987), x.

43 Garff, *Søren Kierkegaard*, 711–712, 317; Carlisle, *Philosopher of the Heart*, 238.

44 Søren Kierkegaard, *Christian Discourses/The Crisis and a Crisis in the Life of an Actress*, ed. and trans. Howard V. Hong and Edna H. Hong (Princeton, NJ: Princeton University Press, 1997), 269–270.

45 Søren Kierkegaard, *Fear and Trembling/Repetition*, ed. and trans. Howard V. Hong and Edna H. Hong (Princeton, NJ: Princeton University Press, 1983).

46 Kierkegaard, *Fear and Trembling*, 38–40.

47 参阅Kierkegaard, "Problema I: Is There a Teleological Suspension of the Ethical?" , *Fear and Trembling*, 54–67，尤见于页60："Abraham [the exemplar of faith] cannot be mediated; in other words, he cannot speak. As soon as I speak, I express the universal, and if I do not do so, no one can understand me"。还请参阅Fear and Trembling, 111–120，尤见于页118–119。

48 Kierkegaard, *Fear and Trembling*, 69.

49 Kierkegaard, *Fear and Trembling*, 41.

50 关于闲游者所说的，能够通过对于个体的归类而理解其内心深处的灵魂，参阅 Benjamin, "Paris, Capital of the Nineteenth Century. Exposé <of 1939>," *The Arcades Project*, 21–22。

51 Kierkegaard, *The Corsair Affair*, 216; *The Point of View*, 59–63.

52 Kierkegaard, *Repetition,* in *Fear and Trembling/Repetition*, 368 n. 79; Garff, *Søren Kierkegaard*, 236.

53 参阅 Martin Heidegger, *Sein und Zeit*, 15th ed. (Tübingen: Max Niemeyer, 1979 [1927]), 339, 343–344, 385–386。Heidegger 所用的词为 *Wiederholung*, *Gjentagelse* 或 "repitition"（重复）在德文中的通行对应词；但近年来，一些 Heidegger 英译者将 *Wiederholung* 处理成了 "retrieval"（复得）; Martin Heidegger, *Kant and the Problem of Metaphysics*, trans. Richard Taft (Bloomington: Indiana University Press, 1990), 139。若将该词拆解来看，*holen* 表示"拿、取、获得", *wieder* 表示"再一次"。

54 Kierkegaard, *The Concept of Anxiety*, trans. Reidar Thomte with Albert B. Anderson (Princeton, NJ: Princeton University Press, 1980), 17–18n, 149.

55 Kierkegaard, "The Activity of Travelling Esthetician and How He Still Happened to Pay for the Dinner," in *The Corsair Affair*, 44.

56 Søren Kierkegaard, *Philosophical Fragments,* in *Philosophical Fragments/Johannes Climacus*, ed. and trans. Howard V. Hong and Edna H. Hong (Princeton, NJ: Princeton University Press, 1985), "The Situation of the Contemporary Follower," 55–71; *Fear and Trembling*, 66; *Concluding Unscientific Postscript*, ed. and trans. Howard V. Hong and Edna H. Hong (Princeton, NJ: Princeton University Press, 1992), vol. 1, 210, 246.

57 Kierkegaard, *Repetition*, 221, 133.

58 Garff, *Søren Kierkegaard*, 233; Kierkegaard, *Repetition*, 131.

59 Kierkegaard, *Concluding Unscientific Postscript*, vol. 1, 242–250.

60 Kierkegaard, *Concluding Unscientific Postscript*, vol. 1, 199–203.

61 Villads Christensen, *Peripatetikeren Søren Kierkegaard* (Copenhagen: Graabrødre Torv Forlag, 1965); 引于 Kierkegaard, *The Corsair Affair*, 288 n. 85。

62 Garff, *Søren Kierkegaard*, 309.

63 Carlisle, *Philosopher of the Heart*, 169.

64 Garff, *Søren Kierkegaard*, 307–308.

65 Garff, *Søren Kierkegaard*, 305.

66 Garff, *Søren Kierkegaard*, 290.

67 Garff, *Søren Kierkegaard*, 309, 356.

68 Garff, *Søren Kierkegaard*, 152, 309.

69 Garff, *Søren Kierkegaard*, 305.

70 参阅关于哥本哈根的索引条目，Kierkegaard, *Stages on Life's Way*, ed. and trans. Howard V. Hong and Edna H. Hong (Princeton, NJ: Princeton University Press, 1988), 758。

71 参阅关于哥本哈根的索引条目，*Either/Or*, Part I, 678。

72 Kierkegaard, *Stages On Life's Way*, 488.

73 Garff, *Søren Kierkegaard*, 310.

74 Kierkegaard, *The Point of View*, 37, 69; *Eighteen Upbuilding Discourses*, ed. and trans. Howard V. Hong and Edna H. Hong (Princeton, NJ: Princeton University Press, 1992), 5; *Fear and Trembling*, 70–81; *Concluding Unscientific Postscript*, vol. 1, 66–67, 77, 129–130, 144, 149, 151 and *passim*; Carlisle, *Philosopher of the Heart*, 148–149.

75 参阅David Lodge对哥本哈根城市博物馆内克尔凯郭尔展厅的描述，该展厅藏有一张克尔凯郭尔的写字台，参阅*Therapy* (London: Penguin Books, 1995), 184–185。

76 Garff, *Søren Kierkegaard*, 314; Carlisle, *Philosopher of the Heart*, 61.

77 Garff, *Søren Kierkegaard*, 269.

78 Garff, *Søren Kierkegaard*, 335.

79 Garff, *Søren Kierkegaard*, 334.

80 Kierkegaard，1847年致信弟媳Henriette Lund, trans. Henrik Rosenmeier，见*The Vintage Book of Walking*, ed. Duncan Minshull (London: Vintage Books, 2000), 6–7。

81 Kierkegaard致信Henriette Lund, *op. cit.*, 7。

82 Garff, *Søren Kierkegaard*, 315.

83 Garff, *Søren Kierkegaard*, 313；参阅Carlisle, *Philosopher of the Heart*, 6–7。

84 Garff, *Søren Kierkegaard*, 402；参阅*Concluding Unscientific Postscript*, vol. 2, 277–278 n. 103; *The Corsair Affair*, xxxiv–xxxv。

85 Garff, *Søren Kierkegaard*, 196.

86 Garff, *Søren Kierkegaard*, 309, 428–429.

87 Garff, *Søren Kierkegaard*, 174.

88 Garff, *Søren Kierkegaard*, 416; Kierkegaard, *The Corsair Affair*, 217–218, 220, 226–227, 229, 237–238.

89 Garff, *Søren Kierkegaard*, 311, 415; Kierkegaard, *The Corsair Affair*, 222.

90 Kierkegaard, *The Corsair Affair*, 46 and 278 n. 93.参阅该版编者的 "Historical Introduction," *The Corsair Affair*, vii–xxxiii; Garff, *Søren Kierkegaard*, 375–415; Carlisle, *Philosopher of the Heart*, 189–201。

91 *The Corsair Affair*, 100.

92　Kierkegaard, *The Corsair Affair*, 46.

93　*The Corsair Affair*, 114.

94　*The Corsair Affair*, 120.

95　*The Corsair Affair*, 130–131.

96　Kierkegaard, *The Corsair Affair*, 223–224.

97　Kierkegaard, *Concluding Unscientific Postscript*, vol. 2, 153.

98　Kierkegaard, *The Corsair Affair*, 227；1848年日记。

99　Kierkegaard, *The Corsair Affair*, 227.

100　Kierkegaard, *The Corsair Affair*, 220；1847年日记。

101　Kierkegaard, *The Corsair*, 209, 212, 303–304 n. 436.

102　Kierkegaard, *The Corsair Affair*, 210；1846年3月9日日记。

103　Kierkegaard, *The Corsair Affair*, 226.

104　Kierkegaard, *The Corsair Affair*, 212；1846年3月9日日记。

105　Garff, *Søren Kierkegaard*, 406, 523.

106　Kierkegaard, *The Corsair Affair*, 220.

107　Kierkegaard, *The Corsair Affair*, 212.

108　Kierkegaard, *The Corsair Affair*, 222, 217.

109　Kierkegaard, *The Corsair Affair*, 219；还请参阅226。

110　Søren Kierkegaard, *Two Ages: The Age of Revolution and the Present Age, a Literary Review*, ed. and trans. Howard V. Hong and Edna H. Hong (Princeton, NJ: Princeton University Press, 1978).

111　Søren Kierkegaard, *The Sickness Unto Death*, ed. and trans. Howard V. Hong and Edna H. Hong (Princeton, NJ: Princeton University Press, 1980).

112　参阅 Garff, *Søren Kierkegaard*, 415–416。

113　Garff, *Søren Kierkegaard*, 45, 50–59; Carlisle, *Philosopher of the Heart*, 104–108.

114　Garff, *Søren Kierkegaard*, 50.

115　Kierkegaard, "The Lilies of the Field and the Birds of the Air. Three Godly Discourses" (1849), *Christian Discourses*, trans. Walter Lowrie (Princeton, NJ: Princeton University Press, 1971), 311–356；参阅页349–350、页353、页355。

116　Carlisle, *Philosopher of the Heart*, 107–108.

117　Kierkegaard, *The Sickness Unto Death*, 32–34，作了删减与改动。

118　Garff, *Søren Kierkegaard*, 121.

119　Carlisle, *Philosopher of the Heart*, 171–172.

120　Kierkegaard, *Concluding Unscientific Postscript*, vol. 2, 59–60；还请参阅 vol. 1, 286。

121　Garff, *Søren Kierkegaard*, 283.

122 Garff, *Søren Kierkegaard*, 176.

123 Garff, *Søren Kierkegaard*, 187.

124 McKenzie Wark, *The Beach Beneath the Street* (London and New York: Verso, 2015), 27–28.

125 Kierkegaard, *Concluding Unscientific Postscript*, vol. 1, 189–251.

126 Ivan Chtcheglov (Gilles Ivain), "Formulary for a New Urbanism" (1953), *Situationist International Anthology*, ed. and trans. Ken Knabb, revised and expanded ed. (Berkeley, CA: Bureau of Open Secrets, 2006), 1–8.

127 Charles Baudelaire, "Invitation to the Voyage," *Flowers of Evil*, trans. James McGowan (Oxford: Oxford World's Classics, 2008), 108–111.

128 Guy Debord, "Introduction to a Critique of Urban Geography" (1953), *Situationist International Anthology*, 8–12.

129 Debord, "Introduction to a Critique of Urban Geography," 10.

130 Guy Debord, "Report on the Construction of Situations and on the International Situationist Tendency's Conditions of Organization and Action," *Situationist International Anthology*, 25–43; at 38–40.

131 参阅 "Historical Introduction," *Philosophical Fragments*, ix n. 2。

132 Garff, *Søren Kierkegaard*, 283; Kierkegaard, *Prefaces/Writing Samples*, ed. and trans. Todd W. Nichol (Princeton: Princeton University Press, 1997).

133 Kierkegaard, *The Concept of Anxiety*, 14–15, 36, 62, 183.

134 Kierkegaard, *Concluding Unscientific Postscript*, vol. 2, 187 n. 33; Søren Kierkegaard, *Papers and Journals: A Selection*, ed. and trans. Alastair Hannay (London: Penguin Books, 1996), 161.

135 Garff, *Søren Kierkegaard*, 325–326.

136 参阅 Carlisle, *Philosopher of the Heart*, 254–255。

137 Garff, *Søren Kierkegaard*, xviii–xix, 798.

138 Garff, *Søren Kierkegaard*, 26–27, 198.

139 Søren Kierkegaard, *On the Concept of Irony, with Continual Reference to Socrates/ Notes of Schelling's Berlin Lectures*, ed. and trans. Howard V. Hong and Edna H. Hong (Princeton, NJ: Princeton University Press, 1989).

140 Garff, *Søren Kierkegaard*, 325.

141 Carlisle, *Philosopher of the Heart*, 88.

142 参阅 Garff, *Søren Kierkegaard*, 683, 689; Carlisle, *Philosopher of the Heart*, 73, 233–234。

143 参阅 Carlisle, *Philosopher of the Heart*, 81–83。

144 Kierkegaard, *Christian Discourses*, 265–266; *Training in Christianity*, trans. Walter Lowrie (Princeton, NJ: Princeton University Press, 1967), 14.

145 Garff, *Søren Kierkegaard*, 484.

146 Kierkegaard, *Either/Or*, Part I, 301–445.

147 Garff, *Søren Kierkegaard*, 228–229, 241；参阅 *Stages on Life's Way*, 431–436。

148 Carlisle, *Philosopher of the Heart*, 163; Kierkegaard, *The Concept of Anxiety*, 160.

149 Garff, *Søren Kierkegaard*, 688–689.

150 Kierkegaard, Either/Or, vol. 1, 306.

151 Carlisle, *Philosopher of the Heart*, 256–257; Garff, *Søren Kierkegaard*, 796–798.

152 Susanne Wenningsted-Torgard, *The Church of Our Lady and Søren Kierkegaard* (Copenhagen: The Church of Our Lady, 2015), 4–5; Garff, *Søren Kierkegaard*, xviii–xix.

153 Benjamin Fondane, "Heraclite le pauvre," *Cahiers du Sud* 13/177 (1935): 757–770; 758.

154 Benjamin Fondane, "A propos du livre de Léon Chestov: *Kierkegaard et la philosophie existentielle*," *Revue de philosophie* vol. 37 (Sept.–Oct. 1937): 381–414; 406.

155 参阅 *Fear and Trembling*, 121。

156 Søren Kierkegaard, "The Mirror of the Word," in *For Self-Examination and Judge for Yourselves!*, trans. Walter Lowrie (Princeton, NJ: Princeton University Press, 1974), 13–74.

157 Garff, *Søren Kierkegaard*, 17–18, 513.

158 Garff, *Søren Kierkegaard*, 17; Carlisle, *Philosopher of the Heart*, 95.

159 Garff, *Søren Kierkegaard*, 19–20.

160 Garff, *Søren Kierkegaard*, 123–124; Carlisle, *Philosopher of the Heart*, 94.

161 Garff, *Søren Kierkegaard*, 9–10.

162 Garff, *Søren Kierkegaard*, 12–16, 37–46.

163 Garff, *Søren Kierkegaard*, 10.

164 Carlisle, *Philosopher of the Heart*, 169.

165 Carlisle, *Philosopher of the Heart*, 94, 171–172.

166 Garff, *Søren Kierkegaard*, 88, 103; Carlisle, *Philosopher of the Heart*, 94.

167 Garff, *Søren Kierkegaard*, 306.

168 引于 Benjamin, *The Arcades Project*, 453。

169 Garff, *Søren Kierkegaard*, 103; Carlisle, *Philosopher of the Heart*, 94.

170 Garff, *Søren Kierkegaard*, 302–303.

171 关于Kierkegaard在世最后几天的完整叙述，参阅Garff, *Søren Kierkegaard*, 782–793。关于皇家弗雷德里克医院的部分信息来自Kurt Rodahl and Søren Nordhausen, *Designmuseum Danmark: The Royal Frederik's Hospital* (Copenhagen: KKArt, 2016)。

172 参阅*Abramović Method for Treasures* (Copenhagen: Det Kgl. Bibliotek/Royal Danish Library, 2018)。

173 参阅Garff, *Søren Kierkegaard*, 178–180。

174 Kierkegaard, *The Concept of Anxiety*, 42, 235 n47.

175 Garff, *Søren Kierkegaard*, 327.

176 Garff, *Søren Kierkegaard*, 307; Stephen Metcalf, "In the Tidy City of the World's Most Anxious Man," *New York Times*, 1 April 2007, https://www.nytimes.com/2007/04/01/travel/01cultured.html，访问于2020年7月26日。参阅Kierkegaard, *Either/Or*, Part I, 313–317。

177 Garff, *Søren Kierkegaard*, 597, 686–687.

178 Garff, *Søren Kierkegaard*, 228.

179 Garff, *Søren Kierkegaard*, 598.

180 Garff, *Søren Kierkegaard*, 683–685.

181 Garff, *Søren Kierkegaard*, 746; Carlisle, *Philosopher of the Heart*, 240.

182 Garff, *Søren Kierkegaard*, 647.

183 Kierkegaard, *Fear and Trembling*, 41.

184 *Fear and Trembling*, 120.

185 这是*Philosophical Fragments* 和*Concluding Unscientific Postscript*主要讨论的问题。

186 参阅*Fear and Trembling*, 59。

187 *Stages on Life's Way*, 505; journal for 17 May 1845.

188 关于Kierkegaard的"loser wins"（输者为赢），参阅Jean-Paul Sartre, "The Singular Universal," in Sartre, *Between Existentialism and Marxism*, trans. John Matthews (New York: Pantheon Books, 1974), 141–169。

第七章　卢梭与尼采：孤独和间距之激昂

1　Jean-Jacques Rousseau, *Confessions*, ed. François Raviez (Paris: Le Livre de Poche/Classiques, 2012), 2 vols; vol. 1, 114, 235, 332, 377; trans. John Michael Cohen (Harmondsworth: Penguin, 1979) 60, 205–206, 235. 后文以缩写字母*C*代指该作品，其后的第一个数字代表法文本页码，第二个数字代表Cohen的英译本页码。

还请参阅Angela Scholar译本（Oxford: Oxford World's Classics/Oxford University Press, 2008）。

2　Jean-Jacques Rousseau, *A Discourse on Inequality*, trans. Maurice Cranston (Harmondsworth: Penguin Books, 1984).

3　Jean-Jacques Rousseau, *Reveries of the Solitary Walker*, trans. Peter France (Harmondsworth: Penguin Books, 1979); *Rêveries du promeneur solitaire*, ed. Michèle Crogiez (Paris: Livre de Poche/Classiques, 2001). 后文以缩写字母*RSW*代指该作品，其后第一个数字代表法文本页码，第二个数字代表英译本页码。

4　Leo Damrosch, *Jean-Jacques Rousseau: Restless Genius* (New York and Boston, MA: Houghton Mifflin Company/Mariner Books, 2007), 481.

5　Karl G. Schelle, *L'Art de se promener* (Paris: Rivages, 1996), 51；引于Le Breton, *Éloge de la marche* (Paris: Editions Métailié, 2000), 92–93。

6　Crogiez, "Introduction," *Rêveries du promeneur solitaire*, 21.

7　Crogiez, "Introduction," *Rêveries du promeneur solitaire*, 34–35.

8　Crogiez, "Introduction," *Rêveries du promeneur solitaire*, 18; Christophe Lamoure, *Petite philosophie du marcheur* (Paris: Éditions Milan, 2007), 100.

9　Rousseau, *Lettres à Malesherbes* III, in Rousseau, *Oeuvres completes*, ed. Marcel Raymond et al. (Paris: Gallimard, Éditions de la Pléiade, 1959–1995), vol. 1, 1139–1141；引于Damrosch, *Jean-Jacques Rousseau: Restless Genius*, 261–262。

10　Jean-Jacques Rousseau, *Émile*, trans. Barbara Foxley (London: J. M. Dent/Everyman, 1993), 448–449.

11　Samuel Taylor Coleridge，1794年7月6日致信Robert Southey，参阅*The Letters of Samuel Taylor Coleridge*, ed. Earl Leslie Griggs (Oxford: Clarendon Press, 1966), vol. 1, 84。

12　参阅Jean-Louis Hue, *L'apprentissage de la marche* (Paris: Grasset, 2010), 74–75。

13　Friedrich Nietzsche, *Thus Spoke Zarathustra*, trans. R. J. Hollingdale (Harmondsworth: Penguin Books, 1969), Part Four, "Of the Higher Man," section 17; 304. 后文以缩写字母*TSZ*代指该作品。

14　参阅Rebecca Solnit, *Wanderlust. A History of Walking* (New York: Penguin Books, 2001), 17。

15　Friedrich Nietzsche, *Twilight of the Idols*, Maxims and Arrows, § 34; in *Twilight of the Idols and The Anti-Christ*, trans. R. J. Hollingdale (London: Penguin Books, 1990), 36. *Twilight of the Idols*在后文当中以缩写字母*TI*代指；*The Antichrist*以*AC*代指。

16　Friedrich Nietzsche, *Ecce Homo*, Why I Am So Clever, § 1; in *On the Genealogy of Morals and Ecce Homo*, trans. Walter Kaufmann (New York: Vintage, 1969), 239–240. 后文以缩写字母 *EH* 代指该作品。*Ecce Homo* 的法译本将 sedentary life（久坐的生活）译为 *le cul de plomb*（沉重如铅的臀部），见 *Ecce Homo* (Paris: Denoël-Gonthier, 1971), 42；引于 David Le Breton, *Marcher. Éloge des chemins et de la lenteur* (Paris: Éditions Métailié, 2012), 29。

17 Friedrich Nietzsche, *The Gay Science*, Book Five, § 366; trans. Walter Kaufmann (New York: Vintage, 1974), 322，在后文当中以缩写字母 *GS* 代替。

18 Rousseau, *Émile*, 30. 还请参阅 *Émile*, 106–107：

> Our first teachers in natural philosophy are our feet, hands and eyes. To learn to think we must therefore exercise our limbs, our senses, and our bodily organs, which are tools of the intellect [...] Not only is it a mistake to think that true reason is developed apart from the body, but it is a good bodily constitution which makes the workings of the mind easy and correct.

19 *Selected Letters of Friedrich Nietzsche*, ed. and trans. Christopher Middleton (Indianapolis, IN: Hackett Publishing, 1996), 167；1878 年 5 月 31 日致信 Heinrich Köselitz（"Peter Gast"）。

20 引于 David Farrell Krell and Donald L. Bates, *The Good European. Nietzsche's Work Sites in Word and Image* (Chicago, IL and London: University of Chicago Press, 1997), 87–88。

21 引于 Julian Young, *Friedrich Nietzsche: A Philosophical Biography* (New York and Cambridge: Cambridge University Press, 2010), 333。

22 Nietzsche, *Selected Letters*, 165–168；1877 年 9 月 3 日致信 Malwida von Meysenbug；1878 年 5 月 31 日致信 Heinrich Köselitz；1878 年 7 月 15 日致信 Mathilde Maier。

23 Nietzsche, *Selected Letters*, 169；1879 年 10 月 5 日致信 Heinrich Köselitz。

24 Farrell Krell and Bates, *The Good European*, 123; Sue Prideaux, *I Am Dynamite! A Life of Nietzsche* (New York: Tim Duggan Books, 2018), 164, 179, 187.

25 Damrosch, *Jean-Jacques Rousseau: Restless Genius*, 67, 184; Hue, *L'apprentissage de la marche*, 112; Farrell Krell and Bates, *The Good European*, 105; Prideaux, *I Am Dynamite!*, 182.

26 关于 Nietzsche 视力不好，参阅 Prideaux, *I Am Dynamite!*, 48, 116–117, 119, 165–166, 169, 243, 252, 293–294, 298–299; Farrell Krell and Bates, *The Good European*, 88–90, 105, 122, 141, 192–193; Young, *Friedrich Nietzsche*, 277, 292, 361, 453。

27 Leslie Stephen, *The Playground of Europe* (London: Spottiswoode and Co., 1871), 39；引于 Simon Bainbridge, "'The Columbus of the Alps': Rousseau and the Writing of Mountain Experience in British Literature of the Romantic Period," in *Jean-*

Jacques Rousseau and British Romanticism, ed. Russell Gouldbourne and David Higgins (London: Bloomsbury Academic, 2018), 52。

28　Hue, *L'apprentissage de la marche*, 111–113; Damrosch, *Jean-Jacques Rousseau: Restless Genius*, 67, 184; Jean M. Goulemot, "Introduction" to Jean-Jacques Rousseau, *Julie, ou La Nouvelle Héloïse*, ed. Jean M. Goulemot (Paris: Livre de Poche/Classiques, 2002), 46; Robert Macfarlane, *Mountains of the Mind* (New York: Vintage, 2004), 145–146.

29　Damrosch, *Jean-Jacques Rousseau: Restless Genius*, 314–315, 323, 325; Hue, *L'apprentissage de la marche*, 111; Goulemot, "Introduction" to *La Nouvelle Héloïse*, 41; Macfarlane, *Mountains of the Mind*, 208–209; Simon Bainbridge, "'The Columbus of the Alps'," 54, 59.

30　Goulemot, "Introduction" to *La Nouvelle Héloïse*, 41; Damrosch, *Jean-Jacques Rousseau: Restless Genius*, 314–315.

31　Rousseau, *La Nouvelle Héloïse*, Part One, Letter 23, 130–131; 参阅 Hue, *L'apprentissage de la marche*, 111–112; Damrosch, *Jean-Jacques Rousseau: Restless Genius*, 323。

32　参阅 Farrell Krell and Bates, *The Good European*, 132–133; Prideaux, *I Am Dynamite! A Life of Nietzsche*, 190–192, 240–241; Rüdiger Safranski, *Nietzsche: A Philosophical Biography*, trans. Shelley Frisch (New York: W. W. Norton & Company, 2002), 220–222; Young, *Friedrich Nietzsche*, 318–319。

33　Nietzsche to Henrich Köstelitz, 14 August 1881, *Selected Letters of Friedrich Nietzsche*, 178.

34　Frédéric Gros, *A Philosophy of Walking*, trans. John Howe (London: Verso, 2014), 12, 18, 22–23; *Marcher, une philosophie* (Paris: Flammarion/Champs essais, 2011), 22, 30, 37–38.

35　Nietzsche, 1875 年 8 月 2 日致信 Marie Baumgartner; 参阅 *The Good European*, 92。

36　笔者结合了 Hollingdale 和 Young 的翻译; 参阅 Young, *Friedrich Nietzsche*, 381。

37　Nietzsche, 1887 年 11 月 11 日致信 Erwin Rohde; 参阅 *The Good European*, 201。

38　Gaston Bachelard, *L'eau et les rêves* (Paris: José Corti, 1942), 218; 引于 Damrosch, *Jean-Jacques Rousseau: Restless Genius*, 97。

39　参阅 Damrosch, *Jean-Jacques Rousseau: Restless Genius*, 13。

40　Damrosch, *Jean-Jacques Rousseau: Restless Genius*, 17–19, 373–375.Rousseau 在他的 *Lettre à d'Albembert sur les spectacles*, in Rousseau, *Oeuvres Completes*, vol. 5, 123–124 中讲述过民兵跳舞的场景。

41　*Reveries of the Solitary Walker* 的手稿，包括写在扑克牌背面的"漫步"，见于瑞

士纳沙泰尔公共图书馆 Espace Rousseau 的常设展览中。

42　参阅 Damrosch, *Jean-Jacques Rousseau*, 47–48。

43　Nietzsche, *Selected Letters*, 149；1876 年 10 月 11 日。

44　Damrosch, *Jean-Jacques Rousseau: Restless Genius*, 51.

45　参阅 Prideaux, *I Am Dynamite!*, 152。

46　Damrosch, *Jean-Jacques Rousseau: Restless Genius*, 90.

47　Damrosch, *Jean-Jacques Rousseau: Restless Genius*, 319.

48　Damrosch, *Jean-Jacques Rousseau: Restless Genius*, 366.

49　James Boswell, 1764 年 12 月 3 日的日记, in *Boswell on the Grand Tour: Germany and Switzerland*, ed. Frank Brady and Frederick A. Pottle (New York: McGrawHill, 1955), 220；引于 Damrosch, *Jean-Jacques Rousseau: Restless Genius*, 367。

50　Damrosch, *Jean-Jacques Rousseau: Restless Genius*, 388–390.

51　Damrosch, *Jean-Jacques Rousseau: Restless Genius*, 325, 330, 476.

52　Damrosch, *Jean-Jacques Rousseau: Restless Genius*, 371.

53　参阅 Rousseau, *La Nouvelle Héloïse*：谈瑞士为一个"一个自由而淳朴的国度，在那里，人们可以在现代找到古代人"，页 111；谈瑞士农民的独立、美德与"无私的品性、热诚的待客方式"，页 132–134。他在 1763 年 1 月 20 日致 Maréchal de Luxembourg 的信中提到了对其印象的幻灭，引于 Damrosch, *Jean-Jacques Rousseau: Restless Genius*, 368。还请参阅 Hue, *L'apprentissage de la marche*, 70。

54　Hue, *L'apprentissage de la marche*, 83–84; Damrosch, *Jean-Jacques Rousseau*, 373.

55　Hue, *L'apprentissage de la marche*, 78–79; Damrosch, *Jean-Jacques Rousseau*, 381.

56　Hue, *L'apprentissage de la marche*, 78–79.

57　参阅 Hue, *L'apprentissage de la marche*, 75。

58　Damrosch, *Jean-Jacques Rousseau: Restless Genius*, 394–395.

59　Jean-Jacques Rousseau, *Le chemin de la perfection vous est ouvert* (Paris: Gallimard/ Folio sagesses, 2017).

60　Rousseau, *Émile*, 448.

61　Damrosch, *Jean-Jacques Rousseau: Restless Genius*, 376.

62　Rousseau, 1762 年 1 月 26 日致信 Malesherbes；引于 Lamoure, *Petite philosophie du marcheur*, 74–75；Le Breton, *Marcher: Éloge des chemins et de la lenteur*, 34；Frédéric Gros, *Petite bibliothèque du marcheur* (Paris: Flammarion/Champs, 2011), 150–151。

63　Rousseau, *Émile*, 247；参阅 Damrosch, *Jean-Jacques Rousseau: Restless Genius*, 338。

64　Hue, *L'Apprentissage de la marche*, 77.

65　https://www.randos-montblanc.com/en/intermediate-hikes/creux-du-van.html，访问

于2019年11月17日。

66 Damrosch, *Jean-Jacques Rousseau*, 382–383, 370; Hue, *L'apprentissage de la marche*, 78.

67 Timothée Léchot, "Jean-Jacques Rousseau, le botaniste," audio-visual presentation, Espace Rousseau, Neuchâtel, Switzerland.

68 https://www.myswitzerland.com/en-ca/experiences/route/motiers-poeta-raisse-chasseron-ste-croix/，访问于2019年11月17日。

69 Hue, *L'apprentissage de la marche*, 80.

70 Hue, *L'apprentissage de la marche*, 80–81.

71 Rousseau, *La Nouvelle Héloïse*, 130.

72 Gustave Roud, *Petit traité de la marche en plaine* (Paris: Éditions Fario, 2019), 30–32.

73 Rousseau, *La Nouvelle Héloïse*, 130.

74 Friedrich Nietzsche, *Beyond Good and Evil*, trans. R. J. Hollingdale (Harmondsworth: Penguin Books, 1973), Part Nine: What is Noble?, aphorism 257; 173.后文以缩写字母*BGE*代指该作品。

75 Friedrich Nietzsche, *On the Genealogy of Morals*, trans. Douglas Smith (Oxford: Oxford University Press/Oxford World's Classics, 1996), First Essay, Section 2, 12–13。后文以缩写字母*OGM*代指该作品 。

76 参阅Young, *Friedrich Nietzsche*, 424, 429。

77 Nietzsche, *Selected Letters*, 197.

78 参阅Safranski, *Nietzsche*, 270, 279, 298; Young, *Friedrich Nietzsche*, 333。

79 参阅Young, *Friedrich Nietzsche*, 439–440。

80 参阅Lamoure, *Petite philosophie du marcheur*, 55–57。

81 参阅Section 2 of "Why I Write Such Good Books"中一段未被采用的草稿，见于 *Ecce Homo*; *EH* Appendix, 340。

82 Nietzsche，1883年2月11日致信Franz Overbeck, *Selected Letters*, 206。

83 Farrell Krell and Bates, *The Good European*, 128；1881年7月7日书信。

84 Farrell Krell and Bates, *The Good European*, 148；1881年6月23日书信。

85 Nietzsche，1878年7月致信Marie Baumgartner；参阅Young, *Friedrich Nietzsche*, 278。

86 Prideaux, *I Am Dynamite!*, 253; Young, *Friedrich Nietzsche*, 394.

87 Prideaux, *I Am Dynamite!*, 191, 416–417 n. 12.

88 Young, *Friedrich Nietzsche*, 361.

89 Farrell Krell and Bates, *The Good European*, 152；1883年6月18日致信Carl von

Gersdorf, *Selected Letters of Friedrich Nietzsche*, 213–214。

90　Farrell Krell and Bates, *The Good European*, 128.

91　Farrell Krell and Bates, *The Good European*, 122–123, 150, 154–155; Young, *Friedrich Nietzsche*, 361.

92　Nietzsche, *Selected Letters*, 30 July 1881; 177; 还请参阅1882年9月致信Overbeck, *Selected Letters*, 193。

93　Young, *Friedrich Nietzsche*, 390–391；试比较关于Nietzsche在锡尔斯期间日程安排的不同描述，参阅页316、页455–456。

94　Nietzsche, *Selected Letters*, 214.

95　参阅Farrell Krell and Bates, *The Good European*, 153。

96　Nietzsche，1881年8月的笔记；参阅Young, *Friedrich Nietzsche*, 318。

97　参阅Farrell Krell and Bates, *The Good European*, 129, 132–133；Safranski, *Nietzsche*, 220–221, 238；Prideaux, *I Am Dynamite!*, 191–192。

98　Friedrich Nietzsche, "On the uses and disadvantages of history for life," *Untimely Meditations*, trans. R. J. Hollingdale (Cambridge: Cambridge University Press, 1983), 70.

99　Safranski, Nietzsche, 223, 238.

100　Nietzsche，1881年8月14日致信Köselitz; *Selected Letters*, 178。

101　"*Amor fati* in Nietzsche, Shestov, Fondane and Deleuze," in *Minor Ethics: Deleuzian Variations*, ed. Casey Ford, Suzanne McCullogh and Karen Houle (Montreal and Kingston: McGill-Queen's University Press, 2021), 150–174.

102　参阅Farrell Krell and Bates, *The Good European*, 153–156。

103　*The Good European*, 150.

104　Young, *Friedrich Nietzsche*, 361.

105　Farrell Krell and Bates, *The Good European*, 156；其中引用了Meta von Salis对1886年夏与Nietzsche同行于沙斯特的回忆。

106　Young, *Friedrich Nietzsche*, 489.

107　*The Good European*, 154–155.

108　Nietzsche, *Selected Letters*, to Georg Brandes, 10 April 1888, 292; Prideaux, *I Am Dynamite!*, 241; Young, *Friedrich Nietzsche*, 361, Farrell Krell and Bates, *The Good European*, 135, 156.

109　Farrell Krell and Bates, *The Good European*, 153.

110　*The Good European*, 148, 157; Young, *Friedrich Nietzsche*, 388, 392.

111　Heidegger在*Kant and the Problem of Metaphysics*的附录中重谈了这次辩论，参阅Heidegger, *Kant and the Problem of Metaphysics*, trans. Richard Taft (Bloomington:

Indiana University Press, 1990), 169–185。

112 Rudolf Carnap, "Überwindung der Metaphysik durch logische Analyse der Sprache," *Erkenntnis* vol. 2 (1931): 220–241; "The Elimination of Metaphysics through Logical Analysis of Language," in: Alfred Jules Ayer, ed., *Logical Positivism* (Glencoe, IL: The Free Press, 1959), 60–81.

113 Martin Heidegger, *Was ist Metaphysik?* (Bonn: Friedrich Cohen, 1929); trans. David Farrell Krell as "What Is Metaphysics?", in Martin Heidegger, *Basic Writings*, ed. David Farrell Krell (New York: Harper and Row, 1977), 95–112.

114 Martin Heidegger, "The Self-Assertion of the German University: Address Delivered on the Solemn Assumption of the Rectorship of the University; Freiburg the Rectorate 1933/34: Facts and Thoughts," trans. Karsten Harries, *Review of Metaphysics* vol. 38, no. 3 (March 1985): 467–502.

115 Young, *Friedrich Nietzsche*, 432.

116 Farrell Krell and Bates, *The Good European*, 156.

117 Farrell Krell and Bates, *The Good European*, 156, quoting Resa von Schirnhofer.

118 Young, *Friedrich Nietzsche*, 392.

119 Frédéric Gros, *A Philosophy of Walking*, 24; *Marcher, une philosophie*, 38.

120 Farrell Krell and Bates, *The Good European*, 195–199.

121 引于Prideaux, *I Am Dynamite!*, 19; Farrell Krell and Bates, *The Good European*, 19。

122 Farrell Krell and Bates, *The Good European*, 199.

123 Nietzsche, *Selected Letters*, 172；1880年7月18日书信。

124 Young, *Friedrich Nietzsche*, 292.

125 Nietzsche, *Selected Letters*, 185；1882年7月2日书信。

126 Prideaux, *I Am Dynamite!*, 316.

127 Friedrich Nietzsche, *Also Sprach Zarathustra. Ein Buch für Alle und Keinen* (Stuttgart: Philipp Reclam, 1994), 190.

128 Nietzsche, *Selected Letters*, 228.

129 Farrell Krell and Bates, *The Good European*, 201.

130 Young, *Friedrich Nietzsche*, 456.

131 Young, *Friedrich Nietzsche*, 291; Farrell Krell and Bates, *The Good European*, 125, 189.

132 Nietzsche, *Selected Letters*, 294；1888年4月10日致信Georg Brandes。

133 Stefan Zweig, *Nietzsche*, trans. Will Stone (London: Hesperus Press, 2013), 18.

134 Prideaux, *I Am Dynamite!*, 166–169.

135 Young, *Friedrich Nietzsche*, 278; Farrell Krell and Bates, *The Good European*, 124; Prideaux, *I Am Dynamite!*, 184.

136 参阅Nietzsche, *Selected Letters*, 160–161；1877年7月1日致信Malwida von

Meysenbug。

137 Young, *Friedrich Nietzsche*, 276.

138 Young, *Friedrich Nietzsche*, 278, 289; Farrell Krell and Bates, *The Good European*, 124; Safranski, *Nietzsche*, 178; Prideaux, *I Am Dynamite!*, 186–187.

139 Prideaux, *I Am Dynamite!*, 119–120.

140 Nietzsche, *Selected Letters*, 160–161；1877年7月1日书信；177，1881年6月19日致信Elizabeth Nietzsche；Farrell Krell and Bates, *The Good European*, 119，其中引用了尼采1877年6月25日致Elizabeth Nietzsche的信。

141 Prideaux, *I Am Dynamite!*, 182; Farrell Krell and Bates, *The Good European*, 122–123. Farrell Krell and Bates引用了Nietzsche1879年7月11日致Franz Overbeck的信："St. Moritz is the right place, well adapted to my sensibilities and my sense organs (my eyes!) [...] The air is almost better than that of Sorrento, and is full of fragrances, the way I like it"。

142 Farrell Krell and Bates, *The Good European*, 119, 148; Young, *Friedrich Nietzsche*, 294, 357, 455; Prideaux, *I Am Dynamite!*, 183.

143 Young, *Friedrich Nietzsche*, 294.

144 Farrell Krell and Bates, *The Good European*, 128.

145 Safranski, *Nietzsche*, 233; Prideaux, *I Am Dynamite!*, 184.

146 Young, *Friedrich Nietzsche*, 317.

147 Nietzsche, *Selected Letters*, 177.

148 Nietzsche, *Selected Letters*, 178.

149 Young, *Friedrich Nietzsche*, 317.

150 Nietzsche, *Selected Letters*, 179；1881年9月18日书信。

151 Farrell Krell and Bates, *The Good European*, 142.

152 Young, *Friedrich Nietzsche*, 487–489.

153 Farrell Krell and Bates, *The Good European*, 205–206.

154 Farrell Krell and Bates, *The Good European*, 210–211; Young, *Friedrich Nietzsche*, 492–497.

155 Young, *Friedrich Nietzsche*, 489; Prideaux, *I Am Dynamite!*, 303.

156 Young, *Friedrich Nietzsche*, 498.

157 Nietzsche, *Selected Letters*, 315；1888年10月18日书信。

158 Young, *Friedrich Nietzsche*, 525–526.

159 Young, *Friedrich Nietzsche*, 523–525; Prideaux, *I Am Dynamite!*, 309–311.

160 Young, *Friedrich Nietzsche*, 525–528; Safranski, *Nietzsche*, 315.

161 Safranski, *Nietzsche*, 313.

162 Nietzsche, *Selected Letters*, 346；1889年1月5日书信。

163 Young, *Friedrich Nietzsche*, 532.

164 Young, *Friedrich Nietzsche*, 532, 528.

165 Young, *Friedrich Nietzsche*, 532–533.

166 Nietzsche, *Selected Letters*, 178；1881 年 8 月 14 日书信。

167 Laurence Sterne, *The Life and Opinions of Tristram Shandy, Gentleman*, ed. Graham Petrie (Harmondsworth: Penguin Books, 1967), 453–454, 576.

168 参阅 Young, *Friedrich Nietzsche*, 521。

169 Farrell Krell and Bates, *The Good European*, 206.

170 参阅 Gros, *Marcher. Une philosophie*, 93, 108–110; *A Philosophy of Walking*, 66, 77–78。

171 Damrosch, *Jean-Jacques Rousseau: Restless Genius*, 401–430.

172 Damrosch, *Jean-Jacques Rousseau*, 428.

173 Damrosch, *Jean-Jacques Rousseau*, 457–468.

174 Damrosch, *Jean-Jacques Rousseau. Restless Genius*, 486.

175 Rousseau, *La Nouvelle Héloïse*, Fourth Part, Letter XI, 533–538；参阅 Hue, *L'apprentissage de la marche*, 89; Damrosch, *Jean-Jacques Rousseau*, 487。

176 Hue, *L'apprentissage de la marche*, 89–91.

177 Hue, *L'apprentissage de la marche*, 94.

178 Hue, *L'apprentissage de la marche*, 98; Fabrice Boucault and Jean-Marc Vasseur, *Le parc Jean-Jacques Rousseau à Ermenonville* (Paris: Éditions du Patrimoine/Centre des monuments nationaux, 2012), 26–28.

179 Hue, *L'apprentissage de la marche*, 95–96.

180 Gros, *Marcher, une philosophie*, 108–109, 111; *A Philosophy of Walking*, 77–79.

181 Le Breton, *Éloge de la marche*, 59.

182 Boucault and Vasseur, *Le parc Jean-Jacques Rousseau*, 20–23; Damrosch, *Jean-Jacques Rousseau: Restless Genius*, 489.

183 William Hazlitt, "On Going a Journey," in *Selected Writings*, ed. Ronald Blythe (Harmondsworth: Penguin Books, 1970), 136.

184 Robert Louis Stevenson, "Walking Tours," in *The Magic of Walking*, revised ed.; ed. Aaron Sussman and Ruth Goode (New York: Simon and Schuster/Fireside Book, 1980), 235.

185 Patrick Leigh Fermor, *A Time of Gifts* (London: John Murray, 2013), 18.

第八章　弗吉尼亚·伍尔夫：伦敦的乡村漫步者

1　Rachel Bowlby, "Walking, Women and Writing: Virginia Woolf as *flâneuse*," in *New Feminist Discourses: Critical Essays on Theories and Texts*, ed. Isobel Armstrong (London: Routledge, 1992), 26–47; Deborah Parsons, *Streetwalking the Metropolis:*

Women, the City and Modernity (Oxford: Oxford University Press, 2000), 27；引于 David Bradshaw, "Introduction" to Virginia Woolf, *Selected Essays*, ed. David Bradshaw (Oxford: Oxford University Press/Oxford World's Classics, 2008), xx；Lauren Elkin, *Flâneuse: Women Walk the City in Paris, New York, Tokyo, Venice and London* (London: Chatto & Windus, 2016), 69–93；Rebecca Solnit, *Wanderlust. A History of Walking* (New York: Penguin Books, 2001), 187–188；Matthew Beaumont, *The Walker. On Finding and Losing Yourself in the Modern City* (London: Verso, 2020), 163–186。

2　Bowlby，引于 Lauren Elkin, *Flâneuse.* 80。参阅 Virginia Woolf, *Mrs Dalloway*, ed. Stella McNichol with an Introduction and notes by Elaine Showalter (London: Penguin Books, 2000)，后文以缩写字母 *MD* 代指该作品。Mrs. Dalloway 之行的地图可参阅 the *Virginia Woolf Miscellany* no. 62 (Spring 2003): 7。

3　例如，Elkin 在 *Flâneuse* 中关于伍尔夫一章的标题即 "Bloomsbury"。关于伍尔夫和她在伦敦的住所，参阅 Dorothy Brewster, *Virginia Woolf's London* (London: George Allen & Unwin, 1959); Jean Moorcroft Wilson, *Virginia Woolf. Life and London. A Biography of Place* (London and New York: W. W. Norton, 1988); Emma Woolf, "Literary haunts: Virginia's London Walks," *The Independent*, 28 March 2011; Liedke Plate, "Walking in Virginia Woolf's Footsteps: Performing Cultural Memory," *European Journal of Cultural Studies* vol. 9, no. 1 (2006): 101–120; Hilary Macaskill, *Virginia Woolf at Home* (Pimpernel Press, 2019)。

4　Virginia Woolf, *The Diary of Virginia Woolf. Volume III: 1925–1930*, ed. Anne Olivier Bell (Harmondsworth: Penguin, 1982), 298; 28 March 1930. 后文以 *D3* 简称该作品。

5　Virginia Woolf, "Street Haunting: A London Adventure," in Woolf, *Death of the Moth and Other Essays* (Harmondsworth: Penguin, 1961), 23–36，后文以缩写字母 *DM* 代指该作品。

6　Woolf, "Oxford Street Tide," in *Selected Essays*, 199–203.

7　Hermione Lee, *Virginia Woolf* (London, Vintage Books, 1997), 454, 552–554, 563.

8　引于 Lee, *Virginia Woolf*, 171。

9　Virginia Woolf, *Moments of Being*, 2nd ed., ed. Jeanne Schulkind (New York and London: Harcourt/Harvest Book, 1985), 71–72.

10　Virginia Woolf, "How Should One Read a Book?", *Selected Essays*, 63–73; 68–69; "How It Strikes a Contemporary," *Selected Essays*, 23–31; 27.

11　Woolf, "The Art of Biography," in *Selected Essays*, 121.

12　笔者同时参考了伍尔夫的两篇散文："The Novels of E. M. Forster" and "Letter to a Young Poet," *DM* 148–149, 184。

13　Virginia Woolf, *To the Lighthouse* (Harmondsworth: Penguin Books, 1964)，后文以缩写字母 *TTL* 代指该作品。

14 Virginia Woolf, *The Waves*, ed. Gillian Beer (Oxford: Oxford University Press/Oxford World's Classics, 1992)，后文以缩写字母 *W* 代指该作品。Beer 将 *The Waves* 称为 "溶解身份的实验"(xxv)。还请参阅 Gilles Deleuze and Félix Guattari, *A Thousand Plateaus. Capitalism and Schizophrenia*, trans. Brian Massumi (Minneapolis: University of Minnesota Press, 1987), 252: each of the characters is a multiplicity (a qualitatively many-dimensional being) that "is simultaneously in this multiplicity and at its edge, and crosses over into the others [...] Each advances like a wave, but [...] they are a single abstract Wave" of pure becoming in which they all intermingle。

15 Virginia Woolf, *A Room of One's Own*, in *A Room of One's Own* and *Three Guineas*, ed. Anna Snaith (Oxford: Oxford University Press/Oxford World's Classics, 2015), 75–76. 后文以缩写字母 *R* 代指该作品。

16 Lee, *Virginia Woolf*, 637–638.

17 Virginia Woolf, "Leslie Stephen," *Selected Essays*, 111–115；源自 "Leslie Stephen. The Philosopher at Home: A Daughter's Memories," *The Times* (London), 28 November 1932, 15–16。

18 Samuel Taylor Coleridge, "The Eolian Harp," in *The Poems of Samuel Taylor Coleridge*, ed. Ernest Hartley Coleridge (Oxford: Oxford University Press, 1927), 101–102.

19 Virginia Woolf, *The Diary of Virginia Woolf. Volume IV: 1931–1935*, ed. Anne Olivier Bell and Andrew McNeillie (Harmondsworth: Penguin Books, 1983), 124. 后文以 *D4* 简称该作品。

20 Woolf 所提及的是 Samuel Taylor Coleridge, *Table Talk and Omniana* (Oxford: Oxford University Press, 1917), 201。Woolf 为 Times Literary Supplement (7 February 1918) 写了这本书的评价；参阅 *R* 262; Virginia Woolf, *Essays*, ed. Andrew McNeillie (London: Hogarth Press, 1986), vol. 2, 221–222。

21 除了 *A Room of One's Own*，还请参阅 Woolf, "Professions for Women," in *The Death of the Moth*: novel writing requires that the author enter into a state of trance "in which nothing may disturb or disquiet the mysterious nosings about, feelings round, darts, dashes and sudden discoveries of that very shy and illusive spirit, the imagination," "submerged in the depths of our unconscious being." When the woman is forcibly roused from her trance by the thought of her body and of "what men will say of a woman who speaks the truth about her passions" : "The trance was over. Her imagination could work no longer" (*DM* 205)。

22 Coleridge, "Religious Musings," *The Poems of Samuel Taylor Coleridge*, 113, 114.

23 Solnit, *Wanderlust*, 21.

24 Solnit, *Wanderlust*, 187.

25 Virginia Woolf, *The Diaries of Virginia Woolf. Volume II: 1920–1924*, ed. Anne

Olivier Bell and Andrew McNeillie, 199 (6 September 1922), 205 (4 October 1922); 259 (28 July 1923), 312 (7 September 1924). 后文以 *D2* 简称该作品。

26 Woolf, "On Being Ill," *Selected Essays*, 101–110; 107. Originally in *New Criterion* (January 1926).

27 Woolf, *Orlando*, 178–179, 181.

28 Woolf, *Moments of Being*, 67.

29 Virginia Woolf, *The Diary of Virginia Woolf. Volume 1: 1915–1919*, ed. Anne Olivier Bell (Harmondsworth: Penguin Books, 1979), 214; 4 November 1918. 后文以 *D1* 简称该作品。

30 Lee, *Virginia Woolf*, 490.

31 Lee, *Virginia Woolf*, 552–553.

32 Virginia Woolf, "Character in Fiction," *Selected Essays*, 44; originally in *Criterion* 218 (July 1924): 409–430.

33 Virginia Woolf, "On Being Ill," *Selected Essays*, 101.

34 Virginia Woolf, "Modern Fiction," *Selected Essays*, 6–12; 10; originally in Virginia Woolf, *The Common Reader* (London: Hogarth Press, 1925), 150–158.

35 Gilles Deleuze and Félix Guattari, *What Is Philosophy?*, trans. Hugh Tomlinson and Graham Burchell (New York: Columbia University Press, 1994), 169 and Gilles Deleuze and Claire Parnet, *Dialogues*, trans. Hugh Tomlinson and Barbara Habberjam (New York: Columbia University Press, 1987), 30.

36 Woolf, "Oxford Street Tide," *Selected Essays*, 199–203.

37 参阅 *D3* 95: 22 July 1926, "I drove my pen through de Quincey of a morning" for an article on "De Quincey's Autobiography" in *The Second Common Reader* (New York and London: Harcourt Brace Jovanovich, 1960), 119–126; 还请参阅 "Impassioned Prose", 见 De Quincey, in *Selected Essays*, 55–62。

38 Thomas De Quincey, *Confessions of an English Opium-Eater*, ed. Robert Morrison (Oxford: Oxford University Press/Oxford World's Classics, 2013), 48, 71.

39 Woolf, *Letters of Virginia Woolf*, ed. Nigel Nicolson and Joanne Trautmann (London: Hogarth Press, 1975–1980), vol. 6, 36: 6 May 1936; 引于 Lee, *Virginia Woolf*, 671。

40 Lee, *Virginia Woolf*, 222, 240–241, 292.

41 Lee, *Virginia Woolf*, 292.

42 Lee, *Virginia Woolf*, 316; 参阅 *Letters of Virginia Woolf*, vol. 1, 458 (8 April 1911)。

43 Lee, *Virginia Woolf*, 316–317; Maskell, *Virginia Woolf at Home*, 99–101.

44 Lee, *Virginia Woolf*, 317, 322; Maskell, *Virginia Woolf at Home*, 98–99, 106.

45 Lee, *Virginia Woolf*, 346.

46 Maskell, *Virginia Woolf at Home*, 106, 167. Woolf 称从罗德梅尔到查尔斯顿的距离为 7 英里（约 11 公里）；*D5* 246: 12 November 1939。

47　Maskell, *Virginia Woolf at Home*, 107–109.

48　Lee, *Virginia Woolf*, 422.

49　Lee, *Virginia Woolf*, 421.

50　Lee, *Virginia Woolf*, 421.

51　Maskell, *Virginia Woolf at Home*, 177.

52　Lee, *Virginia Woolf*, 430.

53　Lee, *Virginia Woolf*, 429.

54　参阅 Lee, *Virginia Woolf*, 427, 433。

55　Lee, *Virginia Woolf*, 423.

56　Maskell, *Virginia Woolf at Home*, 177.

57　Lee, *Virginia Woolf*, 760–761.

58　Claire Masset, *Virginia Woolf at Monk's House* (Swindon: National Trust, 2018), 40–41; Lee, *Virginia Woolf*, 424.

59　Lee, *Virginia Woolf*, 424–426.

60　Lee, *Virginia Woolf*, 424–425.

61　Macaskill, *Virginia Woolf at Home*, 150–151 and Caroline Zoob, *Virginia Woolf's Garden. The Story of the Garden at Monk's House* (London: Jacqui Small LLP/ Aurum Press, 2013), 30–31.

62　参阅 Zoob, *Virginia Woolf's Garden*, 24–25。

63　Lee, *Virginia Woolf*, 424.

64　Zoob, *Virginia Woolf's Garden*, 32–33; Masset, *Virginia Woolf at Monk's House*, 32–33; Macaskill, *Virginia Woolf at Home*, 150–153.

65　Masset, *Virginia Woolf at Monk's House*, 35.

66　Lee, *Virginia Woolf*, 426.

67　Macaskill, *Virginia Woolf at Home*, 149.

68　Masset, *Virginia Woolf at Monk's House*, 47.

69　Masset, *Virginia Woolf at Monk's House*, 35.

70　Lee, *Virginia Woolf*, 426; Woolf, *D*4 263: 26 November 1934.

71　*Letters of Virginia Woolf*, vol. 3, no. 1921；引于 Zoob, *Virginia Woolf's Garden*, 119。

72　Lee, *Virginia Woolf*, 434.

73　参阅 Virginia Woolf, "In The Orchard," in *The Mark on the Wall and Other Short Fiction*, ed. David Bradshaw (Oxford: Oxford University Press/Oxford World's Classics, 2001), 60–62。

74　参阅 Lee, *Virginia Woolf*, 453。

75　Lee, *Virginia Woolf*, 454.

76　Lee, *Virginia Woolf*, 747.

77　Lee, *Virginia Woolf*, 751–759

78　Lee, *Virginia Woolf*, 760–764.

79　Lee, *Virginia Woolf*, 770.

80　这本书是Benjamin Fondane, *Existential Monday. Philosophical Essays*, ed. and trans. Bruce Baugh (New York: NYRB Classics, 2016)。

81　参阅Phyllis Rose, *Woman of Letters. A Life of Virginia Woolf* (New York: Oxford University Press, 1978), 150–151。

82　参阅Woolf, *Memories of Being*, 81。

83　Coleridge, "Kubla Khan," *Poems*, 296.

第九章　尾声：我行故我在（重奏）

1　Pierre Gassendi, "Fifth Set of Objections," in René Descartes, *Meditations on First Philosophy, in The Philosophical Writings of Descartes*, ed. and trans. John Cottingham, Robert Stoothoff and Dugald Murdoch (Cambridge: Cambridge University Press, 1985), vol. 2, 180.

2　Descartes, "Replies to the Fifth Set of Objections," *Philosophical Writings*, vol. 2, 244 and *Principles of Philosophy*, Part One, section 8, in *Philosophical Writings*, vol. 1, 195.

3　Jacques Derrida, "Cogito et histoire de la folie," *Revue de métaphysique et de morale* vol. 68 (1963): 460–494 and vol. 69 (1964): 116–119; 尤见于487–490。

4　Immanuel Kant, *Critique of Pure Reason*, trans. F. Max Müller (New York: Anchor Books, 1966): I. Elements of Transcendentalism; First Division, Transcendental Analytic; Book I, Analytic of Concepts, especially Section 3, Of the Pure Concepts of the Understanding, or of the Categories, § 10.

5　Martin Heidegger, *Kant and the Problem of Metaphysics*, trans. Richard Taft (Bloomington: Indiana University Press, 1990), 55–57.

6　参阅Maurice Merleau-Ponty's, *Phénoménologie de la perception* (Paris: Gallimard, 1945); *Phenomenology of Perception*, trans. Donald A. Landes (London and New York: Routledge, 2012)。尤见于Chapters 3 and 4。

7　这的确是个很长的故事。这个论点最早见于John Locke，参见*An Essay Concerning the Human Understanding* (1689), ed. Peter H. Nidditch (Oxford: Oxford University Press, 1979)。

8　参阅Sophocles, *Oedipus the King*, in Sophocles, *Antigone, Oedipus the King* and *Electra*, trans. Edith Hall (Oxford: Oxford University Press/ Oxford World's Classics, 2008), 165 的译者注（第53页的注释）。

9　Tim Ingold, "Footprints Through the Weather-World: Walking, Breathing, Knowing,"

Journal of the Royal Anthropological Institute (N. S.) (2010), vol. 16: S128–130.

10　参阅 Ingold, "Footprints Through the Weather-World," S126, S129.S。

11　参 阅 Søren Kierkegaard, "I Walk for Health and Salvation," in *Beneath My Feet. Writers on Walking*, ed. Duncan Minshall (London: Notting Hill Editions, 2018), 3–4。

致　谢

这本书的创作之路漫长而艰辛，一路承蒙许多人的帮助。

我最先要感谢保罗·海德里克和史蒂夫·里夫，他们为本书的初稿贡献了诸多宝贵意见。感谢莱亚·巴克内尔，她为第一、三、五章提供了地图。还要感谢我出色的研究助理：艾米丽·邓达斯·奥克和艾莉森·麦克林。感谢汤普森河大学行走实验室（Walking Lab）的所有成员和多年来的学生助理们：莱亚·巴克内尔、阿曼达·克拉布和凯特·加勒特－佩茨。感谢2014年"行走哲学"课程中热情的学生们和梅根·潘·格雷厄姆，她曾做的关于绿色空间与神圣性的研究（2014—2018年）极具启发性。塔拉·钱伯斯亦对我的研究提供了额外的帮助。最后，非常感谢奥黛丽·麦克莱伦，她为本书制作了索引并校对了页码。

我要感谢加拿大社会科学与人文科学研究理事会在2009—2014年间的"小型高校助力计划"，也感谢委员会在2008年通过

"社区大学科研联盟"为我的研究提供了资金支持，还要感谢汤普森河大学的校内研究拨款（2013年）、大师学者奖（2013年）和学生科研补助（2017—2018年）。

我还要感谢劳特利奇出版社的托尼·布鲁斯和亚当·约翰逊，感谢他们的耐心指导、把关与支持；还要向阅读本书初稿的三位匿名书评人致谢，感谢他们鞭辟入里的评价。

我要感谢彼得·墨菲开启了这一项目。感谢多年来所有鼓励我的人，尤其要感谢菲尔·史密斯、迈克·科利尔，以及桑德兰大学"行走会议"（On Walking，2013年）的所有参与者，我在汤普森河大学哲学、历史与政治学系的同事，还有我所有的行走之友。特别感谢汤普森河大学的安妮特·多米尼克和珍娜·伍德罗邀请我去她们的课堂上作关于笛卡尔和卢梭的研究报告。伯尼·鲍克和布里安·默里在很久以前埋下的种子，也在本书的第五章中初结果实。

我最要感谢的是伴我漫行哲人路的友人们：厄尼·克罗格，我们一同走过了坎卢普斯和柯尔律治之路；热纳维耶芙·皮隆，我们一同走过了佩雷斯克、洛桑和莫蒂埃；扎比内·迈恩贝格和马尔科·布鲁索蒂，我们一同走过了锡尔斯-玛丽亚；以及，最重要的——我的妻子黛安·林赛，我们共同的行迹遍布伦敦、罗德梅尔、爱尔梅农维尔、吉勒莱厄和哥本哈根。

最后，我想对我的妻子黛安和女儿安娜·林赛-鲍致以最深挚的感激，感激她们坚定不移的爱与支持。这本书，献给她们。

译名对照表（人名）

贝特曼博士　Dr. Bettman

彼得·范迪克　Pieter Vandyke

彼得·克里斯蒂安·克尔凯郭尔　Peter Christian Kierkegaard

彼得·墨菲　Peter Murphy

彼得·维尔沃克　Peter Villwock

彼得·约翰尼斯·斯潘　Peter Johannes Spang

毕达哥拉斯　Pythagoras

伯纳德·威廉姆斯　Bernard Williams

伯尼·鲍克　Bernie Bowker

布里安·默里　Brian Murray

布鲁斯·鲍　Bruce Baugh

C. A. 瑞策尔　C.A. Reitzel

C. 奥古斯特·杜潘（文学形象）　C. Auguste Dupin

查尔斯·狄更斯　Charles Dickens

查尔斯·兰姆　Charles Lamb

查拉图斯特拉（文学形象）　Zarathrustra

沉默者约翰内斯　Johannes de Silentio

达尼埃·罗甘　Daniel Roguin

大卫·法雷尔·克雷尔　David Farrell Krell

大卫·加内特（"小兔"）　David "Bunny" Garnett

大卫·勒布勒东　David Le Breton

大卫·休谟　David Hume

戴莱丝·勒瓦瑟　Thérèse Levasseur

黛安·林赛　Diane Lindsay

黛博拉·帕森斯　Deborah Parsons

丹·鲁宾斯坦　Dan Rubinstein

丹尼尔·L. 施瓦茨　Daniel L. Schwartz

丹尼斯　Denis

德·华伦夫人　Madame de Warens

德·彭维尔先生　M. de Pontverre

邓肯·格兰特　Duncan Grant

第欧根尼　Diogenes

蒂夫·里夫　Steve Rive

蒂莫泰·莱绍　Timothée Léchot

蒂姆·英戈尔德　Tim Ingold

段义孚　Yi-Fu Tuan

多萝西·华兹华斯　Dorothy Wordsworth

俄狄浦斯　Oedipus

厄尼·克罗格　Ernie Kroeger

恩斯特·布洛赫　Ernst Bloch

恩斯特·卡西尔　Ernst Cassirer

F. C. 希本　F. C. Sibbern

菲尔·史密斯　Phil Smith

菲力克斯·迦塔利　Félix Guattari

菲利普·苏波　Philippe Soupault

弗吉尼亚·伍尔夫　Virginia Woolf

弗朗茨·奥弗贝克　Franz Overbeck

弗朗索瓦·德萨利尼亚克·德拉莫特-费奈隆　François de Salignac de la Motte-Fénélon

弗朗索瓦-弗雷德里克·德特雷托伦　Francois-Frédéric de Treytorrens

弗朗西斯科·瓦雷拉　Francisco Varela

弗雷德里克·格霍　Frédéric Gros

弗雷德里克·尼尔森　Frederik Nielsen

弗雷德里克·施莱格尔（"弗利茨"）　Frederik (Fritz) Schlegel

弗雷德里克-纪尧姆·德·蒙莫朗　Frédéric-Guillaume de Montmollin

弗雷德里克五世　Frederik V

弗里德里希·尼采　Friedrich Nietzsche

弗里德里希·威廉·约瑟夫·谢林　Friedrich Wilhelm Joseph Schelling

弗瑞德丽克·布雷默　Frederike Bremer

伏尔泰　Voltaire

戈特弗里德·威廉·莱布尼茨　Gottfried Wilhelm Leibniz

哥本哈根守望者　Vigilius Haufniensis

格奥尔格·威廉·弗里德里希·黑格

尔　Georg Wilhelm Friedrich Hegel
格哈德·里希特　Gerhard Richter
古斯塔夫·胡　Gustave Roud
国王路易十五　King Louis XV
哈克贝利·费恩　Huckleberry Finn
哈特利　Hartley
海因里希·冯施泰因　Heinrich von
Stein
海因里希·科泽利茨　Heinrich Köselitz
汉斯·布吕希纳尔　Hans Brøchner
汉斯·莱森·马滕森　Hans Lassen
Martensen
赫尔曼·德弗里斯　herman de vries
赫拉克勒斯　Hercules
赫拉克利特　Heraclitus
赫莱娜·史密斯　Hélène Smith
赫米奥娜·李　Hermione Lee
亨丽埃特·伦德　Henriette Lund
亨利·戴维·梭罗　Henry David
Thoreau
亨利·列斐伏尔　Henri Lefebvre
亨利克·N.克劳森　Henrik N. Clausen
亨利克·隆德　Henrik Lund
I. A. 理查兹　I. A. Richards
吉安·杜里什　Gian Durisch
吉尔·德勒兹　Gilles Deleuze
吉拉尔丹侯爵　Marquis de Girardin
纪尧姆·阿波利奈尔　Guillaume
Apollinaire
加斯东·巴什拉　Gaston Bachelard
坚定者康斯坦丁　Constantin Constantius
杰夫·尼科尔森　Geoff Nicholson
杰拉尔·德·奈瓦尔　Gerard de Nerval
警觉者尼古拉斯　Nicholas Notabene
居斯塔夫·福楼拜　Gustave Flaubert
居伊·德波　Guy Debord
卡尔·冯格尔斯多夫　Carl von

Gersdorff
卡尔·谢尔勒　Karl Schelle
卡伦·蒂尔　Karen Till
凯特·加勒特-佩茨　Kate Garrett-Petts
考尔德丽娅　Cordelia
基尔斯廷·尼尔斯黛德·克尔凯郭
尔　Kirstine Nielsdatter Kierkegaard
科莱特　Colette
克拉丽莎·达洛维（文学形象）　Clarissa
Dalloway
克莱尔·卡莱尔　Clare Carlisle
克劳德·朗兹曼　Claude Lanzmann
克雷蒂安-纪尧姆·德·拉穆瓦尼
翁·德·马尔泽尔布　Guillaume-Chrétien
de Lamoignon de Malesherbes
克里斯蒂安·F. R. 奥拉夫森　Christian
F. R. Olufsen
克里斯蒂娜女王　Queen Christina
孔德　Comte
库尔特·卢因　Kurt Lewin
拉尔夫·瓦尔多·爱默生　Ralph Waldo
Emerson
莱奥纳-卡米尔-吉斯兰·德尔古
　Léona-Camille-Ghislaine Delcourt
莱娜　Lena
莱斯利·斯蒂芬　Leslie Stephen
莱亚·巴克内尔　Lea Bucknell
劳伦·埃尔金　Lauren Elkin
劳伦斯·斯特恩　Laurence Sterne
勒内·笛卡尔　René Descartes
雷·布拉德伯里　Ray Bradbury
雷吉娜·奥尔森·施莱格尔　Regine
Olsen Schlegel
雷扎·冯申霍弗　Resa von Schirnhofer
理查德·霍姆斯　Richard Holmes
丽贝卡·索尔尼特　Rebecca Solnit
利德克·普拉特　Liedke Plate

莉莉·布里斯科　Lily Briscoe

列奥·达姆罗施　Leo Damrosch

林耐乌斯　Linnaeus

鲁道夫·卡尔纳普　Rudolf Carnap

鲁道夫·施泰纳　Rudolf Steiner

路易·阿拉贡　Louis Aragon

路易斯－塞巴斯蒂安·梅西尔　Louis-Sébastien Mercier

露·莎乐美　Lou Salomé

伦纳德·伍尔夫　Leonard Woolf

罗宾·贾维斯　Robin Jarvis

罗伯特·路易斯·史蒂文森　Robert Louis Stevenson

罗伯特·麦克法兰　Robert Macfarlane

罗伯特·骚塞　Robert Southey

罗布·布莱登　Rob Brydon

罗丹　Rodin

罗杰·弗莱　Roger Fry

洛根丁（文学形象）Roquentin

吕迪格尔·萨弗兰斯基　Rüdiger Safranski

马蒂娜·努尔让·德塞尤宁　Martine Noirjean de Ceuninck

马丁·海德格尔　Martin Heidegger

马尔科·布鲁索蒂　Marco Brusotti

马尔维达·冯梅森布克　Malwida von Meysenbug

马克·波利佐蒂　Mark Polizzotti

马克·弗鲁特金　Mark Frutkin

马克思　Marx

马克西米连·罗伯斯庇尔　Maximilien Robespierre

马琳·科尔斯廷·克尔凯郭尔　Maren Kristine Kierkegaard

马修·博蒙特　Matthew Beaumont

马修·德拉吕/街上的马修（文学形象）Mathieu Delarue/ Matthew of the Street

玛丽·安·考斯　Mary Ann Caws

玛丽·安托瓦内特　Marie Antoinette

玛丽·哈钦森·华兹华斯　Mary Hutchinson Wordsworth

玛丽·沃斯顿克拉夫特　Mary Wollstonecraft

玛丽莉·奥佩佐　Marily Oppezzo

玛丽娜·阿布拉莫维奇　Marina Abramović

迈厄·哥尔德施密特　Meïr Goldschmidt

迈克·科利尔　Mike Collier

迈克尔·邦德　Michael Bond

迈克尔·温特伯顿　Michael Winterbottom

麦肯锡·沃克　McKenzie Wark

梅根·潘·格雷厄姆　Megan Pan Graham

梅林·科维利　Merlin Coverly

梅吕西娜　Mélusine

梅塔·冯扎利斯　Meta von Salis

孟德斯鸠　Montesquieu

米凯尔·皮特森·克尔凯郭尔　Michael Pedersen Kierkegaard

米拉波伯爵　Comte de Mirabeau

米歇尔·德·塞尔托　Michel de Certeau

米歇尔·克罗吉兹　Michèle Crogiez

米歇尔·翁福雷　Michael Onfray

莫里斯·梅洛－庞蒂　Maurice Merleau-Ponty

拿破仑·波拿巴　Napoleon Bonaparte

娜恩·谢泼德　Nan Shepherd

娜嘉（文学形象）Nadja

尼古拉·萨科齐　Nicolas Sarkozy

帕特里克·利·弗莫尔　Patrick Leigh Fermor

帕特里夏·丘奇兰德　Patricia Churchland

皮埃尔·伽桑狄　Pierre Gassendi

皮埃尔·纳维尔　Pierre Naville

皮埃尔－亚历山大·杜佩鲁　Pierre-Alexander Du Peyrou

皮特·路德维希·穆勒　Peder Ludvig

Møller
珀西·比希·雪莱　Percy Bysshe Shelley
蒲鲁东　Proundhon
乔·费根斯特　Jo Vergunst
乔凡娜　Giovanna
乔治·伯克利　George Berkeley
乔治·布兰德斯　Georg Brandes
乔治·布雷斯·米勒　George Bures
Miller
乔治·吉斯　George Keith
乔治·马洛里　George Mallory
乔治·桑　George Sand
乔治特（文学形象）　Georgette
R. G. 科林伍德　R. G. Collingwood
让·日奈　Jean Genet
让–安托万·德伊韦尔努瓦　Jean-Antoine
d'Ivernois
让–保罗·萨特　Jean-Paul Sartre
让–路易·于　Jean-Louis Hue
让–雅克·卢梭　Jean-Jacques Rousseau
热纳维耶芙·皮隆　Geneviève Piron
瑞秋·鲍尔比　Rachel Bowlby
萨尔瓦多·达利　Salvador Dali
萨拉　Sara
萨拉·弗里克·柯尔律治　Sara Fricker
Coleridge
塞利斯　Thales
塞缪尔·泰勒·柯尔律治　Samuel Taylor
Coleridge
塞缪尔·约翰逊　Samuel Johnson
沙勃朗夫妇　Monsieur and Madam Sabrans
圣奥古斯丁　Saint Augustine
圣普乐　Saint-Preux
圣约翰　Saint John
胜利的隐士　Victor Eremita
史蒂夫·库根　Steve Coogan
斯达尔夫人　Madame de Staël

斯蒂芬·茨威格　Stefan Zweig
斯蒂芬·霍金　Stephen Hawking
斯蒂芬·汤姆林　Stephen Tomlin
斯特凡·马拉美　Stéphane Mallarmé
苏格拉底　Socrates
苏珊娜　Suzanne
苏宗　Suzon
索伦·奥比·克尔凯郭尔　Søren Aabye
Kierkegaard
索伦·吉尔丹达尔　Søren Gyldendal
塔拉·钱伯斯　Tara Chambers
汤姆·普尔　Tom Poole
汤姆·威治伍德　Tom Wedgwood
唐纳德·L. 贝茨　Donald L. Bates
特里斯舛·项狄　Tristram Shandy
托马斯·德·昆西　Thomas De Quincey
托马斯·哈迪　Thomas Hardy
托马斯·霍布斯　Thomas Hobbes
托马斯·卡莱尔　Thomas Carlyle
托尼·布鲁斯　Tony Bruce
托尼·理查兹　Tony Richards
脱庇叔叔（文学形象）　uncle Toby
W. B. 叶芝　W. B. Yeats
W. G. 塞巴尔德　W. G. Sebald
瓦尔特·本雅明　Walter Benjamin
瓦妮莎·贝尔　Vanessa Bell
威廉·哈兹利特　William Hazlitt
威廉·华兹华斯　William Wordsworth
威廉·佩恩　William Penn
威廉·莎士比亚　William Shakespeare
韦德·戴维斯　Wade Davis
维克多·埃雷米塔　Victor Eremita
维克多·雨果　Victor Hugo
温斯顿·丘吉尔　Winston Churchill
乌德托夫人　Mme d'Houdetot
无言兄弟　Frater Taciturnus
西德尼·贝谢　Sidney Bechet

西格蒙德·弗洛伊德　Sigmund Freud

西蒙娜·德·波伏瓦　Simone de Beauvoir

西田几多郎　Kitaro Nishida

夏尔·波德莱尔　Charles Baudelaire

雅各布·彼得·明斯特　Jacob Peter Mynster

雅各布·布克哈特　Jakob Burkhardt

雅克·德里达　Jacques Derrida

雅克-弗雷德里克·马蒂内　Jacques-Frédéric Martinet

亚伯拉罕和以撒　Abraham and Isaac

亚当·约翰逊　Adam Johnson

亚里士多德　Aristotle

伊迪丝·弗里克·骚塞　Edith Fricker Southey

伊丽莎白一世　Elizabeth I

伊曼纽尔·康德　Immanuel Kant

伊莎贝尔·德伊韦尔努瓦　Isabelle d'Ivernois

伊斯雷尔·莱文　Israel Levin

伊万·契柯格罗夫　Ivan Chtcheglov

尤金姆·加尔夫　Joakim Garff

尤塞恩·博尔特　Usain Bolt

约翰·保罗·琼斯　John Paul Jones

约翰·戈特利布·费希特　Johann Gottlieb Fichte

约翰·古斯塔夫·德罗伊森　Johann Gustav Droysen

约翰·济慈　John Keats

约翰·洛克　John Locke

约翰·瑟尔沃尔　John Thelwall

约翰·斯图尔特·米尔　John Stuart Mill

约翰内斯·克里马库斯　Johannes Climacus

约瑟芬·贝克　Josephine Baker

约瑟夫·阿马托　Joseph Amato

约西亚·威治伍德　Josiah Wedgwood

扎比内·迈恩贝格　Sabine Mainberger

詹姆斯·鲍斯韦尔　James Boswell

詹姆斯·吉尔曼　James Gillman

詹妮·理查兹　Jennie Richards

珍娜·伍德罗　Jenna Woodrow

珍妮特·卡迪夫　Janet Cardiff

朱利安·格拉克　Julien Gracq

朱利安·杨　Julian Young

朱莉（文学形象）　Julie

译名对照表（地名）

阿贝加文尼酒吧　Abegavenny Arms

阿尔卑斯苏莱尔山脉　Alp Surlej

阿尔弗里斯顿村　Alfriston

阿尔福克斯登　Alfoxden

阿灵顿街　Arlington Street

阿玛厄广场　Amagertov

阿什罕小屋　Asheham House

阿什农场　Ash Farm

阿韦特　les Avettes

阿西斯滕斯公墓　Assistens Cemetery

埃克斯穆尔　Exmoor

埃拉赫镇　Erlach

埃图瓦街　rue des Étuves

埃维昂　Evian

埃泽　Èze

艾克斯－莱班　Aix-les-Bains

艾斯普拉纳德街　Esplanaden

爱尔梅农维尔　Ermenonville

爱丽舍公园　Elysée Park

安纳西　Annecy

奥德翁　Odéon

奥德翁街　rue de l'Odéon

奥尔日河畔埃皮奈　Epinay-sur-Orge

奥奈　Onex

奥斯曼大道　boulevard Haussmann

巴蒂诺尔大道　boulevard des Batignolles

巴黎北站　Gare du Nord

巴黎东站　Gare de l'Est

巴黎高等法院　Parlement of Paris

巴黎古监狱　Conciergerie

白金汉宫　Buckingham Palace

邦德街　Bond Street

堡垒公园　Promenade des Bastions

北街　Nørregade

北咖啡馆　Café Norden

北门　Nørreport

北西兰岛　Northern Zealand

北伊斯　Northease

贝尔格码头　Quai des Bergues

贝尔格桥　Pont des Bergues

格勒诺布尔　Grenoble
格雷塔府　Greta Hall
公民美德学校　Borgerdydskolen
宫殿酒窖餐厅　Le Caveau du Palais Restaurant
龚非浓村　Confignon
国王花园　Kongenshave
国王新广场　Kongens Nytorv
哈查兹书店　Hatchard's
哈尔姆托夫广场　Halmtorv
海格特　Highgate
海豚酒吧　Le Dauphin
豪瑟广场街　Hauser Plads
赫伯特剧院　Théâtre Hébertot
赫里福德郡　Hereford
黑衣修士　Blackfriars
亨利四世酒店　Hôtel Henri IV
湖区　Lake District
花神咖啡馆　Café de Flore
华德福学校　Waldorf schools
皇冠旅店　Hôtel de la Couronne
皇家弗雷德里克医院　Royal Frederik's Hospital
皇家港大道　boulevard de Port Royal
皇家寄宿舍　Regensen
皇家剧院　Royal Theatre
皇家图书馆　Royal Library
皇家学院　Royal Academy
惠登克罗斯　Wheddon Cross
霍尔福德村　Holford village
霍尔福德山谷　Holford Combe
霍纳村　Horner
基督公学　Christ's Hospital
激战街　Stormgade
吉尔比约角　Gilbjerg Hoved
吉勒莱厄　Gilleleje
加尔达湖　Lake Garda

加里宁格勒　Kaliningrad
金银匠码头　Quai des Orfèvres
近海小路　Coastal Trail
荆棘街　Tornebuskegade
警察局　Préfecture de Police
老海滩　Gammel Strand
救世主教堂　Church of Our Saviour
剧院酒店　Hôtel du Théâtre
卡法雷利宫　Palazzo Caffarelli
坎布里亚郡　Cumbria
坎卢普斯　Kamloops
康比涅街　rue de Compiégne
柯尔律治之路　Coleridge Way
柯尼斯堡　Königsberg
科伯玛格商业街　Store Kjøbmagergade
科尔瓦奇峰　Piz Corvatsch
科尔瓦奇站　Corvatsch Station
科尔瓦奇中间站　Corvatsch Mittelstation
科尼博尔桥　Knippelsbro
科文特花园　Covent Garden
克拉档街　Klareboderne
克里斯蒂安港　Christianshavn
克洛斯特　Chloster
克尼尔施酒店　Knirsch's Hotel
克尼普桥　Knippelsbro
孔根斯格德商业街　Store Kongensgade
库尔　Chur
库尔班教堂　Culbone Church
库尔萨大酒店　Kursaal Hotel
库唐斯街　rue Coutance
宽街　Bredgade
宽台　Broad Stand
匡托克山区　Quantocks
拉法耶特广场　Place La Fayette
拉法耶特街　rue Lafayette
拉帕洛　Rapallo
拉齐维尔王子街　rue du Prince Radziwill

纽黑文　Newhaven
诺亥格　Noiraigue
欧福克斯登　All-Foxden
佩雷斯克　Peyresq
佩雷-沃克吕兹医院　Perray-Vaucluse Hospital
皮埃尔-维雷特街　rue de la Pierre-Viret
皮丁霍　Piddinghoe
皮匠街　Skindergade
皮卡迪利街　Piccadilly
皮卡迪利圆形广场　Piccadilly Circus
皮卡第　Picardie
普拉蒂埃街　rue de la Platière
普莱纳大街　rue de la Plaine
普莱士时尚茶室　Pleisch's
普兰帕拉斯区　Plainpalais
普劳旅店　Plough Inn
普罗旺斯　Provence
奇德格利山丘农场　Chidgley Hill Farm
情人小路　Kærlighedsstien/ Nørre Søgade
让-雅克·卢梭公园　Parc Jean-Jacques Rousseau
热那亚　Genoa
日德兰半岛　Jutland
日内瓦　Geneva
日内瓦大剧院　Grand Théâtre de Genève
日内瓦湖　Lake Geneva
肉市街　Købmagergade
瑞士居　Schweizerhaus
瑞斯顿　Racedown
若德沃特村　Roadwater
撒丁　Sardinia
萨里学院　Surrey Institution
萨默塞特郡　Somerset
萨姆福德·布雷特村　Sampford Brett
萨塞克斯　Sussex
萨斯奎哈纳河　Susquehanna River

萨瓦　Savoy
塞纳河　Seine
塞纳街　rue de Seine
塞尼山　Mount Cenis
森林大酒店　Waldhaus
僧舍　Monk's House
沙尔梅特　Les Charmettes
沙夫特斯伯里街　Shaftesbury Avenue
沙利皇家修道院　Abbaye royale de Chaalis
沙瑟龙山　Chasseron
沙斯特半岛　Chastè Peninsula
上恩加丁山　Upper Engadine
上卢瓦尔省　Haute Loire
上普罗旺斯高地自然地质保护区　Natural Geological Reserve of Haute-Provence
上瓦勒　Upper Valais
尚贝里　Chambéry
尚西路　route de Chancy
烧瓶酒馆　the Flask
摄政餐厅　Café de la Régence
什罗普郡　Shropshire
神父湖　Peblinge Lake
圣艾夫斯　St. Ives
圣安妮精神病院　Sainte-Anne psychiatric hospital
圣奥诺雷街　rue Saint-Honoré
圣彼得教堂　St. Peter's Church
圣克鲁瓦　Ste. Croix
圣莱热街　rue Saint Léger
圣劳伦斯海道　Saint Lawrence Seaway
圣灵教堂　Helligaandskirken
圣路易岛　Île Saint-Louis
圣洛朗教堂　Église Saint-Laurent
圣马丁教堂　Saint-Martin Church
圣迈克尔教堂　St. Michael's Church
圣莫里茨　St. Moritz

先贤祠　Pantheon

现代哲学神庙　Temple of Modern Philosophy

小旅馆路　rue des Petits Hôtels

小学院街　Little College Street

协和广场　Place de la Concorde

谢罗伊街　rue de Cheroy

新法兰西酒吧　La Nouvelle France

新广场　Place de Neuve

新莫拉尔街　rue Neuve-du-Molard

新牛津街　New Oxford Street

新桥　Pont Neuf

新市场码头　Quai du Marché

新宿舍　Nyboder

雄鹿酒馆　Café du Cerf

修塞当坦街　rue de la Chaussée d'Antin

旋转木马广场　Place du Carousel

雪绒花旅店　Hotel Edelweiss

雅里街　rue Jarry

烟袋小路　Pipe's Passage

杨树岛　Île des Peupliers/ Island of Poplars

摇钻路　Vimmelskaftet

伊福德　Iford

伊索拉村　Isola

伊特福德山　Itford Hill

伊韦尔东　Yverdon

艺术剧院　Théâtre des Arts

英国大酒店　Hôtel d'Angleterre

圆塔　Rundetårn

圆屋　Round House

院长方园　Dean's Yard

哲人广场　Place des Philosophes

证券交易所　Børse

证券交易所路　Børsgade

中央车站　Central Station

忠诚街　rue de la Fidélité

钟表码头　Quai de l'Horloge

朱庇特神庙　Temple of Jupiter

朱格斯角村　Juggs Corner

朱拉山脉　Jura

主街　Grande Rue

棕榈阁　Palm Court

作家小路　Writer's Path

译名对照表（出版物名）

《爱弥儿：论教育》 *Émile, or On Education*

《爱弥儿》 *Émile*

《奥兰多》 *Orlando*

《巴黎的农民》 *Paris Peasant*

《巴黎的忧郁》 *Paris Spleen*

《巴黎图景》 *Tableau de Paris*

《巴黎最后的夜晚》 *Last Nights of Paris*

《不合时宜的沉思》 *Untimely Meditations*

《步行论》 *Treatise of Walking*

《查拉图斯特拉如是说》 *Thus Spoke Zarathustra*

《超现实主义宣言》 *Surrealist Manifesto*

《超越唯乐原则》 *Beyond the Pleasure Principle*

《初识诗人记》 "My First Acquaintance with Poets"

《纯粹理性批判》 *Critique of Pure Reason*

《存在与虚无》 *Being and Nothingness*

《达洛维太太》 *Mrs Dalloway*

《大百科辞典》 *Grand Dictionnaire universel*

《大饭店》 *Grand Hotel*

《到灯塔去》 *To the Lighthouse*

《道德书信》 *Moral Letters*

《德国大学的自我主张》 "The Self-Assertion of the German University"

《狄奥尼索斯颂歌》 *Dionysus Dithyrambs*

《敌基督者》 *The Antichrist*

《第一哲学沉思录》 *Meditations on First Philosophy*

《恶心》 *Nausea*

《斐多》 *Phaedo*

《风瑟》 "The Eolian Harp"

《勾引家日记》 "Seducer's Diary"

《孤独中的忧思》 "Fears in Solitude"

《关于"神秘手写板"的笔记》 "A Note

Upon the 'Mystic Writing-Pad'"

《海盗报》 *The Corsair*

《海浪》 *The Waves*

《忽必烈汗》 "Kubla Khan"

《绘画中的真理》 *The Truth in Painting*

《或此或彼》 *Either/Or*

《基督教的训练》 *Practice in Christianity*

《基督教讲演》 *Christian Discourses*

《柯尔律治论想象》 *Coleridge on Imagination*

《可溶解的鱼》 "Soluble Fish"

《恐惧的概念》 *The Concept of Anxiety*

《快乐的科学》 *The Gay Science*

《蓝色指南》 *Guide Bleu*

《浪漫主义写作与步行旅行》 *Romantic Writing and Pedestrian Travel*

《浪游之歌》 *Wanderlust*

《老水手行》 "Rime of the Ancient Mariner"

《离别之年的颂歌》 "Ode to the Departing Year"

《理查二世》 *Richard II*

《历史学对于生活的利与弊》 "The Uses and Disadvantages of History for Life"

《两个时代：革命时代与当今时代》 *Two Ages: The Age of Revolution and the Present Age*

《伦理——宗教短论两篇》 *Two Ethical-Religious Essays*

《论出游》 "On Going a Journey"

《论道德的谱系》 *On the Genealogy of Morals*

《论反讽概念：以苏格拉底为主线》 *On the Concept of Irony, with Continual Reference to Socrates*

《论活着的诗人》 "On the Living Poets"

《论人类不平等的起源和基础》 *Discourse on the Origins and Foundations of Human Inequality*

《论生病》 "On Being Ill"

《漫步街头：伦敦奇缘》 "Street Haunting: A London Adventure"

《漫游者和他的影子》 "The Wanderer and His Shadow"

《美诺》 *Meno*

《美食之旅》 *The Trip*

《迷失的脚步》 *Les Pas perdus*

《米其林地图》 *Michelin Guides*

《摩格街谋杀案》 *The Murders in the Rue Morgue*

《娜嘉》 *Nadja*

《尼采反瓦格纳》 *Nietzsche contra Wagner*

《牛津街之潮》 "Oxford Street Tide"

《偶像的黄昏》 *The Twilight of the Idols*

《判断力批判》 *Critique of Judgement*

《启示录》 the Book of Revelation

《瞧，这个人》 *Ecce Homo*

《人道报》 *l'Humanité*

《人群》 "Crowds"

《人群中的人》 *The Man of the Crowd*

《人生道路诸阶段》 *Stages On Life's Way*

《人性的，太人性的》 *Human, All Too Human*

《S. T. 柯尔律治诗集》 *The Poetical Works of S. T. Coleridge*

《山中来信》 *Letters Written from the Mountain*

《社会契约论》 *Of the Social Contract*

《什么是形而上学？》 "What is Metaphysics?"

《圣皮埃尔岛植物志》 *Flora Petrinsularis*

《失意吟》 "Dejection: An Ode"

《抒情歌谣集》 *Lyrical Ballads*
《瞬间报》 *The Moment*
《斯堪的纳维亚的生活》 *Life in Scandinavia*
《岁月》 *The Years*
《泰阿泰德》 *Thaeatetus*
《泰晤士报文学副刊》 *Times Literary Supplement*
《谈谈正确引导理性在各门科学上寻找真理的方法》 *Discourse on the method for rightly conducting one's reason and seeking the truth in the sciences*
《唐·乔万尼》 *Don Giovanni*
《特勒马科斯纪》 *Les Aventures de Télémaque*
《通过语言的逻辑分析清除形而上学》 "The Elimination of Metaphysics through the Logical Analysis of Language"
《通向天堂的梯子》 *Scala paradisi*
《通向自由之路》 *Roads to Freedom*
《瓦格纳案》 *The Case of Wagner*
《完美之路向你敞开》 *Le chemin de la perfection vous est ouvert*
《往事札记》 "A Sketch of the Past"
《韦姆—施鲁斯伯里之路的十四行诗》 *Sonnet to the Road Between Wem and Shrewsbury*
《畏惧与颤栗》 *Fear and Trembling*
《文学传记》 *Biographia Literaria*
《吾书之观点》 *The Point of View for My Work as An Author*
《午夜寒霜》 "Frost at Midnight"
《希拉斯和菲洛努斯的对话》 *Dialogues of Hylas and Philonous*
《锡尔斯—玛丽亚的云》 *The Clouds of Sils Maria*
《现代生活的画家》 *The Painter of Modern Life*
《现代小说》 "Modern Fiction"
《乡村占卜师》 *The Village Soothsayer*
《项狄传：绅士特里斯舛·项狄的生平与见解》 *Life and Opinions of Tristram Shandy, Gentleman*
《逍遥哲学家是怎样发现了逍遥中的〈海盗船〉真实编辑》 "How the Wandering Philosopher Found the Wandering Actual Editor of the Corsair"
《逍遥者：或对心灵、自然和社会的素描作品之系列政治感性日记》 *The Peripatetic; or, Sketches of the Heart, of Nature and Society; in a Series of Politico-Sentimental Journals*
《新爱洛伊丝》 *Julie, or the New Heloise*
《新城市主义公式集》 "Formulary for a New Urbanism"
《新非凡故事》 *Nouvelles histoires extraordinaires*
《新精神》 "The New Spirit"
《信使报》 *Courier*
《行人》 *The Pedestrian*
《形而上学沉思录》 *Metaphysical Meditations*
《序曲》 *The Prelude*
《序言集》 *Prefaces*
《雅各的房间》 *Jacob's Room*
《夜莺》 "The Nightingale"
《一个孤独漫步者的遐想》 *Reveries of the Solitary Walker*
《一间自己的房间》 *A Room of One's Own*
《一具尸体》 "A Corpse"
《一位居无定所的美学家，他的活动以及他如何还是为宴会付了钱》 "The Activity of a Travelling Esthetician and

How He Still Happened to Pay for the Dinner"

《音乐词典》 *Dictionary of Music*

《瘾君子自白》 *Confessions of an English Opium-Eater*

《友记：三卷文集》 *The Friend: A Series of Essays in Three Volumes*

《于索湖的访问》 "A Visit in Sorø"

《愚比王》 *Ubu the King*

《早报》 *Le Matia*

《这椴树凉亭——我的牢房》 "This Lime-tree Bower My Prison"

《致博蒙书》 *Letter to Christophe de Beaumont*

《致达朗贝尔的信：论剧院》 *Letter to d'Alembert on the Theatre*

《致死的疾病》 *The Sickness Unto Death*

《致一位提议与作者同住的年轻朋友》 "To a Young Friend On His Proposing to Domesticate with the Author"

《重复》 *Repetition*

《自然分类法》 *Systema Naturae*

《自我的超越性》 *Transcendence of the Ego*

《足迹》 *Footsteps*

《祖国报》 *Fædrelandet*

《最后的、非科学性的附言》 *Concluding Unscientific Postscript*

《醉歌》 "The Intoxicated Song"

图书在版编目（CIP）数据

漫步哲人路 /（加）布鲁斯·鲍（Bruce Baugh）著；
王郁茜译.—上海：文汇出版社，2024.8
ISBN 978-7-5496-4237-3

Ⅰ.①漫… Ⅱ.①布…②王… Ⅲ.①人生哲学—通
俗读物 Ⅳ.①B821-49

中国国家版本馆 CIP 数据核字（2024）第 061926 号

Philosophers' Walks, by Bruce Baugh
ISBN：9780367333133
Copyright © 2020 Bruce Baugh

All Rights Reserved.
版权所有，侵权必究。

Authorized translation from English language edition published by Routledge, a member of Taylor
& Francis Group LLC.
本书原版由 Taylor & Francis 出版集团旗下 Routledge 出版公司出版，并经其授权翻译出版。

Golden Rose Books Co., Ltd. is authorized to publish and distribute exclusively the Chinese
(Simplified Characters) language edition. This edition is authorized for sale throughout Mainland
of China. No part of the publication may be reproduced or distributed by any means, or stored in a
database or retrieval system, without the prior written permission of the publisher.
本书中文简体翻译版授权由上海阅薇图书有限公司独家出版并限在中国大陆地区销售，未
经出版者书面许可，不得以任何方式复制或发行本书的任何部分。

Copies of this book sold without a Taylor & Francis sticker on the cover are unauthorized and illegal.
本书贴有 Taylor & Francis 公司防伪标签，无标签者不得销售。

上海市版权局著作权合同登记号：图字 09-2024-0193 号

漫步哲人路

作　　者 / ［加］布鲁斯·鲍
译　　者 / 王郁茜
责任编辑 / 戴　铮
封面设计 / 喵次郎
版式设计 / 汤惟惟
出版发行 / 文汇出版社
　　　　　上海市威海路 755 号
　　　　　（邮政编码：200041）
经　　销 / 全国新华书店
印刷装订 / 上海普顺印刷包装有限公司
版　　次 / 2024 年 8 月第 1 版
印　　次 / 2024 年 8 月第 1 次印刷
开　　本 / 889 毫米 ×1260 毫米　1/32
字　　数 / 353 千字
印　　张 / 14.375
书　　号 / ISBN 978-7-5496-4237-3
定　　价 / 78.00 元